Regelungstechnik mit Data Stream Management

Serge Zacher · Florian Stöckl

Regelungstechnik mit Data Stream Management

Netzwerke statt Regelkreise

3. Auflage

Serge Zacher
Stuttgart, Deutschland

Florian Stöckl
Hochschule Darmstadt
Seubersdorf, Deutschland

ISBN 978-3-662-70018-1 ISBN 978-3-662-70019-8 (eBook)
https://doi.org/10.1007/978-3-662-70019-8

Die Deutsche Nationalbibliothek verzeichnet diese Publikation in der Deutschen Nationalbibliografie; detaillierte bibliografische Daten sind im Internet über https://portal.dnb.de abrufbar.

Planung/Lektorat: Michael Kottusch
Springer Vieweg ist ein Imprint der eingetragenen Gesellschaft Springer-Verlag GmbH, DE und ist ein Teil von Springer Nature.
Die Anschrift der Gesellschaft ist: Heidelberger Platz 3, 14197 Berlin, Germany

Vorwort

Nur gut zwei Jahre nach der korrigierten 2. Auflage erscheint nun die nächste Auflage. Der schnelle Wechsel zeigt offensichtlich auf das Interesse an dem neuen Verfahren, in dem die klassische Behandlung von Regelkreisen um die zukunftsweisenden Verfahren des Data Stream Management erweitert wurde. Inzwischen wurde dieses Verfahren weiterentwickelt und 2022 im Springer Verlag in dem Buch S. Zacher „Closed Loop Control and Management" veröffentlicht. Der Inhalt des Buches wird in einem YouTube-Video kurz vorgestellt: S. Zacher: Book "Closed Loop Control and Management". New conceptions and methods for design and control. https://youtu.be/swcZIy-zrqw?-list=PLhkgduayCf73gcARN8iYLXTe0rkNWBRFz

Neu in der vorliegenden 3. Auflage ist das von Florian Stöckl verfasste Kapitel 9. Ansonsten sind die anderen Kapitel unverändert geblieben. Die Wirkungspläne (Kap. 1) werden durch Datenflusspläne nach dem *Bus-Approach* (Kap. 2) ersetzt, als Netzwerke aus Bauelementen *Bus-Creator und Bus-Selector* gestaltet und simuliert (Kap. 3). Die dabei entstehenden Datenströme werden mit dem sogenannten *Data Stream Management* (DSM) verwaltet (Kap. 4). Die DSM sind im Einklang mit dem Konzept „Industrie 4.0" entwickelt worden. Es werden die „reale Welt" und die „virtuelle Welt" sowie die Phasen „Design" and „Control" des gesamten Lebenszyklus des Regelkreises einheitlich behandelt.

Hierzu liefert noch ein neues Konzept, der *Antisystem-Approach* (Kap. 7), die Grundlagen für Entwurf von DSM für modellbasierte Regelung und die Mehrgrößenregelung.

Diese Konzepte wurden bereits bei Tagungen vorgetragen (MIT 1997 Dortmund, AALE 2010 Wien, ICONEST 2019 Denver und 2020 Chicago), auf Messen präsentiert (CeBit 1997, Hannover Messe 1999 und 2002) und teilweise in meinen Büchern veröffentlicht: „SPS-Programmierung mit Funktionsbausteinen. Automatisierungstechnische Anwendungen" (2000), „Duale Regelungstechnik" (2003), „Bus-Approach for Feedback MIMO-Control" (2014), „Drei-Bode-Plots-Verfahren", 2. Auflage (2022).

Verschiedene DSM-Typen sind im vorliegenden Buch beschrieben:

- Kap. 5:
  - *Ident* für Identifikation von Strecken nach dem Wendetangenten- und dem Zeit-Prozentkennwert-Verfahren,
  - *AFIC* (Adaptive Filter for Identification and Control), mit dem die Strecke nach den drei nacheinander folgenden Eingangssprüngen identifiziert und danach für die Reglereinstellung mittels eines adaptiven Filters übergeben wird,
  - *Tuner* für die optimale Einstellung von Standardreglern nach standardisierten Algorithmen des Reglerentwurfs, wie z. B. Betragsoptimum und symmetrisches Optimum.
- Kap. 6:
  - *Overset* für Dead-Beat-Regelung bzw. zum Anfahren zum Sollwert mittels Anschlägen der Stellgröße zwischen maximal und minimal möglichen Werten,
  - *Multiset* für Predictive Functions Control, nach dem die Stellgröße des Reglers an die Stellgröße eines gewünschten Modells innerhalb von kleinen Zeitabschnitten, sogenannten Zeithorizonten, angepasst wird,
  - *FFF* (Feed-Forward-Fuzzy-Regler), der nach dem klassischen Konzept eines Fuzzy-Reglers mittels Fuzzifizierung aufgebaut ist, jedoch die Regelbasis und Inferenz durch einen anderen einfachen Algorithmus mit Standardreglern ersetzt ist,
  - *Terminator* für vollständige Störgrößenunterdrückung mit einem Baustein, der nach dem Antisystem-Approach als Kombination von Streckenmodell und dessen reziproken Modells aufgebaut ist,
  - *Redundanz* für Umschalten zwischen Stellgrößen „Control" und „Safe" nach einer einfachen logischen Bedingung,
  - *Override* für Begrenzungsregelung, bei der sowohl die Regelgröße als auch eine weitere Größe zu jeweiligen vorgegebenen Sollwerten gebracht werden,
  - *LZV* für die Regelung von Strecken mit nicht konstantem Proportionalbeiwert. Das DSM besteht aus zwei identischen Modulen Neuro 1 und Neuro 2, die nach künstlichen neuronalen Netzen gebildet sind und eine robuste Regelung in bestimmten Zeitbereichen erlauben.
- Kap. 7:
  - *ASA-Regler* für modellbasierte Kompensationsregelung mit zwei Optionen, mit einem Vorfilter und einem Kompensator, gebildet nach dem Konzept des Antisystem-Approach (ASA),
  - *ASA-Predictor* für Regelung von Strecken mit Totzeit nach dem Konzept des Smith-Predictor, jedoch realisiert nach dem Antisystem-Approach, woraus ein einfacher und praktisch realisierbarer Algorithmus ohne D-Anteile resultiert, wie es beim Smith-Predictor der Fall ist,
  - *Regler mit Bypass* für modellbasierte Regelung nach dem Antisystem-Approach mit Umstrukturierung des Wirkungsplans des Regelkreises,

  - *Turbo* für Beschleunigung von Standardreglern mittels Einführung einer sogenannten „Schattenstrecke", gebildet nach dem Antisystem-Approach.
- Kap. 8:
  - *Router* für die Entkopplung der Mehrgrößenregelung als ein nach dem Antisystem-Approach gebildeter Baustein, bestehend aus dem Modell der Hauptstrecke und deren reziproken Modell, die statt des klassischen Entkopplungsreglers im jeweiligen Hauptregelkreis eingesetzt wird. Die Anzahl der Bausteine des gesamten Mehrgrößensystems wird damit drastisch reduziert. Beispielsweise anstelle 42 Entkopplungsreglern eines klassischen Mehrgrößensystems mit sieben Regelgrößen werden nur sieben Router benötigt.

Abschließend beschreibt Florian Stöckl in Kap. 9 an zwei Beispielen, einer einer regionalen Industrieanlage mit sieben Abwasserpumpen und einer Versuchsanlage mit Temperaturregelstrecke, die Anwendung es Data Stream Managements.

Das Buch richtet sich an Studierende der Elektrotechnik und des Maschinenbaus der Technischen Universitäten und Hochschulen sowie an Ingenieure der Automatisierungstechnik.

Fast alle Kapitel des Buches sind mit Beispielen sowie Übungsaufgaben mit Lösungen begleitet und zum besseren Verständnis mit MATLAB®/Simulink simuliert.

Alle im Buch vorhandenen numerischen Daten, Versuchsergebnisse, Kurven usw. sind keine reellen, sondern fiktive Daten. Die Weiterentwicklung oder Nutzung der Publikation ohne Referenz auf Urheber ist nicht zugelassen. Die mit MATLAB® erstellten Skripte und Simulink-Modelle unterliegen dem Urheberrecht, das dem Autor und dem Verlag vorbehalten ist. Für die Anwendung in praktischen Fällen sowie für eventuelle Schäden, die sich aus unvollständigen oder fehlerhaften Angaben bei der Implementierung ergeben können, übernehmen der Autor und der Verlag keine Haftung.

Zum Schluss möchte ich meinen herzlichen Dank für die freundliche Atmosphäre und jederzeit konstruktive Zusammenarbeit den beteiligten Mitarbeitern des Springer Vieweg Verlags aussprechen, besonders dem Senior Editor Applied Sciences, Herrn Michael Kottusch.

Stuttgart
im Februar 2023

Serge Zacher

Inhaltsverzeichnis

1 Wirkungsplan eines Regelkreises

„Der Anfang ist die Hälfte des Ganzen.“ (Zitat: Aristoteles. Quelle: https://www.bevegt.de/zitate-anfangen/, *Zugegriffen: 30.08.2020)*

Zusammenfassung

Die klassischen Wirkungspläne beschreiben lediglich die Signalwege eines isolierten Kreises, während in Wirklichkeit durch die Regelkreise auch Nachrichten, Daten und Informationen fließen. Heutige industrielle Regelkreise sind ohne Steuerung, Mensch-Maschine-Interface und Bussysteme nicht denkbar. Um die Diskrepanz zwischen idealisierten Wirkungsplänen und realen Regelsystemen zu zeigen, ist in diesem Kapitel kurz beschrieben, wie sich die Regelungstechnik historisch entwickelte und wie die industriellen Automatisierungssysteme heute aufgebaut sind. Die Regelkreise werden als Teil des gesamten Automatisierungssystems aus der Sicht der Prozessinformatik analysiert. Verschiedene Arten von Strömen werden betrachtet: Stoff-, Energie-, Informations-, Signal-, Nachrichten- und Datenströme. Es wird gezeigt, welche dieser Ströme mit klassischen Wirkungsplänen abgebildet sind. Somit wird die Notwendigkeit der Darstellung von Regelkreisen mit Datennetzen begründet.

1.1 Einführung

1.1.1 Motivation

Der Regelkreis wurde ungefähr vor 3000 Jahren erfunden und gilt seitdem bis heute als Grundprinzip der Regelung. Nach diesem Prinzip entstanden die ersten industriellen

S. Zacher und F. Stöckl, *Regelungstechnik mit Data Stream Management*,
https://doi.org/10.1007/978-3-662-70019-8_1

Regelkreise im 17. Jahrhundert, und die ersten Wirkungspläne von Regelkreisen wurden entworfen.

Gleichzeitig begann die Entwicklung der mathematischen Theorie des Regelkreises. Es wurde das Fundament der heutigen linearen Regelungstechnik gelegt, und die „drei Säulen" wurden errichtet: Zeit-, Bild- und Frequenzbereich.

Im 19. Jahrhundert entwickelte sich die lineare Regelungstechnik in verschiedene Richtungen. Auf dem „Fundament" der Regelungstechnik wurden mehrere „Stockwerke" wie nichtlineare, unstetige, digitale, adaptive und robuste Systeme aufgebaut, sodass ein riesiges „Gebäude" der heutigen Regelungstechnik entstand.

Die Technik entwickelte sich rasant weiter, die Generationen wechselten, jedoch blieb die Darstellung eines Regelkreises in Form eines Wirkungsplans unberührt. Heute beinhalten die industriellen Netzwerke Hunderte von Reglern in einem System, aber die grafische Abbildung nach klassischen Wirkungsplänen ist höchstens von zwei mitgekoppelten Regelkreisen möglich.

Die seit Jahrzehnten etablierte Darstellung eines Regelkreises mit Signalwegen, die historisch aus der Elektrotechnik stammen, ist nützlich, um dessen dynamisches Verhalten zu verstehen, passt jedoch nicht mehr zum aktuellen Stand der Technik (Abb. 1.1). Heutige Regelung basiert auf der Verarbeitung von Nachrichten, Daten und Informationen eines gesamten Automatisierungssystems, während die klassischen Wirkungspläne lediglich die Signalwege eines isolierten Kreises beschreiben. Die industriellen Regelkreise sind ohne Steuerung und Mensch-Maschine-Interface nicht denkbar, wohingegen die Wirkungspläne reine Regler/Strecke-Signalflussbilder sind. Die Diskrepanz zwischen idealisierten Wirkungsplänen und realen Regelsystemen lässt die Letzteren nur

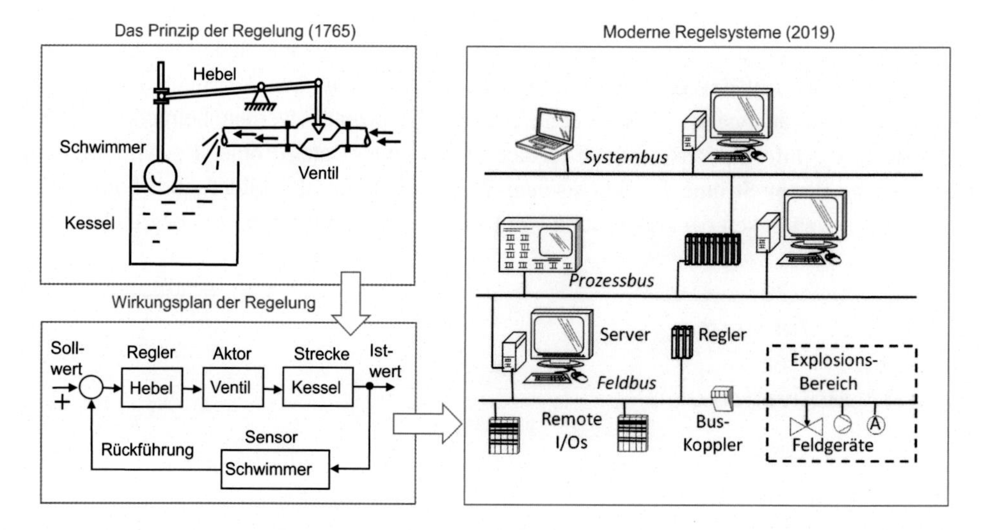

Abb. 1.1 Füllstandregelung des 18. Jahrhunderts (**a**), Automatisierungssystem des 21. Jahrhunderts (**b**), klassischer Wirkungsplan (**c**)

vereinfacht darstellen und erschwert das Verständnis des Faches „Regelungstechnik" bei Studierenden.

1.1.2 Ziel

Das Ziel dieses Buches besteht in einer einfachen und nach heutigen technischen Begriffen verständlichen Abbildung eines Regelkreises als Teil eines gesamten Automatisierungssystems. Es sollen nicht allein die Signalwege eines isolierten Wirkungsplans, sondern die Datenströme (Data Streams) eines Bussystems betrachtet werden. Unter dem Bussystem wird kein realer technischer Bus verstanden, sondern ein virtueller Bus. Das Konzept, nach dem ein Regelkreis wie ein Bus abgebildet wird, wurde in [1] angeboten und Bus-Approach genannt. Der Regler und die Strecke werden wie Buselemente in Segmenten und Strängen dieses virtuellen Busses eingesetzt.

Der Informationsfluss zwischen Bussegmenten wird von sogenannten *Data Stream Managers* (DSM) angesteuert. Ein DSM ist ein regelungstechnischer Baustein mit logischen Operatoren und gewöhnlichen Übertragungsfunktionen, mit dem die einfache Simulation und Verwaltung von Datenströmen in einem Regelsystem ermöglicht wird.

Dadurch ergeben sich mehrere Vorteile gegenüber den etablierten Wirkungsplänen, die in den nachfolgenden Kapiteln gezeigt werden:

- Die Untersuchung des Regelkreisverhaltens wird didaktisch leichter zu erklären. Gegenüber klassischen Wirkungsplänen lassen sich mithilfe des Bus-Approachs die Übertragungsfunktionen des gesamten Systems für Führungs- und Störverhalten viel einfacher bestimmen.
- Die grafische Darstellung eines Mehrgrößensystems nach dem Bus-Approach erhöht die Übersichtlichkeit.
- Es entfällt die Notwendigkeit der Untersuchung von Mehrgrößensystemen im Zustandsraum. Man kann die klassischen Verfahren zur Analyse eines Mehrgrößensystems im Zeit-, Bild- und Frequenzbereich nach dem Bus-Approach anwenden. Dabei erfolgt die Entkopplung des Mehrgrößenreglers auch bei höheren Dimensionen genauso einfach wie bei zweidimensionalen Reglern.
- Mehrere Funktionen beim Entwurf und bei der Realisierung eines modernen Regelkreises, wie Identifikation der Strecke, Reglereinstellung (Tuning), Störgrößenbeseitigung usw., werden vom DSM übernommen und automatisch ausgeführt.

Bevor wir zum Konzept des Datenflussmanagements übergehen, beschreiben wir in diesem Kapitel, wie sich die Regelungstechnik entwickelte und wie die industriellen Automatisierungssysteme heute aufgebaut sind. Dann analysieren wir die Regelkreise aus der Sicht der Prozessinformatik und zeigen, welche Arten von Strömen (Stoff-, Energie-, Informations-, Signal-, Nachrichten- und Datenströme) durch einen Regelkreis fließen und welche von diesen Strömen mit klassischen Wirkungsplänen abgebildet sind. Daraus werden die Argumente gegen Wirkungspläne bzw. für die Darstellung von Regelkreisen mit Datennetzen abgeleitet. Danach werden in Kap. 2 und 4 die Konzepte *Bus-Approach* und *Data Stream Management* vorgestellt.

1.2 Klassische Regelkreise

1.2.1 Historischer Überblick

> „Das Wesentliche einer Regelung besteht in einem *Rückkopplungszweig*, der dazu dient, die zu regelnde Größe (die *Regelgröße*) von Störeinflüssen unabhängig zu machen, sodass sie stets einen vorgegeben Wert beibehält." (Zitat [2, Seite 1])

Von Heron bis Minorski

Der griechische Mathematiker, Physiker und Mechaniker Heron, der nach verschiedenen Angaben um 60 v. Chr. oder um 100 n. Chr. lebte, beschrieb in seinem berühmten Werk *„Pneumatika"* mehrere Maschinen damaliger Zeit. Betrachten wir davon nur die selbstregulierende Öllampe (Abb. 1.2) und beschreiben wir deren Funktion nach heutigen Begriffen der Regelungstechnik.

Der aktuelle Füllstand (Istwert) ist x, der gewünschte Füllstand (Sollwert) ist w. Die Öllampe hat alle Elemente des modernen Regelkreises, wie aus dem Wirkungsplan der Abb. 1.2 unten zu sehen ist. Der Ölbehälter ist die Regelstrecke, der Luftdruck dient wie ein Aktor, und die Öffnung zwischen Ölbehälter und Lampenschale ist der Sensor. Durch diese Öffnung wird Luft in den Behälter durch ein senkrecht stehendes Mittelrohr eintreten, wenn der Ölstand tief genug gesunken ist bzw. wenn die Bedingung

$$e = (w - x) > 0$$

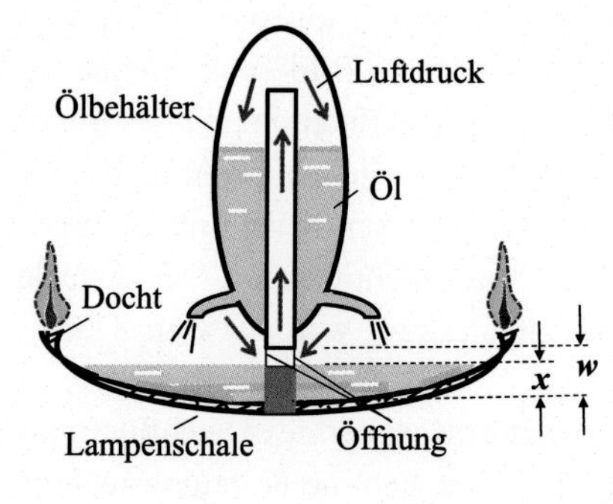

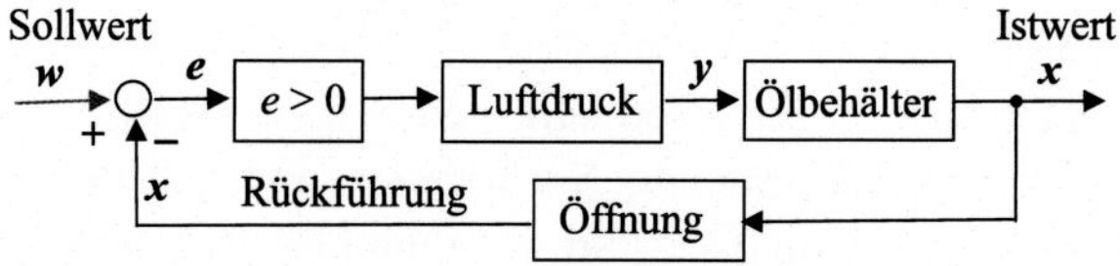

Abb. 1.2 Füllstandregelung einer Öllampe nach *Heron*

erfüllt ist. Diese Bedingung hat die Funktion eines Zweipunktreglers, sodass das Öl aus dem Ölbehälter solange austropfen wird, bis die Ist- und Sollfüllstände gleich werden bzw. $e = 0$ gilt.

Erste industrielle Regelkreise entstanden mit der Entwicklung der Windmühlenregelung (*Lee,* 1747), Wasserstandregelung eines Dampfkessels (*Iwan Polsunow,* 1765) und Drehzahlregelung einer Dampfmaschine (*James Watt,* 1788). Die Erfindungen von *Polsunow* und *Watt* sind in Abb. 1.3 gezeigt. Das sind keine Originalskizzen, sondern schematische Darstellungen mit den in der heutigen Regelungstechnik etablierten Begriffen und grafischen Symbolen, woraus die Funktionsweise der Regelung sofort erkennbar ist.

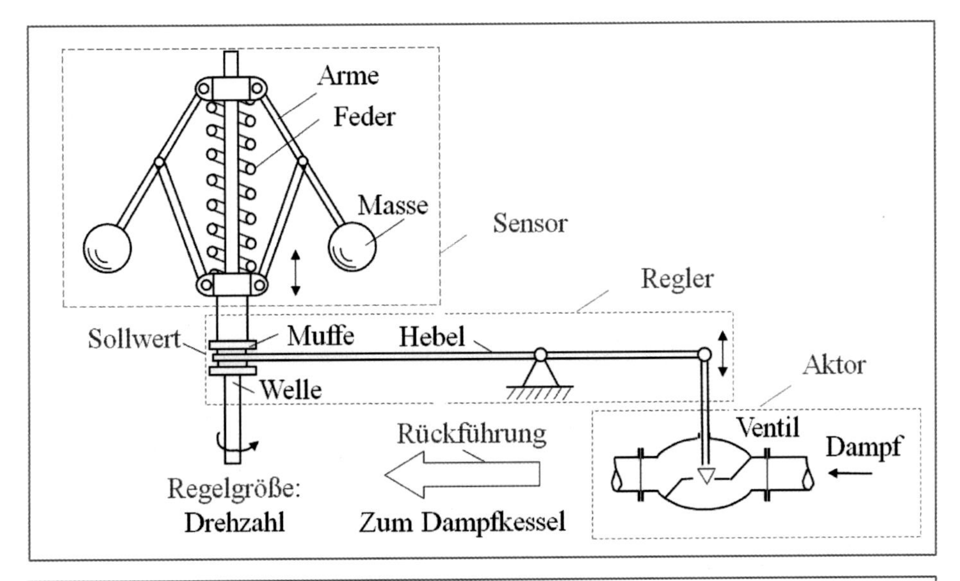

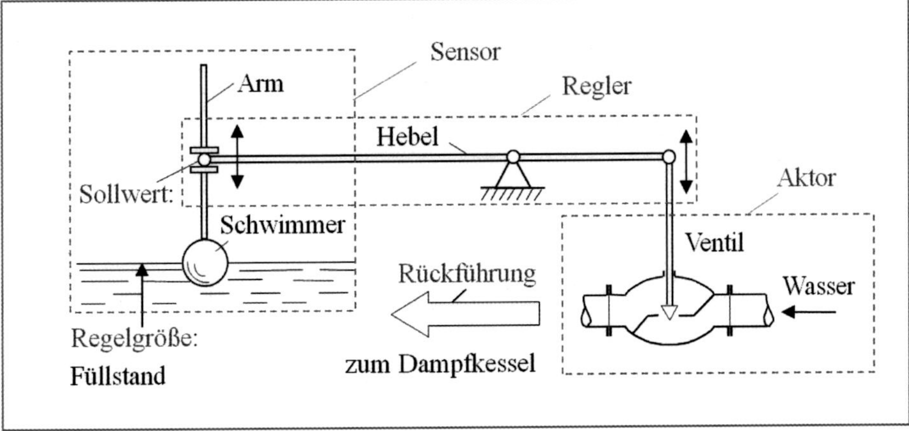

Abb. 1.3 **a** Drehzahlregelung nach James Watt, 1788 und **b** Füllstandregelung nach Iwan Polsunow, 1765

Ob zur damaligen Zeit die Wirkungspläne erstellt wurden, ist fraglich. Skizzieren wir doch in Abb. 1.4 die Wirkungspläne nach heutigen Vorstellungen, dann wird es sofort klar, dass beide Systeme der Abb. 1.3 fast identisch aufgebaut sind. Nur die Sensoren unterscheiden sich voneinander je nach Regelgröße bzw. nach dem Ziel der Regelung.

> „Seit 1870 sind die Regelungssysteme mit elektrischem Antrieb ausgestattet. Bekannt sind zahlreiche Steuerungssysteme für die Stabilisierung (*Ziolkowski,* 1898) und die Kursregelung (*Schuler,* 1910) von Luftschiffen.“ (Zitat [3, Seite 12])

Die Kursregelung eines Zeppelins nach *Ziolkowski* ist in Abb. 1.5 schematisch darstellt. Daraus ist ersichtlich, dass der Regelkreis nach klassischem Wirkungsplan wie in Abb. 1.4 aufgebaut ist. Die mechanischen Elemente sind teilweise durch elektrische Bausteine ersetzt worden, nur der Sensor ist mechanisch geblieben.

Mit der Erfindung des PID-Reglers im Jahr 1922 von *Nicolas Minorski* wurde die erste Phase der Entwicklung der Regelungstechnik abgeschlossen, wie im Diagramm der Abb. 1.5 gezeigt ist.

Das Fundament und die Tragsäulen der Regelungstechnik

Parallel zu o. g. Erfindungen wurde auch die Entwicklung theoretischer Methoden fortgesetzt, die im 18. Jahrhundert anfing.

> „Um die Genauigkeit der Regelung zu erhöhen, wurden die Methoden zur Auswahl der Reglerparameter ausgearbeitet. Zwischen 1828 und 1888 wurde die mathematische Theorie des Regelkreises von *Maxwell, Wyschnegradski, Routh, Linke* entwickelt. Danach erarbeiteten *Ljapunov* (1892) und *Hurwitz* (1895) die Methoden der Stabilitätsuntersuchung. Dies war die Epoche, in der die Regelungstechnik von der Mechanik geprägt wurde.“ (Zitat [3, Seite 12])

Somit wurde das Fundament der heutigen linearen Regelungstechnik gelegt, und die drei Säulen wurden errichtet: Zeit-, Bild- und Frequenzbereich.

> „Die Regelungstheorie war auf elektrische Maschinen und Relais zugeschnitten, die aus der Elektrotechnik kamen. Die theoretischen Untersuchungen basierten auf der analytischen Lösung der Differenzialgleichungen mittels Laplace-Transformation oder grafischen Kreisdiagrammen, die auch aus der Elektrotechnik kamen.“ (Zitat [3, Seite 12])

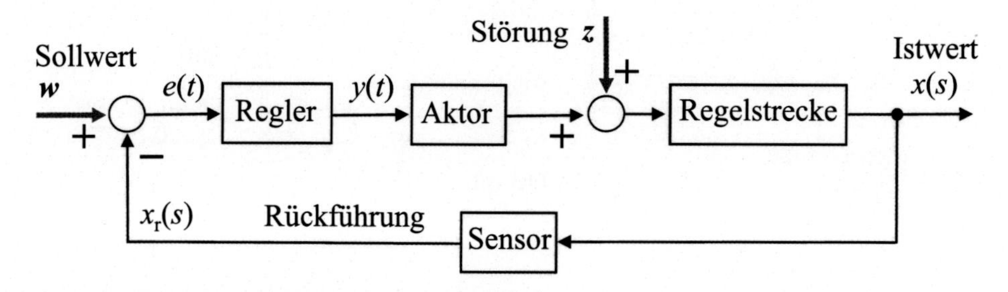

Abb. 1.4 Klassischer Wirkungsplan eines Regelkreises

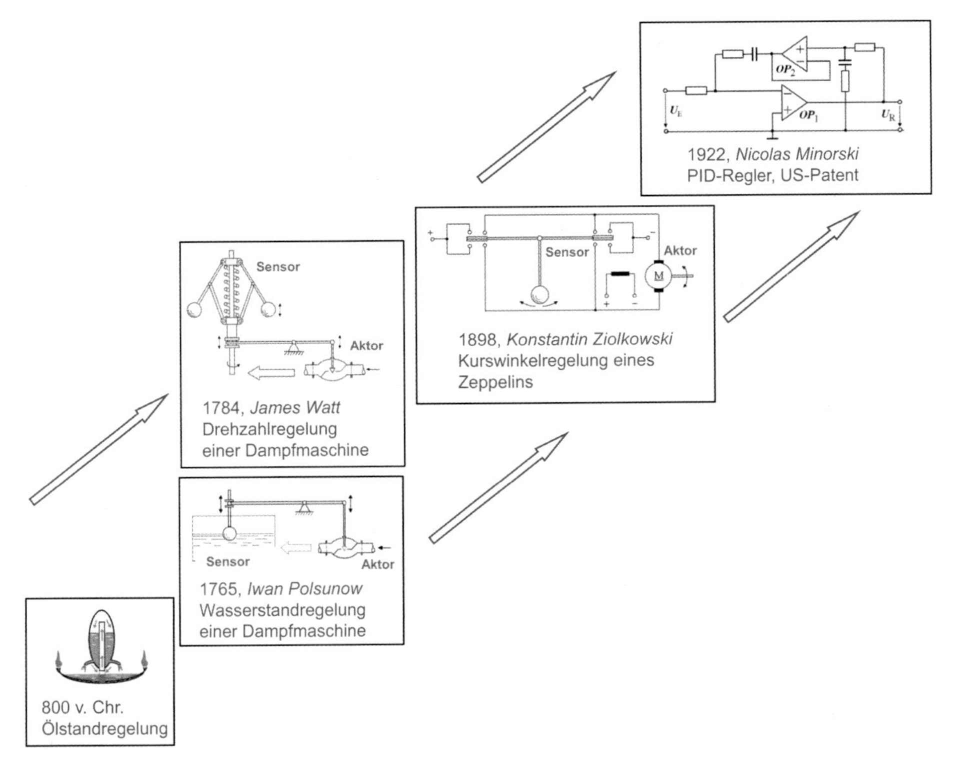

Abb. 1.5 Erfindungen von Reglern und Regelkreisen bis 19. Jahrhundert

Die lineare Regelungstechnik entwickelte sich in viele verschiedene Richtungen. Auf dem „Fundament" der Regelungstechnik wurden mehrere „Stockwerke" wie nichtlineare, unstetige, digitale, adaptive und robuste Systeme aufgebaut, sodass ein riesiges „Gebäude" entstand.

„Große Bedeutung für die weitere Entwicklung der Regelungstechnik hatte der Fortschritt in der Nachrichtentechnik. 1928 benutzte *Kuepfmueller* zum ersten Mal den Begriff des Blockschaltbildes für die Beschreibung des offenen Regelkreises. Aus der Theorie der rückgekoppelten elektronischen Verstärker führten *Nyquist, Michailow, Bode* seit 1930 die Frequenzmethoden in die Automatisierungstechnik ein." (Zitat [3, Seite 13])

Steuerung

Nachdem *Richard Morley* 1960 seine erste SPS entwickelt und unter der Bezeichnung *Modicon* (Morley Digital Control) auf den Markt gebracht hatte, hat sich die Regelungstechnik drastisch geändert. Die Steuerung ist seitdem Bestandteil der Regelung oder umgekehrt.

An dieser Stelle beenden wir die historische Übersicht. In Abb. 1.6 sind nur einige der wichtigsten Ergebnisse der Regelungstechnik zusammengefasst.

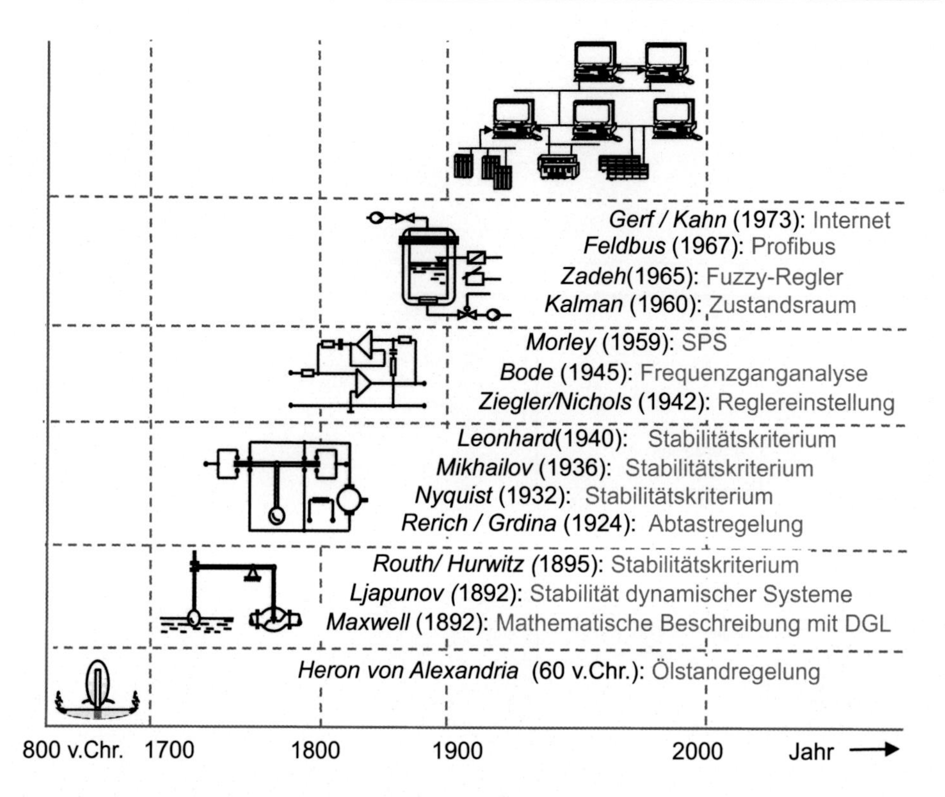

Abb. 1.6 Geschichte der Regelungstechnik (kurze Übersicht)

1.2.2 Trends der Regelungstechnik

Die Generationen wechselten, die Technik entwickelte sich rasant weiter (siehe Diagramm in Abb. 1.7).

> „Vom technischen Fortschritt hat die Regelungstechnik in erster Linie die Simulationswerkzeuge und die programmierbaren Regelalgorithmen übernommen. Die Untersuchungsmethoden der früheren Jahre, wie die grafischen Methoden der Mechanik und die Frequenzmethoden der Elektrotechnik, wurden dabei durch die schnelle Lösung der Differenzialgleichung mittels PC unterstützt … Die starken Impulse an die Regelungstechnik von Seiten der Informationstechnik haben die Schwerpunkte von den Differenzialgleichungen hin zur Datenverarbeitung verschoben". (Zitat [3, Seite 14])

In den letzten fünf Jahren kamen noch zwei markante Systeme zum Einsatz. Das sind *Networked Control Systems* (NCS) und *cyber-physische Systeme* (CPS).

Mit dem Begriff NCS bezeichnet man dezentrale Regelungssysteme, die aus mehreren Regelkreisen bestehen (siehe [4]). Jeder Regelkreis beinhaltet klassische Bauteile wie Sensoren, Aktoren und Regler und ist auch nach klassischen Wirkungsplänen aufgebaut. Der Unterschied ist jedoch, dass die Bauelemente von Regelkreisen auf verschiedene

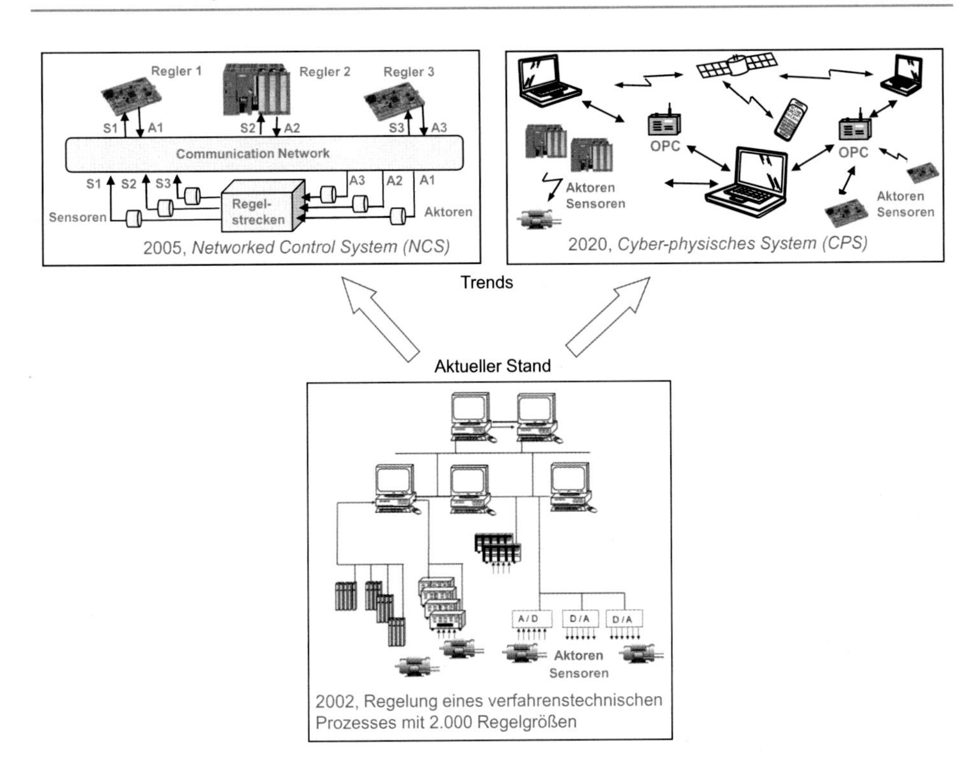

Abb. 1.7 Regelsysteme der Gegenwart, Stand und Trends

Orte verteilt sind, sodass die Verbindungen zwischen einzelnen Bauelementen oder einzelnen Regelkreisen über ein gemeinsames Netzwerk erfolgen. Als Netzwerk kann ein beliebiges Informationssystem zur Koordination und zum Datenaustausch benutzt werden, z. B. ein Bussystem oder das Internet. Das NCS-Konzept weist zwei wesentliche Unterschiede gegenüber dem klassischen Konzept der dezentralen Regelung auf:

- Bei der klassischen dezentralen Regelung wird zuerst das Netzwerk als Kommunikationssystem festgelegt, sodass die Hauptaufgaben eines Regelsystems der rechtzeitige Informationsaustausch und die Stabilität des Prozessbetriebes sind. Bei NCS steht umgekehrt das Netzwerk als Teil des Regelsystems im Mittelpunkt. Ein NCS ist für verschiedene, auch konkurrierende Applikationen offen. Somit sind die Echtzeitkommunikation und ein stabiler Betrieb nicht mehr gewährleistet.
- Zu den Hauptaufgaben einer NCS gehören nicht nur die Regelung und Steuerung, sondern auch die Prozessführung, Operations Research, Planung, Management.

Die *cyber-physischen Systeme* (CPS) sind auch dezentrale Automatisierungssysteme, die aus mehreren Regelkreisen bestehen. Der Schwerpunkt der CPS ist jedoch kein Regelkreis, sondern die Integrierung von realen Sensoren und Aktoren mit mobilen Mikrocontrollern über das *Internet der Dinge* – somit ist die Verschmelzung der realen Welt mit simulierten und visualisierten Systemen mit der sogenannten virtuellen Welt (siehe [5]) gewünscht. Die Definition von CPS ist z. B. in [6] wie folgt gegeben:

> „Cyber-physische Systeme sind Systeme, bei denen informations- und softwaretechnische Komponenten mit elektrischen und mechanischen Komponenten verbunden sind, wobei Datentransfer sowie Steuerung über eine Infrastruktur wie das Internet in Echtzeit erfolgen. Wesentliche Bestandteile sind mobile und bewegliche Einrichtungen, Geräte und Maschinen (darunter auch Roboter), eingebettete Systeme und vernetzte Gegenstände (Internet der Dinge)." (Zitat [6])

Im nächsten Abschnitt betrachten wir, wie die modernen Automatisierungssysteme aufgebaut sind und wie das Problem des Datentransfers von großen Informationsvolumina bei diesen Systemen erfolgreich gelöst wurde, um dann diese Lösungen auf klassische Wirkungspläne von Regelkreisen zu übertragen.

1.3 Automatisierungssysteme

Das allgemeine Ziel eines Automatisierungssystems ist weitgehend bekannt, nämlich: komplexe technische Prozesse von Maschinen möglichst automatisch bzw. selbsttätig ablaufen zu lassen. Nachfolgend werden die Funktionen und Strukturen von Automatisierungssystemen kurz beschrieben.

1.3.1 Funktionen und Ebenen eines Automatisierungssystems

Funktionen
In Abb. 1.8 sind die wichtigsten Funktionen eines Automatisierungssystems zusammengefasst. Die MSR-Funktionen (Messen, Steuern, Regeln) bilden die Grundlage des gesamten Systems und haben sich schon im 18. Jahrhundert etabliert, wie im vorherigen historischen Überblich bereits gezeigt wurde. Jedoch sind heutige Feldgeräte, wie z. B. Sensoren, Motoren, Ventile usw., intelligent geworden: Sie können sich selbst überwachen und die primären Zustandsinformationen dem Benutzer geben. Zusammen mit Simulation und Visualisierung sind die MSR-Funktionen eine Voraussetzung für eine virtuelle Welt, die zur vierten technischen Revolution INDUSTRIE 4.0 führen soll.

Nun verlassen wir beide unteren Ebenen, Prozessebene und Feldebene, die oft auch nur wie eine Ebene betrachtet werden, und gehen nach oben in die nächste Ebene.

Ausschlaggebend für diese Ebene, die Prozessleitebene genannt wird, sind die Datenübertragung, die Mensch-Maschine-Kommunikation (HMI) und die Überwachung von Prozessen der unteren Ebenen. Die Realisierung dieser Funktionen erfolgt mit einem Prozessleitsystem (PLS). Der Mensch übernimmt die Rolle eines Operators und

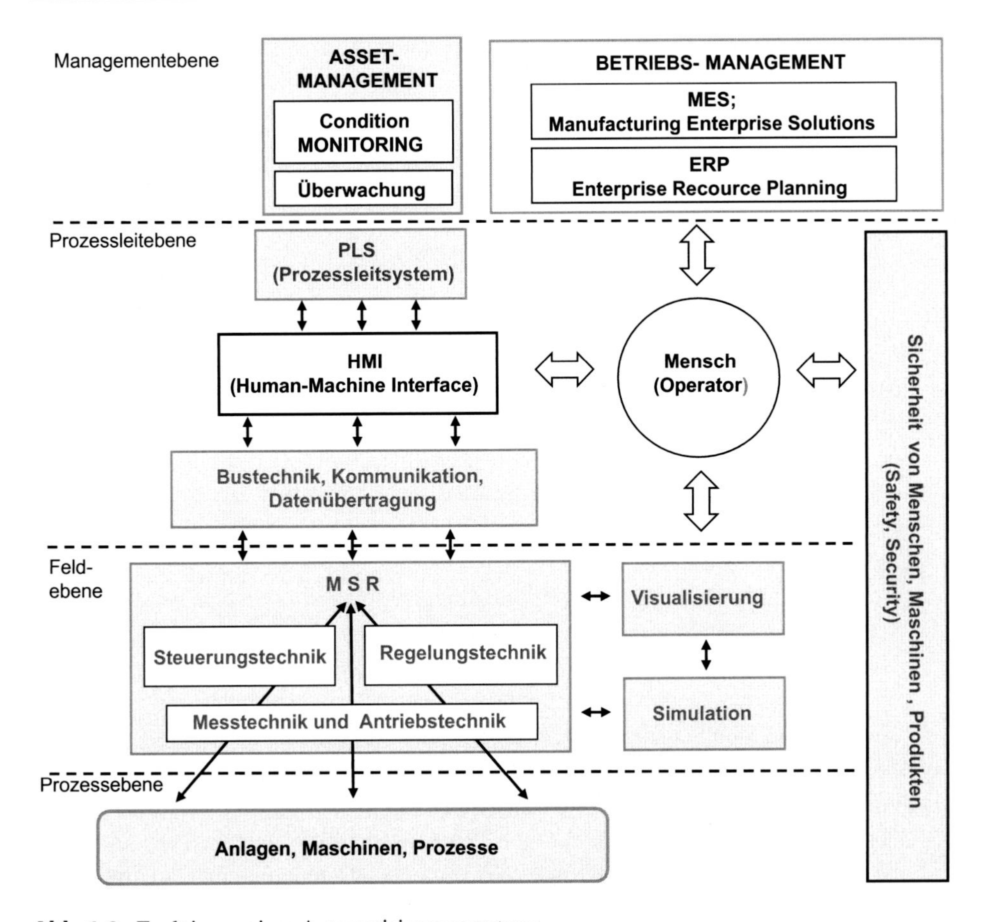

Abb. 1.8 Funktionen eines Automatisierungssystems

überwacht die Industrieprozesse, die anhand von visualisierten Prozessgrößen in der Leitwarte angezeigt werden.

Die Kommunikation zwischen Ebenen erfolgt mit Bussen, die sich bereits für die Datenübertragung fest etabliert haben. Die Methoden und Lösungen der Prozessleitebene gehören sowohl zum Fach Automatisierungstechnik als auch zum Fach angewandte Informatik. Aus diesen beiden Fächern entstand ein neues Fach, welches *Prozessinformatik* genannt wurde. Das ist noch ein Argument dafür, die klassischen Wirkungspläne von Regelkreisen mit Elementen der Prozessinformatik, nämlich mit Bussystemen, zu ergänzen.

Zur Managementebene gehören die Überwachung von Maschinen sowie die Planung und Verwaltung des gesamten Industrieunternehmens. Die Funktionen der Managementebene wie auch die Maßnahmen zur Sicherheit von Menschen und Maschinen werden hier nicht betrachtet. Erklären wir nur kurz die Bedeutung von folgenden Begriffen:

- *ASSET Management:* Ein Asset ist ein Steuergerät, z. B. ein Regler oder ein Bauteil eines Regelsystems, wie ein Ventil, mit oder ohne eigene Diagnosefunktionen. Somit ist ein ASSET Management ein System für die Verwaltung von Anlagen und hat folgenden Funktionen:
  - Diagnose und Wartung,
  - Ermittlung des Betriebsstatus des Reglers,
  - Ermittlung des Status der Sensoren und Aktoren,
  - Qualitätsmanagement.
- *Condition Monitoring,* auch *Condition Based Management* und *Performance Management* genannt, ist die zustandsorientierte bzw. prädiktive Instandhaltung von Maschinen und Anlagen eines Automatisierungssystems. Der Zustand von Maschinen und Anlagen wird durch Sensoren ständig erfasst und ausgewertet. Die Reparatur und der Austausch werden erst dann veranlasst, wenn sich der Zustand der Komponenten so verschlechtert hat, dass ein baldiger Ausfall zu befürchten ist. Damit hat Condition Monitoring wesentliche Vorteile gegenüber anderen bekannten Instandhaltungsansätzen:
  - reaktive Instandhaltung, bei der die Anlagen solange betrieben werden, bis ein Ausfall oder eine Störung zu einem Anlagenstillstand führt;
  - vorbeugende Instandhaltung *(Preventive Maintenance),* bei der die verschleißanfälligen Komponenten in regelmäßigen Intervallen vorsorglich und unabhängig vom Pflege- und Schädigungszustand ausgetauscht werden.
- *Manufacturing Enterprise Solutions* (MES): Ein MES wird auch Produktionsleitsystem genannt. Es ermöglicht Führung, Lenkung, Steuerung und Kontrolle der Produktion in Echtzeit. Dazu gehören alle Prozesse, die eine zeitnahe Auswirkung auf den Produktionsprozess haben, sowie die klassischen Datenerfassungsfunktionen wie:
  - Betriebsdatenerfassung (BDE),
  - Maschinendatenerfassung (MDE),
  - Personaldatenerfassung (PDE).
- *Enterprise Resource Planning* (ERP): Mit dem ERP sollen die Planung und die Steuerung von Geschäftsprozessen optimiert werden. Ein ERP-System ist eine komplexe Lösung zur Planung von folgenden Ressourcen eines gesamten Unternehmens:
  - Kapital,
  - Betriebsmittel,
  - Personal.

Ebenen eines Automatisierungssystems

Ein Automatisierungssystem lässt sich hierarchisch wie ein Ebenenmodell bzw. eine Automatisierungspyramide nach Abb. 1.9 darstellen, in der auf jede Ebene die gleichartigen Funktionen zusammengefasst sind.

Die *Prozessebene* ist das eigentliche Ziel des Automatisierungssystems. Hier befinden sich *Anlagen* und *Maschinen* eines technischen Prozesses, z. B. eines Produktionsprozesses. Der Prozessebene werden auch Geräte zugeordnet, die in die Anlagen

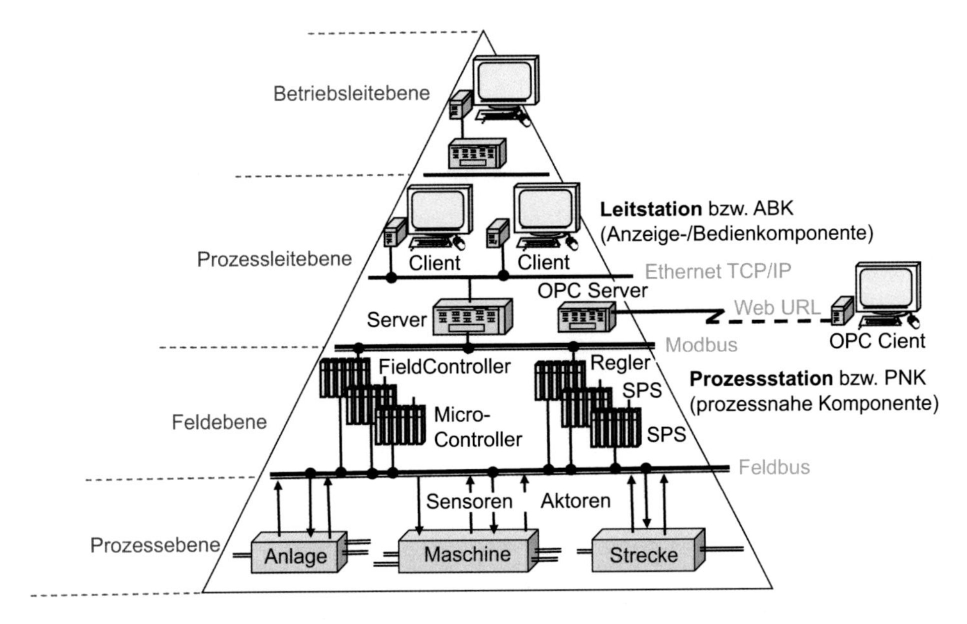

Abb. 1.9 Automatisierungspyramide

eingreifen, um die Information über Prozesse zu gewinnen *(Sensoren)* oder auf den Fortgang von Prozessen einzuwirken *(Aktoren)*. Den Teil einer Anlage oder eines Prozesses, der geregelt wird, nennt man *Regelstrecke*.

In der *Feldebene* findet man alle Komponenten, die für die Regelung und Steuerung nötig sind. Hierzu zählen insbesondere einzelne *Regler, SPS*en (Geräte der speicherprogrammierbaren Steuerung), *Mikrocontroller* wie auch Teile eines übergeordneten Prozessleitsystems mit Regelungs- und Steuerungsfunktionen, sogenannte *FieldController*.

Die *Prozessleitebene* umfasst in einem Prozessleitsystem die wichtigsten Komponenten für die Überwachung und Leitung von Anlagen und Maschinen der Prozessebene sowie von Steuergeräten der Feldebene. Diese Komponenten sind in Abb. 1.8 gezeigt. Das sind die *Bussysteme* und die Mensch-Maschine-Schnittstelle bzw. *Human-Machine Interface* (HMI).

Die oberste in Abb. 1.9 dargestellte Ebene ist die *Betriebsleitebene,* die auch *Managementebene* oder *Produktionsleitebene* genannt wird. Diese Ebene greift auf Informationen der darunterliegenden Ebenen zurück, um alle Aufgaben der Betriebsleitung, aber auch die Aufgaben des Anlagenmanagements zu realisieren (siehe Abb. 1.8).

PNK und ABK

Aus dem Blickwinkel eines Prozessleitsystems gelten die *Feldebene* als prozessnahe Komponente (PNK) und die *Prozessleitebene* als Anzeige- und Bedienkomponente (ABK), die manchmal auch BBK genannt wird (Bedien- und Beobachtungskomponente). Aus Abb. 1.8 und 1.9 sind die Funktionen von PNK und ABK ersichtlich:

- die PNK, die auch *Prozessstation* bezeichnet wird, übernimmt die MSR-Funktionen (Messen, Steuern, Regeln);
- die ABK, die auch *Leitstation* genannt wird, hat Funktionen, die über die HMI *(Human–Machine Interface)* hinausgehen und die Aufgaben der Prozessüberwachung, Visualisierung, Protokollierung und Datenarchivierung umfassen.

In Abb. 1.10 ist das Beispiel eines PLS mit einer PNK und einer ABK gezeigt.

Wir beenden an dieser Stelle die Beschreibung der wichtigsten Elemente eines Automatisierungssystems. Im nächsten Abschnitt wird die Kommunikation zwischen Ebenen und Elementen eines Automatisierungssystems definiert und simuliert.

1.3.2 Kommunikation zwischen Ebenen eines Automatisierungssystems

Bussysteme

Die klassische Verbindung zwischen Ebenen eines Automatisierungssystems heißt Punkt-zu-Punkt-Verbindung (siehe Abb. 1.11a). Solch eine Verbindungsart wird heute wegen hoher Montage- und Kabelkosten kaum benutzt.

Die Übertragungsprinzipien für Busstrukturen unterscheiden sich grundsätzlich von der Punkt-zu-Punkt-Verbindung durch die physikalische Kopplung der einzelnen Teilnehmer und führen zu einer Gesamtkostenreduzierung bis 40 % durch:

Abb. 1.10 Beispiel eines einfachen Prozessleitsystems

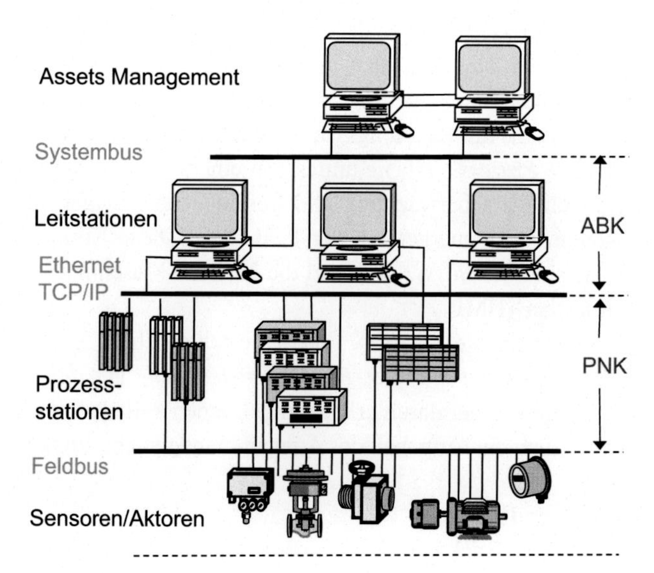

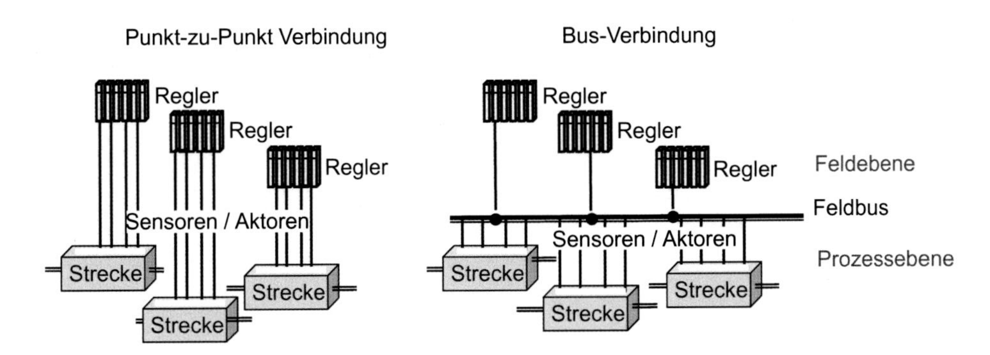

Abb. 1.11 Arten der Kommunikation zwischen Ebenen eines Automatisierungssystems

- keine Verdrahtung und Rangierung,
- direkte Anbindung der Prozessgeräte,
- Einsparung bei Verteilung, Speisung und Montage im Feld.

In einem Bus sind alle Teilnehmer über einen gemeinsamen Verbindungsweg zu einzelnen Knoten geschaltet (siehe Abb. 1.11b). Die Daten werden von einem bestimmten Knotenpunkt zu anderen Knotenpunkten transportiert und empfangen. Zur Identifizierung des Zielknotens wird eine Adressierung in sogenannten Telegrammen vorgenommen.

Da die Funktionsweise und die Strukturen von realen Bussen für den in diesem Buch angebotenen Bus-Approach ohne Bedeutung sind, werden sie nachfolgend nicht behandelt. Die Mechanismen und Algorithmen von Bussen sind in der Literatur ziemlich umfangreich beschrieben. Für Grundlagen der industriellen Buskommunikation kann das Buch [19] empfohlen werden. Merken wir nur an, dass für die Verbindung zwischen PNK und ABK zwei Strukturen möglich sind:

- Master/Slave,
- Client/Server.

Master/Slave-Kommunikation

Mehrere Peripheriegeräte *(Slaves)* werden an einen Feldbus neben einer programmierbaren *Master*-Steuerung angeschlossen. Nach der PROFIBUS-DP-Guideline sind zwei Arten von DP-Mastern definiert:

- eine Prozessstation (PNK), die als DP-Master der Klasse 1 für die Prozesssteuerung programmiert wird;
- eine Leitstation (ABK), die als DP-Master der Klasse 2 für Prozessführung und -visualisierung sowie für die Projektierung und Inbetriebnahme eines PROFIBUS-DP programmiert wird.

Auch die Slaves werden nach der PROFIBUS-Guideline unterschiedlich bezeichnet:

- einfache Feldgeräte, die nicht programmiert, sondern nur konfiguriert werden können;
- Remote-I/O der dezentralen Peripherie;
- intelligente Feldgeräte, die konfigurierbar und mit IEC-Sprachen frei programmierbar sind. Diese Geräte unterscheiden sich von den ersten zwei Klassen dadurch, dass sie nicht nur die einfachen Ein-/Ausgabefunktionen an die nachgeschalteten Prozessgeräte, sondern auch die Funktionen der Signalaufbereitung realisieren.

Client/Server-Kommunikation
Mehrere aktive Busteilnehmer *(Clients),* die keine direkte Verbindung zum Industrieprozess haben, jedoch die Steuerungs- und Überwachungsfunktionen übernehmen sollen, werden an einen passiven Busteilnehmer *(Server)* angeschlossen. Der Server dient zur Verbindung mit dem Prozess und soll eine hohe Rechenleistung haben. Auch ist der Server für die Sicherheit des gesamten Prozessleitsystems verantwortlich und soll redundant ausgelegt werden.

Mehr über die Client/Server-Struktur und andere Kommunikationssysteme wie OPC-Client/Server oder die objektbasierte Kommunikation CORBA kann man in [3, 7, 8] nachlesen.

1.4 Prozessinformatik

1.4.1 Arten der Kommunikation

Aus Grundlagen der Informatik sind folgende Arten der Kommunikation bekannt (siehe z. B. [9]):

- mit Signalen,
- mit Nachrichten,
- mit Daten,
- mit Informationen.

Signale sind in der Zeit veränderliche physikalische Größen und werden zwischen physikalischen Elementen (Sensoren, Aktoren, Sender, Empfänger) übermittelt. Beispielsweise sind die Prozesse in einem Regelkreis (siehe Wirkungsplan der Abb. 1.4) durch Signale beschrieben. Auch in Abb. 1.11a entspricht die Punkt-zu-Punkt-Verbindung einer Signalübertragung.

Nachrichten sind Mitteilungen, die mittels Signalen übertragen werden, bzw. Signale sind Träger von Nachrichten. Eine Nachricht kann mit verschiedenen Signalen übermittelt werden.

> „Rechner haben ‚keine Ahnung' von Interpretationen, verarbeiten also Nachrichten und keine Informationen, trotzdem sind Rechneraktionen sinnvoll." (Zitat [10, Seite 14])

Daten sind Mitteilungen, die mittels Signalen wie Nachrichten von einem physikalischen Element zu einem anderen physikalischen Element übertragen werden.

> „*Nachrichten* und *Daten* sind Synonyme, bedeuten also dasselbe. Man spricht vorzugsweise von Nachrichten (*Messages*), wenn es um deren Übertragung von einem Ort zu einem anderen Ort geht, von Daten, wenn man die Verknüpfung von Nachrichten an einem ganz bestimmten Ort (beispielweise beim Empfänger) unter Rückgriff auf ein Speichermedium betrachtet. Die Umgangssprache macht diesen Unterschied nicht immer: so werden für die Übertragung von Nachrichten heute vorzugsweise Datennetze herangezogen." (Zitat [9, Seite 25])

Beispielsweise entspricht die Busverbindung in Abb. 1.11b einem Datenfluss.

Informationen sind interpretierte Nachrichten. Interpretationen einer Nachricht von verschiedenen Empfängern sind nicht eindeutig und können sehr unterschiedliche Handlungen auslösen.

> „Rechner verarbeiten Nachrichten, nicht Informationen." (Zitat [10, Seite 17])
> „In der Umgangssprache sind Information und Nachricht Synonyme." (Zitat [9, Seite 27])

1.4.2 Datenströme eines Automatisierungssystems

Die Automatisierungspyramide der Abb. 1.9 ist ein physikalisches System und zeigt die Übermittlung von Signalen zwischen physikalischen Elementen (Sensoren, Aktoren, PNK). Die Busse bilden ein Datennetz und übertragen Nachrichten bzw. Daten sowohl für physikalische Elemente (Regler, Aktoren, Sensoren, PNK), aber auch für Menschen (ABK). Wie in Abb. 1.8 gezeigt ist, werden die Nachrichten von Menschen über HMI zu Informationen interpretiert, woraus die Handlungen resultieren (Überwachung).

Ein Beispiel eines Automatisierungssystems ist in Abb. 1.12 gezeigt. Es sind dort zwei Betriebsbereiche, *Area 1* und *Area 2,* gezeigt, die jeweils von zwei Prozessstationen PNK angesteuert werden. Hierzu sind mit gestrichelten Linien auch zwei redundante Prozessstationen dargestellt. Der Server ist in Abb. 1.12 als *Switch primär* bezeichnet. Der redundante Server ist auch mit gestrichelten Linien gezeichnet und heißt *Switch sekundär.* In der Leitwarte befinden sich drei Clients (Leitstationen bzw. ABK).

Der Datenverkehr *(Data Stream)* erfolgt in drei Ebenen:

- innerhalb eines Betriebsbereiches (PNK zu PNK),
- bereichsübergreifender Informationsverkehr zwischen PNK und ABK,
- innerhalb der Leitwarte (ABK zu ABK).

Die Datenströme des in Abb. 1.9 gezeigten Automatisierungssystems kann man vereinfachen und mit MATLAB®/Simulink simulieren.

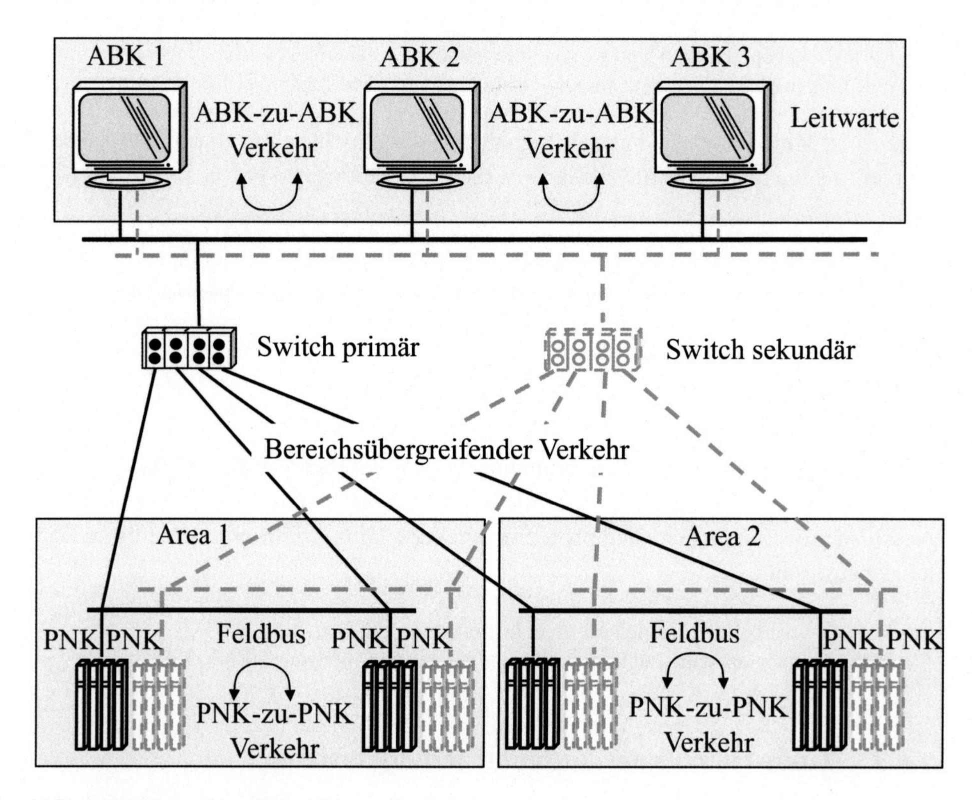

Abb. 1.12 Redundante Client/Server-Struktur

In Abb. 1.13 ist das Modell eines einfachen Datenverkehrs zwischen drei Clients (Output, Input, Stellsignal) und einem Server (Switch) gezeigt. Der Betriebsbereich (Area) besteht aus zwei Anlagen (Prozess 1 und Prozess 2), die über ein Bussystem von einer Prozessstation (Regler) geregelt werden.

Im betrachteten Beispiel wird nur eine einzige PNK (Regler) benutzt. Um die Erweiterung des simulierten Bussystems auf die zweite PNK zu ermöglichen, sind in Abb. 1.13 noch weitere Busanschlüsse für das Signal 2 vorgesehen, die im betrachteten Beispiel mit Terminationen abgeschlossen sind. Die Umschaltung zwischen dem Signal 1 und Signal 2 erfolgt in diesem vereinfachten Beispiel manuell, soll aber in der Realität vom Server übernommen und automatisch ausgeführt werden.

Die MATLAB®-Busse (Bus-Creator und Bus-Selector) funktionieren nach anderen Prinzipien und Mechanismen als reale Feldbusse, jedoch ist damit der reale Informationsverkehr (Data Stream) nachvollziehbar.

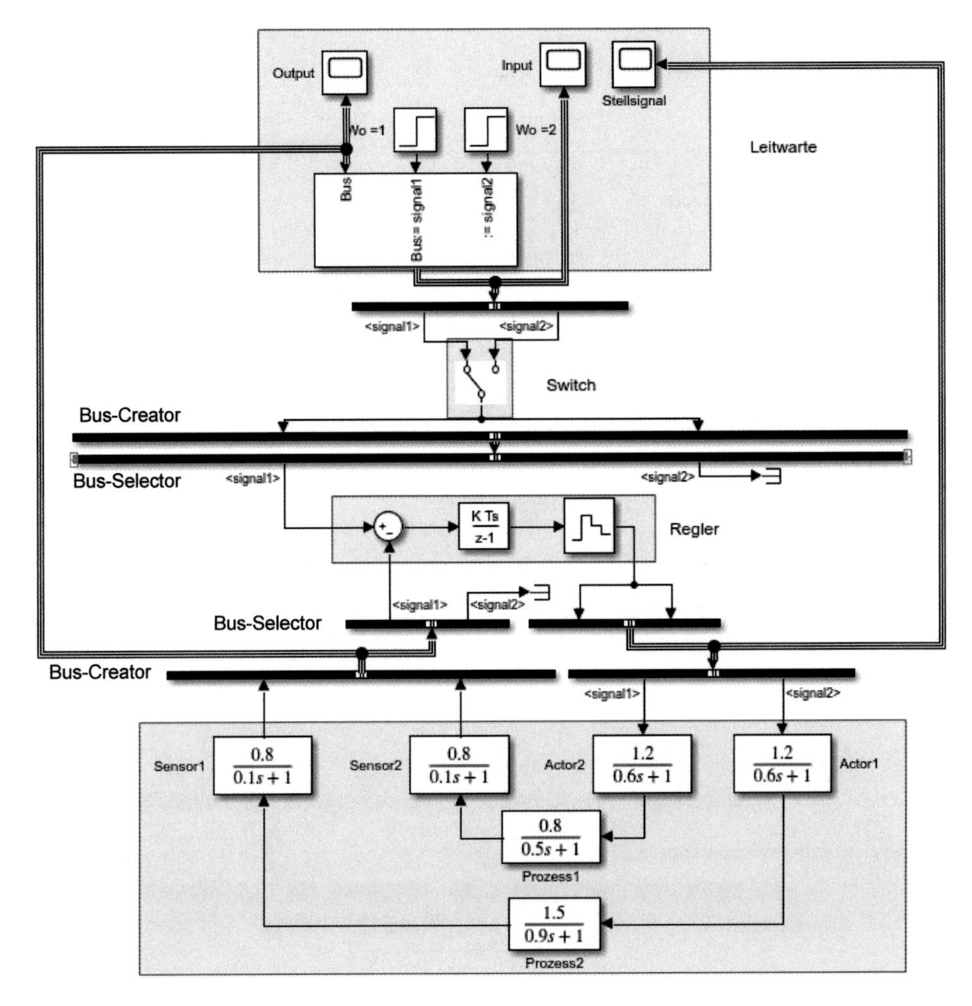

Abb. 1.13 Simulation eines vereinfachten Prozessleitsystems

In Abb. 1.14 ist ein weiterer Schritt vorgenommen, um die Simulation realitätsnah zu machen. Die Elemente des in Abb. 1.13 gezeigten Modells sind in Untersysteme (Subsystems) zusammengefasst, und die Umschaltung zwischen den Signalen 1 und 2 erfolgt automatisch nach einer logischen Operation. Der Zusammenhang zwischen Bauteilen der Client/Server-Struktur ist aus der Abb. 1.14 leicht zu erkennen:

- Betriebsbereiche (Prozess 1 und Prozess 2),
- FieldController (PNK) mit dem Regler und Switch (Server),
- Leitwarte mit ABK (Clients).

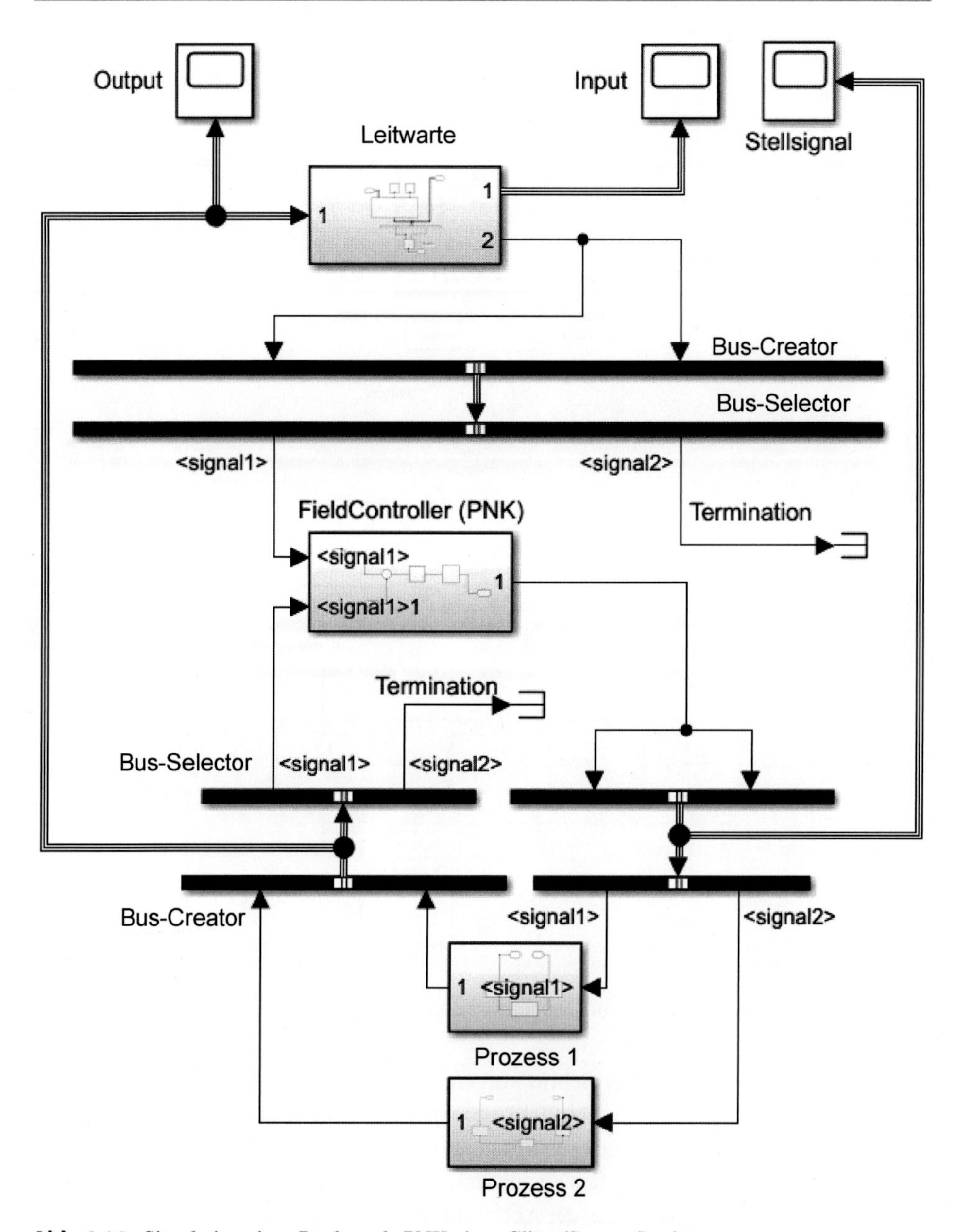

Abb. 1.14 Simulation eines Reglers als PNK einer Client/Server-Struktur

Die Abb. 1.14 gilt als Prototyp für das im nächsten Abschnitt beschriebene Konzept einer hierarchischen Darstellung eines Regelkreises mit Datenströmen, das in [1] als *Bus-Approach* bezeichnet wurde.

1.4.3 Prozesse in einem Regelkreis

Im Allgemeinen verlaufen in einem Regelkreis die Prozesse der Stoff-, Energie- und Informationsverarbeitung wie in Abb. 1.15 gezeigt.

> „Im Mittelpunkt eines industriellen Regelkreises stehen drei Komponenten, nämlich *Stoff, Energie* und *Information.*“ (Zitat [3, Seite 16])
>
> „Einerseits treten die Prozesse auf, die sich deterministisch nach den Erhaltungssätzen der Energie und der Materie mit Differenzialgleichungen beschreiben lassen, andererseits gibt es Informationsprozesse, die keinen Erhaltungssätzen unterliegen und folglich deterministisch nicht beschreibbar sind.“ (Zitat [3, Seite 16])

Die Stoff- und die Energieverarbeitung sind physikalische Prozesse, die in einer technologischen Anlage verlaufen. Der entsprechende Baustein des Wirkungsplans wird *Strecke* genannt. Ein Standardregler erstellt die Ausgangssignale y (Stellwerte) aus der Differenz zwischen dem Sollwert w und Eingangssignalen x (Istwerte).

Es sind folgende Optionen möglich:

- Regelung in einem festen Arbeitspunkt einer linearen Strecke, wenn die Streckenparameter konstant sind;
- Regelung in verschiedenen Arbeitspunkten einer nichtlinearen Strecke mit konstanten Streckenparametern. Der Regelentwurf erfolgt nach bekannten Methoden der Linearisierung im Zeit- oder Frequenzbereich (siehe z. B. [2, Seiten 48–50 und 271–292]);
- Regelung für verschiedene Arbeitspunkte einer nichtlinearen Strecke mit veränderlichen Parametern (Abb. 1.16). Darunter wird in [3] die wissensbasierte Regelung bzw. die Fuzzy- und Neuroregelung verstanden.

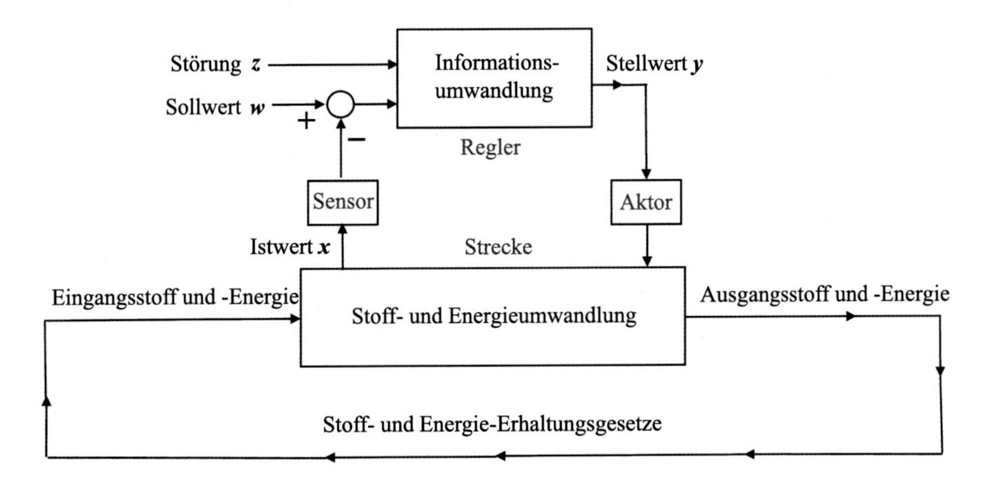

Abb. 1.15 Stoff-, Energie- und Informationsverarbeitung in einem Regelkreis

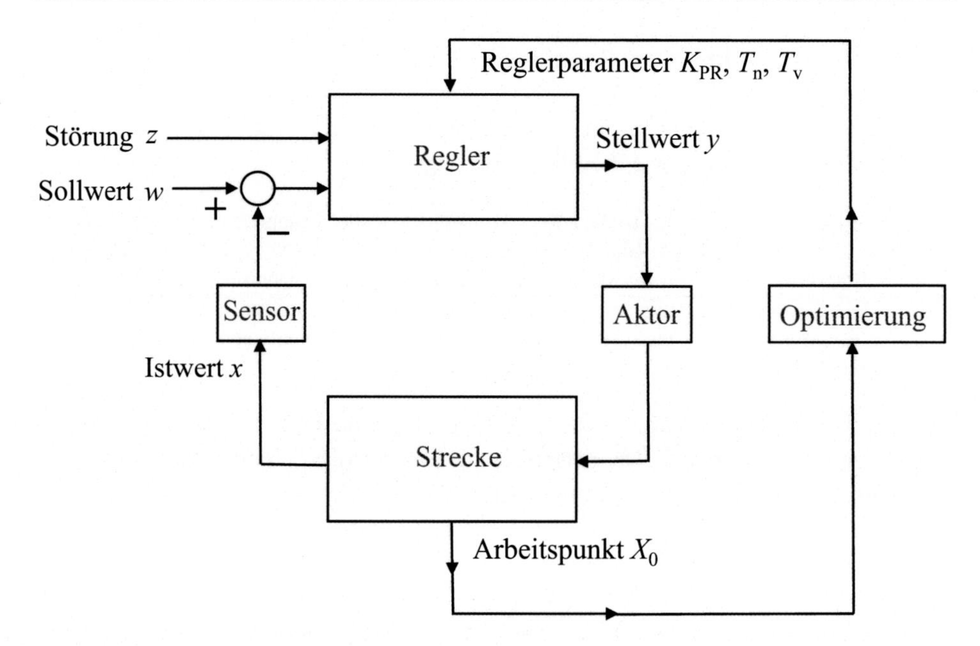

Abb. 1.16 Dualität eines Regelkreises

> „Es entsteht dabei ein zweiter Regelkreis, der die Parameter des Reglers abhängig von der Regelgüte ausregelt.“ (Zitat [3, Seite 17])
>
> „Betrachtet man die Verläufe in einem industriellen Regelkreis, so stellt man fest, dass sich die Regelstrecke nicht deterministisch verhält. Ein klassischer Regler ist dagegen von inneren Parameteränderungen stark geschützt, d. h., es gilt dabei das Prinzip: ein sicherer Regler mit einer unsicheren Strecke.“ (Zitat [3, Seite 17])

Merken wir uns, dass es in beiden obigen Fällen der Abb. 1.15 und 1.16 aus der Sicht der Informatik nicht um die Verarbeitung von Informationen, wie allgemein gesprochen wird, sondern um die Verarbeitung von Signalen geht. Das kann man auch bei Abb. 1.4 feststellen: Jedes Element des Kreises (Sensor, Aktor, Regler, Strecke) wirkt nur nach einer Änderung einer physikalischen Größe, sei es die Spannung, der Strom oder auch eine binär kodierte Größe. In einem klassischen Wirkungsplan des Regelkreises gibt es keine Nachrichten, Daten oder Informationen im Sinne der Informatik.

Solch eine Darstellung von Regelkreisen mittels Wirkungsplänen, die früher auch Signalflusspläne genannt wurden, hat eine sehr große Rolle bei der Entwicklung der Regelungstechnik gespielt (und wird diese auch weiter spielen). Jedoch entspricht ein klassischer Wirkungs- bzw. Signalflussplan nicht mehr der Wirkungsweise der heutigen industriellen Regelkreise, wie im nächsten Abschnitt begründet wird.

1.5 Argumente gegen klassische Wirkungspläne

Kehren wir nun zum klassischen Wirkungsplan der Abb. 1.4 zurück, um das Verhalten des isolierten Regelkreises mit der Funktion der gesamten Automatisierungspyramide der Abb. 1.9 zu vergleichen.

In einer Automatisierungspyramide gibt es alle drei Kommunikationsarten: mit Signalen, Daten und Informationen. Dagegen beschreibt der Wirkungsplan eines Regelkreises nur die physikalischen Signale zwischen Blöcken eines physikalischen Systems. Es fehlt die Kommunikation mittels Daten und Informationen. Auch wenn physikalische Blöcke (Regler, Aktoren, Sensoren) mathematisch modelliert bzw. durch Differenzialgleichungen oder Übertragungsfunktionen beschrieben werden, gelten dieselben Wirkungspläne zur Übermittlung von Signalen zwischen Übertragungsfunktionen, aber nicht für die Übertragung von Daten und Informationen.

Folgende Argumente sprechen gegen die Beschreibung von einzelnen Regelkreisen mit Signalen bzw. für die Darstellung von Regelkreisen mittels Datennetzen, wie es sich bei Automatisierungssystemen bereits seit Jahren etabliert hat.

1.5.1 Regelung und Steuerung

Die Regelung und die Steuerung sind zwei verschiedene Bereiche der Automatisierungstechnik, die definitionsgemäß auch in zwei verschiedenen Universitäts- und Hochschulfächern behandelt werden:

- Die Regelungstechnik befasst sich mit der Analyse und Synthese von Regelkreisen mittels Differenzialgleichungen im Zeit-, Frequenz- und Bildbereich.
- Die Steuerungstechnik behandelt digitale Signale mit logischen Operationen.

Auch die Wirkungsweise und die Eigenschaften der Regelung und Steuerung sind unterschiedlich.

Regelung
Die Regelung erfolgt in einem geschlossenen Kreis. Die Regelgröße x (Istwert) wird fortlaufend erfasst und mit der Führungsgröße (Sollwert) w verglichen. Ändert sich die Stör- oder Führungsgröße, so wird die Stellgröße y nach einem Regelalgorithmus verändert, um Ist- und Sollwert einander anzugleichen. Dies erfolgt automatisch und zählt zu den wichtigsten Vorteilen der Regelung. Jedoch können in einem geschlossenen Kreis Schwingungen auftreten, ein Regelkreis kann instabil werden. Das ist der Nachteil der Regelung, die durch die passende Regeleinstellung beseitigt wird.

Steuerung

Die Steuerung wirkt auf die Strecke im gewünschten Sinn auf einem offenen Weg ein, sodass üblicherweise keine Schwingungen vorkommen. Nicht die Regelgröße x (Istwert) wird fortlaufend erfasst, sondern die Störgröße z. Experimentell oder theoretisch wird vorab zu jedem Wert der Störgröße z einen Stellwert y bestimmt, sodass die Störung ausgeglichen wird. Nachteilig ist jedoch, dass nur die messbaren Störgrößen kompensiert werden können.

Andererseits zählt zu den Vorteilen der Steuerung die Möglichkeit, beliebige Steuerungsalgorithmen, wie z. B. eine Ablaufkette von Befehlen, zu programmieren, mit denen verschiedene Operationen nach festgelegten Algorithmen technologiebedingt durchgeführt werden. Beispielsweise kann so die Zeitplanregelung realisiert werden, indem der Sollwert w zeitlich veränderbar in einer Ablaufkette vorprogrammiert wird.

Kombinierte Regelung mit Steuerung

Mit dem Fortschritt der Informationstechnik lassen sich die Funktionen der Regelung und Steuerung in einem Gerät realisieren. Wird beispielsweise, wie in [11] beschrieben, eine Füllstandregelung in einem Reaktor mittels eines analogen Ventils AV1 für Produktablauf und zwei binären Ventilen V1 und V2 für den Zulauf realisiert (Abb. 1.17), kann ein Regler für den Ablauf eingesetzt und ein Steuerungsalgorithmus für den Zulauf programmiert werden (Abb. 1.18).

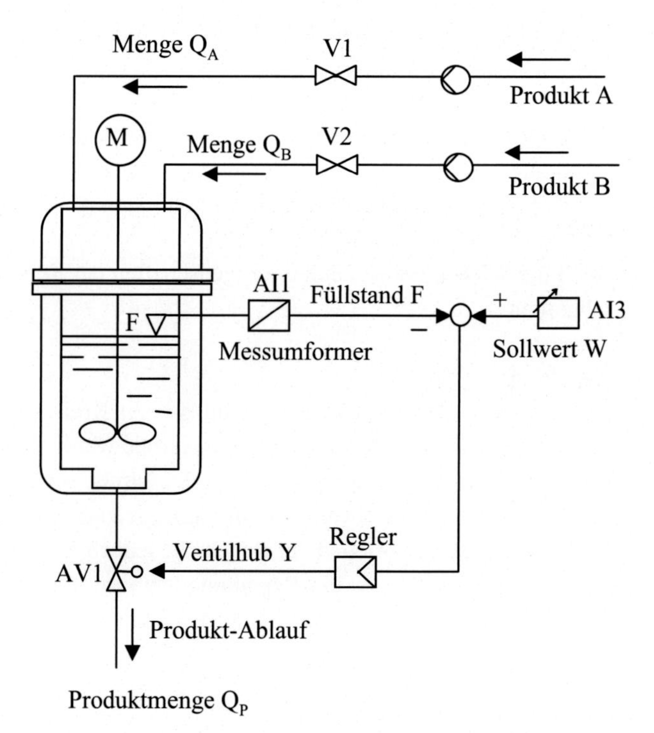

Abb. 1.17 Füllstandregelung mit einem analogen Ventil AV1 und zwei binären Ventilen V1 und V2. (Quelle [11, Seite 42])

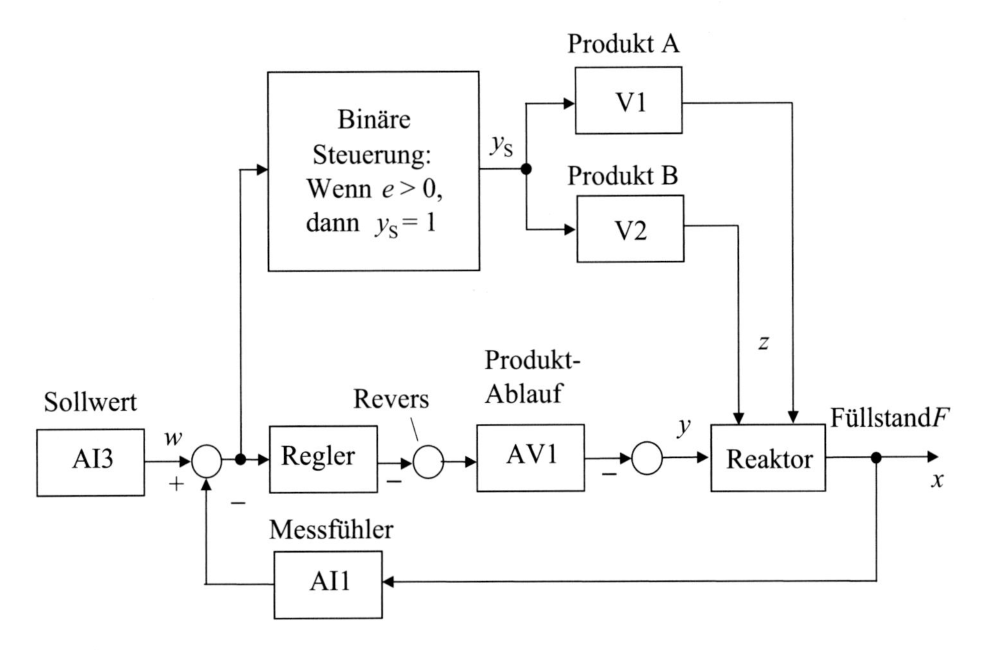

Abb. 1.18 Kombinierte Regelung und Steuerung des Füllstandes der Abb. 1.17. (Quelle: [11, Seite 136])

Ein anderes Beispiel ist die Override-Regelung, die in Abb. 1.19 dargestellt ist. Die Hauptregelgröße X soll so geregelt werden, dass sie ständig kleiner als ein vorgegebener maximaler Wert (die Begrenzungsgröße X_{over}) wird. Die Regelung erfolgt mit zwei Reglern und mit einem einfachen Steuerungsalgorithmus, mit dem beide Regler umgeschaltet werden (Abb. 1.20).

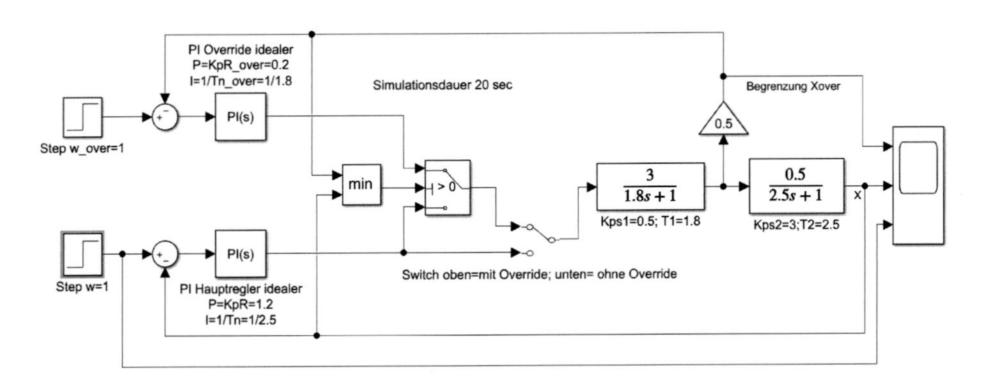

Abb. 1.19 Simulation einer Override-Regelung: zwei Regler, ein Switch und ein logisches Element MIN

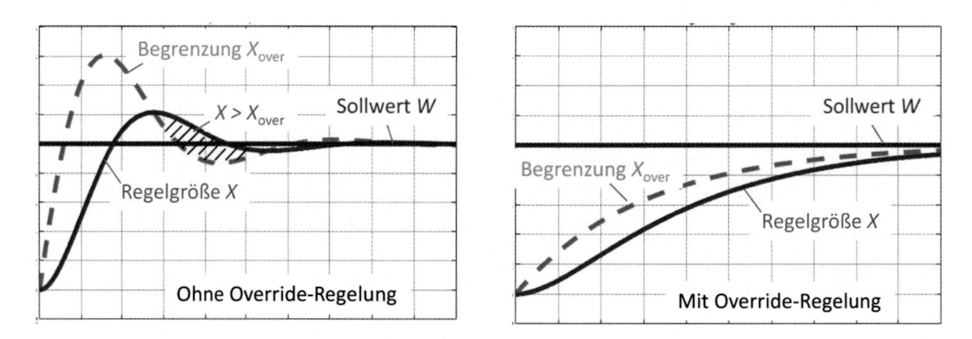

Abb. 1.20 Regelung ohne und mit Begrenzung

Fazit: Die Regelung und die Steuerung werden mit klassischen Wirkungsplänen streng getrennt dargestellt und behandelt, obwohl es heute praktisch kaum industrielle Regelungen ohne Steuerung gibt.

1.5.2 Führungs- und Störverhalten

Die klassischen Wirkungspläne sind einheitlich für zwei Betriebsarten von Regelkreisen aufgebaut:

- für Führungsverhalten, wenn sich nur die Führungsgröße (Sollwert) w ändert,
- für Störverhalten, wenn sich nur die Störgröße z ändert.

Der Unterschied zwischen beiden Betriebsarten ist im Wirkungsplan (siehe Abb. 1.21) durch verschiedene Eingriffsstellen für Signale w und z angedeutet. Davon abhängig werden beide Verhalten nach entsprechenden Formeln $G_w(s)$ für Führungsverhalten und $G_z(s)$ für Störverhalten behandelt, die allerdings den gleichen Nenner haben:

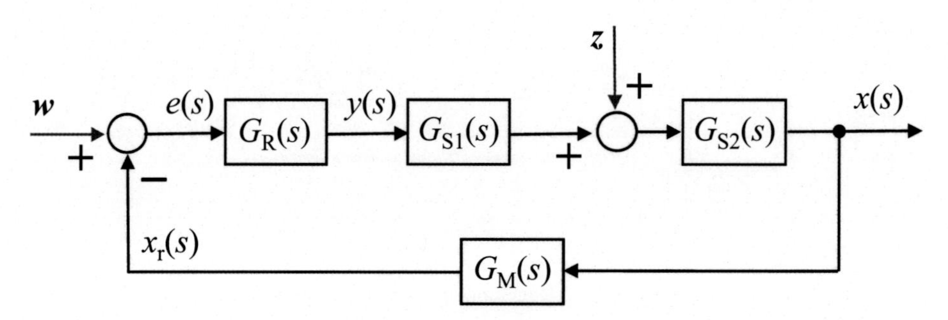

Abb. 1.21 Beispiel eines Wirkungsplans mit dem Sensor G_M, Aktor G_{s1}, Strecke G_{s2} und Regler G_R

$$G_{\mathrm{w}}(s) = \frac{G_{\mathrm{R}}(s)G_{\mathrm{S1}}(s)G_{\mathrm{S2}}(s)}{1 + G_0(s)} = \frac{x(s)}{w(s)} \tag{1.1}$$

$$G_{\mathrm{z}}(s) = \frac{G_{\mathrm{S2}}(s)}{1 + G_0(s)} = \frac{x(s)}{z(s)} \tag{1.2}$$

$$G_0(s) = G_{\mathrm{R}}(s)G_{\mathrm{S1}}(s)G_{\mathrm{S2}}(s)G_{\mathrm{M}}(s) = \frac{x_{\mathrm{r}}(s)}{e(s)} \tag{1.3}$$

Das Führungsverhalten einer Industrieregelung ist deterministischer Natur, d. h., der Sollwert wird entweder konstant gehalten (Festwertregelung) oder nach bestimmten technologiebedingten Programmen von Menschen oder von anderen Untersystemen des Automatisierungssystems an bestimmten Zeitpunkten geändert (Zeitplanregelung). Somit wird die Industrieanlage zum bestimmten Arbeitspunkt bzw. zum bestimmten Sollwert angefahren.

Nachdem die Regelgröße zum Arbeitspunkt angefahren wird, endet das Führungsverhalten, und das Störverhalten fängt an, d. h., die Regelgröße soll an dem erreichten Sollwert konstant gehalten werden. Es ist klar, dass das Störverhalten nie eine deterministische Natur haben kann, es sei denn, man kann die Störungen voraussagen, was kaum möglich ist.

Die klassischen Wirkungspläne machen keinen Unterschied zwischen „Anfahren zum Arbeitspunkt" (Führungsverhalten) und „Halten im Arbeitspunkt" (Störverhalten), was bei einer industriellen Regelung nachteilig wirken kann.

- Regler werden überwiegend für Führungsverhalten entwickelt, d. h., ein Regler wirkt optimal nur beim „Anfahren". Zwar wird der auf diese Weise entworfene Regelkreis beim Störverhalten stabil, aber andere Gütekriterien, wie statische Genauigkeit (bleibende Regeldifferenz) und Ausregelzeit, können vom Optimum weit entfernt sein.
- Das Anfahren erfolgt in der Industrie praktisch nie allein mithilfe des Reglers, es wird eine Steuerung angebunden, was im klassischen Wirkungsplan nicht berücksichtigt werden kann.

„Um das Anfahrverhalten zu verbessern, gibt es zwei Möglichkeiten. Entweder verwendet man keine Führungssignalsprünge und fährt die Führungsgröße mit einer Rampenfunktion hoch und kann dadurch Überschwingvorgänge vermeiden. Nachteilig ist hier, dass das Anfahren nicht mit der maximalen Geschwindigkeit erfolgt.
Die andere Möglichkeit besteht darin, einen Regler mit Strukturumschaltung einzusetzen. Bei einem Regler mit Strukturumschaltung wird während des Anfahrvorganges der I-Anteil des Reglers ausgeschaltet. Dies kann automatisch geschehen, indem die Strukturumschaltung mit dem Stellsignal am Ausgang des Reglers gekoppelt wird." (Zitat [12, Seite 157])

Fazit: Der Unterschied zwischen „Anfahren zum Arbeitspunkt“ (Führungsverhalten) und „Halten im Arbeitspunkt“ (Störverhalten) kann allein mit Signalübertragung mittels klassischer Wirkungspläne nicht berücksichtigt werden. Es sollen logische Elemente, wie Schalter (Switch), eingeführt werden.

1.5.3 Mensch als Teil eines Automatisierungssystems

Nach den Vorstellungen der klassischen Regelungstechnik funktioniert ein Regelkreis vollautomatisch, sodass im Wirkungsplan des Regelkreises kein Platz für Menschen vorgesehen ist. Dagegen hat der Mensch einen festen Platz in der Automatisierungspyramide der Abb. 1.9, auch die Tools für das Mensch-Maschine-Interface sind vorhanden. In anderen Worten: In der Automatisierungstechnik wird der Mensch als Teil des gesamten Systems betrachtet, und seine Funktionen bei Beobachtung und Überwachung des Systems werden berücksichtigt.

Als Bestandteil eines Automatisierungssystems soll auch ein Regelkreis nicht isoliert von Menschen behandelt werden. Auch während des Lebenszyklus eines Regelkreises, angefangen von der Aufgabenstellung bis zur Implementierung und Wartung, gibt es ständig Informationsaustausch zwischen Menschen und Reglern.

Fazit: Die klassischen Wirkungspläne ignorieren die Mensch-Regler-Informationsströme, obwohl sich diese in der Automatisierungstechnik schon längst etabliert haben. Durch die Berücksichtigung von Menschen im Wirkungsplan kann man verschiedene Schritte des Entwurfs von Regelkreisen automatisieren, z. B. die Identifizierung der Strecke, Reglereinstellung, Anpassung der Regelparameter an veränderliche Parameter der Strecke.

1.5.4 Didaktische Probleme

Die Übertragung einer Eingangsgröße $y(s)$ durch einen Baustein $G_1(s)$ eines Wirkungsplans ruft bei Studierenden üblicherweise keine Verständnisprobleme beim Regelungstechnik-Unterricht hervor. Aus der Definition der Übertragungsfunktion $G(s)$

$$G(s) = \frac{x(s)}{y(s)}$$

ist sofort klar, dass das Laplace-transformierte Ausgangssignal $y(s)$ „proportional“ zum Eingangssignal $y(s)$ ist:

$$x(s) = G(s)y(s)$$

Auch bei der Bestimmung der Übertragungsfunktion $G_0(s)$ des aufgeschnittenen Regelkreises nach Gl. 1.3 in Abb. 1.21 können Fehler gemacht werden:

$$x_r(s) = G_0(s)e(s)$$

Dagegen wird die Übertragungsfunktion des geschlossenen Regelkreises $G_w(s)$ und $G_z(s)$ manchmal fehlerhaft bestimmt, obwohl sie nach Gl. 1.1 und 1.2 klar vorgeschrieben ist. Die Gründe für solche Fehler sind schwer zu erklären. Wahrscheinlich finden manche Studierende keine physikalische Begründung für Gl. 1.1 und 1.2, während die Gl. 1.3 sowohl mathematisch als auch physikalisch nachvollziehbar ist.

Unten sind zwei Beispiele von solchen Fehlern bei der Bestimmung der Übertragungsfunktion des geschlossenen Regelkreises $G_w(s)$ für Führungsverhalten gegeben. Nehmen wir zuerst an, dass der Sensor $G_M(s)$ in der Rückführung der Abb. 1.21 fehlt bzw. dass gilt:

$$G_{\mathrm{M}}(s) = 1$$

Folglich sind

$$x_{\mathrm{r}}(s) = x(s)$$

und

$$G_0(s) = G_{\mathrm{R}}(s)G_{\mathrm{S1}}(s)G_{\mathrm{S2}}(s) = \frac{x(s)}{e(s)}.$$

Nun betrachten wir zwei studentische Arbeiten mit den wie folgt gegebenen Werten:

$$G_{\mathrm{S2}}(s) = 1$$

$$G_{\mathrm{S1}}(s) = \frac{K_{\mathrm{IS}}}{s}$$

$$G_{\mathrm{R}}(s) = K_{\mathrm{PR}}$$

Das Führungsverhalten ergibt sich nach Gl. 1.1 wie folgt:

$$G_{\mathrm{w}}(s) = \frac{G_0(s)}{1 + G_0(s)} = \frac{x(s)}{w(s)}$$

Es ist sofort klar, dass sich so ein Regelkreis, bestehend aus einem P-Regler $G_R(s)$ und einer I-Strecke $G_{S1}(s)$, wie ein P-T1-Glied verhalten soll:

$$G_0(s) = G_{\mathrm{R}}(s)G_{\mathrm{S1}}(s) = \frac{K_{\mathrm{PR}}K_{\mathrm{IS}}}{s}$$

$$G_{\mathrm{w}}(s) = \frac{K_{\mathrm{PR}}K_{\mathrm{IS}}}{s + K_{\mathrm{PR}}K_{\mathrm{IS}}} = \frac{K_{\mathrm{PR}}K_{\mathrm{IS}}}{K_{\mathrm{PR}}K_{\mathrm{IS}}\left(s\frac{1}{K_{\mathrm{PR}}K_{\mathrm{IS}}} + 1\right)} = \frac{K_{\mathrm{Pw}}}{sT_{\mathrm{w}} + 1} \tag{1.4}$$

Die Parameter des P-T1-Gliedes $G_w(s)$ sind:

$$K_{\mathrm{Pw}} = 1 \quad \text{und} \quad T_{\mathrm{w}} = \frac{1}{K_{\mathrm{PR}}K_{\mathrm{IS}}}$$

Dagegen findet man manchmal in studentischen Arbeiten für diese Aufgabe folgende fehlerhafte Antworten:

$$G_w(s) = \frac{K_{PR}K_{IS}}{sT_w + 1} \quad \text{oder} \quad G_w(s) = 1$$

Um das „Kreisproblem" zu umgehen, gab es einmal bei der Regelungstechnikübung seitens der Studierenden einen Versuch, die Übertragungsfunktion Gl. 1.4 in einen Zeitbereich nach Laplace-Rücktransformation zu überführen und die resultierende Differenzialgleichung wie einen Block mit dem Eingangssignal w und Ausgangssignal $x(t)$ „ohne Rückführung" mit dem Proportionalbeiwert K_{Pw} zu beschreiben:

$$x(t) = \left(1 - \dot{x}(t)\frac{1}{K_{PR}K_{IS}w}\right)w = K_{Pw}w \tag{1.5}$$

Obwohl die Gl. 1.5 kein Fehler ist, wird damit das „Kreisproblem" noch komplizierter dargestellt, weil K_{Pw} laut Gl. 1.5 keine Konstante, sondern eine Funktion vom Eingangssignal w ist.

Fazit: Die klassischen Wirkungspläne sind beim Studium verständlich, soweit es um direkte Signalübertragungen nach dem Ausgangs-/Eingangsverhalten geht. Die Rückführung verursacht manchmal Verständnisprobleme, obwohl deren mathematische Beschreibung mit bekannten einfachen Formeln den Studierenden bekannt ist.

1.5.5 Dimensionalität

Das letzte Argument gegen klassische Wirkungspläne heißt *Dimension.* Darunter versteht man entweder die Anzahl von Regelgrößen oder die Ordnung der Differenzialgleichung (DGL) eines Systems. Die letzte Charakteristik stimmt mit der Ordnung des charakteristischen Polynoms der DGL bzw. mit der Ordnung des Nennerpolynoms der Übertragungsfunktion überein.

Beispiel

Beispiele von Regelstrecken:

a) mit der DGL 2. Ordnung mit Regelgröße $x(t)$ und Stellgröße $y(t)$

$$a_2^2\ddot{x}(t) + a_1\dot{x}(t) + a_0x(t) = b_0y(t) \tag{1.6}$$

b) mit charakteristischem Polynom 3. Ordnung

$$G_w(s) = \frac{b_1s + b_0}{a_3^3s^3 + a_2^2s^2 + a_1s + a_0} = \frac{x(s)}{y(s)} \tag{1.7}$$

c) mit $n = 1$ Regelgröße und $m = 1$ Stellgröße (SISO: Single Input Single Output)

$$x(s) = G_w(s)w(s) \tag{1.8}$$

d) mit $n=3$ Regelgrößen $x_1(s)$, $x_2(s)$, $x_3(s)$ und $m=3$ Stellgrößen $y_1(s)$, $y_2(s)$, $y_3(s)$ (MIMO: Multi Input Multi Output)

$$\begin{aligned} x_1(s) &= G_{11}(s)y_1(s) + G_{12}(s)y_2(s) + G_{13}(s)y_3(s) \\ x_2(s) &= G_{21}(s)y_1(s) + G_{22}(s)y_2(s) + G_{23}(s)y_3(s) \\ x_3(s) &= G_{31}(s)y_1(s) + G_{32}(s)y_2(s) + G_{33}(s)y_3(s) \end{aligned} \tag{1.9}$$

e) mit $n=3$ Regelgrößen und $m=1$ Stellgröße (SIMO: Single Input Multi Output)

$$\begin{aligned} x_1(s) &= G_1(s)y(s) \\ x_2(s) &= G_2(s)G_1(s)y(s) \\ x_3(s) &= G_3(s)G_2(s)G_1(s)y(s) \end{aligned} \tag{1.10}$$

Es ist sofort klar, dass sich nur die einschleifigen Regelkreise mit Strecken nach Gl. 1.6, 1.7 und 1.8 mit klassischen Wirkungsplänen darstellen lassen.

Auch die Regelkreise mit nur einer Stellgröße und mehreren Regelgrößen kann man grafisch komfortabel mit Wirkungsplänen abbilden. Solche SIMO-Strecken kommen oft bei Strecken mit verteilten Parametern vor.

> „Die Parameter der typischen Industriestrecken wie Ofen, Reaktoren, Extruder, Rohrleitungen sind durch die Länge oder durch den Raum verteilt. Die Regelung von solchen Strecken sollte in der Praxis auch für den gesamten Raum bzw. für die gesamte Länge optimal erfolgen." (Zitat [13, Seite 31])

In Abb. 1.22 ist das Beispiel einer Strecke mit verteilten Parametern nach [14] gezeigt.

> „Nehmen wir an, dass die gesamte Strecke der Länge L in n Abschnitte der Länge Δl mit konstanten Parametern innerhalb jedes Abschnittes unterteilt ist. Jede Regelgröße $x_1(t)$, $x_2(t)$, $x_3(t)$ soll auf den eigenen Sollwert w_1, w_2, w_3 ausgeregelt werden, um die gegebene statische Kennlinie $x(\lambda)$ zu erreichen." (Zitat [13, Seite 31])

Die Übertragungsfunktionen sind:

$$G_1(s) = \frac{x_1(s)}{y(s)} \quad G_2(s) = \frac{x_2(s)}{x_1(s)} \ldots G_6(s) = \frac{x_6(s)}{x_5(s)}$$

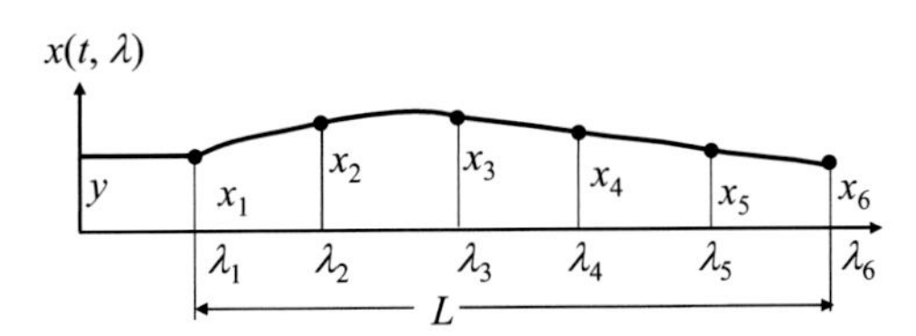

Abb. 1.22 Temperaturprofil eines Reaktors (**a**) und die Stecke mit verteilten Parametern (**b**)

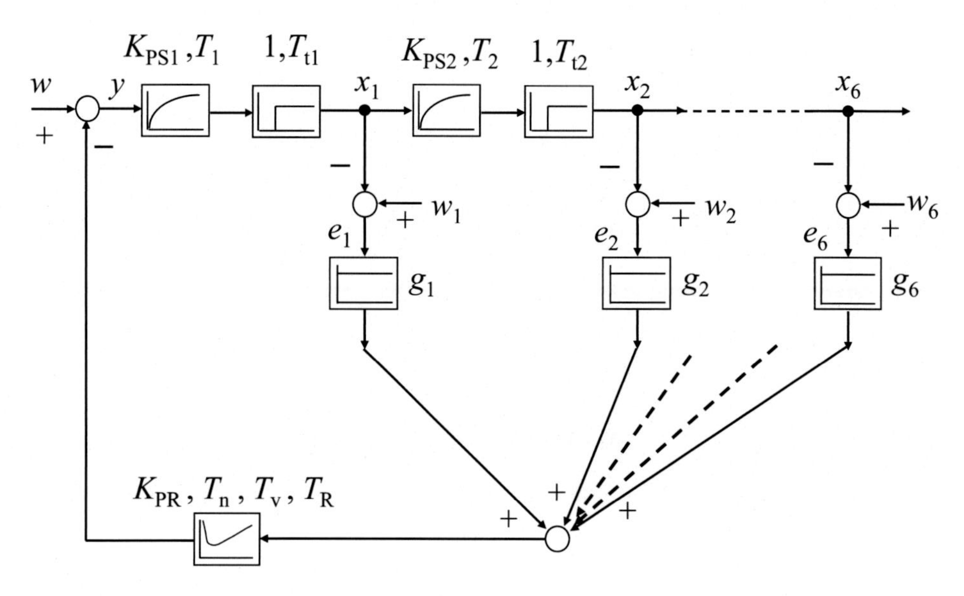

Abb. 1.23 Regelung einer Strecke mit verteilten Parametern

In Abb. 1.23 ist gezeigt, wie die Regeldifferenzen $e_1(t)$, $e_2(t)$, … $e_6(t)$ gebildet werden. Der Regler erhält die gewichtete Summe:

$$e(t) = g_1 e_1(t) + g_2 e_2(t) + \ldots + g_6 e_6(t)$$

„Die konstanten Gewichtskoeffizienten bzw. die Proportionalbeiwerte g_1, g_2, g_3, … sollen so gewählt werden, dass die gewünschten Regelgütekriterien (bleibende Regeldifferenz, Dämpfung, Überschwingweite, Ausregelzeit) erreicht werden.“ (Zitat [13, Seite 32])

Ganz anders ist es aber mit Regelstrecken nach Gl. 1.9. Die grafische Darstellung mit klassischen Wirkungsplänen ist höchstens bis $n=2$ und $m=2$ möglich. Für Systeme mit mehr als zwei Variablen sind klassische Wirkungspläne ungeeignet. „Der Fluch der Dimensionalität“ [15–17] schlägt in diesem Fall mit voller Kraft zu.

Grundsätzlich gibt es zwei Wege, um das Problem „MIMO-Dimensionalität“ doch zu lösen.

Eine MIMO-Strecke mithilfe einer Matrix beschreiben

Zunächst werden anstelle der Variablen $x_1(s)$, $x_2(s)$, $x_3(s)$ und $y_1(s)$, $y_2(s)$, $y_3(s)$ die Vektoren einbezogen (siehe Gl. 1.9):

$$X(s) = \begin{pmatrix} x_1(s) \\ x_2(s) \\ x_3(s) \end{pmatrix} Y(s) = \begin{pmatrix} y_1(s) \\ y_2(s) \\ y_3(s) \end{pmatrix} \tag{1.11}$$

Das Modell Gl. 1.9 wird wie folgt umgeschrieben:

$$X(s) = G_S(s)Y(s) \tag{1.12}$$

wobei $G_S(s)$ eine 3×3-Matrix ist:

$$G_S(s) = \begin{pmatrix} G_{11}(s) & G_{12}(s) & G_{13}(s) \\ G_{21}(s) & G_{22}(s) & G_{23}(s) \\ G_{31}(s) & G_{32}(s) & G_{33}(s) \end{pmatrix} \tag{1.13}$$

Im Allgemeinen kann eine beliebige MIMO-Strecke mit m Stellgrößen und n Regelgrößen auf diese Weise wie eine (n, m)-Matrix $G_S(s)$ beschrieben werden. Auch der Regler kann mit einer (n, m)-Matrix $G_R(s)$ dargestellt werden. Unten ist ein Regler $m=n=3$ als Matrix gezeigt:

$$G_R(s) = \begin{pmatrix} G_{R11}(s) & G_{R12}(s) & G_{R13}(s) \\ G_{R21}(s) & G_{R22}(s) & G_{R23}(s) \\ G_{R31}(s) & G_{R32}(s) & G_{R33}(s) \end{pmatrix} \tag{1.14}$$

Für die Reihen- und Kreisschaltung der Matrizen $G_S(s)$ und $G_R(s)$ gelten die gleichen Formeln wie für die einschleifigen Regelkreise, nämlich:

$$G_0(s) = G_R(s)G_S(s) \tag{1.15}$$

$$G_w(s) = [E_n + \mathrm{G}_0(s)]^{-1} \cdot G_0(s) \tag{1.16}$$

wobei E_n die n-reihige Einheitsmatrix ist.

> „Für die Stabilität eines MIMO-Regelkreises wird die Regel der linken Halbebene verallgemeinert. Der geschlossene MIMO-Regelkreis $G_w(s)$ ist dann stabil, wenn der aufgeschnittene MIMO-Kreis $G_0(s)$ stabil ist und die Nullstellen der Determinante der Rückführdifferenzmatrix $[E(s)+G_0(s)]$ in der linken Halbebene liegen". (Zitat [3, Seite 174]).

Obwohl die Schreibweise der Gl. 1.15 und 1.16 klar und auch der Wirkungsplan einfach dargestellt ist (Abb. 1.24), sind die Berechnungen mit Matrizen, deren Komponenten Funktionen des Laplace-Operators s sind, sehr aufwendig und bei höheren Dimensionen gar unmöglich.

Ein MIMO-Streckenmodell von Bildbereich in Zeitbereich umwandeln

Die Regelung nach diesem Verfahren wird *Zustandsregelung* genannt. Das System nach Gl. 1.9 bzw. 1.13, welches das Verhalten der MIMO-Strecke im Bildbereich beschreibt, wird in die sogenannten Zustandsgleichungen im Zeitbereich umgewandelt (siehe z. B. [2, Seite 397]):

$$\boldsymbol{x} = \boldsymbol{A}\boldsymbol{x} + \boldsymbol{B}\boldsymbol{u} \tag{1.17}$$

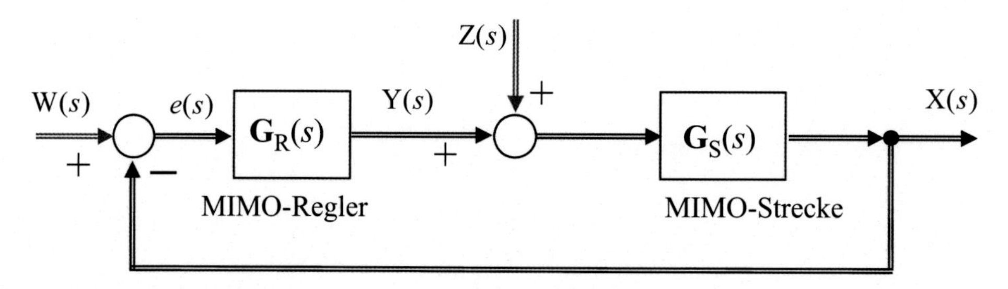

Abb. 1.24 Wirkungsplan eines MIMO-Regelkreises im Bildbereich

$$y = C\,x \tag{1.18}$$

„Die in diesen Gleichungen vorkommenden Signale und Matrizen sind:

$\boldsymbol{x}$	Zustandsvektor bzw. Regelgröße $[1 \times n]$
$\boldsymbol{u}$	Stellgrößenvektor bzw. Eingang $[1 \times p]$
$\boldsymbol{y}$	Regelgrößenvektor bzw. Ausgang $[1 \times q]$
$\boldsymbol{A}$	Systemmatrix bzw. Dynamikmatrix $[n \times n]$
$\boldsymbol{B}$	Steuermatrix bzw. Eingangsmatrix $[p \times n]$
$\boldsymbol{C}$	Beobachtungsmatrix bzw. Ausgangsmatrix $[n \times q]$“ (Zitat [2, Seite 397])

Der Wirkungsplan einer MIMO-Regelstrecke im Zustandsraum ist in Abb. 1.25 dargestellt.

Der Vorteil der Zustandsdarstellung besteht darin, dass die Komponenten der Matrizen ***A, B, C*** (Gl. 1.17 und 1.18) keine Übertragungsfunktionen mit dem Laplace-Operator *s* sind, sondern Faktoren, d. h., die Operationen mit solchen Matrizen sind viel einfacher als mit Matrizen nach Gl. 1.15 und 1.16. Die Nachteile der Zustandsregelung sind in [18] detailliert analysiert.

Das sind:

- Das Originalmodell der MIMO-Strecke, die experimentell mit Übertragungsfunktionen ermittelt wird, soll in das Zustandsmodell umgewandelt werden.
- Die zahlreichen Entwurfsmethoden, wie Betragsoptimum, symmetrisches Optimum usw., die für Übertragungsfunktionen entwickelt sind, finden keine Anwendung bei Zustandsmodellen.

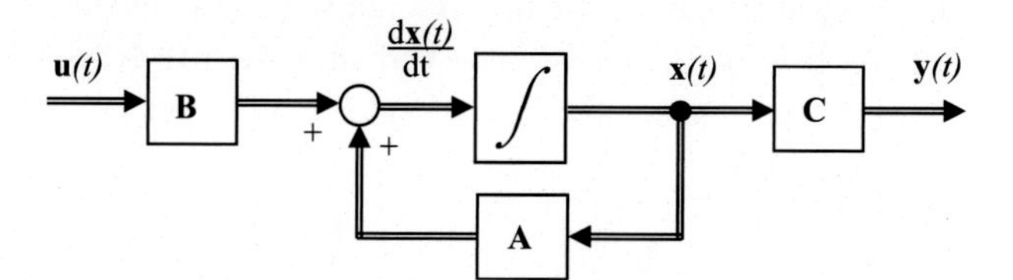

Abb. 1.25 Wirkungsplan einer MIMO-Strecke im Zeitbereich (Zustandsraum)

- Das meistbenutzte Verfahren bei der Zustandsregelung ist die Zustandsrückführung, die nur aus P-Blöcken besteht. Um die dabei entstehende bleibende Regeldifferenz zu eliminieren, sollen zusätzliche Maßnahmen getroffen werden, wie Vorfilter oder I-Anteil. Dadurch wird das Verfahren bei praktischen Anwendungen verkompliziert, und die o. g. Vorteile gehen teilweise verloren.

1.6 Zusammenfassung

Die klassischen Wirkungspläne sind Signalflussbilder, die lediglich die Signalwege eines isolierten Kreises beschreiben. Die Wirkungspläne stammen historisch aus der Elektrotechnik, sie sind nützlich zum Verständnis des dynamischen Verhaltens von Regelkreisen und am besten für einfache einschleifige Regelkreise geeignet.

Heutige industrielle Regelkreise, als ein Teil des gesamten Automatisierungssystems, sind ohne Steuerung, Mensch-Maschine-Interface und ohne Verarbeitung von Nachrichten, Daten und Informationen nicht denkbar.

Folgende Eigenschaften der heutigen Regelkreise können mit Wirkungsplänen bzw. mit Signalwegen nicht berücksichtigt werden:

- kombinierte Regelung mit Steuerung,
- unterschiedliche Behandlung des Führungs- und Störverhaltens,
- Mensch-Maschine-Interface,
- hohe Dimensionalität.

Die Diskrepanz zwischen idealisierten Wirkungsplänen und realen Regelsystemen erschwert das Verständnis des Faches „Regelungstechnik“ bei Studierenden.

1.7 Übungsaufgaben mit Lösungen

1.7.1 Aufgaben

Aufgabe 1.1
Die Temperatur T_A eines Lüfters soll geregelt werden. Die Stellgrößen sind die Spannung der Heizwendel U_H und die Spannung des Motors U_M, wie in Abb. 1.26 dargestellt. Die Temperatur T_A des Lüfters und die Umgebungstemperatur T_E werden mit Thermoelementen TP1 und TP2 gemessen und in die Spannungen U_A und U_E umgewandelt.

Erstellen Sie den Wirkungsplan des Lüfters und ergänzen Sie den Wirkungsplan mit dem Regler so, dass die Differenztemperatur $T_A - T_E$ bzw. die Differenzspannung $U_A - U_E$ konstant gehalten wird!

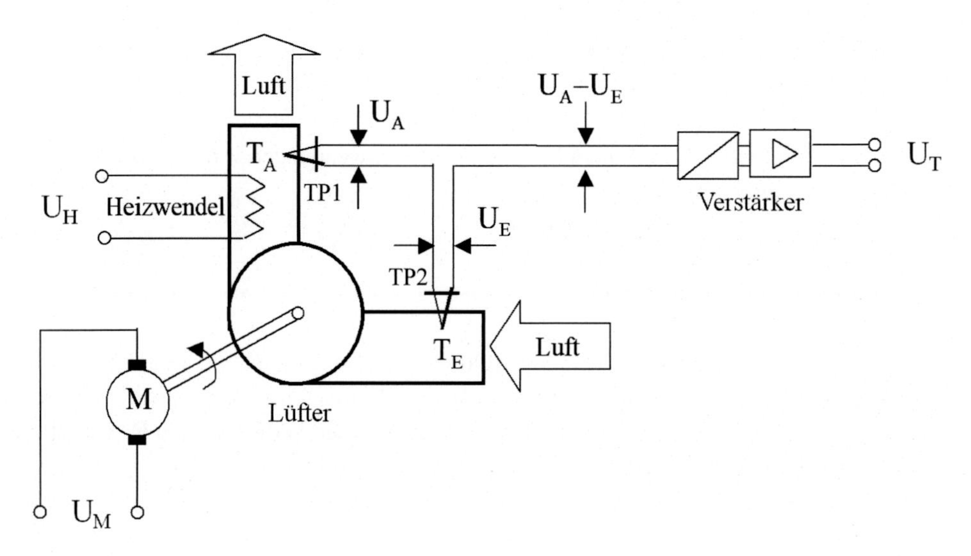

Abb. 1.26 Temperaturregelung eines Lüfters

Aufgabe 1.2

In Abb. 1.27 ist ein Reaktor gezeigt. Der Füllstand X_F und die Temperatur X_T im Innenraum des Reaktors werden mit Reglern (F-Regler und T-Regler) geregelt. Die entsprechenden Sollwerte sind W_F und W_T, woraus die Regeldifferenzen e_F und e_T gebildet werden.

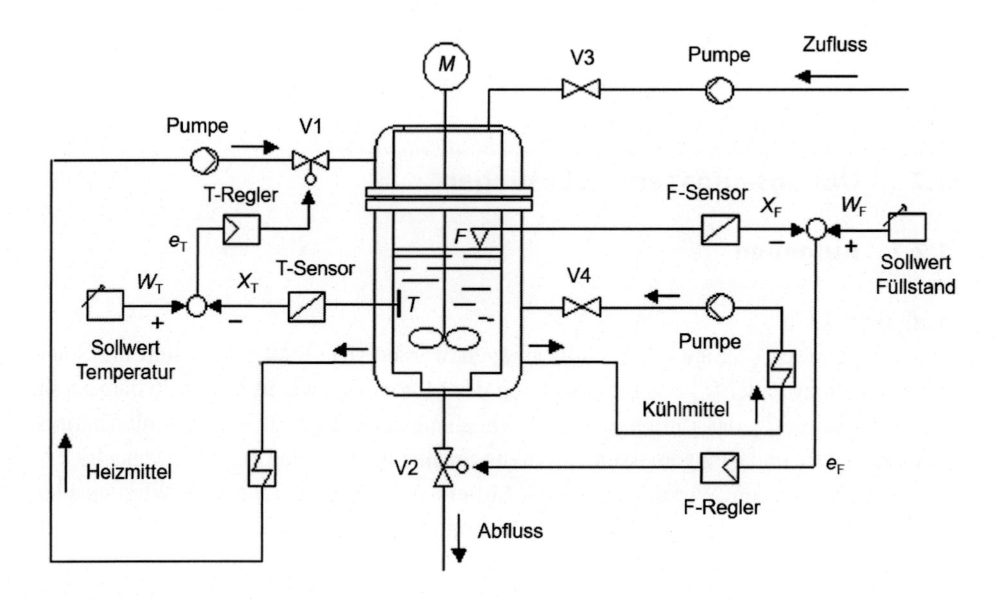

Abb. 1.27 Regelung und Steuerung eines Reaktors

Das Gehäuse des Reaktors ist doppelwandig. In den Zwischenraum wird entweder ein Heizmittel oder ein Kühlmittel hineingepumpt. Die Steuerung von Pumpen wird bei dieser Aufgabe nicht betrachtet.

Die Ventile V1 und V2 sind analog bzw. regelbar. Die Ventile V3 und V4 sind binär, bzw. sie haben nur zwei Zustände: open/close. Die binären Zuflussventile V3 und V4 sowie der Motor M (Mixer) werden von einer SPS mit binären Signalen angesteuert.

Die Temperatur X_T im Innenraum des Reaktors wird nicht nur vom Heiz- und Kühlmittel beeinflusst, sondern auch vom Zufluss durch das Ventil V3.

Skizzieren Sie den Wirkungsplan der Füllstands- und Temperaturregelung!

1.7.2 Lösungen

Lösung zu Aufgabe 1.1

Der Wirkungsplan des Lüfters ist ergänzt mit dem Regler in Abb. 1.28 dargestellt. Die Steuerungselemente sind schattiert dargestellt.

Der Steuerungsalgorithmus:

- If $U_E = 5$ V, then $U_M = 24$ V
- If $U_E = 6$ V, then $U_M = 27$ V
- If $U_E = 7$ V, then $U_M = 30$ V
- usw.

Lösung zu Aufgabe 1.2

Der Wirkungsplan ist in Abb. 1.29 gegeben. Die Steuerungselemente sind schattiert dargestellt.

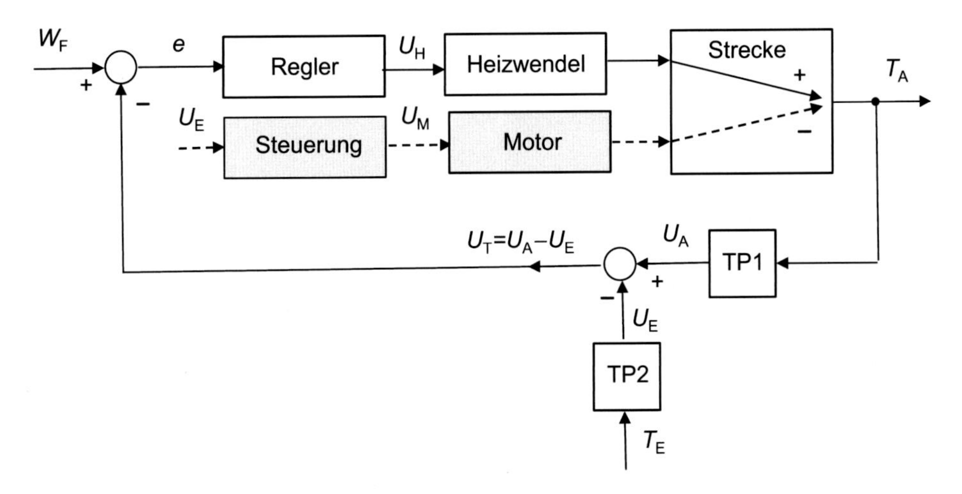

Abb. 1.28 Wirkungsplan der Temperaturregelung des Lüfters

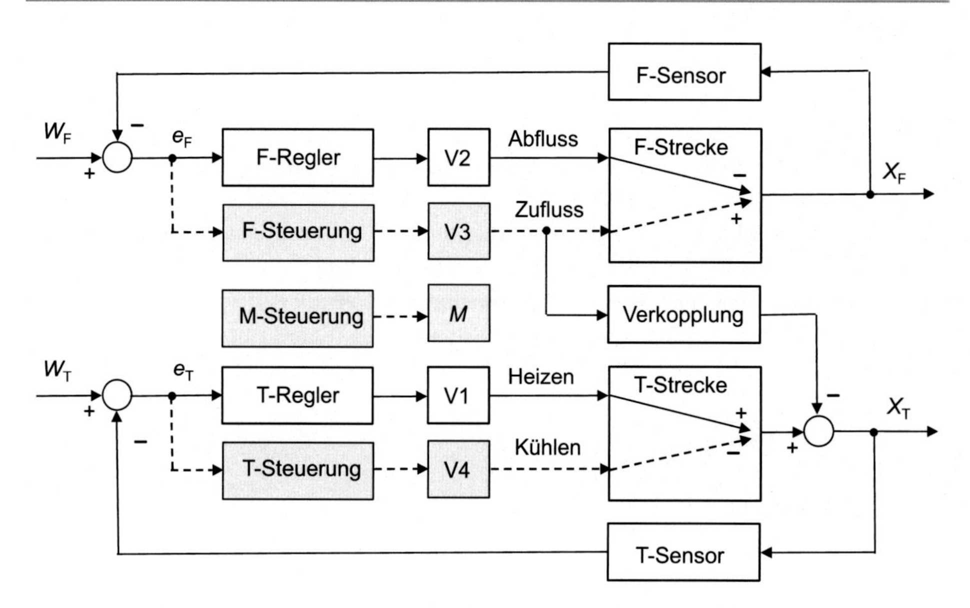

Abb. 1.29 Wirkungsplan der Füllstands- und Temperaturregelung des Reaktors

Der Steuerungsalgorithmus:

F-Steuerung	If $e_F > 0$, then das Ventil V3 open If $e_F < 0$, then das Ventil V3 closed
T-Steuerung	If $e_T > 0$, then das Ventil V4 closed If $e_T < 0$, then das Ventil V4 open

Literatur

1. Zacher, S. (2014). *Bus-approach for feedback MIMO-control.* Dr. S. Zacher.
2. Zacher, S., & Reuter, M. (2022). *Regelungstechnik für Ingenieure* (17. Aufl.). Springer Vieweg.
3. Zacher, S. (2003). *Duale Regelungstechnik.* VDE.
4. Wang, F.-Y., & Liu, D. (Hrsg.). (2008). *Networked control systems.* Springer.
5. Volkmann, J. W. (2015). *Vernetzung und CPS als Basis von Industrie 4.0.* Fraunhofer IPA. https://www.leichtbau-bw.de/uploads/tx_lbwevents/2015-02-11_CPS_und_Vernetzung.pdf. Zugegriffen: 14. März 2020.
6. Bendel, O. (2019). *Cyber-physische Systeme.* Gabler Wirtschaftslexikon, Springer Gabler. https://wirtschaftslexikon.gabler.de/definition/cyber-physische-systeme-54077. Zugegriffen: 14. März 2020.
7. Zacher, S., & Wolmering, C. (2009). *Prozessvisualisierung.* Dr. S. Zacher.
8. Zacher, S. (Hrsg.). (2000). *Automatisierungstechnik kompakt.* Vieweg.

9. Heidepriem, J. (2000). *Prozessinformatik 1, Grundzüge der Informatik.* Oldenbourg Industrieverlag GmbH.
10. Worsch, T. (2015). *Grundbegriffe der Informatik.* Kapitel 2: Signale, Nachrichten, Informationen, Daten. KIT, Institut für Theoretische Informatik. https://gbi.ira.uka.de/vorlesungen/k-02-signale-folien.pdf. Zugegriffen: 10. Aug. 2020.
11. Zacher, S. (2022). *Übungsbuch Regelungstechnik* (7. Aufl.). Springer Vieweg.
12. Schulz, D. (1994). *Praktische Regelungstechnik.* Hüthig.
13. Zacher, S. (2019). *Spezielle Methoden der Regelungstechnik.* Lehrbrief für Fernmaster-Studiengang der Hochschule Darmstadt, FB EIT.
14. Zacher, S. (2016). *Regelungstechnik Aufgaben* (4. Aufl.). Dr. S. Zacher.
15. Bellman, R. E. (1961). *Adaptive control processes.* Princeton University Press.
16. Fluch der Dimensionalität. https://de.wikipedia.org/wiki/Fluch_der_Dimensionalit%C3%A4t. Zugegriffen: 30. Aug. 2020.
17. Zacher, S. (2020). Bus-approach for engineering and design of feedback control. *International Journal of Engineering, Science and Technology, 2*(1), 16–24. https://www.ijonest.net/index.php/ijonest/article/view/9/pdf. Zugegriffen: 20. Mai 2020.
18. Zacher, S. (2019). *Bus-approach for engineering and design of feedback control. Proceedings of ICONEST* (S. 26–27). ISTES.
19. Schnell, G., & Wiedemann, B. (1999). *Bussysteme in der Automatisierungstechnik* (9. Aufl.). Springer Vieweg.

2 Datenflussplan eines Regelkreises

„Um klar zu sehen, genügt oft ein Wechsel der Blickrichtung."
(Zitat: Antoine de Saint-Exupéry (1900–1944) https://www.zitate.eu/zugegriffen *30.08.2020)*

Zusammenfassung

Kann man einen klassischen Wirkungsplan eines Regelkreises durch eine busähnliche Struktur ersetzen, ohne dabei die Grundlagen der Regelungstechnik zu gefährden? Die positive Antwort auf diese Frage wird in diesem Kapitel gegeben. Die Wirkungspläne, die man auch als Signalflusspläne bezeichnet, werden durch die sogenannten Datenflusspläne ersetzt und somit an den aktuellen Stand der Technik angepasst. Die Datenflusspläne sind nach dem *Bus-Approach* aufgebaut, einem Konzept, das zum ersten Mal von *Zacher* (2014) eingeführt wurde. Darunter wird kein technischer Bus als Bündelung einer Vielzahl paralleler Leitungen für die Datenübertragung verstanden, sondern ein symbolischer bzw. virtueller Bus. Dabei ergeben sich Vorteile des Datenflussplans gegenüber dem konventionellen Wirkungsplan, besonders bei einer vermaschten Regelung oder Mehrgrößenregelung. Auch die Simulation der mitgekoppelten Regler erfolgt nach dem Busansatz einfacher als nach den Wirkungsplänen. In diesem Kapitel ist der Busansatz ausführlich beschrieben und an Beispielen verdeutlicht. Es wird gezeigt, dass die mathematischen Grundlagen des Regelkreisverhaltens durch den Busansatz nicht betroffen sind. Die Bestimmung von Übertragungsfunktionen des offenen und geschlossenen Kreises ist nach dem Busansatz sogar anschaulicher und einfacher als nach traditionellen Wirkungsplänen. Abschließend werden Übungsaufgaben mit Lösungen gegeben.

S. Zacher und F. Stöckl, *Regelungstechnik mit Data Stream Management*,
https://doi.org/10.1007/978-3-662-70019-8_2

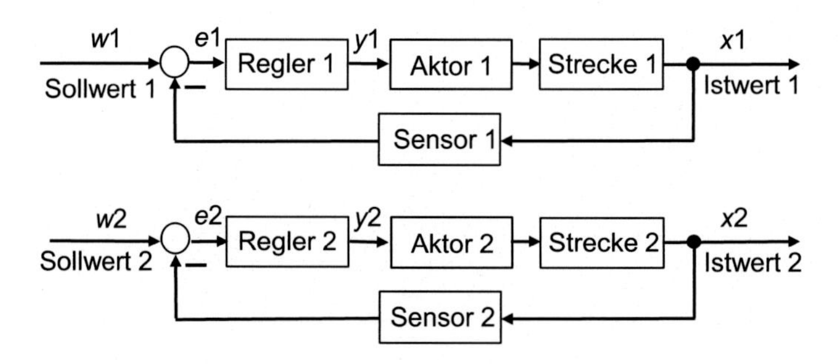

Abb. 2.1 Wirkungspläne von zwei separaten Regelkreisen

2.1 Einführung

2.1.1 Motivation

Die aus dem 18. Jahrhundert stammende grafische Darstellung eines Regelkreises in Form eines Wirkungsplans passt nicht mehr in den aktuellen Stand der Technik. Die Kommunikation in einem Automatisierungssystem erfolgt mittels Daten, Nachrichten und Informationen, während die Wirkungspläne lediglich die Signalwege beschreiben. Zum Vergleich sind in Abb. 2.1 Wirkungspläne von zwei separaten Regelkreisen und in Abb. 2.2 dieselben Regelkreise als Teil eines Automatisierungssystems gezeigt. Es ist daraus ersichtlich, dass die Wirkungspläne außer einer Beschreibung des Kreisverhaltens keine anderen Möglichkeiten anbieten, die Kreise in ein System zu integrieren.

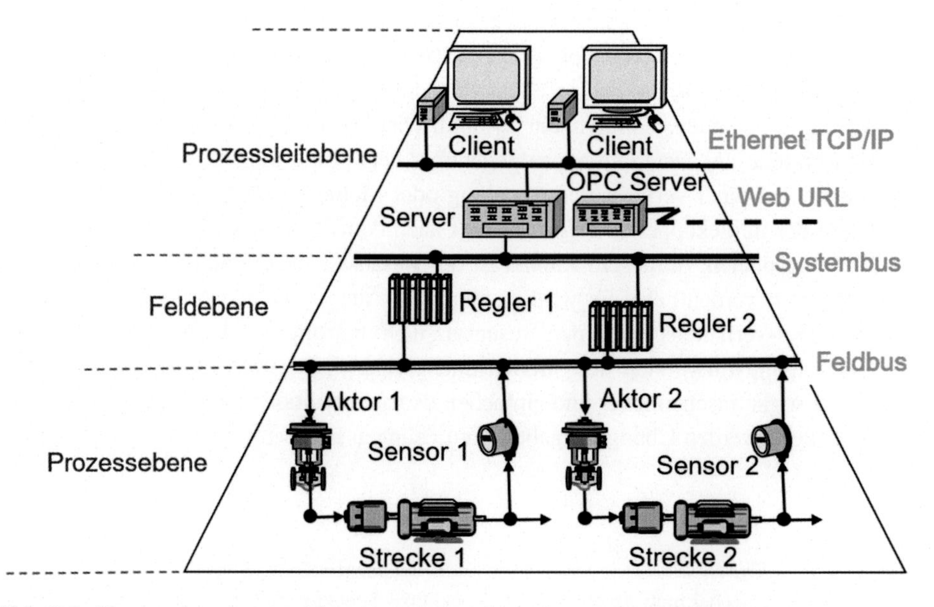

Abb. 2.2 Ebenen eines Automatisierungssystems mit zwei separaten Regelkreisen

Aber auch die kreisähnliche Struktur mit einer Rückführung, die natürlich der Grundsatz der Regelung ist, sorgt häufig bei Studierenden für Probleme bei der rechnerischen Ermittlung des Regelkreisverhaltens. Bei Bussystemen oder Steuerungssystemen kommen solche Probleme nicht vor.

2.1.2 Ziel

Das Ziel des Busansatzes besteht in einer einfachen und nach heutigen technischen Begriffen verständlichen Abbildung von Signalwegen eines Regelsystems als Datenströme (Data Streams) eines Bussystems. Der Regler und die Strecke sollen als Buselemente in Segmenten und Strängen eines virtuellen Bussystems eingesetzt werden. Der Informationsfluss zwischen Bussegmenten soll nach dem Busansatz nur in eine Richtung betrachtet werden. Das bedeutet natürlich nicht, dass die Rückführung fehlen wird, sie wird in das Bussystem integriert und somit in den Hintergrund verschoben.

Die Wirkungspläne, die man auch als Signalflusspläne bezeichnet, sollen durch die sogenannten Datenflusspläne ersetzt und somit an den aktuellen Stand der Technik angepasst werden.

2.1.3 Konzept

Die Datenflusspläne sind in diesem Kapitel nach dem *Bus-Approach* aufgebaut, einem Konzept, das zum ersten Mal in [1] eingeführt, dann in [2–5] veröffentlicht und an Projektarbeiten erprobt wurde (siehe z. B. [6]).

Nach dem Bus-Approach wird der klassische Wirkungsplan eines Regelkreises durch eine busähnliche Struktur ersetzt. Darunter wird kein realer technischer Bus verstanden, sondern ein virtueller Bus. Dabei ergeben sich Vorteile gegenüber dem konventionellen Regelkreis, z. B. können mehrere mitgekoppelte Regler einfach in einem Diagramm zusammengefasst werden. Auch wird es damit ermöglicht, prinzipiell neue regelungstechnische Strukturen und Bausteine zu entwickeln.

Unter dem Bus-Approach wird also kein reales Bussystem oder dessen Simulationsmodell verstanden, so etwa wie PROFIBUS mit seinen Server/Client- oder Master/Slave-Strukturen. Auch ist der Bus-Approach nicht mit dem Konzept *Networked Control Systems* (NCS) zu verwechseln, obwohl in beiden Fällen ein Bus in Betracht gezogen wird. Bei NCS werden klassische Regelkreise an verschiedene Orte verteilt und über ein gemeinsames Netzwerk koordiniert. Das Ziel des NCS [7] ist die Untersuchung des dynamischen Verhaltens des Busses als Schnittstelle zwischen klassischen Regelkreisen. Dagegen wird beim Bus-Approach der klassische Regelkreis selbst als Netzwerk dargestellt, ohne mathematische Zusammenhänge zu verletzen.

Dadurch ergeben sich Vorteile gegenüber der etablierten Kreisdarstellung:

- Die Untersuchung des Regelkreisverhaltens wird didaktisch leichter zu erklären. Gegenüber klassischen Wirkungsplänen lassen sich mithilfe des Bus-Approachs die Übertragungsfunktionen des gesamten Systems für Führungs- und Störverhalten viel einfacher bestimmen.
- Die grafische Darstellung eines Mehrgrößensystems nach dem Bus-Approach erhöht die Übersichtlichkeit.
- Es entfällt die Notwendigkeit der Untersuchung von Mehrgrößensystemen im Zustandsraum. Man kann die klassischen Verfahren zur Analyse eines Mehrgrößensystems im Zeit-, Bild- und Frequenzbereichen nach dem Bus-Approach anwenden. Dabei erfolgt die Entkopplung des Mehrgrößenreglers auch bei höheren Dimensionen genauso einfach wie bei zweidimensionalen Reglern.

Um sofort nachweislich zu belegen, dass die Bus-Darstellung anstelle von klassischen Regelkreisen keine unrealisierbare Idee ist, weisen wir auf ein Beispiel aus dem Buch [2] hin. Dort wird das Buskonzept anstelle klassischer Zustandsregelung für eine Mehrgrößenregelstrecke in P-kanonische Form mit der Ordnung $n = 3$ angewendet:

> „Die instabile dezentrale Regelung wird hier durch die Entkopplungsglieder G_{R12}, G_{R13} G_{R21}, G_{R23}, G_{R31}, G_{R32} vollständig entkoppelt und stabilisiert. Da die klassischen Additionsknoten der P-kanonischen Form durch Busanschlüsse ersetzt werden, sind die Signalwege zwischen Bussen nachvollziehbar, und man kann leicht die Entkopplungswege finden. Auch die Simulation erfolgt viel einfacher: Man soll nur die Busanschlüsse passend konfigurieren." (Zitat [2, Seite 270])

2.1.4 Bezeichnungen

In diesem und nachfolgenden Kapiteln des Buches werden die Annahmen und Einschränkungen dargestellt, die üblich für die Grundlagen der Regelungstechnik und für die entsprechenden Lehrbücher sind. Die Regelstrecken werden in diesem Buch als LZI bzw. lineare Blöcke mit zeitinvarianten Parametern betrachtet. Lediglich in Kap. 6, in Abschn. 6.4.2, werden die zeitvariablen Glieder (LZV) behandelt. Mehr über LZV kann man in [8, Seite 145–147] nachlesen.

In diesem Buch werden folgende Bezeichnungen verwendet, die an DIN 19226 angepasst sind:

• s	Laplace-Operator
• $x(t)$, $y(t)$	Regelgröße und Stellgröße im Zeitbereich
• $x(s)$, $y(s)$	Regelgröße und Stellgröße im Bildbereich
• w	Führungsgröße bzw. Sollwert
• z	Störgröße
• $e(t)$, $e(s)$	Regeldifferenz im Zeit- und Bildbereich

• $G(s)$	Übertragungsfunktion
• ω	Kreisfrequenz
• $G(j\omega)$	Frequenzgang
• $\|G(\omega)\|$	Amplitudengang
• $\varphi(\omega)$	Phasengang

Die Regelkreise, die nur eine skalare Größe x, y, w, z beinhalten, werden SISO-Regelkreise *(Single Input Single Output)* genannt. Wenn die Signale keine Skalare, sondern Vektoren sind, wie es in der Praxis oft vorkommt, handelt es sich um eine Mehrgrößenregelung, die auch als MIMO bezeichnet werden *(Multi Input Multi Output)*.

2.2 Bus-Approach

2.2.1 Herleitung

Betrachten wir einen einschleifigen linearen Regelkreis, der aus vier Blöcken besteht, nämlich Regler, Aktor, Strecke und Sensor.

Analog der Ebenendarstellung von Automatisierungssystemen (siehe Abb. 2.2) markieren wir in Abb. 2.3 drei Ebenen, natürlich nach einem anderen Prinzip als in Abb. 2.2. Es ist sofort klar, dass anstelle eines realen Busses, wie Feldbus, Systembus oder Ethernet TCP/IP, hier andere, virtuelle Busse betrachtet werden. Die Busse sind nach Variablen benannt:

- e-Bus für die Regeldifferenz,
- y-Bus für die Stellgröße,
- x-Bus für die Regelgröße.

Die Ebenen des Regelkreises mit diesen drei Bussen sind in Abb. 2.4 gezeigt.

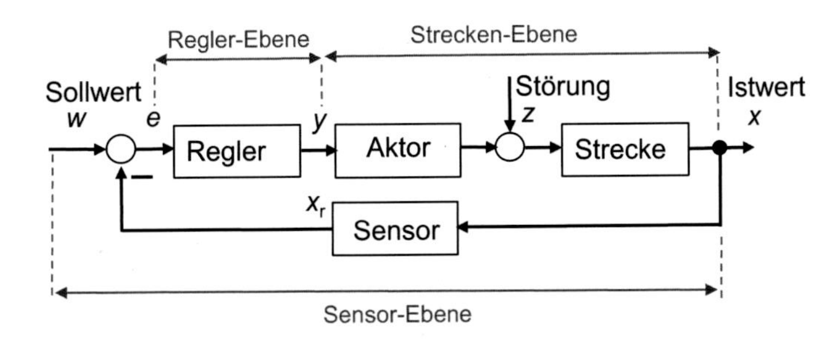

Abb. 2.3 Klassischer Wirkungsplan eines einfachen Regelkreises mit Ebenenmarkierung

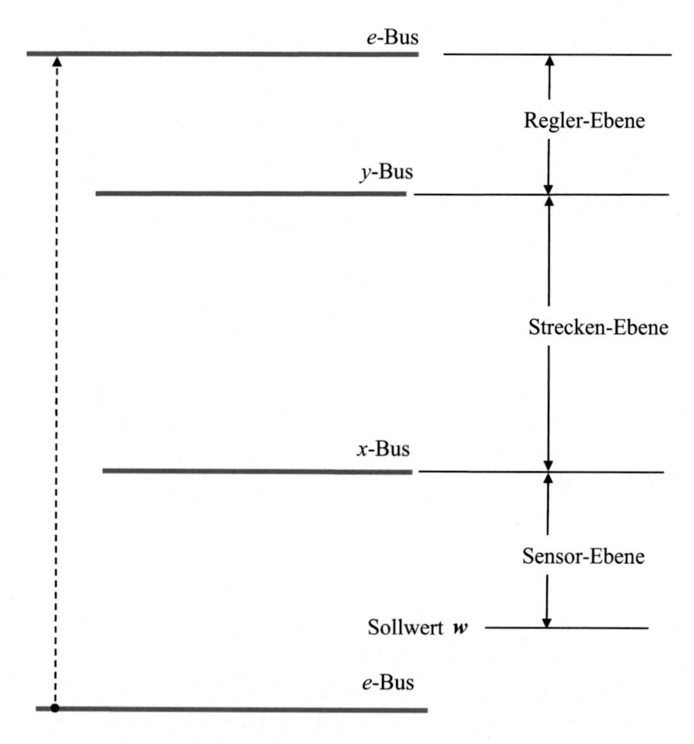

Abb. 2.4 Ebenen und Busse eines Regelkreises

Nun bleibt der letzte Schritt, nämlich, das Bussystem mit Blöcken zu ergänzen, wie in Abb. 2.5 erläutert, und der Datenflussplan des Regelkreises ist fertig!

Somit haben wir unser Ziel erreicht: Ein Regelkreis ist analog einem Automatisierungssystem wie eine Pyramide dargestellt (Abb. 2.6).

2.2.2 Mathematische Beschreibung

Mithilfe der Datenflusspläne lassen sich alle Übertragungsfunktionen des Regelkreises viel einfacher bestimmen, als es bei Wirkungsplänen der Fall ist.

Nehmen wir an, dass der Regelkreis der Abb. 2.3 folgende Übertragungsfunktionen hat:

• Regler	$G_R(s)$,
• Aktor	$G_{S1}(s)$,
• Strecke	$G_{S2}(s)$,
• Sensor	$G_M(s)$

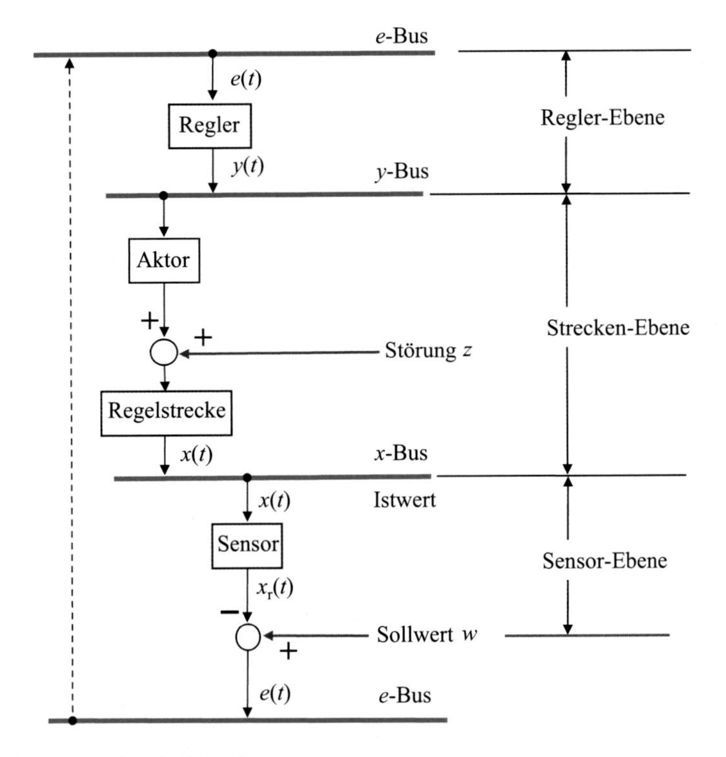

Abb. 2.5 Datenflussplan des Regelkreises

Der entsprechende Datenflussplan ist in Abb. 2.7 dargestellt. Die Bussegmente bzw. die Abschnitte zwischen Bussen sind mit Übertragungsfunktionen des Regelkreises markiert:

• Übertragungsfunktion des offenen Kreises	$G_0(s)$,
• Vorwärts-Übertragungsfunktion für Führungsverhalten	$G_{vw}(s)$,
• Vorwärts-Übertragungsfunktion für Störverhalten	$G_{vz}(s)$

Die Markierung der Bussegmente erfolgt nach den mathematischen Definitionen von Übertragungsfunktionen bzw. nach deren Ausgangs-/Eingangsverhalten:

$$G_0(s) = \frac{x_r(s)}{e(s)}$$
$$G_{vw}(s) = \frac{x(s)}{w(s)}$$
$$G_{vz}(s) = \frac{x(s)}{z(s)}$$

In Abb. 2.7 sind die Bussegmente folgendermaßen markiert:

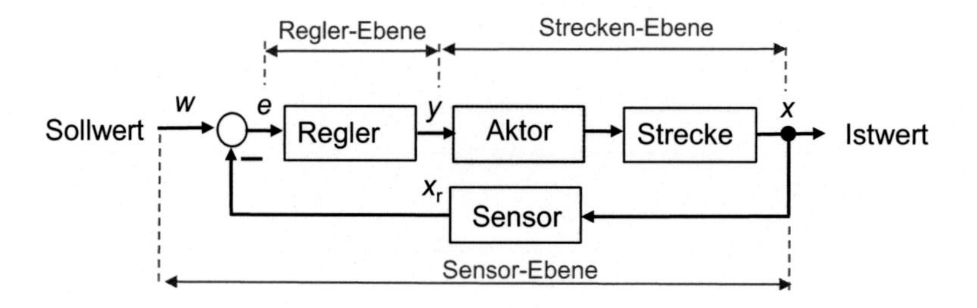

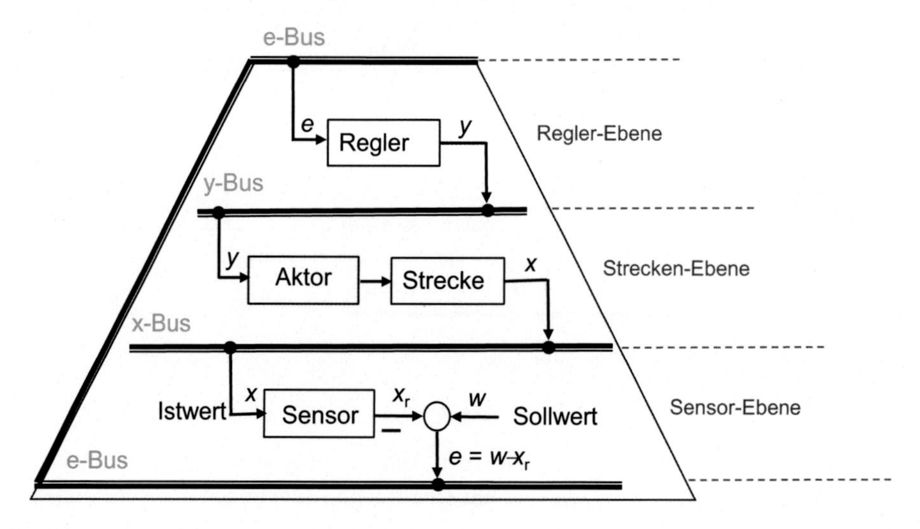

Abb. 2.6 Gegenüberstellung: Wirkungsplan und Datenflussplan

Definition

Die Übertragungsfunktion des Reglers $G_R(s)$ ist das Bussegment zwischen e-Bus und y-Bus.

Die Übertragungsfunktion der Strecke $G_S(s)$ inkl. Übertragungsfunktion des Aktors ist das Bussegment zwischen y-Bus und x-Bus.

Die Übertragungsfunktion des offenen Kreises $G_0(s)$ ist das Bussegment zwischen e-Bus und Rückführgröße x_r.

Die Vorwärts-Übertragungsfunktion des Führungsverhaltens $G_{vw}(s)$ ist das Bussegment zwischen e-Bus und x-Bus.

Die Vorwärts-Übertragungsfunktion des Störverhaltens $G_{vz}(s)$ ist das Bussegment zwischen e-Bus und x-Bus.

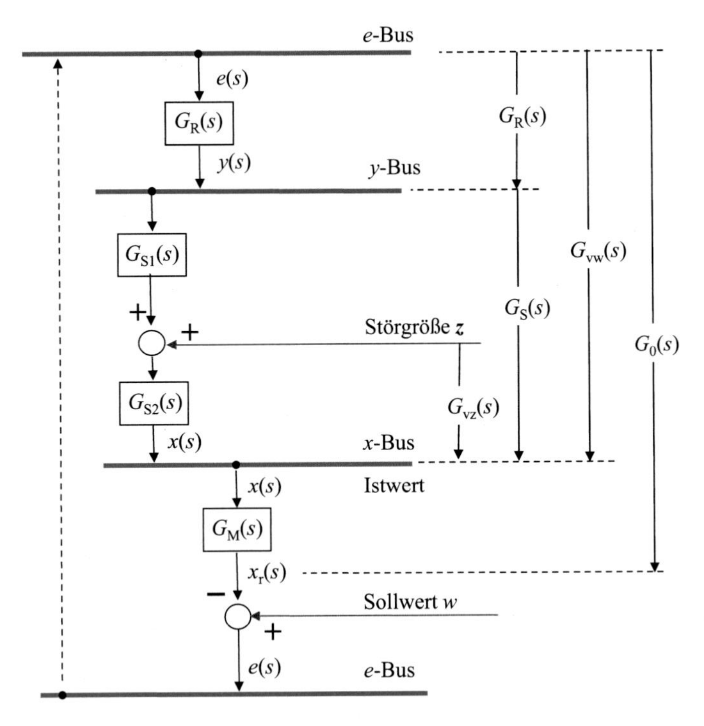

Abb. 2.7 Datenflussplan mit Übertragungsfunktionen

Nachdem die Bussegmente markiert sind, können alle benötigten Übertragungsfunktionen nach bekannten Verbindungsregeln einfach bestimmt werden. Die Verbindungsregeln sind in fast jedem Lehrbuch zu Grundlagen der Regelungstechnik vorhanden.

„Bei Reihenschaltung von n Gliedern mit den Übertragungsfunktionen $G_1(s)$, $G_2(s),\ldots, G_n(s)$ ist die Übertragungsfunktion des gesamten Systems gleich dem Produkt der einzelnen Übertragungsfunktionen." (Zitat [2, Seite 43])

$$G(s) = G_1(s) \cdot G_2(s) \ldots G_n(s) \tag{2.1}$$

„Schaltet man n Glieder mit den Übertragungsfunktionen $G_1(s)$, $G_2(s),\ldots$ $G_n(s)$ parallel, so ist die Übertragungsfunktion des gesamten Systems gleich der Summe der einzelnen Übertragungsfunktionen." (Zitat [2, Seite 43])

$$G(s) = G_1(s) + G_2(s) + \ldots + G_n(s) \tag{2.2}$$

Die Übertragungsfunktionen der Rückführschaltung, bestehend aus einem Vorwärtsglied $G_1(s)$ und einem Rückführungsglied $G_2(s)$, wird nach folgender Regel bestimmt:

$$G(s) = \frac{G_1(s)}{1 \pm G_1(s)G_2(s)} \tag{2.3}$$

wobei ein positives Vorzeichen einer Gegenkopplung und ein negatives Vorzeichen einer Mitkopplung entspricht.

Für die Übertragungsfunktionen des geschlossenen Regelkreises beim Führungsverhalten $G_w(s)$ und beim Störverhalten $G_z(s)$ gelten folgende Regeln:

$$G_w(s) = \frac{G_{vw}(s)}{1 + G_0(s)} \tag{2.4}$$

$$G_z(s) = \frac{G_{vz}(s)}{1 + G_0(s)} \tag{2.5}$$

Unter Beachtung von Gl. 2.1 bis 2.5 kann das Verhalten des Regelkreises direkt aus dem Datenflussplan in Abb. 2.7 abgelesen werden (einfachheitshalber werden nachfolgend die s-Argumente teilweise vernachlässigt):

$$G_S(s) = G_{S1}(s) G_{S2}(s)$$

nach Gl. 2.1,

$$G_{vw}(s) = G_R(s) G_{S1}(s) G_{S2}(s)$$

nach Gl. 2.1,

$$G_{vz}(s) = G_{S2}(s)$$

$$G_0(s) = G_R G_{S1} G_{S2} G_M$$

nach Gl. 2.1,

$$G_w(s) = \frac{G_R G_{S1} G_{S2}}{1 + G_R G_{S1} G_{S2} G_M}$$

nach Gl. 2.4,

$$G_z(s) = \frac{G_{S2}}{1 + G_R G_{S1} G_{S2} G_M}$$

nach Gl. 2.5.

Beispiel

Der Wirkungsplan eines Regelkreises ist in Abb. 2.8 nach dem Lehrbuch [9, Seite 17] gegeben.

Die Regelgröße U_G ist die Spannung des Generators einer Windkraftanlage. Die Stellgröße φ ist der Winkel der Rotorblätter. Die Störgröße wird über einen Windsensor mit der Spannung U_S gemessen. Es soll die Übertragungsfunktion des geschlossenen Regelkreises beim Störverhalten $G_z(s)$ bestimmt werden.

Die Lösung nach dem Wirkungsplan der Abb. 2.8 ist in [9, Seite 132] gezeigt und ziemlich aufwendig. Nachfolgend bestimmen wir die $G_z(s)$ nach dem Datenflussplan.

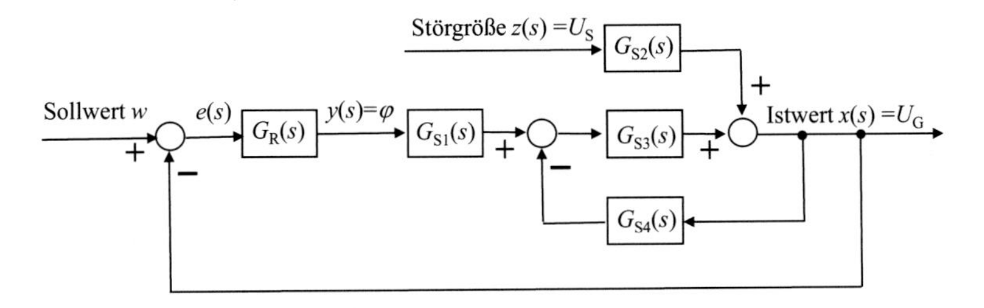

Abb. 2.8 Wirkungsplan einer Windkraftanlage nach [9, Seite 17]

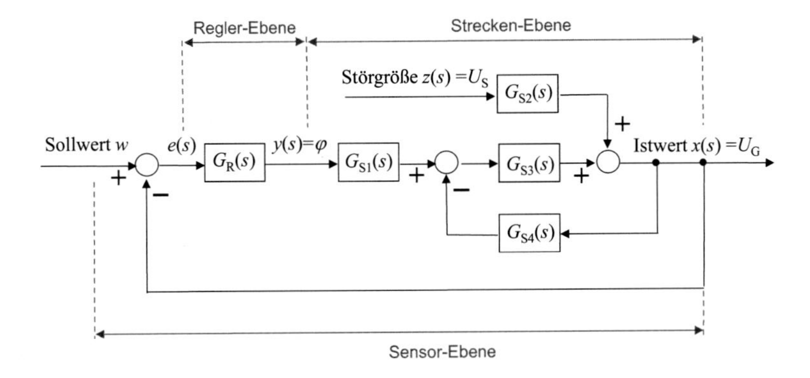

Abb. 2.9 Markierung von Ebenen des Datenflussplans der Windkraftanlage

Dafür markieren wir zuerst die Ebenen des Wirkungsplans (Abb. 2.9).

Dann übertragen wir die markierten Ebenen des Wirkungsplans in die Bussegmente des Datenflussplans, wie in Abb. 2.10 erläutert ist.

Daraus folgt sofort die Lösung:

$$G_{vz}(s) = G_{S2}(s)$$

$$G_S(s) = G_{S1}(s) \cdot \frac{G_{S3}(s)}{1 + G_{S3}(s)G_{S4}(s)}$$

nach Gl. 2.1 und 2.3,

$$G_0(s) = G_R(s)G_S(s)$$

nach Gl. 2.1.

Nach dem Einsetzen von $G_{vz}(s)$ und $G_s(s)$ in die obige Formel für $G_0(s)$ folgt:

$$G_0(s) = \frac{G_R G_{S1} G_{S3}}{1 + G_{S3} G_{S4}}$$

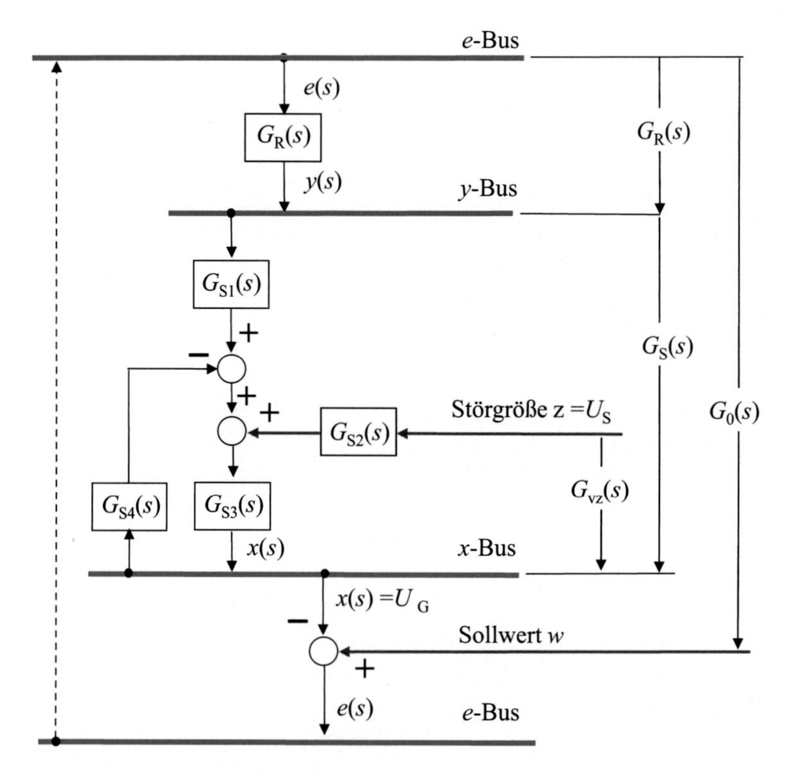

Abb. 2.10 Datenflussplan der Windkraftanlage

$$G_z(s) = \frac{G_{vz}(s)}{1 + G_0(s)} = \frac{G_{S2}}{1 + \frac{G_R G_{S1} G_{S3}}{1+G_{S3}G_{S4}}}$$

Aus dem letzten Ausdruck ergibt sich die Antwort:

$$G_z(s) = \frac{G_{S2}(1 + G_{S3}G_{S4})}{1 + G_{S3}G_{S4} + G_R G_{S1} G_{S3}}$$

2.2.3 Vorteile der Kommunikation mittels Daten statt Signalen

Es ist kaum möglich, am betrachteten Beispiel eines einfachen einschleifigen Regelkreises die Vorteile des Bus-Approachs zu zeigen. Jedoch auch an diesem Beispiel ist klar, dass im Wirkungsplan die Signale übertragen werden, während im Datenflussplan die Kommunikation mittels Daten erfolgt.

Im Kap. 1 wurden die Unterschiede zwischen Signalen und Daten detailliert analysiert. Wiederholen wir im Folgenden kurz die Vorteile der Datenübertragung.

Signale sind in der Zeit veränderliche physikalische Größen, die zwischen physikalischen Elementen übermittelt werden. Damit sind die Prozesse in einem Regelkreis beschrieben. Das entspricht einer „Ursache-Folge"-Kommunikation. Mehr Informationen als der Wert und das Vorzeichen einer Variablen am Eingang eines Blockes des Wirkungsplans (Ursache) zu jedem Zeitpunkt können mit Signalen nicht übertragen werden.

Daten (wie auch *Nachrichten*) sind Mitteilungen, die mittels Signalen von einem physikalischen Element (Quelle) zu einem anderen physikalischen Element (Empfänger) übertragen und vom Empfänger zu einer Aktion interpretiert werden. Der Unterschied zwischen Daten und Nachrichten besteht darin, dass die Nachrichten für die Übertragung von einem Ort zu einem anderen Ort geeignet sind, während die Daten der Interpretation von Nachrichten beim Empfänger dienen (siehe [11]).

In einem Automatisierungssystem entspricht die Signalübertragung der Punkt-zu-Punkt-Verbindung, die Datenübertragung entspricht der Busverbindung. Daraus sind auch die Vor- und Nachteile dieser beiden Übertragungsarten ersichtlich.

Die klassischen Wirkungspläne von Regelkreisen sind aus drei Typen von Elementen aufgebaut:

- Blöcke, um Signale in einer Richtung zu übertragen und verformen, z. B. integrieren,
- Summationsstellen, um die algebraischen Summen von Signalen zu bilden,
- Verzweigungsstellen, um die gleichen Signale in mehrere Richtungen zu verteilen.

Klassische Wirkungspläne beinhalten keine Blöcke für Multiplikation, Division und logische Operationen. Damit ist die Verknüpfung von mehreren Regelkreisen erschwert, wie auch die Zusammensetzung von Regelung und Steuerung in einem System.

Die Datenübertragung verfügt über alle Vorteile der Busverbindung, nämlich: Es werden folgende Parameter mit einer Nachricht übertragen: der Wert und das Vorzeichen des Signals, die Adresse des Empfängers und die Information über die gewünschte Aktion. Damit kann man sowohl mehrere Regelkreise miteinander einfach verknüpfen als auch die o. g. Elemente des Wirkungsplans mit logischen Operatoren (wie AND, OR) und Steuerungselementen (wie Switch) ergänzen.

2.3 Horizontale Datenflusspläne

Alle bisherigen Datenflusspläne wurden senkrecht gerichtet, um die Ähnlichkeit mit der Automatisierungspyramide besser zu verdeutlichen. Solche Datenflusspläne sind gut für einschleifige Regelkreise geeignet. Dagegen ist die horizontale Orientierung des Datenflussplans für Übungen und Simulationen, besonders für die vermaschte Regelung und Mehrgrößenregelung, viel praktischer. Außerdem sind die horizontal gerichteten Datenflusspläne besser an die Wirkungspläne angepasst, die grundsätzlich nur horizontal dargestellt sind.

2.3.1 Einfacher Regelkreis ohne Störung

Wir beginnen die Beschreibung von horizontalen Datenflussplänen mit einem Wirkungsplan (Abb. 2.11), der für einen ganz einfachen einschleifigen Regelkreis ohne Störung gebildet ist. Der betrachtete Wirkungsplan besteht nur aus einem Regler mit der Übertragungsfunktion $G_R(s)$ und einer Strecke mit der Übertragungsfunktion $G_S(s)$. Kein Aktor bzw. Stellglied ist explizit im Wirkungsplan eingetragen. In der Praxis wirkt der Ausgang des Reglers $y(t)$ nicht direkt an die Strecke, sondern erst an einem Aktor (Ventil, Motor usw.). In Abb. 2.11 ist angenommen, dass ein Aktor in der Übertragungsfunktion $G_S(s)$ der Strecke enthalten ist.

Auch in Abb. 2.11 ist kein Sensor in der Rückführung des Wirkungsplans vorhanden.

> „Eigentlich sollte die Regelgröße x mit einem Sensor gemessen und über die Rückführung zum Eingang des Reglers als Signal r geliefert werden. Ohne Messung ist keine Rückführung und ohne Rückführung ist keine Regelung möglich. So ist es in der Praxis. Aber in der Regelungstechnik und auch in diesem Buch wird die Rückführung direkt zum Eingang „kurzgeschlossen", um die mathematischen Behandlungen zu vereinfachen. Unter dieser Annahme werden die Rückführgröße r und die Regelgröße x immer gleich sein, bzw. es gilt $r(t)=x(t)$. Die Regeldifferenz $e(t)$ wird nach der Differenz zwischen der Führungsgröße w und der Regelgröße $x(t)$ gebildet, d. h., $e(t)=w-x(t)$." (Zitat [12, Seite 3])

Da kein Sensor im Wirkungsplan der Abb. 2.11 gezeigt ist, kann auch der Datenflussplan vereinfacht werden. Wie aus Abb. 2.12 ersichtlich ist, kann in diesem Fall der e-Bus entfallen. Der x-Bus wird zersplittert, was eigentlich einer Rückführung entspricht, und zweimal, links und rechts, in Abb. 2.12 dargestellt.

Wie aus Abb. 2.13 ersichtlich ist, werden die Übertragungsfunktionen des Datenflussplans ohne e-Bus etwas anders definiert als oben in Abb. 2.7, nämlich:

Definition

Die Übertragungsfunktion des Reglers $G_R(s)$ ist das Bussegment zwischen Sollwert w und y-Bus.

Die Übertragungsfunktion der Strecke $G_S(s)$ inkl. Übertragungsfunktion des Aktors ist das Bussegment zwischen y-Bus und x-Bus.

Die Übertragungsfunktion des offenen Kreises $G_0(s)$ ist das Bussegment zwischen beiden x-Bussen, links und rechts.

Die Vorwärts-Übertragungsfunktion des Führungsverhaltens $G_{vw}(s)$ ist das Bussegment zwischen Sollwert w und x-Bus.

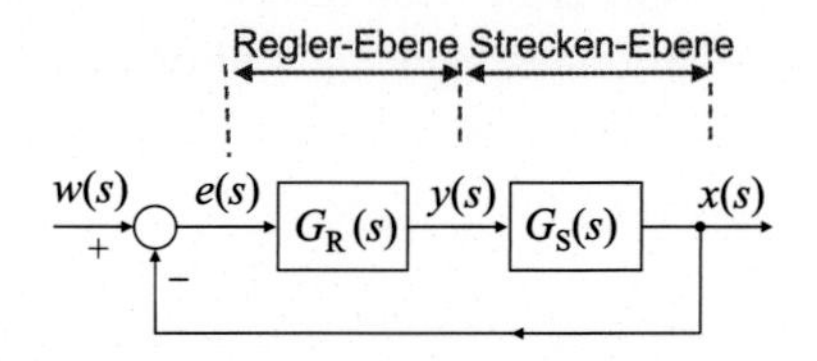

Abb. 2.11 Wirkungsplan eines einfachen Regelkreises ohne Störung und ohne Sensor (Quelle: [1, Seite 1])

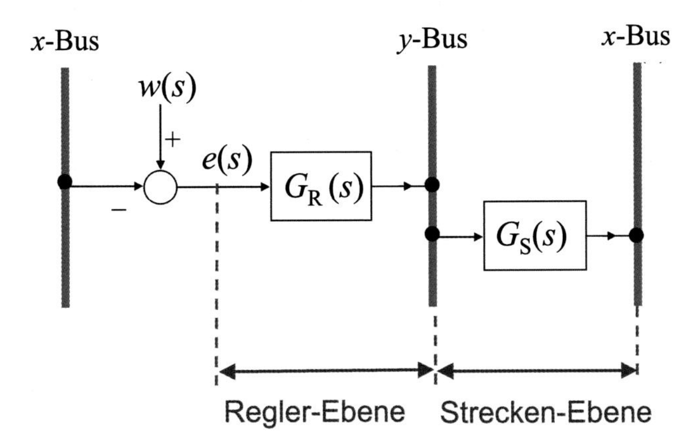

Abb. 2.12 Vereinfachter Datenflussplan ohne e-Bus mit zwei x-Bussen, links und rechts

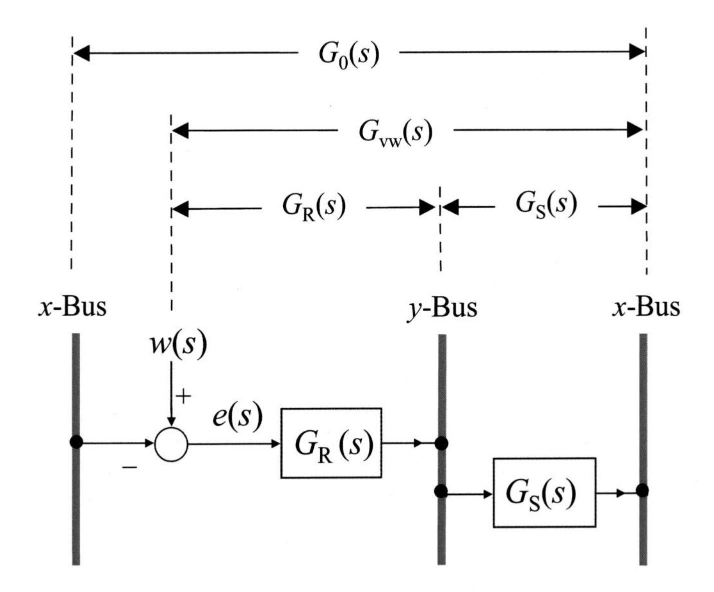

Abb. 2.13 Definition von Übertragungsfunktionen nach dem vereinfachten horizontal gerichteten Datenflussplan. (Quelle: [1, Seite 6])

2.3.2 Einfacher Regelkreis mit Störung

Nun ergänzen wir den Wirkungsplan der Abb. 2.11 mit einer Störung. Der daraus resultierende horizontale Datenflussplan ist in Abb. 2.14 gezeigt.

Die Definition der Vorwärts-Übertragungsfunktion des Störverhaltens $G_{vz}(s)$ des horizontalen Datenflussplans bleibt dieselbe, wie sie beim senkrechten Datenflussplan der Abb. 2.7 hergeleitet wurde, nämlich:

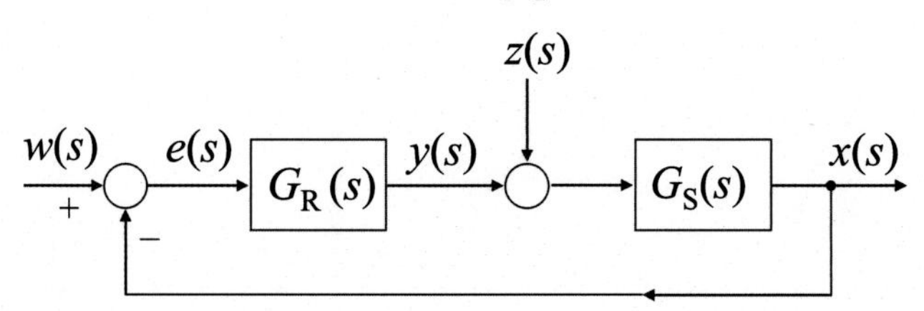

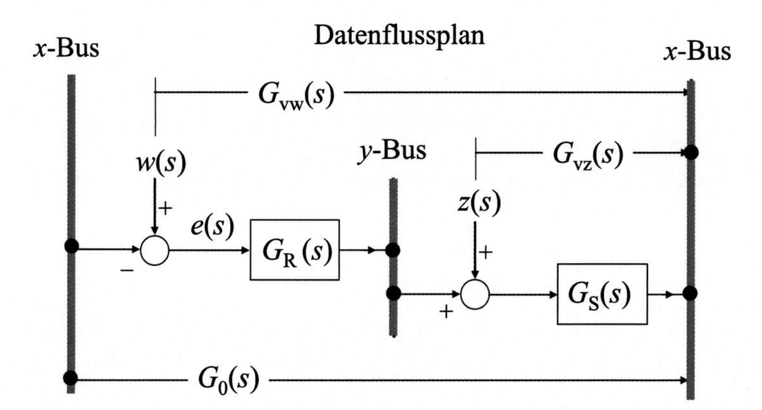

Abb. 2.14 Wirkungsplan und Datenflussplan eines einfachen Regelkreises mit Störung. (Quelle: [1, Seite 6])

Die Vorwärts-Übertragungsfunktion des Störverhaltens $G_{vz}(s)$ ist das Bussegment zwischen Störgröße z und x-Bus.

Beispiel
Der Wirkungsplan einer Störgrößenaufschaltung ist in Abb. 2.15 nach [10, Seite 85] gegeben.

Der Block $G_{Rz}(s)$ soll so eingestellt werden, dass die Störgröße z vollständig kompensiert wird. Dafür soll zuerst die Vorwärts-Übertragungsfunktion des Störverhaltens $G_{vz}(s)$ bestimmt und gleich null gesetzt werden. Jedoch ist die Lösung nach dem Wirkungsplan für Studierende oft problematisch.

Nach der Umwandlung des Wirkungsplans in einen horizontalen Datenflussplan entfallen die Probleme bei der Bestimmung von $G_{vz}(s)$, wie aus Abb. 2.16 ersichtlich ist:

$$G_{vz3}(s) = -G_{S3}(s)G_{S2}(s)$$
$$G_{vz2}(s) = G_{S1}(s)G_{S2}(s)$$
$$G_{vz1}(s) = -G_{Rz}(s)G_{R}(s)G_{S1}(s)G_{S2}(s)$$

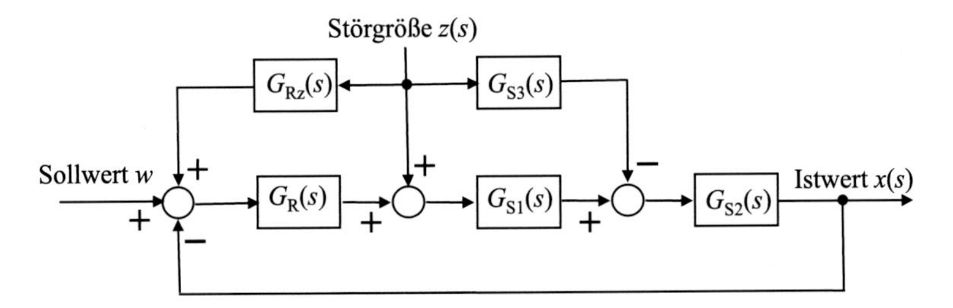

Abb. 2.15 Wirkungsplan einer Störgrößenaufschaltung

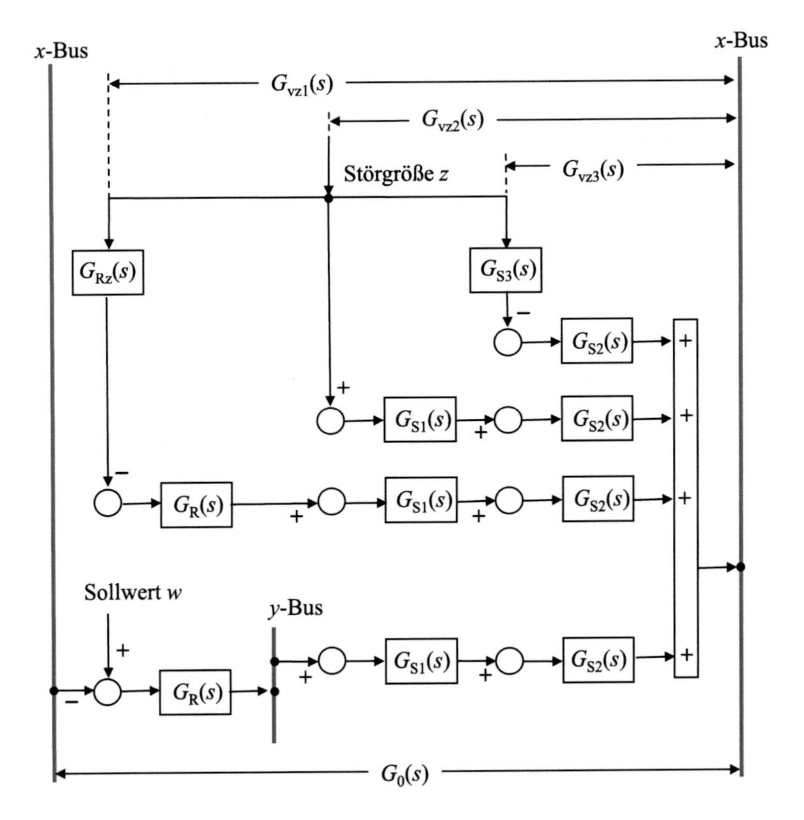

Abb. 2.16 Datenflussplan der Störgrößenaufschaltung nach Abb. 2.15

Die Umwandlung des Wirkungsplans der Abb. 2.15 zum Datenflussplan der Abb. 2.16 wurde unter Beachtung des Superpositionsprinzips linearer Systeme gemacht.

Nach Gl. 2.2 ist die gesuchte Vorwärts-Übertragungsfunktion des Störverhaltens $G_{vz}(s)$ die Summe von $G_{vz1}(s)$, $G_{vz2}(s)$ und $G_{vz3}(s)$:

$$G_{vz}(s) = G_{S1}G_{S2} - G_{S2}G_{S3} - G_{Rz}G_{R}G_{S1}G_{S2}$$

2.3.3 Vermaschte Regelkreise

Die Regelkreise mit Wirkungsplänen, in denen einzelne Schleifen ineinandergreifen, bezeichnet man als vermaschte Regelkreise. Für die Bearbeitung solcher Wirkungspläne gibt es neben bereits betrachteten Verbindungsregeln (Gl. 2.1 bis 2.3) noch die Umformungsregeln, wie Verlagerung von Summations- und Verzweigungsstellen. Mithilfe dieser Regeln werden die verschachtelten Schleifen voneinander getrennt und durch äquivalente Einzelschleifen ersetzt.

Als Beispiel betrachten wir eine Aufgabe aus dem Übungsbuch [10, Seite 28]. Es soll die Führungsübertragungsfunktion $G_{\mathrm{w}}(s)$ des geschlossenen Regelkreises bestimmt werden, dessen Wirkungsplan in Abb. 2.17 dargestellt ist.

Die klassische Lösung erfolgt mittels Verlagerung der Verzweigungsstelle A nach vorn oder der Verzweigungsstelle B nach hinten.

In Abb. 2.18 ist der Datenflussplan anstelle des Wirkungsplans erstellt.

Daraus ergibt sich:

$$G_{\mathrm{S}}(s) = G_{\mathrm{S1}}(s)G_{\mathrm{S2}}(s)G_{\mathrm{S3}}(s) - G_{\mathrm{S2}}(s) - G_{\mathrm{S3}}(s)$$

nach Gl. 2.2,

$$\begin{aligned} G_0(s) &= G_{\mathrm{R}}(s)G_{\mathrm{S}}(s) \\ &= G_{\mathrm{R}}(G_{\mathrm{S1}}G_{\mathrm{S2}}G_{\mathrm{S3}} - G_{\mathrm{S2}} - G_{\mathrm{S3}}) \end{aligned}$$

nach Gl. 2.1.

Aus Abb. 2.18 ist ersichtlich, dass die Übertragungsfunktion $G_0(s)$ des offenen Regelkreises mit der Vorwärts-Übertragungsfunktion $G_{\mathrm{vw}}(s)$ des Führungsverhaltens übereinstimmt

$$G_0(s) = G_{\mathrm{vw}}(s),$$

was eigentlich für alle Wirkungs- und Datenflusspläne ohne Sensoren in der Rückführung gilt.

Aus dem letzten Ausdruck unter Beachtung von Gl. 2.4 folgt die Lösung:

$$G_{\mathrm{w}}(s) = \frac{G_{\mathrm{vw}}(s)}{1 + G_0(s)} = \frac{G_{\mathrm{R}}(G_{\mathrm{S1}}G_{\mathrm{S2}}G_{\mathrm{S3}} - G_{\mathrm{S2}} - G_{\mathrm{S3}})}{1 + G_{\mathrm{R}}(G_{\mathrm{S1}}G_{\mathrm{S2}}G_{\mathrm{S3}} - G_{\mathrm{S2}} - G_{\mathrm{S3}})}$$

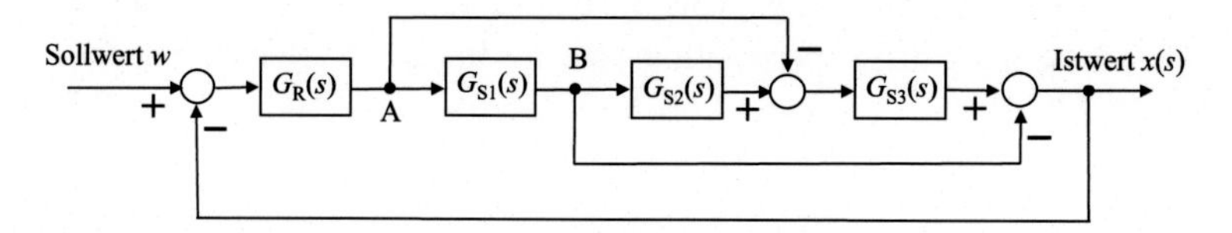

Abb. 2.17 Wirkungsplan eines vermaschten Regelkreises nach [10]

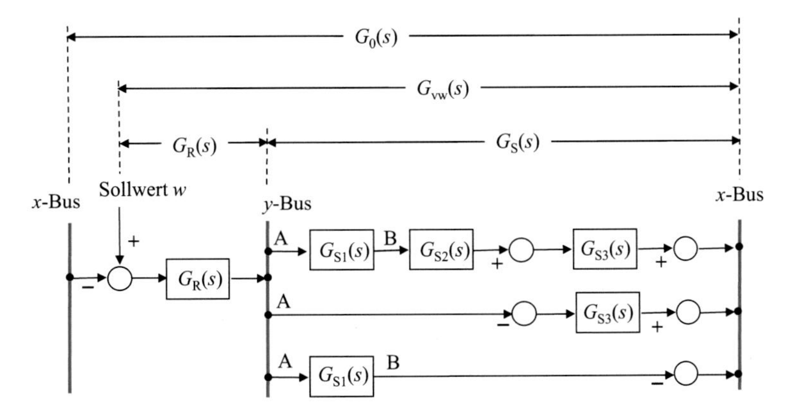

Abb. 2.18 Datenflussplan des vermaschten Regelkreises

2.4 Erstellen eines Datenflussplans

Bislang haben wir die Datenflusspläne aus den bereits fertiggestellten Wirkungsplänen entwickelt, indem wir die Wirkungspläne nach Ebenen markiert und dann als Bussegmente implementiert haben. Jedoch ist selbst das Erstellen eines Wirkungsplans aus der Beschreibung der zu regelnden Anlage keine einfache Aufgabe, besonders bei studentischen Projekten. Es ist viel einfacher, einen Datenflussplan direkt aus der Anlagenbeschreibung zu kreieren, wie nachfolgend beschrieben und an Beispielen erklärt wird.

2.4.1 Senkrechte Orientierung

In Abb. 2.19 ist die Wasserstandregelung eines Dampfkessels (*Polsunow,* 1765) gezeigt.

Um einen Datenflussplan dieser Anlage zu bilden, definieren wir zuerst die Hauptvariablen, nämlich: die Regelgröße (Füllstand) und die Stellgröße (Wasserzufuhr). Dann strukturieren wir die Anlage bzw. bezeichnen die Teile des Regelkreises nach deren Funktionen, d. h. Sensor (Schwimmer), Aktor (Ventil), Regelstrecke (Dampfkessel), wie in Abb. 2.20 erläutert ist.

Als Regler fungiert der Hebel, der ohne zusätzliche Energie direkt vom Schwimmer angetrieben wird. Der Sollwert ist die Höhe der vorab montierten Kupplung bzw. der Abstand zwischen Hebel und Schwimmer.

Als Nächstes zeichnen wir das senkrecht orientierte Bussystem, das in Abb. 2.4 bereits vorliegt, und füllen dieses Bussystem mit oben definierten Variablen und Regelkreiselementen aus.

Der fertige Datenflussplan ist in Abb. 2.21 dargestellt.

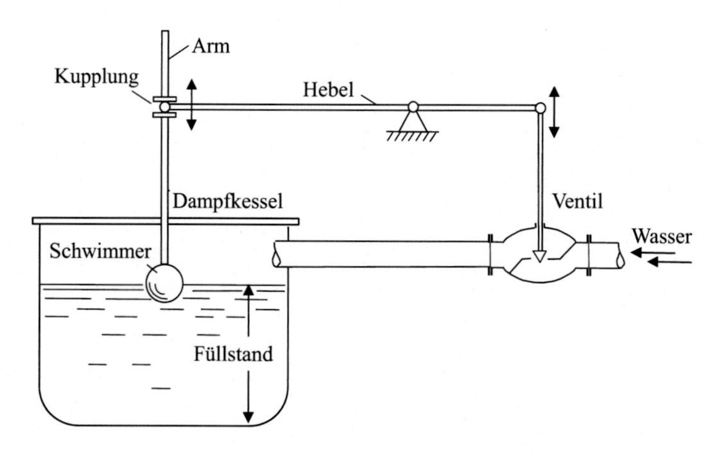

Abb. 2.19 Wasserstandregelung eines Dampfkessels (Polsunow, 1765)

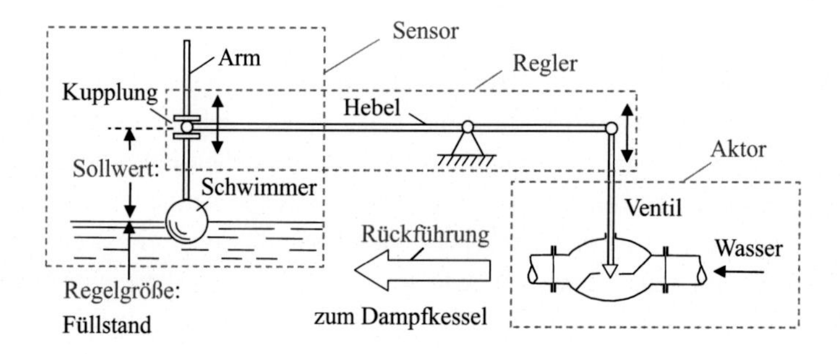

Abb. 2.20 Elemente des Regelkreises zur Abb. 2.19

2.4.2 Horizontale Orientierung

Betrachten wir eine verfahrenstechnische Anlage, in der ein Gemisch aus zwei Stoffen mittels eines Molekularfilters in zwei Produkte A und B gefiltert wird. Der Ausschnitt aus dem gesamten Prozessbild der Anlage ist in Abb. 2.22 gegeben.

> „Der Molekularfilter besteht aus den in einer Plastikpatrone zusammengefassten Hohlfasermembranen. Das Stoffgemisch fließt quer zur Filtermembran und verursacht eine Druckdifferenz, welche den Durchfluss durch den Filter bestimmt.
>
> Die Änderung des Durchflusses beeinflusst die Konzentration der Lösung, die ihrerseits die Filtratsrate und folglich die Druckdifferenz beeinträchtigt. Die Druckdifferenz ist die Regelgröße x_1, der Durchfluss ist die Regelgröße x_2. Die Stellgrößen y_1 und y_2 sind die Hübe von Stellventilen bzw. die Abweichungen der Hübe von entsprechenden Arbeitspunkten.“ (Zitat [9, Seite 67])

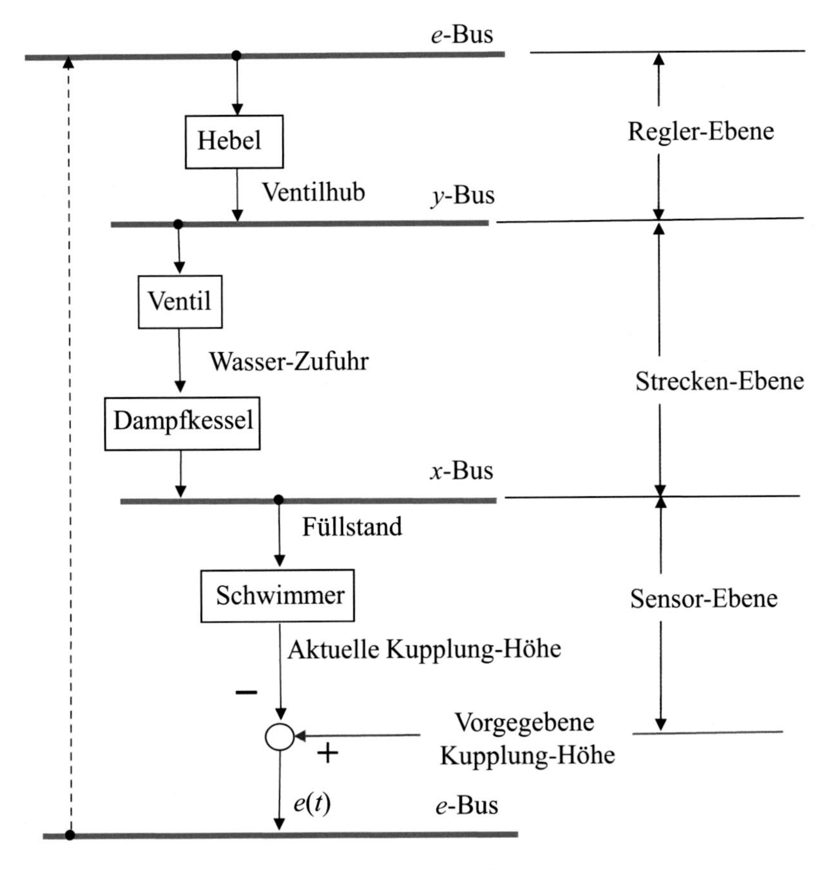

Abb. 2.21 Datenflussplan zum Regelkreis der Abb. 2.19

Wie bereits im vorherigen Abschnitt beschrieben, definieren wir zuerst die Hauptvariablen. Jedoch sind im Gegensatz zur Füllstandregelung des vorherigen Abschnitts hier zwei Regelgrößen vorhanden, nämlich die Regelgröße x_1 (Druck) und die Regelgröße x_2 (Durchfluss). Die entsprechenden Aktoren sind Ventil 1 (für Druckregelung) und Ventil 2 (für Durchflussregelung). Es handelt sind also in diesem Beispiel um eine Mehrgrößenregelung mit jeweils zwei Stell- und Regelgrößen.

Um den Datenflussplan kompakt zu halten, führen wir folgende Übertragungsfunktionen ein:

$$G_{11}(s) = \frac{x_1(s)}{y_1(s)}$$
$$G_{22}(s) = \frac{x_2(s)}{y_2(s)}$$
$$a_{12}(s) = \frac{x_1(s)}{y_2(s)}$$
$$a_{21}(s) = \frac{x_2(s)}{y_1(s)}$$

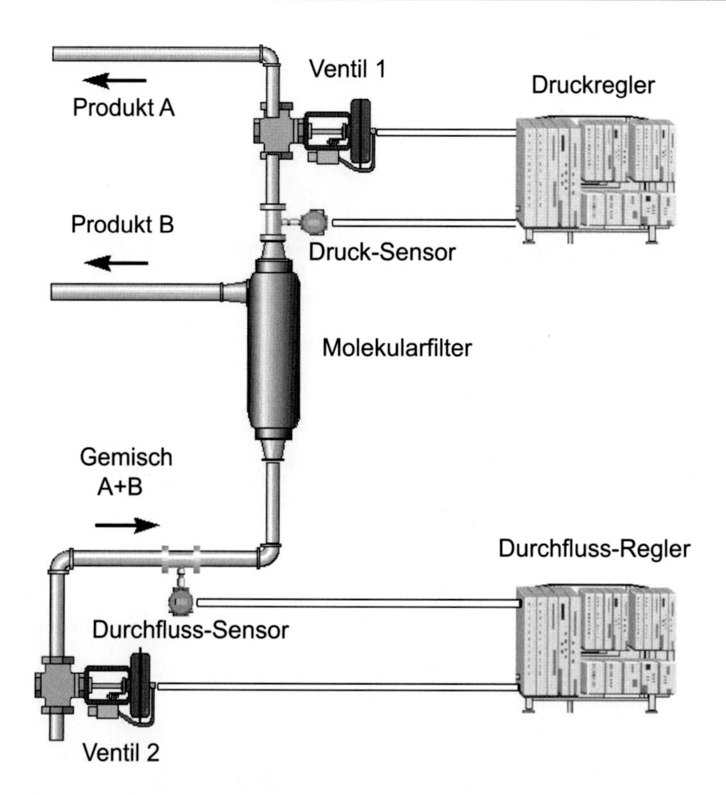

Abb. 2.22 Ausschnitt aus dem Prozessbild einer verfahrenstechnischen Anlage

Die Übertragungsfunktionen $G_{11}(s)$ und $G_{22}(s)$ sind Hauptregelstrecken, welche die Wirkung des Ventils 1 auf die Regelgröße x_1 (Druck) und die Wirkung des Ventils 2 auf die Regelgröße x_2 (Durchfluss) beschreiben. Dagegen sind $a_{12}(s)$ und $a_{21}(s)$ Koppelstrecken. Mit diesen Übertragungsfunktionen wird die Wirkung des Ventils 2 auf die Regelgröße x_1 (Druck) und die Wirkung des Ventils 1 auf die Regelgröße x_2 (Durchfluss) angedeutet.

Die Übertragungsfunktionen von Reglern bezeichnen wir mit $R_1(s)$ für Druckregler und $R_2(s)$ für Durchflussregler.

Für das hier betrachtete Beispiel der Mehrgrößenregelung ist es sinnvoll, ein horizontal orientiertes Bussystem wie in Abb. 2.12 anzuwenden.

Nachdem wir dieses Bussystem mit oben bezeichneten Variablen und Übertragungsfunktionen ausfüllen, entsteht der in [1] gezeigte Datenflussplan (Abb. 2.23).

Merken wir uns, dass die Mehrgrößenregelung in diesem Beispiel ohne Entkopplung erfolgt. Jede Regelgröße, Druck und Durchfluss, wird separat mit einem eigenen Regler $R_1(s)$ und $R_2(s)$ geregelt. Die Entkopplung wird im Kap. 8 behandelt.

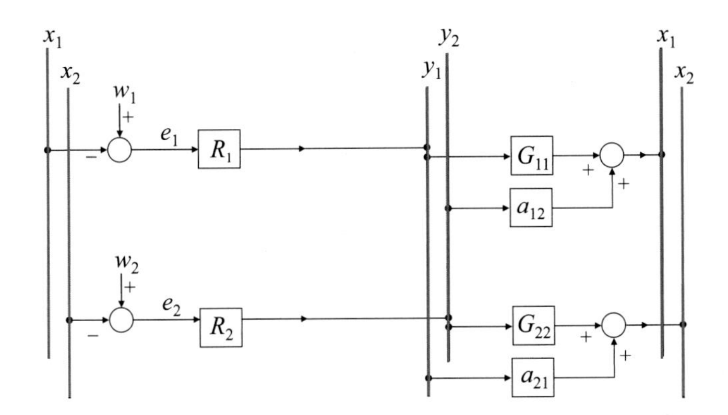

Abb. 2.23 Datenflussplan zum Beispiel des Prozesses in Abb. 2.22. (Quelle [1, Seite 56])

2.5 Übungsaufgaben mit Lösungen

2.5.1 Übungsaufgaben

Aufgabe 2.1
Die Lageregelung eines Magnetschwebekörpers ist in Abb. 2.24 gezeigt.

Eine Eisenkugel soll durch die Magnetkraft eines Elektromagneten in einer gewünschten Position x gehalten werden. Die Position der Kugel wird mit einem Sensor gemessen, in eine Spannung umgeformt und dann mit einem Messverstärker verstärkt. Im stationären Schwebezustand befindet sich die Magnetkraft des Elektromagneten im Gleichgewicht mit der Gewichtskraft. Das dynamische Verhalten der Kugel entspricht dem Newton'schen Gesetz und hat im Magnetfeld ein instabiles Verhalten.

Skizzieren Sie den senkrecht orientierten Datenflussplan des Regelkreises!

Aufgabe 2.2
Das Labormodell einer Windkraftanlage ist in Abb. 2.25 gegeben.

Die Ausgangsspannung des Generators $u(t)$ ist proportional zur Rotationsgeschwindigkeit $\omega(t)$. Die aus der Windströmung mit der Geschwindigkeit v resultierende Kraft F wirkt am Rotorblatt der Windkraftanlage. Das Rotorblatt ist mit dem Winkel φ gegenüber der Rotationsachse angestellt.

Ein PID-Regler soll die Rotationsgeschwindigkeit $\omega(t)$ und folglich die Ausgangsspannung des Generators u durch Einstellung des Winkels φ mit einem Motor stabilisieren.

Durch Linearisierung für kleine Abweichungen vom Arbeitspunkt lassen sich die wirksame Kraft und die Rotationsgeschwindigkeit durch folgende Gleichungen mit den Konstanten K_{v}, K_{φ} und K_{F} beschreiben:

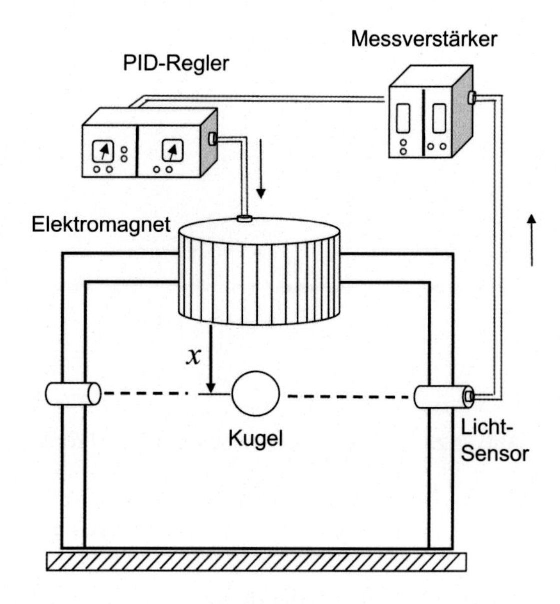

Abb. 2.24 Prinzipschema eines Magnetschwebekörpers

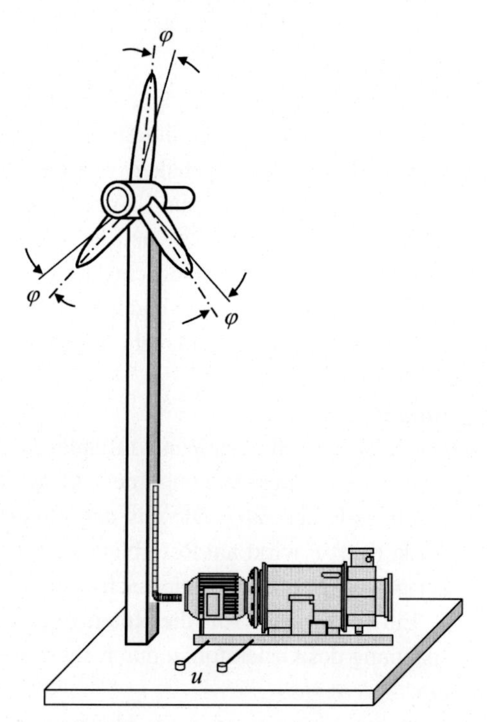

Abb. 2.25 Windkraftanlage

$$f(t) = K_v \cdot v(t) + K_\varphi \cdot \varphi(t)$$
$$J \cdot \dot{\omega}(t) = K_F \cdot f(t) - m_{Last}(t)$$

Das Lastmoment m_{Last} und die Ausgangsspannung des Generators U sind proportional zu der Rotationsgeschwindigkeit $\omega(t)$:

$$m_{Last}(t) = K_M \cdot \omega(t)$$

Entwerfen Sie den senkrecht orientierten Datenflussplan der Winkelgeschwindigkeitsregelung und bestimmen Sie daraus die Übertragungsfunktionen des geschlossenen Kreises!

Aufgabe 2.3
Der Wirkungsplan eines vermaschten Regelkreises ist in Abb. 2.26 dargestellt. Erstellen Sie den entsprechenden horizontal orientierten Datenflussplan und bestimmen Sie die Übertragungsfunktion $G_w(s)$ des geschlossenen Regelkreises für Führungsverhalten!

Aufgabe 2.4
Formen Sie den in Abb. 2.27 gegeben Wirkungsplan in einen horizontal orientierten Datenflussplan um und bestimmen Sie die Übertragungsfunktion $G_z(s)$ des geschlossenen Regelkreises für Störverhalten! Der PID-Regler ist wie folgt eingestellt:

$$K_{PR} = 1{,}5$$
$$T_n = 1{,}0\ \text{s}$$
$$T_v = 0{,}2\ \text{s}$$

2.5.2 Lösungen

Lösung zu Aufgabe 2.1
Der senkrecht orientierte Datenflussplan ist in Abb. 2.28 gezeigt.

Lösung zu Aufgabe 2.2
Die Hauptvariablen des Regelkreises sind:

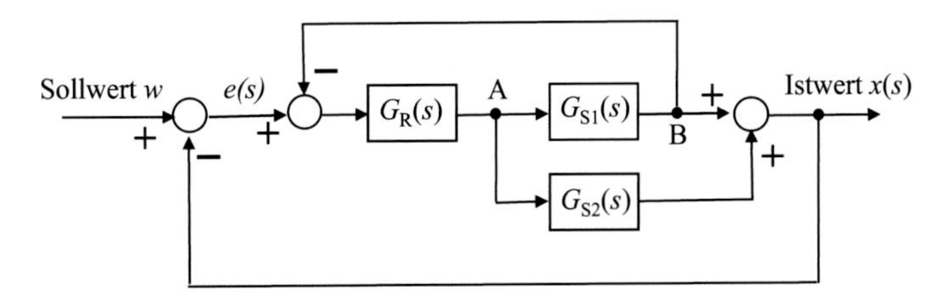

Abb. 2.26 Wirkungsplan eines vermaschten Regelkreises

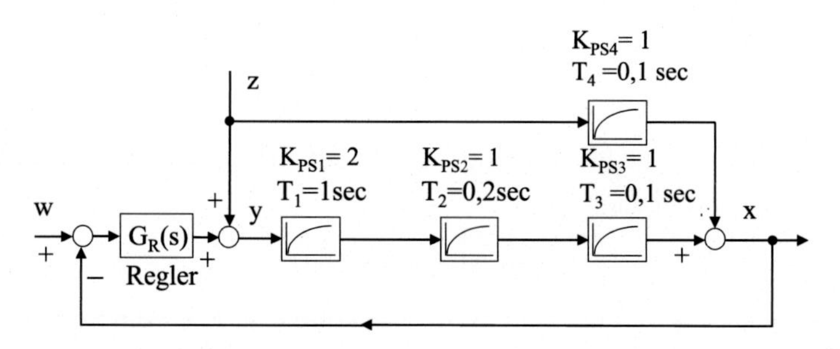

Abb. 2.27 Wirkungsplan (Quelle: [10, Seite 36])

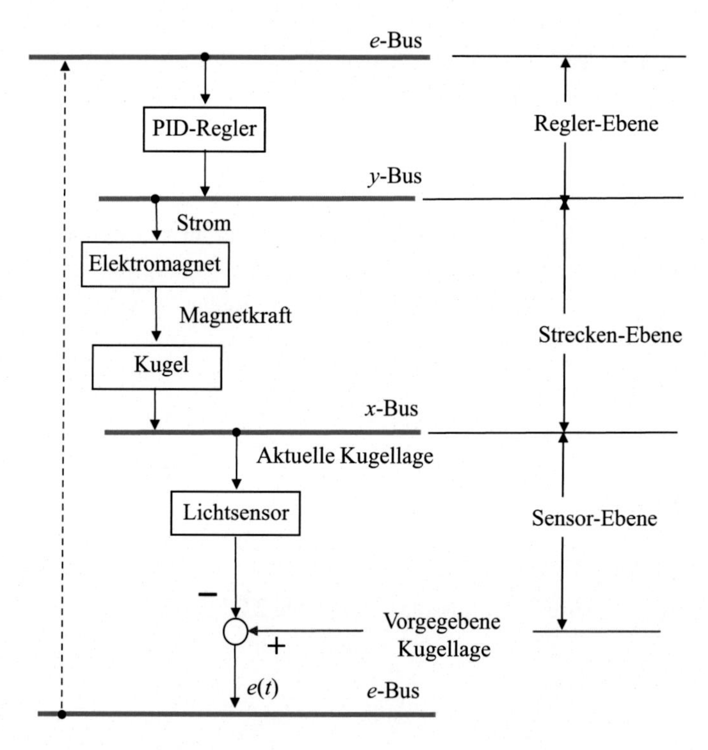

Abb. 2.28 Datenflussplan zur Aufgabe 2.1

- Regelgröße $\omega(t)$,
- Führungsgröße $w = u_{\text{soll}}$,
- Stellgröße $\varphi(t)$,
- Störgröße $v(t)$.

Der senkrecht orientierte Datenflussplan ist in Abb. 2.29 gezeigt.

Unter Beachtung der gegebenen Übertragungsfunktion des PID-Reglers

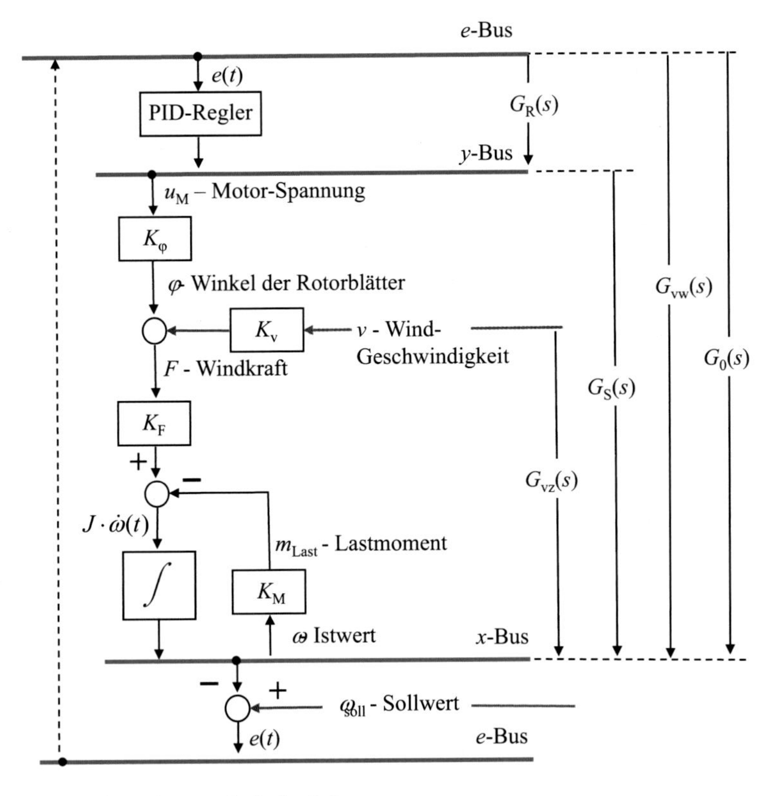

Abb. 2.29 Datenflussplan zur Aufgabe 2.2

$$G_{\mathrm{R}}(s) = \frac{K_{\mathrm{PR}}(1 + sT_{\mathrm{n}})(1 + sT_{\mathrm{v}})}{sT_{\mathrm{n}}}$$

ergibt sich die Lösung:

$$G_{\mathrm{S}}(s) = \frac{\omega(s)}{y(s)} = K_{\varphi} \cdot K_{\mathrm{F}} \cdot \frac{\frac{1}{s}}{1 + \frac{1}{s} \cdot K_{\mathrm{M}}} = \frac{K_{\varphi} K_{\mathrm{F}}}{s + K_{\mathrm{M}}}$$

$$G_0(s) = \frac{\omega(s)}{e(s)} = G_{\mathrm{R}}(s) G_{\mathrm{S}}(s) = \frac{K_{\mathrm{PR}} K_{\varphi} K_{\mathrm{F}}(1 + sT_{\mathrm{n}})(1 + sT_{\mathrm{v}})}{sT_{\mathrm{n}}(s + K_{\mathrm{M}})}$$

Der letzte Ausdruck lässt sich umformen bzw. in die Normalform bringen:

$$G_0(s) = \frac{K_{\mathrm{P0}}(1 + sT_{\mathrm{n}})(1 + sT_{\mathrm{v}})}{sT_{\mathrm{n}}(1 + sT_{\mathrm{M}})}$$

wobei gilt:

$$K_{\mathrm{P0}} = \frac{K_{\mathrm{PR}} K_{\varphi} K_{\mathrm{F}}}{K_{\mathrm{M}}} \text{ und } T_{\mathrm{M}} = \frac{1}{K_{\mathrm{M}}}$$

Nach der Kompensation

$$T_\mathrm{n} = T_\mathrm{M}$$

wird die Übertragungsfunktion des offenen Regelkreises wie folgt aussehen:

$$G_0(s) = \frac{K_\mathrm{P0}(1 + sT_\mathrm{v})}{sT_\mathrm{n}}$$

Des Weiteren bestimmen wir die Vorwärts-Übertragungsfunktionen aus dem Datenflussplan:

$$G_\mathrm{vw}(s) = \frac{\omega(s)}{e(s)} = G_0(s)$$

$$G_\mathrm{vz}(s) = \frac{x(s)}{z(s)} = K_\mathrm{v} \cdot K_\mathrm{F} \cdot \frac{\frac{1}{s}}{1 + \frac{1}{s} \cdot K_\mathrm{M}} = \frac{K_\mathrm{v} K_\mathrm{F}}{s + K_\mathrm{M}}$$

Der letzte Ausdruck wird in Normalform gebracht:

$$G_\mathrm{vz}(s) = \frac{K_\mathrm{v} K_\mathrm{F}}{K_\mathrm{M}} \cdot \frac{1}{1 + sT_\mathrm{M}}$$

Letztendlich ergibt sich die Lösung nach Gl. 2.4 und 2.5:

$$G_\mathrm{w}(s) = \frac{\frac{K_\mathrm{P0}(1+sT_\mathrm{v})}{sT_\mathrm{n}}}{1 + \frac{K_\mathrm{P0}(1+sT_\mathrm{v})}{sT_\mathrm{n}}} = \frac{K_\mathrm{P0}(1 + sT_\mathrm{v})}{sT_\mathrm{n} + K_\mathrm{P0}(1 + sT_\mathrm{v})} = \frac{K_\mathrm{P0}(1 + sT_\mathrm{v})}{s(T_\mathrm{n} + K_\mathrm{P0}T_\mathrm{v}) + K_\mathrm{P0}}$$

$$G_z(s) = \frac{\frac{K_\mathrm{v}K_\mathrm{F}}{K_\mathrm{M}} \cdot \frac{1}{1+sT_\mathrm{M}}}{1 + \frac{K_\mathrm{P0}(1+sT_\mathrm{v})}{sT_\mathrm{n}}} = \frac{sK_\mathrm{v}K_\mathrm{F}T_\mathrm{n}}{K_\mathrm{M}(1 + sT_\mathrm{M})} \cdot \frac{1}{s(T_\mathrm{n} + K_\mathrm{P0}T_\mathrm{v}) + K_\mathrm{P0}}$$

Lösung zu Aufgabe 2.3

Der horizontal orientierte Datenflussplan ist in Abb. 2.30 gezeigt.

Die Übertragungsfunktion $G_\mathrm{w}(s)$ des geschlossenen Regelkreises für Führungsverhalten wird aus dem Datenflussplan ausgelesen (einfachheitshalber werden unten die s-Argumente teilweise vernachlässigt):

$$G_\mathrm{R}^* = \frac{G_\mathrm{R}}{1 + G_\mathrm{R} G_\mathrm{S1}}$$

nach Gl. 2.3,

$$G_\mathrm{S} = G_\mathrm{S1} + G_\mathrm{S2}$$

nach Gl. 2.2,

$$G_\mathrm{vw}(s) = \frac{x(s)}{w(s)} = G_\mathrm{R}^*(s) G_\mathrm{S}(s)$$

nach Gl. 2.1,

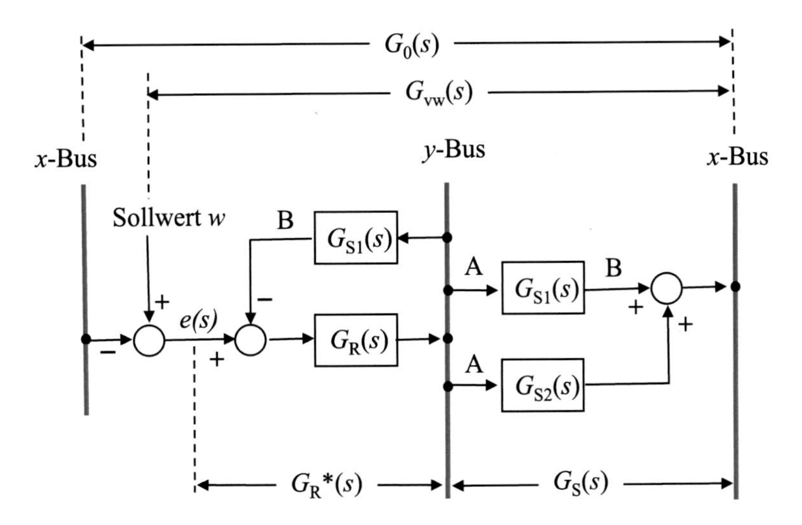

Abb. 2.30 Datenflussplan zur Aufgabe 2.3

$$G_0(s) = G_{vw}(s)$$

$$G_w(s) = \frac{G_R^*(s)G_S(s)}{1 + G_R^*(s)G_S(s)}$$

nach Gl. 2.4.

Aus dem letzten Ausdruck folgt die Lösung:

$$G_w(s) = \frac{\frac{G_R(G_{S1}+G_{S2})}{1+G_R G_{S1}}}{1 + \frac{G_R(G_{S1}+G_{S2})}{1+G_R G_{S1}}} = \frac{G_R(G_{S1} + G_{S2})}{1 + 2G_R G_{S1} + G_R G_{S2}}$$

Lösung zu Aufgabe 2.4

Der horizontal orientierte Datenflussplan ist in Abb. 2.31 gezeigt.

Die Übertragungsfunktion $G_z(s)$ des geschlossenen Regelkreises für Störverhalten wird anhand des Datenflussplans wie folgt erstellt (einfachheitshalber werden unten die s-Argumente teilweise vernachlässigt):

$$G_0(s) = G_R(s)G_{S1}(s)G_{S2}(s)G_{S3}(s)$$

Nach dem Einsetzen von gegebenen Übertragungsfunktionen ergibt sich:

$$G_0(s) = \frac{K_{PR}(1 + sT_n)(1 + sT_v)}{sT_n} \cdot \frac{K_{PS1}}{1 + sT_1} \cdot \frac{1}{1 + sT_2} \cdot \frac{1}{1 + sT_3}$$

Unter Beachtung gegebener Reglerparameter $T_n = T_1$ und $T_v = T_2$ wird die Übertragungsfunktion des offenen Kreises vereinfacht:

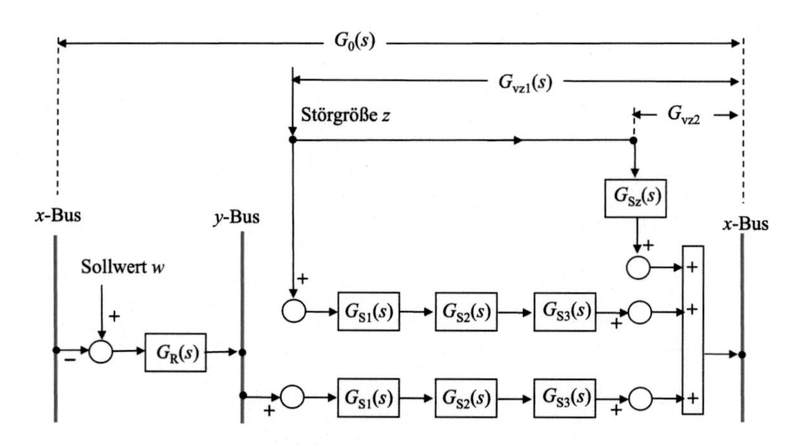

Abb. 2.31 Datenflussplan zur Aufgabe 2.4

$$G_0(s) = \frac{K_{PR}K_{PS1}}{sT_n(1+sT_3)} = \frac{2,5}{s(1+0,1s)}$$

Des Weiteren wird die Vorwärts-Übertragungsfunktion für Störverhalten aus dem Datenflussplan nach Gl. 2.2 (Parallelschaltung) bestimmt:

$$G_{vz}(s) = G_{vz1}(s) + G_{vz2}(s)$$

$$G_{vz}(s) = G_{S1}G_{S2}G_{S3} + G_{Sz} = \frac{K_{PS1}}{1+sT_1} \cdot \frac{1}{1+sT_2} \cdot \frac{1}{1+sT_3} + \frac{K_{PS4}}{1+sT_4}$$

$$G_{vz}(s) = \frac{2}{(1+s)(1+0,2s)(1+0,1s)} + \frac{1}{1+0,1s} = \frac{2+(1+s)(1+0,2s)}{(1+s)(1+0,2s)(1+0,1s)}$$

Die gesuchte Übertragungsfunktion $G_z(s)$ des geschlossenen Regelkreises für Störverhalten wird nach Gl. 2.5 bestimmt:

$$G_z(s) = \frac{\frac{2+(1+s)(1+0,2s)}{(1+s)(1+0,2s)(1+0,1s)}}{1+\frac{2,5}{s(1+0,1s)}} = \frac{2s+s(1+s)(1+0,2s)}{(0,1s^2+s+2,5)(1+s)(1+0,2s)}$$

und mit MATLAB®-Skript berechnet:

```
s=tf('s').
Zaehler=2*s+s*(1+s)*(1+0.2*s);
Nenner=(0.1*s^2+s+2.5)*(1+s)*(1+0.2*s);
Gz=Zaehler/Nenner.
```

Die Lösung lautet:

$$G_z(s) = \frac{0,2s^3+1,2s^2+3s}{0,02s^4+0,32s^3+1,8s^2+4s+2,5}$$

Literatur

1. Zacher, S. (2014). *Bus-Approach for feedback MIMO-control*. Dr. S. Zacher.
2. Zacher, S., & Reuter, M. (2022). *Regelungstechnik für Ingenieure* (16. Aufl.). Springer Vieweg.
3. Zacher, S. (2019). Bus-approach for engineering and design of feedback control. In *Proceedings of ICONEST*, October 7–10, 2019, published by ISTES Publishing, Denver, CO, USA (S. 26–27).
4. Zacher, S. (2020). Bus-approach for engineering and design of feedback control. *International Journal of Engineering, Science and Technology, 2*(1), 16–24. https://www.ijonest.net/index.php/ijonest/article/view/9/pdf. Zugegriffen: 20. Mai 2020.
5. Zacher, S. (2019). *Spezielle Methoden der Regelungstechnik*. FB EIT. Lehrbrief für Fernmaster-Studiengang der Hochschule Darmstadt.
6. Mille, R., Wahlen, M., Wenzel, M., & Jeckel, M. (2014). *Mehrgrößenregelung eines Drei-Tank-Systems nach Bus-Approach*. Projektarbeit der Hochschule Darmstadt, FB EIT.
7. Wang, F.-Y., & Liu, D. (Hrsg.). (2008). *Networked control systems*. Springer.
8. Zacher, S. (2003). *Duale Regelungstechnik*. VDE.
9. Zacher, S. (2022). *Übungsbuch Regelungstechnik* (7. Aufl.). Springer Vieweg.
10. Zacher, S. (2016). *Regelungstechnik Aufgaben* (4. Aufl.). Dr. S. Zacher.
11. Heidepriem, J. (2000). *Prozessinformatik 1. Grundzüge der Informatik*. Oldenbourg Industrieverlag GmbH.
12. Zacher, S. (2023). *Drei Bode Plots Verfahren für Regelungstechnik* (2. Aufl.). Springer Vieweg.

Simulation von Datenflussplänen

3

„Bus-Approach gewinnt mehr praktische Bedeutung, wenn man das Bussystem mit MATLAB®/Simulink simuliert. Dafür stehen in der Simulink-Bibliothek zwei Bausteine zur Verfügung: Bus-Creator, Bus-Selector. " Zitat : [1, S. 164]

Zusammenfassung

Der Übergang von traditionellen Wirkungsplänen zu den in Kap. 2 eingeführten Datenflussplänen bringt mehrere Vorteile mit sich, die in diesem Kapitel anhand von Simulationen verdeutlicht werden. Jedoch werden zuerst die Grundlagen der Simulation von Datenflussplänen an einfachen Beispielen von Regelkreisen mit nur einer einzige Stellgröße gezeigt, obwohl der Einsatz des Buskonzeptes bei solchen einfachen Regelkreisen kaum vorteilhaft gegenüber traditioneller Simulationstechnik mit Wirkungsplänen ist. Die ausführliche Beschreibung der MATLAB®/Simulink-Bausteine *Bus-Creator* und *Bus-Selector* soll dem Einsteiger ermöglichen, diese Busse problemlos auch bei etwas komplizierteren Regelkreisen mit verschachtelten Rückführungen, bei Störgrößenaufschaltung oder bei der Regelung nach optimalen Gewichtskoeffizienten anzuwenden. Danach folgen die Simulationen von Regelkreisen mit mehreren Stellgrößen, bei denen die Vorteile des Buskonzeptes deutlich überwiegen. Das sind die Kaskadenregelung und die redundante Regelung. Besonders überzeugend wirkt der Buseinsatz bei der Mehrgrößenregelung. Abschließend werden Übungsaufgaben angeboten und mit Lösungen begleitet.

S. Zacher und F. Stöckl, *Regelungstechnik mit Data Stream Management*,
https://doi.org/10.1007/978-3-662-70019-8_3

3.1 Einführung

3.1.1 Ziel

Das Ziel dieses Kapitels ist die Simulation von Regelkreisen nach den im Kap. 1 eingeführten Datenflussplänen. Merken wir uns, dass die heutigen Simulationssoftware-Lösungen, wie z. B. MATLAB®, schon seit Jahren nicht allein für die Signalübertragung nach Wirkungsplänen geeignet sind, sondern auch für Datenübertragung mit Bussen. Damit kann ein virtueller Raum für das Data Stream Management gebildet werden, das im nächsten Kapitel eingeführt wird.

Die Simulationstechnik mit Datenflussplänen wird in diesem Buch ausschließlich mit MATLAB®/Simulink realisiert und an mehreren Beispielen implementiert, angefangen von einfachen einschleifigen Regelkreisen mit nur einer einzigen Stellgröße, darunter die Regelkreise mit verschachtelten Rückführungen, mit Störgrößenaufschaltung und mit optimalen Gewichtskoeffizienten. Zwar hat der Einsatz von Datenflussplänen bei solchen einfachen Regelkreisen kaum Vorteile gegenüber der traditionellen Simulationstechnik mit Wirkungsplänen, damit wird jedoch dem Einsteiger ermöglicht, sich in die Simulation nach dem Bus-Approach einzuarbeiten.

Dann werden die Regelkreise mit mehreren Stellgrößen simuliert, bei denen die Vorteile des Buskonzeptes deutlich überwiegen. Das sind die Kaskadenregelung, redundante Regelung und die Mehrgrößenregelung. Die Anwendung des Bus-Approachs bei Mehrgrößensystemen bringt so viele Vorteile, dass sie in einem gesonderten Kapitel behandelt werden.

Nachfolgend wiederholen wir zuerst kurz den Übergang von Signal- zu Datenflussplänen (Kap. 2) und zeigen, wie die virtuellen Busse von MATLAB®/Simulink konfiguriert werden.

3.1.2 Vom Wirkungsplan zum Datenflussplan

Im Kap. 2 wurde gezeigt, wie die Datenflusspläne aus Wirkungsplänen entwickelt werden und welche Vorteile daraus folgen. Wie es in Abb. 3.1 erklärt ist, entsteht aus dem Wirkungsplan eines einfachen einschleifigen Regelkreises ein Datenflussplan mit zwei Bussen, x-Bus und y-Bus. Der x-Bus ist in Abb. 3.1 zweimal abgebildet, links und rechts, um die Rückführung des Regelkreises anzudeuten.

Es ist bekannt, dass folgende zwei funktionale Blöcke für die Simulation unbedingt nötig sind (siehe z. B. [2], S. 438]):

- die Eingabe des Eingangssignals - in der MATLAB®/Simulink befinden sich solche Blöcke in der Bibliothek *Sources;*
- die Aufnahme des Ausgangssignals - dafür sind Blöcke in der MATLAB®/Simulink-Bibliothek *Sinks* vorhanden.

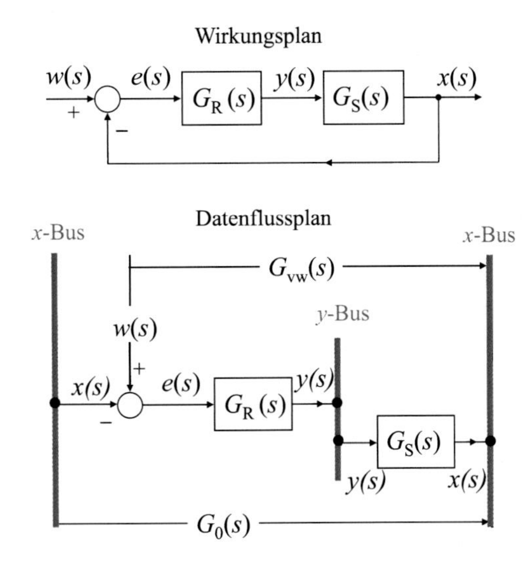

Abb. 3.1 Übergang vom Wirkungsplan (oben) zum Datenflussplan

Ergänzen wir die Abb. 3.1 mit dem Block *Step* aus der Bibliothek *Sources* und mit dem Block *Scope* aus der Bibliothek *Sinks,* wie in Abb. 3.2 erläutert ist. Laut dem Bus-Approach spielt es überhaupt keine Rolle, ob die Blöcke *Scope* und *Step* zum linken oder zum rechten x-Bus angeschlossen sind, weil beide Busstränge miteinander verbunden sind, was auch zum Vorteil der Simulation mit dem Datenflussplan gehört. Beispielsweise sind in Abb. 3.2 die Blöcke *Step* und *Scope* im Datenflussplan gegenüber dem Wirkungsplan vertauscht.

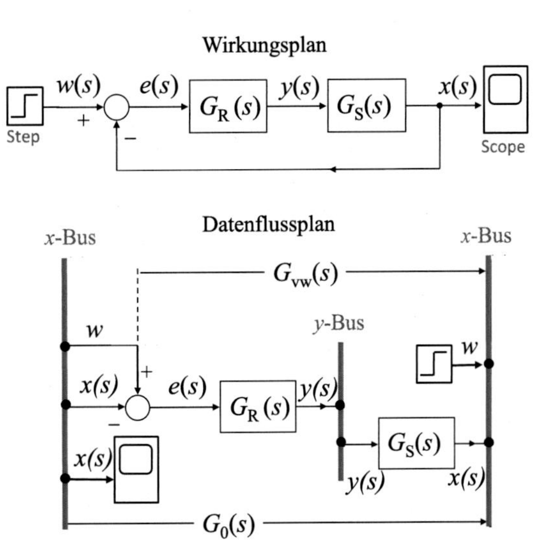

Abb. 3.2 Anpassung des Datenflussplanes an die Simulation

Somit soll der x-Bus für zwei Signale konfiguriert werden:

- Sollwert bzw. Führungsgröße $w(s)$,
- Istwert bzw. Regelgröße $x(s)$.

Merken wir auch an, dass der simulierte x-Bus zwei Eingänge und drei Ausgänge haben soll. Der y-Bus soll dagegen für jeweils einen Ein- und Ausgang konfiguriert werden.

3.1.3 Bus-Creator und Bus-Selector

Nehmen wir an, dass die Übertragungsfunktionen des PI-Reglers $G_R(s)$ und der P-T2 Strecke $G_S(s)$ gegeben sind durch:

$$G_R(s) = \frac{K_{PR}(1 + sT_n)}{sT_n}$$

$$G_S(s) = G_{S1}(s)G_{S2}(s) = \frac{K_{PS1}}{1 + sT_1} \cdot \frac{K_{PS2}}{1 + sT_2}$$

Die Parameter des PI-Reglers und der P-T2-Strecke sind auch gegeben:

$$K_{PR} = 5{,}0 \quad T_n = 95 \text{ s}$$
$$K_{PS1} = 0{,}8 \quad T_1 = 6 \text{ s} \quad K_{PS2} = 1 \quad T_2 = 95 \text{ s}$$

Nun starten wir MATLAB®, rufen Simulink auf und erstellen das Modell des oben gegebenen Regelkreises nach dem Datenflussplan, wie in Abb. 3.3 dargestellt ist. Zum Vergleich ist dort auch das Modell nach dem Wirkungsplan gezeigt.

Aus beiden Modellen ergeben sich gleiche Sprungantworten (Abb. 3.4).

Das Konfigurieren des x-Busses des Datenflussplans wurde zum ersten Mal in [3] erläutert und erfolgt nach folgenden Schritten (Abb. 3.5):

- Bus-Creator mit 2 Signalen konfigurieren bzw. *Number of outputs* = 2 setzen! Die Buseingänge werden automatisch zu Signalen zugeordnet:
  - signal 1 – Regelgröße x,
  - signal 2 – Sollwert w.
- Bus Creator mit dem Bus-Selector verbinden! Die Signale 1 und 2 werden automatisch vom *Creator* zum *Selector* übertragen.
- Im Bus-Selector die *Selected Signals* nach Abb. 3.3 auswählen, nämlich:
  - signal 2 – Regelgröße x,
  - signal 1 – Sollwert w,
  - signal 1 – Sollwert w,
  - signal 2 – Regelgröße x.

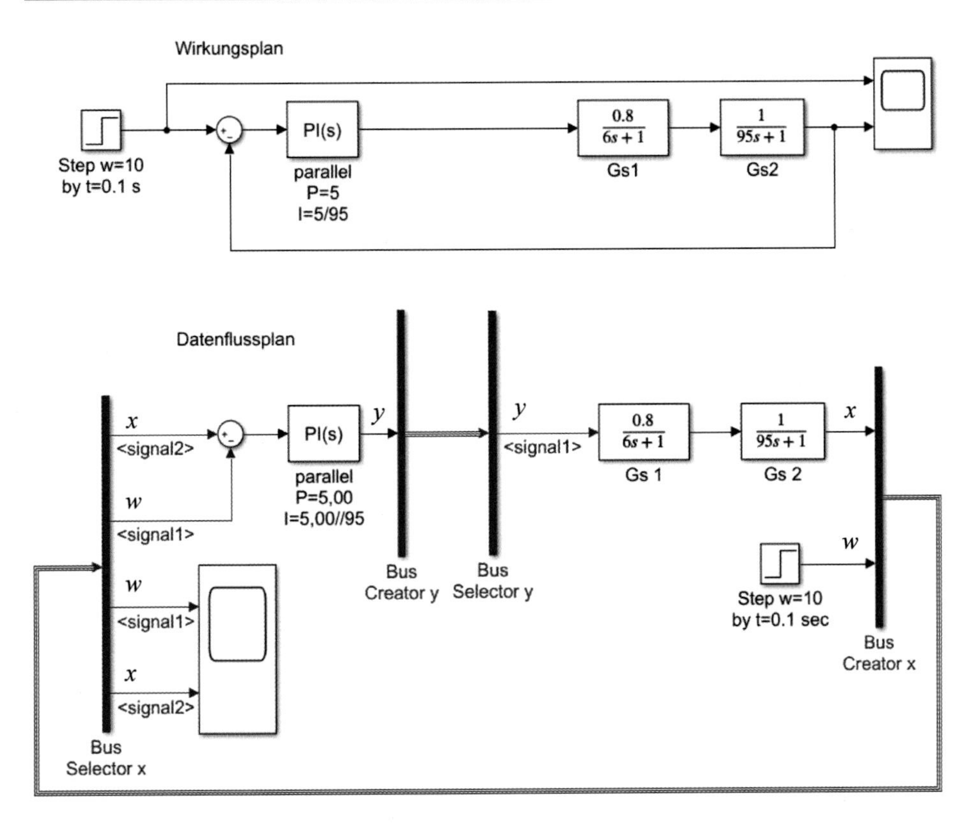

Abb. 3.3 Simulierter Wirkungs- und Datenflussplan eines einfachen Regelkreises

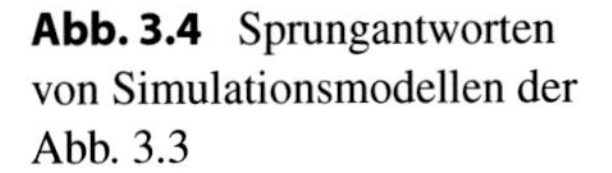
Abb. 3.4 Sprungantworten von Simulationsmodellen der Abb. 3.3

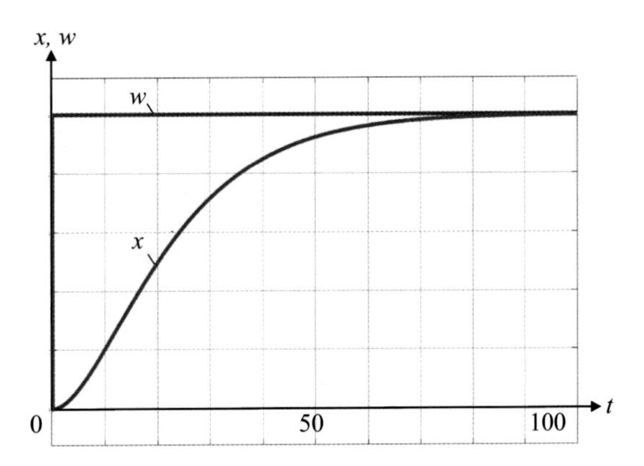

Das Konfigurieren des y-Busses erfolgt automatisch, nachdem der Bus-Selector mit dem Bus-Creator verbunden wird, weil es sich um nur ein Signal handelt. Eigentlich kann der y-Bus im Fall einer Variablen y entfallen. Trotzdem wird der y-Bus auch im Fall einer

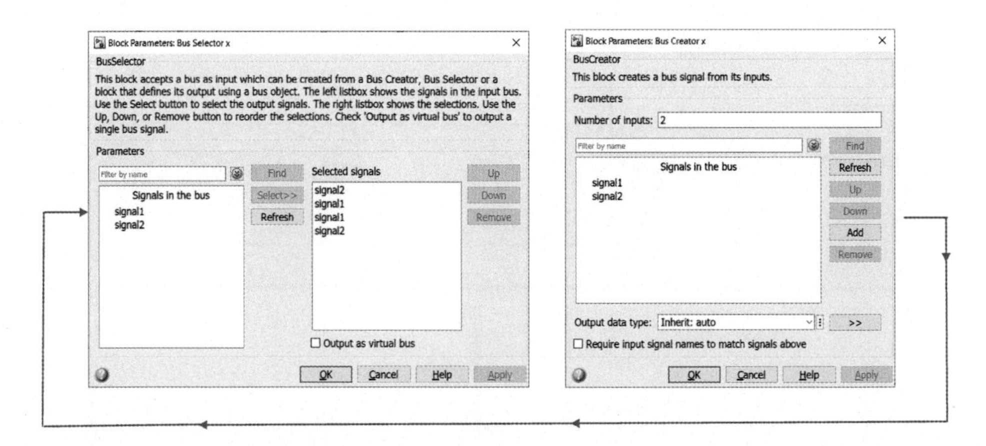

Abb. 3.5 Konfigurationsfenster von Bus-Creator und Bus-Selector

einzigen Stellgröße y eingesetzt, um das Konfigurieren des Busses bei mehreren Stellgrößen zu erleichtern.

3.2 Datenflusspläne mit nur einer Stellgröße

3.2.1 Regelkreis mit Störgröße

Der Datenflussplan des vorherigen Abschnitts wird wegen einer Störgröße modifiziert, wie in Abb. 3.6 gezeigt ist. Dort sind auch die Sprünge der Führungs- und Störgröße sowie die Sprungantwort des Regelkreises gezeigt. Die Störgröße wirkt bei $t = 60$ s.

Die Konfiguration des x-Busses soll dementsprechend gegenüber Abb. 3.3 geändert werden (Tab. 3.1).

3.2.2 Störgrößenaufschaltung

Nun soll die Störgröße des in Abb. 3.6 gezeigten Regelkreises vollständig kompensiert werden. Wie aus Grundlagen der Regelungstechnik bekannt ist, soll dafür ein Korrekturglied $G_{\mathrm{Rz}}(s)$ eingeführt werden (Abb. 3.7).

Die Übertragungsfunktion des Korrekturgliedes $G_{\mathrm{Rz}}(s)$ soll so gewählt werden, dass die Vorwärts-Übertragungsfunktion $G_{\mathrm{vz}}(s)$ des Störverhaltens gleich null gesetzt wird (siehe z. B. [2, S. 260, 261]):

$$G_{\mathrm{vw}}(s) = 0 \tag{3.1}$$

Laut dem Datenflussplan der Abb. 3.7 und unter Beachtung der Gl. 3.1 gilt für die Vorwärts-Übertragungsfunktion $G_{\mathrm{vz}}(s)$ des Störverhaltens folgende Gleichung:

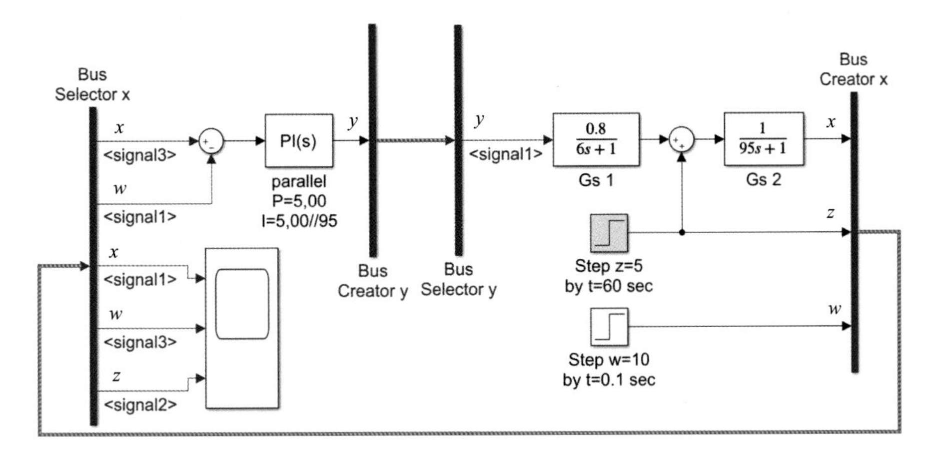

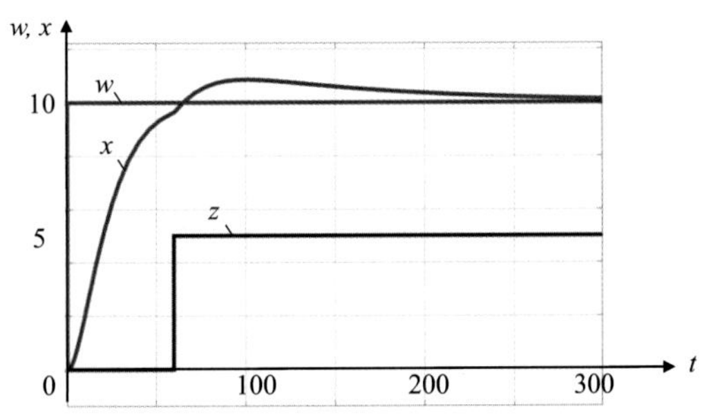

Abb. 3.6 Simulierter Datenflussplan mit einer Störgröße

Tab. 3.1 Signale im x-Bus der Abb. 3.6 *(von oben nach unten)*

Variable im Regelkreis	*Bus-Creator*	*Bus-Selector*
Führungsgröße w	Signal 1	Signal 3
Störgröße z	Signal 2	Signal 1
Regelgröße x	Signal 3	Signal 1
		Signal 3
		Signal 2

$$G_{\text{vw}}(s) = G_{\text{S2}}(s) - G_{\text{Rz}}(s)G_{\text{R}}(s)G_{\text{S1}}(s)G_{\text{S2}}(s) = 0$$

Daraus wird die gesuchte Übertragungsfunktion des Korrekturgliedes $G_{\text{R}_z}(s)$ bestimmt:

$$G_{\text{Rz}}(s) = \frac{G_{\text{S2}}(s)}{G_{\text{R}}(s)G_{\text{S1}}(s)G_{\text{S2}}(s)} = \frac{1}{G_{\text{R}}(s)G_{\text{S1}}(s)}$$

bzw.

$$G_{\text{Rz}}(s) = \frac{sT_{\text{n}}(1 + sT_1)}{K_{\text{PR}}K_{\text{PS1}}(1 + sT_{\text{n}})} = \frac{23{,}75s(1 + 6s)}{(1 + 95s)} \tag{3.2}$$

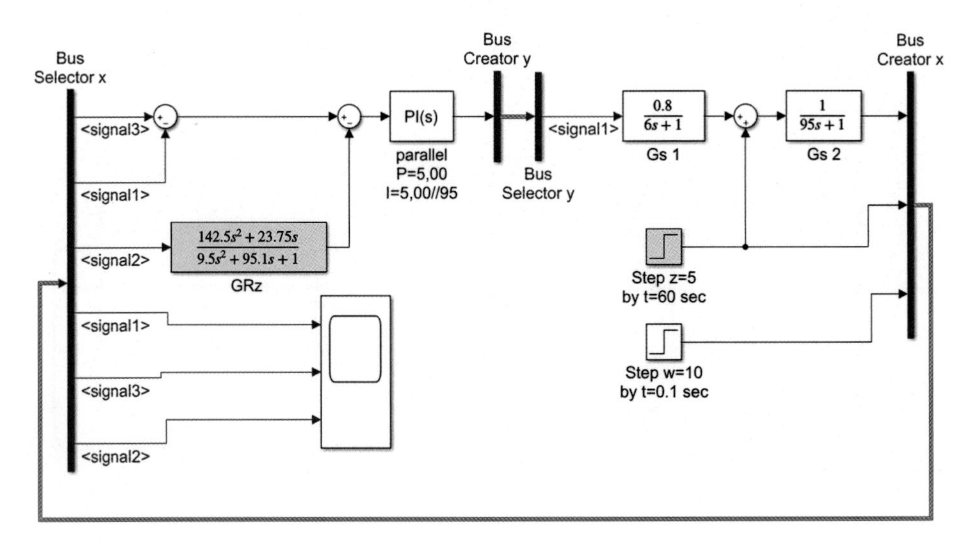

Abb. 3.7 Störgrößenaufschaltung

Da die Ordnung des Zählers der Gl. 3.2 größer ist als die des Nenners, ist so ein Korrekturglied $G_{Rz}(s)$ praktisch nicht realisierbar und soll, wie unten gezeigt wird, durch eine kleine Zeitkonstante ergänzt werden, z. B.:

$$G_{Rz}(s) = \frac{23{,}75s(1 + 6s)}{(1 + 95s)(1 + 0{,}1s)} = \frac{142{,}5s^2 + 23{,}75s}{9{,}5s^2 + 95{,}1s + 1} \tag{3.3}$$

Der Datenflussplan mit dem Korrekturglied $G_{Rz}(s)$ nach Gl. 3.3 ist in Abb. 3.8 realisiert. Die x-Bus-Konfiguration ist in Tab. 3.2 wiedergegeben. Die Störung wirkt bei $t = 60$ s, die Störgröße ist vollständig kompensiert.

Weitere Beispiele der Störgrößenaufschaltung mit Datenflussplänen sind in [3–5] gegeben.

3.2.3 Regelkreis mit interner Rückführung

Bei einer erneuten Konfigurierung eines Busses, z. B. wenn sich die Anzahl der Ein- oder Ausgangsgrößen des Busses ändert, kann man die Hilfsbausteine *Terminator* und *Ground* der Simulink-Bibliotheken *Sinks* und *Sources* einfügen, um die nicht benutzten bzw. die frei gewordenen Pins zu beschalten, wie in Abb. 3.9 angedeutet ist. Gegenüber dem Datenflussplan der Abb. 3.6 fehlt hier die Störgröße. Die x-Bus-Konfiguration ist in Tab. 3.3 wiedergegeben.

Die Strecke der Abb. 3.9 besitzt zwei verschachtelte interne Verbindungen, nämlich:

- die Parallelschaltung von $G_{S1}(s)$ und $G_{S2}(s)$, die als G_{12} bezeichnet wird,
- die Rückführung von $G_{S1}(s)$ und $G_{S3}(s)$, die wir als G_{13} bezeichnen.

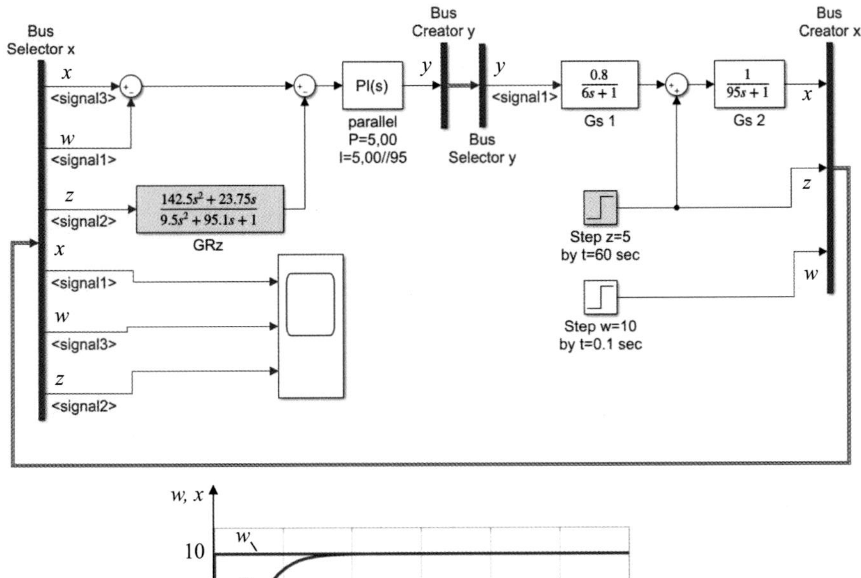

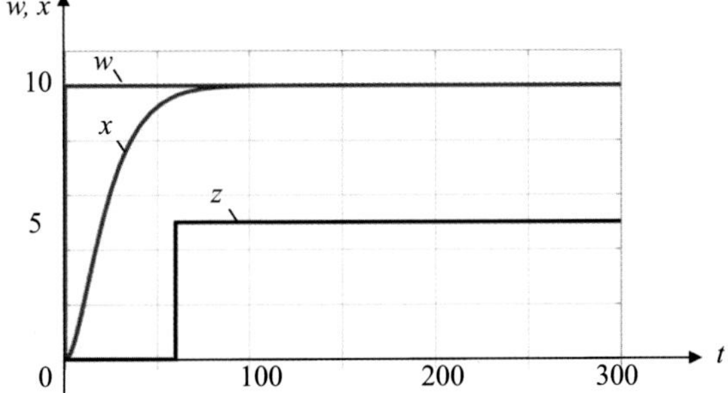

Abb. 3.8 Vollständige Kompensation der Störgröße

Tab. 3.2 Signale im x-Bus der Abb. 3.8 *(von oben nach unten)*

Variable im Regelkreis	*Bus-Creator*	*Bus-Selector*
Führungsgröße w	Signal 1	Signal 3
Störgröße z	Signal 2	Signal 1
Regelgröße x	Signal 3	Signal 2
		Signal 1
		Signal 3
		Signal 2

Die Bestimmung von Übertragungsfunktionen beginnen wir bei der letzten Verbindung. Dafür verschieben wir die Verzweigungsstelle vom Punkt A in Punkt B (siehe Abb. 3.10). Um dabei die Signalübertragung nicht zu verletzen, soll das Glied $1/G_{S1}(s)$ eingefügt werden.

Nach der Verschiebung der Verzweigungsstelle vom Punkt A in Punkt B wird die Übertragungsfunktion G_{13} der internen Rückführung wie folgt bestimmt:

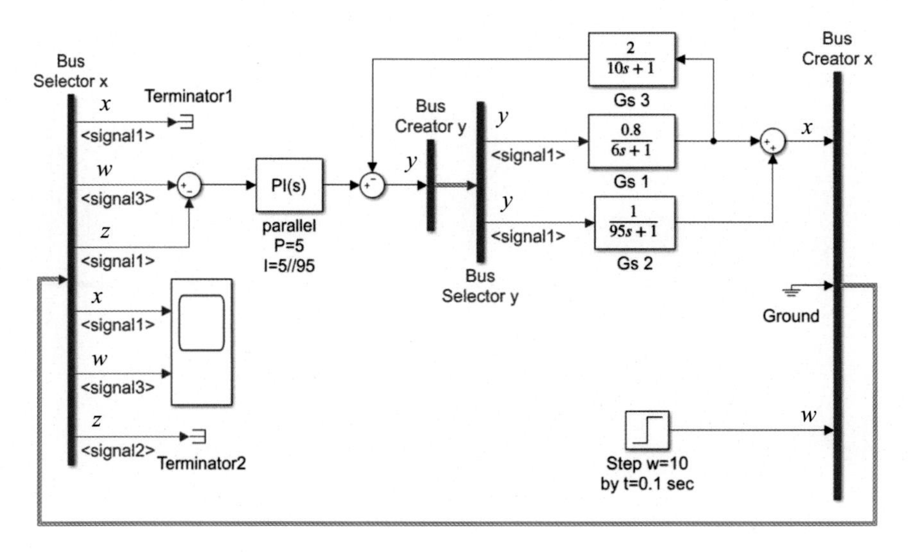

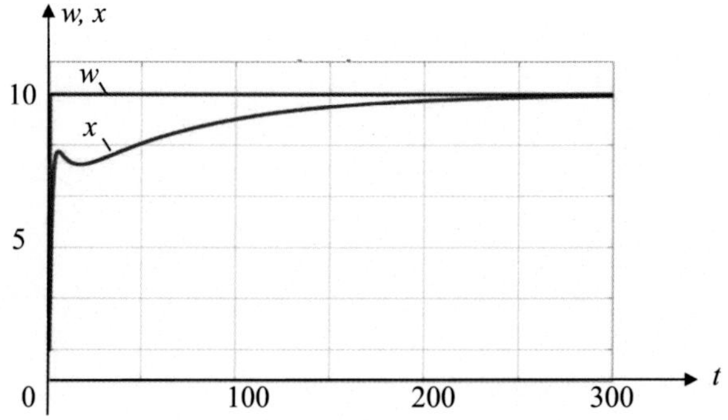

Abb. 3.9 Datenflussplan mit internen verschachtelten Verbindungen

Tab. 3.3 Signale im x-Bus der Abb. 3.9 *(von oben nach unten)*

Variable im Regelkreis	*Bus-Creator*	*Bus-Selector*
Führungsgröße w	Signal 1	Signal 1
Leer bzw. *Ground*	Signal 2	Signal 3
Regelgröße x	Signal 3	Signal 1
		Signal 1
		Signal 3
		Signal 2

$$G_{13} = \frac{1}{1 + G_{S3}(s)\frac{1}{G_{S1}(s)}} = \frac{G_{S1}(s)}{G_{S1}(s) + G_{S3}(s)} \tag{3.4}$$

Die Übertragungsfunktion G_{12} der Parallelschaltung ist:

$$G_{12} = G_{S1}(s) + G_{S2}(s) \tag{3.5}$$

Tab. 3.4 Signale im x-Bus der Abb. 3.13 *(von oben nach unten)*

Variable im Regelkreis	*Bus-Creator*	*Bus-Selector*
Führungsgröße $w1$	Signal 1	Signal 1 Signal 2
Regelgröße $x1$	Signal 2	Signal 3 Signal 4
Führungsgröße $w2$	Signal 3	Signal 5 Signal 6
Regelgröße $x2$	Signal 4	Signal 1 Signal 2
Führungsgröße $w3$	Signal 5	Signal 3 Signal 4
Regelgröße $x3$	Signal 6	Signal 5 Signal 6

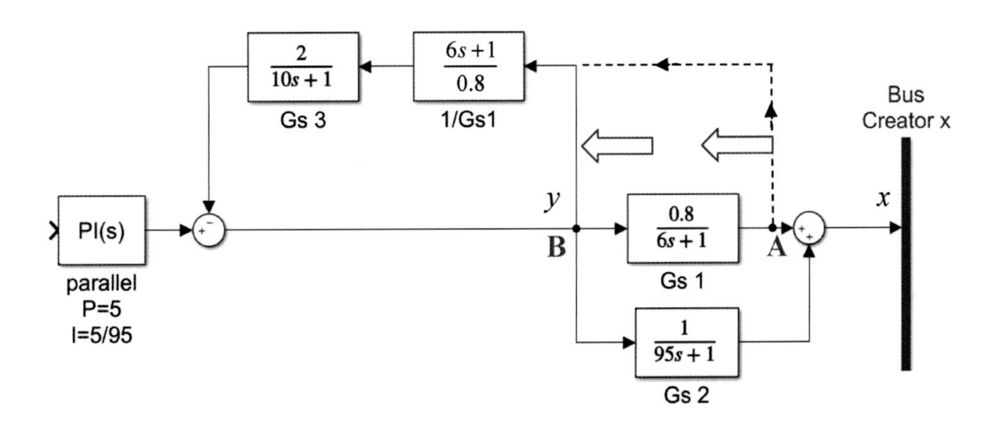

Abb. 3.10 Verschiebung der Verzweigungsstelle

Daraus ergeben sich die Übertragungsfunktionen $G_0(s)$ des offenen Regelkreises und $G_w(s)$ des geschlossenen Regelkreises:

$$G_0(s) = G_R(s)G_{13}G_{12} \tag{3.6}$$

$$G_w(s) = \frac{G_0(s)}{1 + G_0(s)} \tag{3.7}$$

Um die letzte Formel zu überprüfen, erstellen wir unten ein MATLAB®-Skript:

```
s=tf('s');
KpR=5; Tn=95;
GR=KpR*(1+s*Tn)/(s*Tn);
Gs1=0.8/(6*s+1);
Gs2=1/(95*s+1);
```

```
Gs3=2/(10*s+1);
G13=Gs3/(Gs1+Gs3);
G12=Gs1+Gs2;
G0=GR*G12*G13;
Gw=10*G0/(1+G0);
step(Gw).
grid.
```

Die Sprungantwort nach dem MATLAB®-Skript (Abb. 3.11) bzw. nach Gl. 3.4 bis Gl. 3.7 stimmt bis auf eine kleine Abweichung mit der Sprungantwort des Simulink-Modells (Abb. 3.9) überein.

3.2.4 Regelstrecke mit verteilten Parametern

Im Kap. 1 wurde eine Regelstrecke mit verteilten Parametern betrachtet. Solche Strecken kommen oft bei Industrieanlagen vor, deren Parameter durch die Länge L verteilt sind, z. B. bei Rohrleitungen, Reaktoren, Extrudern.

Das Beispiel einer Strecke mit verteilten Parametern ist in Abb. 3.12, nach [6, S. 24], gezeigt: ein chemischer Reaktor in Form eines Rohres. Die Temperatur der Reaktionszone innerhalb des Rohres soll so geregelt werden, dass das gewünschte Temperaturprofil entlang des Rohres erreicht wird. Der Radius des Rohres ist vernachlässigbar klein, sodass auch die Temperaturänderung in Querrichtung vernachlässigt wird.

Das Rohr in Abb. 3.12 ist in drei Abschnitte untergeteilt mit der Annahme, dass die Parameter jedes Abschnittes konstant sind. Die Strecke hat nur eine Stellgröße y (die Temperatur am Anfang des Rohres) und drei Regelgrößen $x_1(t)$, $x_2(t)$, $x_3(t)$. Jede Regelgröße wird jeweils auf den eigenen Sollwert w_1, w_2, w_3 eingeregelt, wobei die Sollwerte dem gewünschten Temperaturprofil des Rohres entsprechen.

Ohne in die Details des Reglerentwurfs nach optimalen Gewichtskoeffizienten einzugehen, die in [6] dargelegt sind, zeigen wir in Abb. 3.13 den simulierten Datenflussplan.

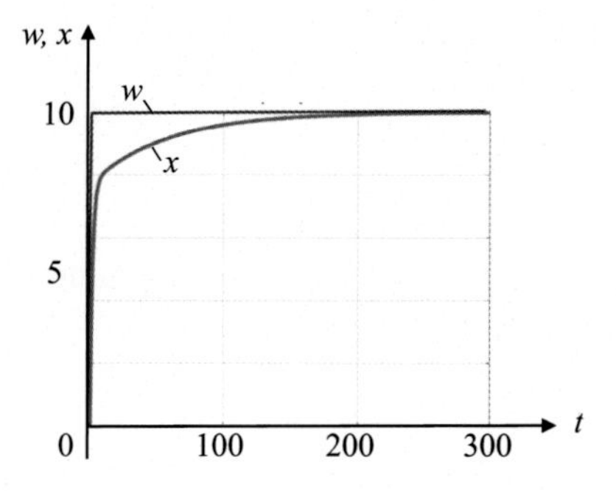

Abb. 3.11 Sprungantwort nach dem MATLAB-Skript

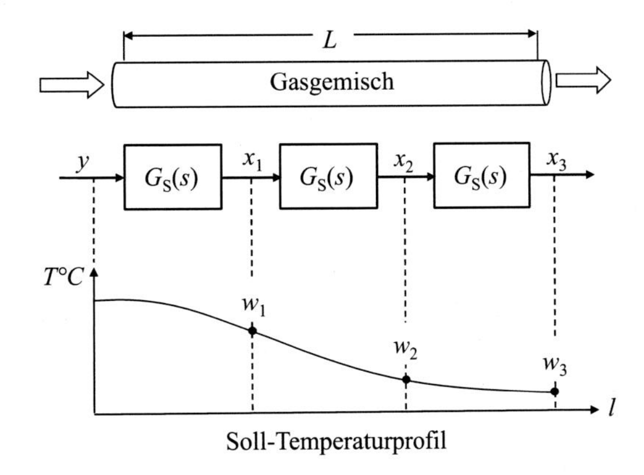

Abb. 3.12 Temperaturprofil eines Rohres als Strecke mit verteilten Parametern. (Quelle [6, S. 24]).

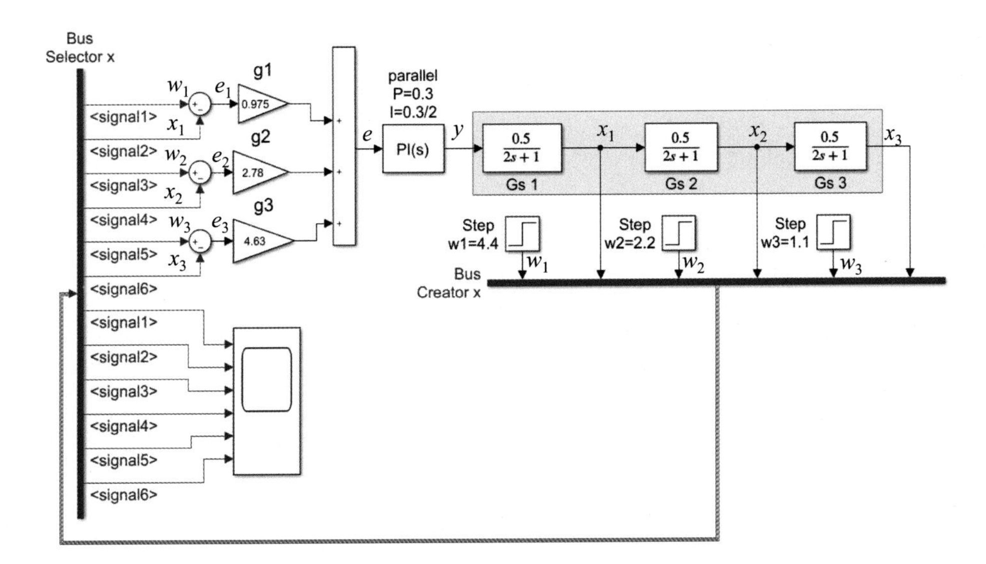

Abb. 3.13 Datenflussplan des Regelkreises mit verteilten Parametern

Die Übertragungsfunktionen von Teilstrecken sind:

$$G_S(s) = \frac{0{,}5}{1 + 2s}$$

Die gesamte Regeldifferenz $e(t)$ wird aus einzelnen Regeldifferenzen $e_1(t)$, $e_2(t)$, $e_3(t)$ gebildet und dem PI-Regler als die gewichtete Summe geliefert:

$$e(t) = g_1 e_1(t) + g_2 e_2(t) + g_3 e_3(t)$$

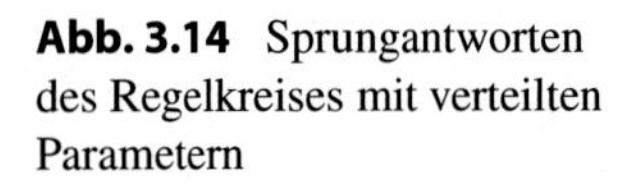

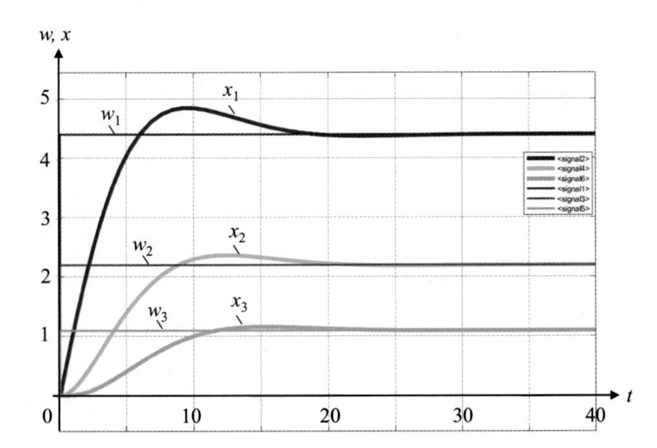

Abb. 3.14 Sprungantworten des Regelkreises mit verteilten Parametern

Aus den simulierten Sprungantworten (Abb. 3.14) ist ersichtlich, dass die optimalen Regelgütekriterien (bleibende Regeldifferenz, Dämpfung, Überschwingweite, Ausregelzeit) bei allen Regelgrößen $x_1(t)$, $x_2(t)$, $x_3(t)$ erreicht sind.

Die x-Buskonfiguration ist in Tab. 3.4 gegeben.

3.3 Regelkreise mit mehreren Stellgrößen

Im vorherigen Abschnitt wurden Regelkreise betrachtet, die nur eine Stellgröße y hatten. Für solche Regelkreise ist der y-Bus nicht nötig. Trotzdem wurde der y-Bus auch bei diesen einfachen Beispielen eingefügt, um die Anwendung des Bus-Approachs zu erklären.

In diesem Kapitel werden Regelkreise mit mehreren Stellgrößen behandelt, sodass der y-Bus unbedingt zum Einsatz kommen soll.

3.3.1 Separate Regelkreise

Wir beginnen die Betrachtung von Regelkreisen mit mehreren Stellgrößen an einem in Abb. 3.15 gezeigten Simulationsbeispiel mit zwei separaten Reglern.

3.3.2 Leitwarte

Nun erweitern wir das Beispiel des vorherigen Abschnittes bis auf sechs einschleifige separate Regelkreise, die von einer Leitwarte überwacht werden (Abb. 3.16).

Die Vorteile des Buskonzeptes kommen dabei deutlich zur Geltung (Abb. 3.17), weil die Simulation nach traditionellen Wirkungsplänen viel aufwendiger ist.

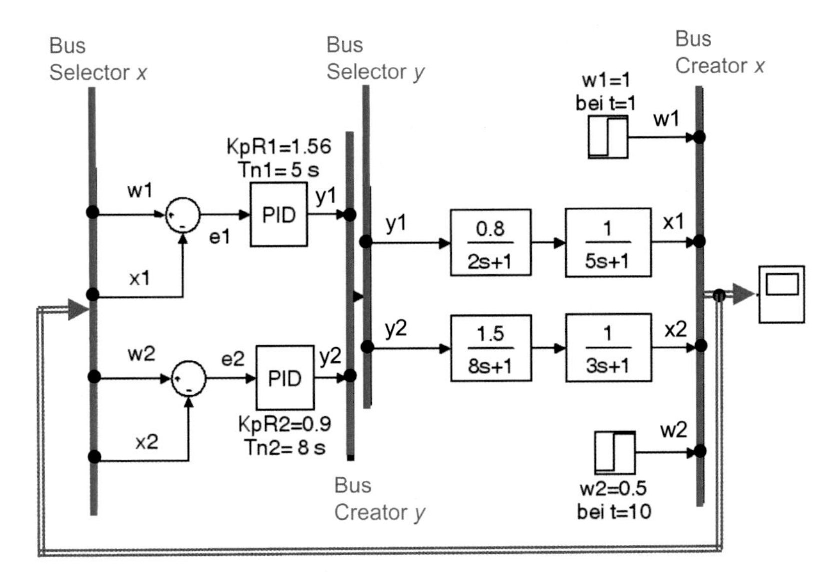

Abb. 3.15 Zwei separate Regelkreise (Quelle [6, S. 10])

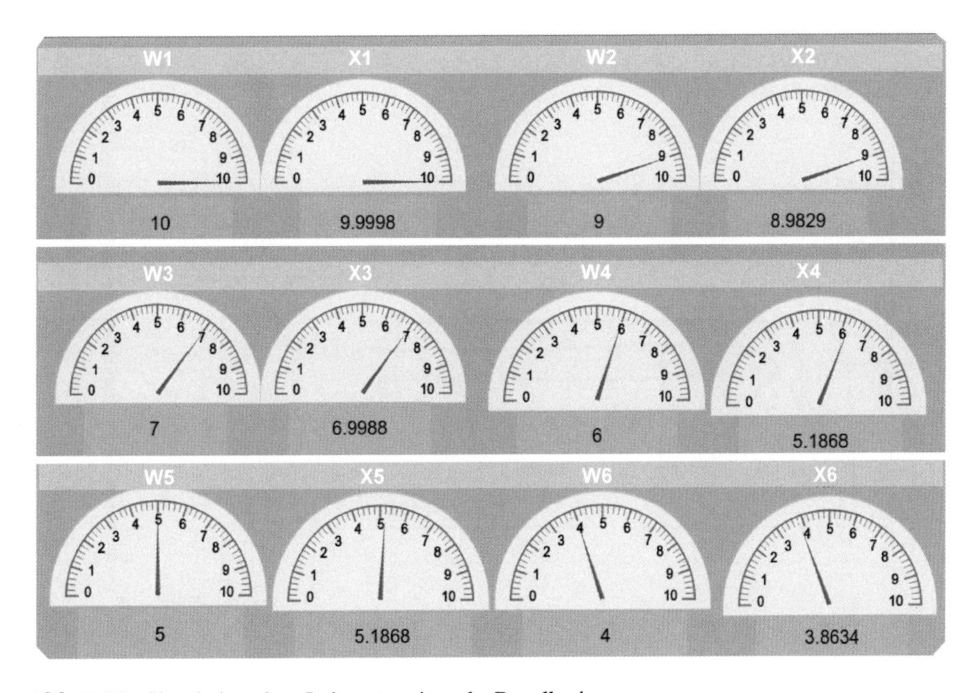

Abb. 3.16 Simulation einer Leitwarte mit sechs Regelkreisen

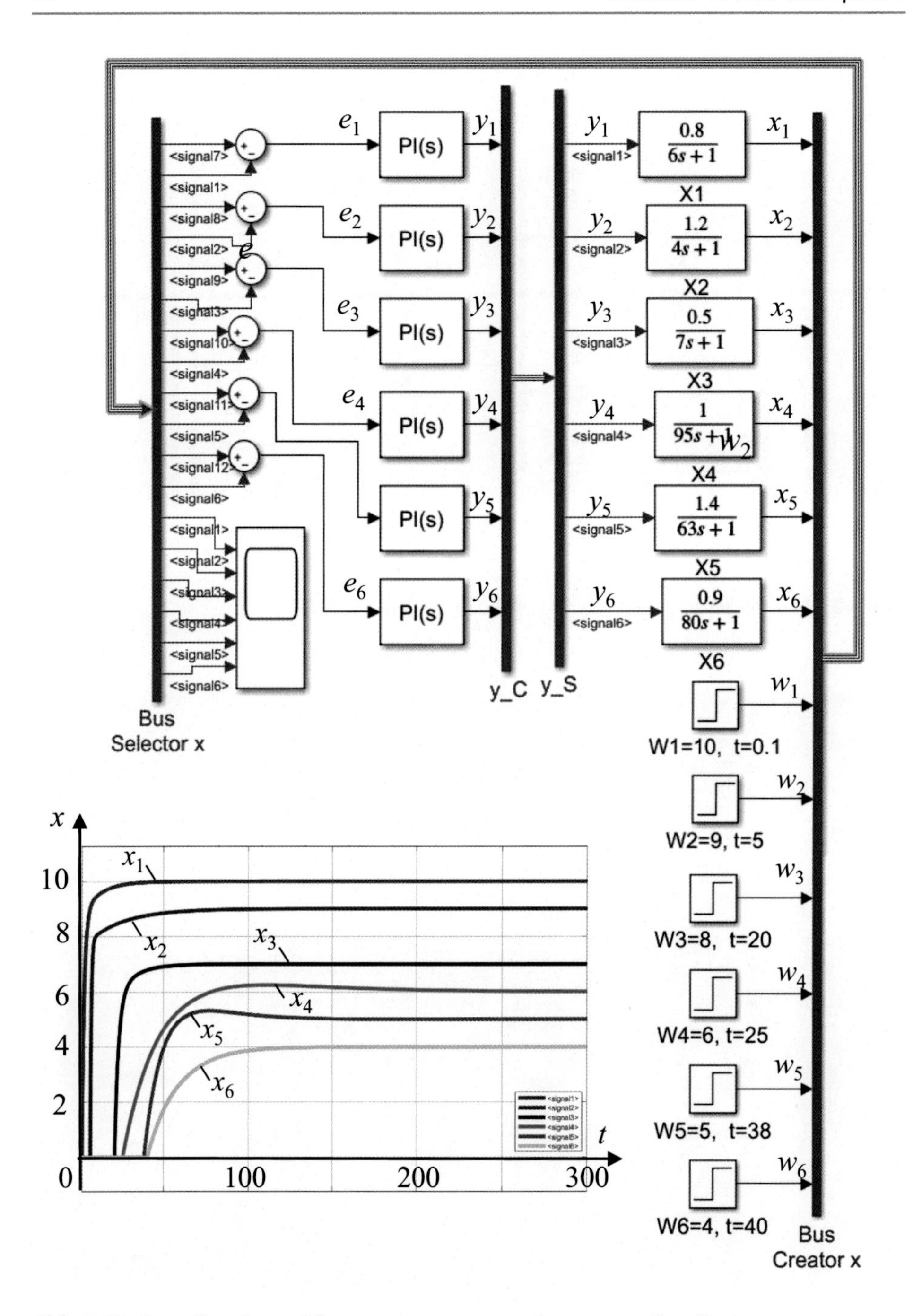

Abb. 3.17 Datenflussplan und Sprungantworten von sechs separaten Regelkreisen

3.3.3 Kaskadenregelung

Die Simulation der Kaskadenregelung mit Datenflussplänen ist nach zwei Optionen möglich:

- mit einem y-Bus nach dem in [3] gezeigten Beispiel,
- ohne y-Bus, wie es in [1, 4] und [5] behandelt wurde.

Kaskadenregelung mit y-Bus

Der Wirkungsplan einer Kaskadenregelung ist in Abb. 3.18a gegeben. Daraus wurde in [3] der Datenflussplan erstellt und simuliert (Abb. 3.18b).

Beide Regler, d. h. der Hauptregler $G_R(s)$ und der Folgeregler $G_{R1}(s)$, sind PI-Regler:

$$G_R(s) = \frac{K_{PR}(1 + sT_n)}{sT_n}$$

$$G_{R1}(s) = \frac{K_{PR1}(1 + sT_{n1})}{sT_{n1}}$$

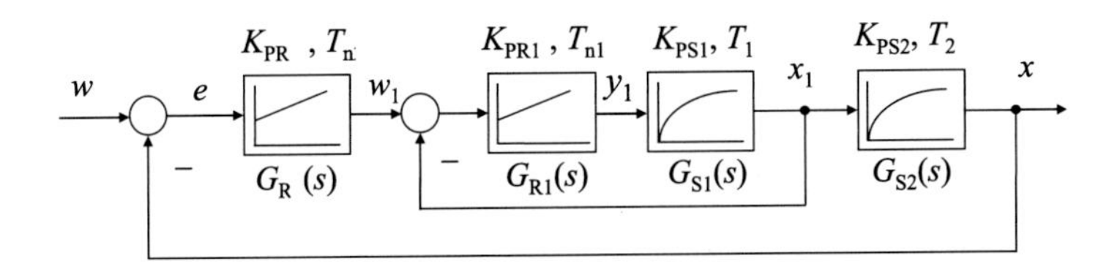

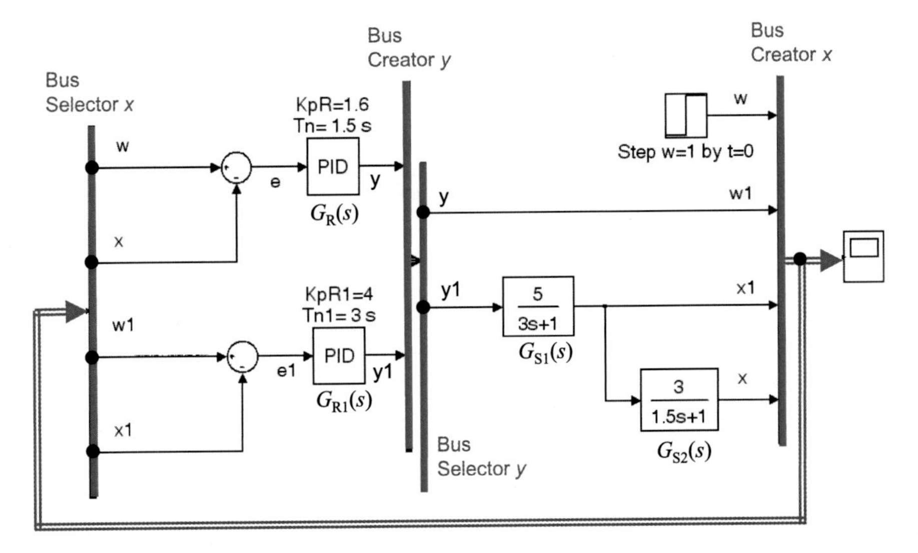

Abb. 3.18 Wirkungsplan einer Kaskadenregelung (oben) und Datenflussplan mit y-Bus nach [3]

Die Reglereinstellung erfolgt nach dem Betragsoptimum, die Reglerparameter sind wie folgt gegeben:

$$K_{PR} = 1{,}6 \quad T_n = 1{,}5\ s$$
$$K_{PR1} = 4{,}0 \quad T_{n1} = 3{,}0\ s$$

Die x-Bus-Konfiguration ist in Tab. 3.5 wiedergegeben.

Kaskadenregelung ohne y-Bus

Der Wirkungsplan einer Kaskadenregelung ist in Abb. 3.19a gegeben. Daraus wurde in [1] und [5] der Datenflussplan erstellt und simuliert (Abb. 3.19b). Der PI-Hauptregler $G_{R2}(s)$ und der PI-Folgeregler sind gegeben durch:

$$G_R(s) = \frac{K_{PR}(1 + sT_n)}{sT_n}$$

$$G_{R1}(s) = \frac{K_{PR1}(1 + sT_{n1})}{sT_{n1}}$$

Die Reglerparameter sind wie folgt gegeben:

$$P = K_{PR} = 1{,}6 \quad I = \frac{K_{PR}}{T_n} = \frac{1{,}6}{1{,}5} = 1{,}07\ s$$
$$P_1 = K_{PR1} = 4 \quad I_1 = \frac{K_{PR1}}{T_{n1}} = \frac{4}{3} = 1{,}33\ s$$

Die x-Buskonfiguration ist in Tab. 3.6 wiedergegeben.

Welche von beiden Optionen, mit oder ohne y-Bus, besser für die Kaskadenregelung geeignet ist, soll man in jedem einzelnen Fall entscheiden.

3.3.4 Redundante Regelung

Die redundante Regelung wurde in [1, 3–5] behandelt. Betrachten wir eine Regelstrecke

Tab. 3.5 Signale im Bus der Abb. 3.18 *(von oben nach unten)*

Variable im Regelkreis	y-Bus-Creator	y-Bus-Selector	x-Bus-Creator	x-Bus-Selector
Haupt-Sollwert w			Signal 1	Signal 1 (signal 1)
Folge-Sollwert $w1$			Signal 2	Signal 1 (signal 2)
Folge-Regelgröße $x1$			Signal 3	Signal 3 (signal 3)
Haupt-Regelgröße x			Signal 4	Signal 4 (signal 4)
Haupt-Stellgröße $y = w1$	Signal 1	Signal 1		
Folge-Stellgröße $y1$	Signal 2	Signal 2		

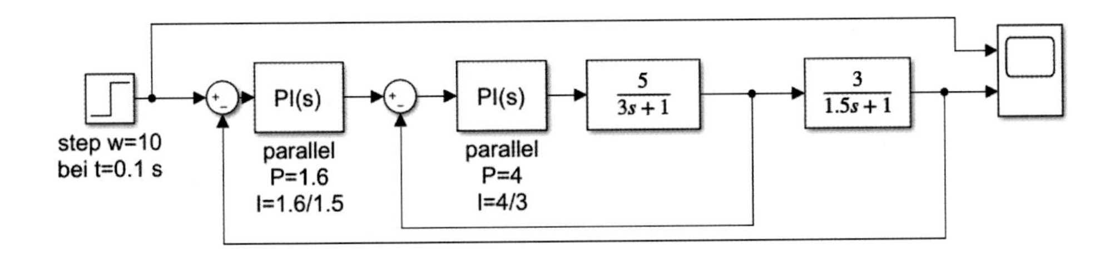

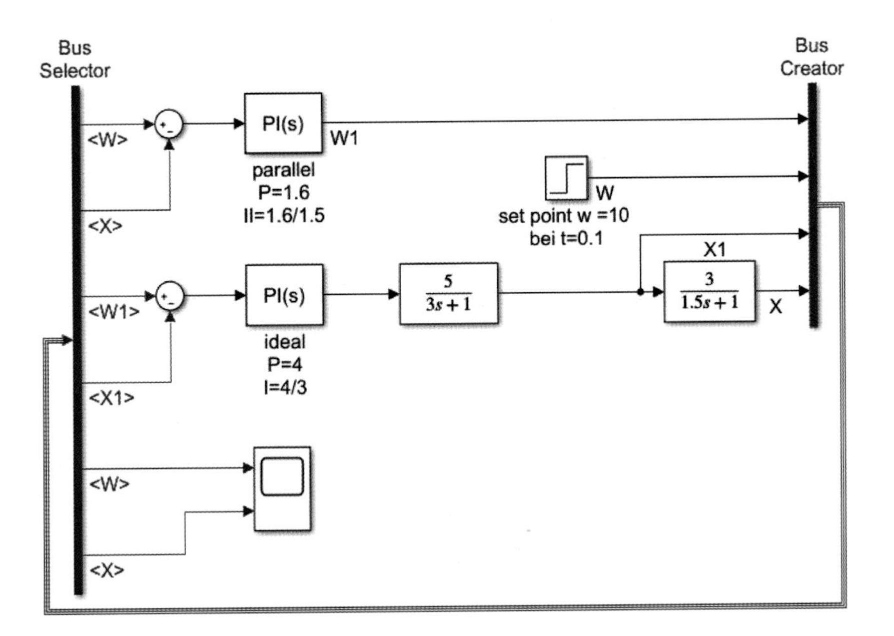

Abb. 3.19 Wirkungsplan der Kaskadenregelung (a) und Datenflussplan ohne y-Bus (b)

Tab. 3.6 Signale im x-Bus der Abb. 3.19 *(von oben nach unten)*

Variable im Regelkreis	*Bus-Creator*	*Bus-Selector*
Folge-Sollwert $w1$	Signal 1	Signal 2 Signal 4
Haupt-Sollwert w	Signal 2	Signal 1 Signal 3
Folge-Regelgröße $x1$	Signal 3	Signal 2
Haupt-Regelgröße x	Signal 4	Signal 4

$$G_S(s) = \frac{1{,}2}{(1 + 1{,}5s)(1 + 3s)},$$

die zwei Stellgrößen, „control" und „safe", hat. Die Stellgrößen werden von zwei identischen, optimal eingestellten PI-Reglern erstellt. Solange beide Signale, „control" und

„safe", gleich sind, wird nur der obige Regler mit der Stellgröße „control" agieren. Der zweite, untere Regler wird dabei ausgeschaltet.

Wenn die Störgröße wirkt, entsteht die Differenz zwischen Stellgrößen „control" und „safe":

$$y_{\text{control}}(s) - y_{\text{safe}}(s) = \Delta \tag{3.8}$$

Diese Differenz Δ wird vom redundanten Switch erkannt, sodass der obige Regler aus dem Regelkreis ausgeschaltet wird. Die weitere Regelung erfolgt nach der „safe"- Stellgröße (Abb. 3.20, Kurve b).

Merken wir uns an dieser Stelle, dass für eine störungsfreie sichere Regelung der Data Stream Manager „Redundanz" nötig ist, der in Kap. 6 eingeführt wird.

3.3.5 Override-Regelung

Die Override-Regelung wurde in [2] und [6] beschrieben.

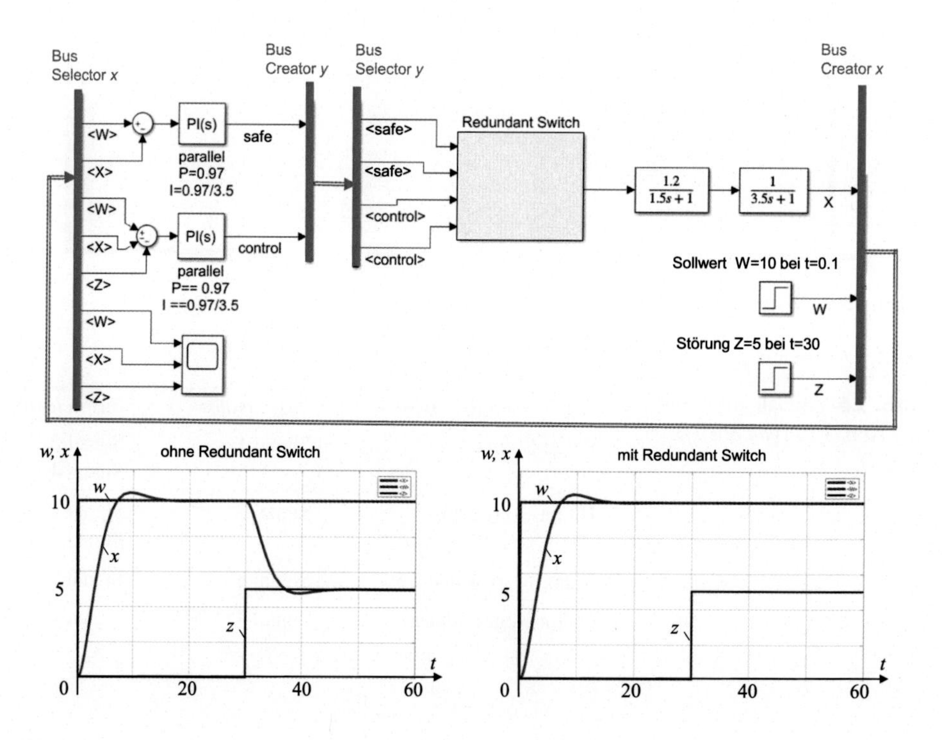

Abb. 3.20 Datenflussplan und Sprungantworten einer redundanten Regelung (**b** ohne Redundanz, **c** mit redundantem Switch)

Die Begrenzungsregelung, auch *Override-Regelung* genannt, besteht aus zwei oder drei Regelkreisen (…). Zum einen ist es der Hauptregelkreis (*Main-Regler G*R), zum anderen ein oder zwei Begrenzungsregelkreise (*Override-Regler G*oR1 und *G*oR2), die mit unterschiedlichen Sollwerten und Prozessvariablen parallel arbeiten und über eine Auswahlbox das Stellsignal für die Regelstrecke liefern. Die Auswahlbox ist ein Vergleichsglied, welches die Stellgrößen des Haupt- und der beiden Begrenzungsregler auf den größeren bzw. den kleineren Wert vergleicht. Über einen Select-Befehl hat man die Möglichkeit, diese Auswahl entweder automatisch nach dem Maximum oder Minimum durchführen lassen oder den jeweiligen Ausgang nach bestimmten Kriterien freizuschalten. Die Umschaltung soll allerdings stoßfrei erfolgen." (Zitat: [2, S. 258])

In Abb. 3.21 ist der Datenflussplan einer Override-Regelung für die Strecke mit der Hauptregelgröße x und der maximal erlaubten Hilfsregelgröße x_{over} (Begrenzungsgröße) gezeigt.

Die Hauptregelgröße x ist der Ausgang der Hauptstrecke:

$$G_S(s) = \frac{3}{(1 + 1{,}8s)} \cdot \frac{0{,}5}{(1 + 2{,}5s)}$$

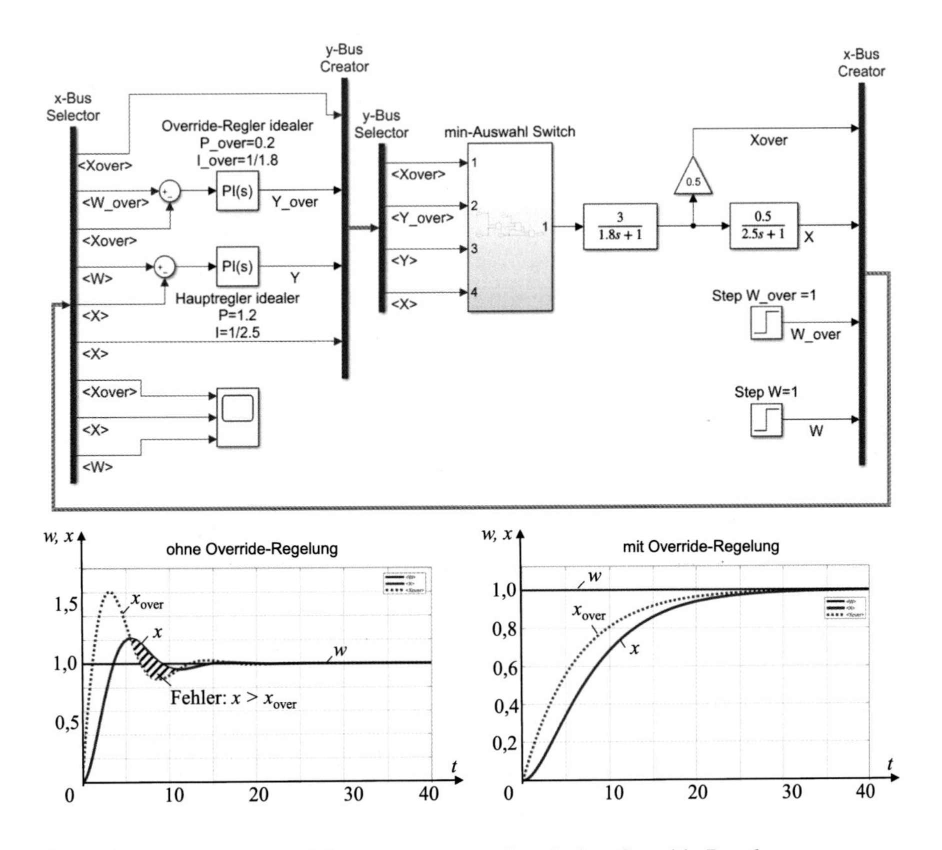

Abb. 3.21 Datenflussplan und Sprungantworten mit und ohne Override-Regelung

und die Begrenzungsgröße x_{over} ist der Ausgang der Teilstrecke:

$$G_{S\_over}(s) = \frac{3}{(1 + 1{,}8s)}$$

Während der Regelung soll die Bedingung

$$x_{over}(s) > x(s) \tag{3.9}$$

erfüllt werden.

Die Override-Regelung ähnelt der im vorherigen Abschnitt betrachteten redundanten Regelung, jedoch mit einem Unterschied, nämlich: Anstelle des redundanten Switches wird hier ein anderer Switch, der „max-Auswahl-Switch“ eingesetzt, der in Kap. 6 als DSM Override eingeführt wird. Anstelle des Vergleichs von Stellgrößen „control“ und „safe“ (siehe Abb. 3.20 bzw. Gl. 3.8) werden in Abb. 3.21 die Regelgrößen x_{over} und x miteinander (siehe Gl. 3.9) verglichen.

Die Sprungantworten mit und ohne Override-Regelung sind in Abb. 3.21 gegeben. Daraus ist ersichtlich, dass die Bedingung Gl. 3.9 bei der Regelung ohne Override-Regelung in einem bestimmten Bereich (schattiert dargestellt in Abb. 3.21) verletzt wird, während bei der Override-Regelung diese Bedingung erfüllt wird.

Die Einstellung der beiden PI-Regler der Abb. 3.21 ist ausführlich in [6] beschrieben und wird hier nicht behandelt.

3.3.6 Mehrgrößenregelung

Besonders überzeugend wirkt der Buseinsatz bei der Mehrgrößenregelung. Die Vorteile, die sich aus der Bildung und Simulation von Datenflussplänen für Regelkreise mit mehreren Regel- und Stellgrößen ergeben, wurden bereits in [2–7] behandelt. Dem Thema „Mehrgrößenregelung“ bzw. MIMO *(Multi Input Multi Output)* ist auch in diesem Buch ein gesondertes Kap. 8 gewidmet. Aus diesem Grund zeigen wir unten nur ein Beispiel eines entkoppelten MIMO-Regelkreises nach einer kurzen Einführung nach [2].

P-kanonische Form einer MIMO-Regelstrecke

Der Wirkungsplan einer Strecke in P-kanonischer Form ist in Abb. 3.22a gegeben. Die Strecke hat $m = 2$ Stellgrößen und $n = 2$ Regelgrößen.

Die Hauptregelstrecken sind mit Übertragungsfunktionen $G_{11}(s)$ und $G_{22}(s)$ bezeichnet, die Koppelstrecken haben Übertragungsfunktionen $G_{12}(s)$ und $G_{21}(s)$:

$$\begin{aligned} G_{11}(s) &= \tfrac{x_1(s)}{y_1(s)} \; G_{12}(s) = \tfrac{x_1(s)}{y_2(s)} \\ G_{21}(s) &= \tfrac{x_2(s)}{y_1(s)} \; G_{22}(s) = \tfrac{x_2(s)}{y_2(s)} \end{aligned} \tag{3.10}$$

Die Signale über Haupt- und Koppelstrecken haben nur eine Richtung: vom Eingang zum Ausgang bzw. von links nach rechts, wie in Abb. 3.22 angedeutet ist.

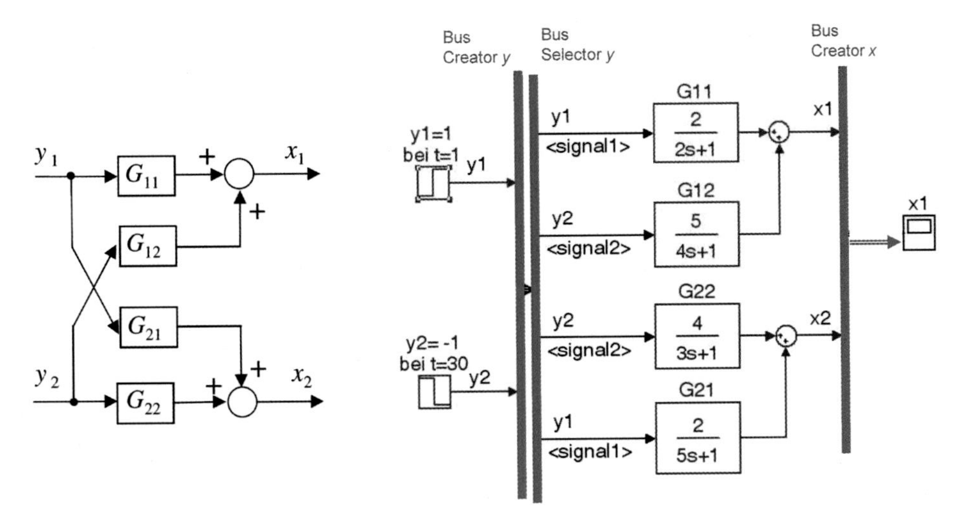

Abb. 3.22 MIMO-Strecke in P-kanonischer Form mit $n=2$ Ein-/Ausgangssignalen: **a** Wirkungsplan, **b** Datenflussplan (Quelle: [3, S. 49, 53])

Nach dem Überlagerungsprinzip gilt für diese lineare Strecke:

$$x_1(s) = G_{11}(s)y_1(s) + G_{12}(s)y_2(s)$$
$$x_2(s) = G_{21}(s)y_1(s) + G_{22}(s)y_2(s)$$

Der simulierte Datenflussplan der MIMO-Strecke in P-kanonischer Form ist in Abb. 3.22b nach einem Beispiel laut [3] gezeigt. Die Übertragungsfunktionen dieses Beispiels sind in einer Matrix zusammengefasst:

$$\mathrm{G_S}(s) = \begin{pmatrix} G_{11}(s) & G_{12}(s) \\ G_{21}(s) & G_{22}(s) \end{pmatrix} = \begin{pmatrix} \frac{2}{2s+1} & \frac{5}{4s+1} \\ \frac{2}{5s+1} & \frac{4}{3s+1} \end{pmatrix} \tag{3.11}$$

Der Aufbau von Bussystemen wurde bereits oben behandelt, sodass die Abb. 3.22 eigentlich ohne zusätzliche Erklärungen verständlich sein sollte. Es ist auch klar, dass die Matrix Gl. 3.11, die für $n=2$ gebildet wurde, auch für größere Ordnungen n problemlos erweitert werden kann. Genauso problemlos werden die Datenflusspläne für größere Ordnungen n konfiguriert und simuliert.

Ein Beispiel einer MIMO-Strecke in P-kanonischer Form für die unten gegebene (4×4)-Matrix bzw. für $n=4$,

$$\mathrm{G_S}(s) = \begin{pmatrix} \frac{2}{2s+1} & \frac{5}{4s+1} & \frac{1}{3s+1} & \frac{2}{s+1} \\ \frac{2{,}5}{6s+1} & \frac{1{,}5}{7s+1} & \frac{3{,}5}{5s+1} & \frac{4{,}5}{4s+1} \\ \frac{2{,}7}{2s+1} & \frac{2{,}5}{5s+1} & \frac{3{,}8}{3s+1} & \frac{4{,}9}{4s+1} \\ \frac{2}{2s+1} & \frac{3}{3s+1} & \frac{4}{4s+1} & \frac{1}{s+1} \end{pmatrix},$$

ist in [3] betrachtet und in Abb. 3.23 nach freundlicher Genehmigung des Verlags und des Autors wiedergegeben.

> „The MIMO-plant for $n = 4$ has the same structure as the MIMO-plant for $n = 2$, only the number of wires for bus-creator y is increased to 4 inputs and the number of bus-selector wires has now 16 outputs. The bus-selector of x is not shown here, because the plant has no feedback.“ (Zitat [3, S. 54])

V-kanonische Form einer MIMO-Regelstrecke

Während die Signale einer MIMO-Strecke in P-kanonischer Form nur eine Richtung haben bzw. vorwärtsgerichtet sind, wie oben gezeigt wurde, sind die Signale der Koppelstrecken nach der V-kanonischen Form rückwärts gerichtet. Somit entstehen Rückführungen, wie in Abb. 3.24a angedeutet ist. Um diese Rückführungen besser von

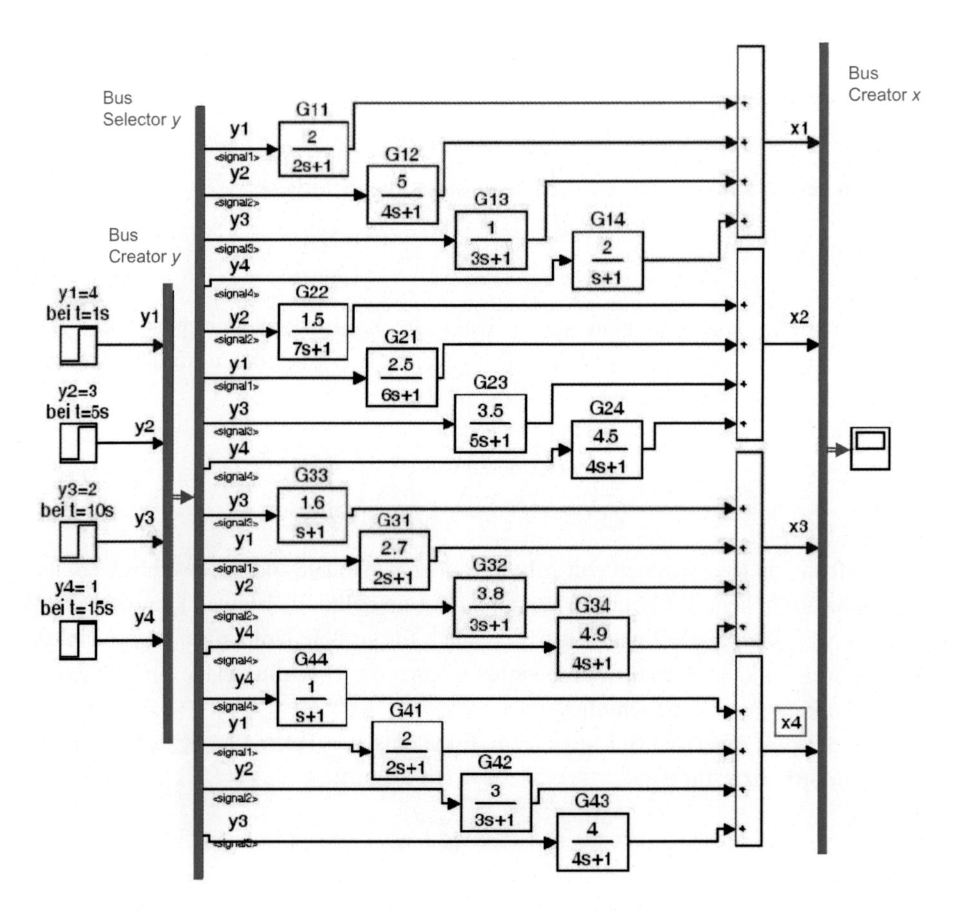

Abb. 3.23 MIMO-Strecke in P-kanonischer Form mit $n = 4$ Ein-/Ausgangssignalen (Quelle: [3, S. 55])

Hauptstrecken zu unterscheiden, sind die Koppelstrecken der V-kanonischen Form mit V bezeichnet.

Aus dem Wirkungsplan der Abb. 3.24a folgt das dynamische Verhalten der V-kanonischen Form nach dem Überlagerungsprinzip:

$$x_1(s) = G_{11}(s)y_1(s) + G_{22}(s)V_{12}(s)y_2(s)$$
$$x_2(s) = G_{11}(s)V_{21}(s)y_1(s) + G_{22}(s)y_2(s)$$

Ein Beispiel der MIMO-Strecke in V-kanonischen Form für die (2×2)-Matrix bzw. für $n = 2$ ist unten nach [3] gegeben:

$$G_S(s) = \begin{pmatrix} G_{11}(s) & V_{12}(s) \\ V_{21}(s) & G_{22}(s) \end{pmatrix} = \begin{pmatrix} \frac{3}{s+1} & \frac{1}{3s+1} \\ 0{,}05 & \frac{4}{2s+1} \end{pmatrix} \tag{3.12}$$

Der daraus resultierende Datenflussplan ist in Abb. 3.24b simuliert. Der y-Bus ist sehr einfach konfiguriert und kann entfallen, ist aber in Abb. 3.24b eingetragen. Die Konfiguration des Bussystems ist in Tab. 3.7 erläutert.

Merken wir uns, dass der x-Bus-Selector der MIMO-Strecke in V-kanonischer Form nicht weit nach links verschoben wird, weil sich es hier um die eigene Rückführung der MIMO-Strecke und nicht des Regelkreises handelt.

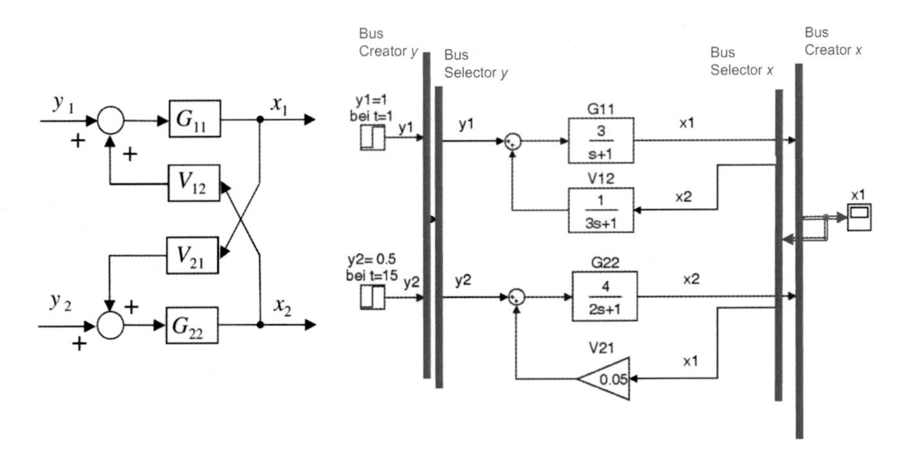

Abb. 3.24 MIMO-Strecke in V-kanonischer Form mit $n = 2$ Ein-/Ausgangssignalen; **a** Wirkungsplan, **b** Datenflussplan. (Quelle: [3, S. 49, 54])

Tab. 3.7 Signale im Bus Abb. 3.24 *(von oben nach unten)*

Variable im Datenflussplan	*x-Bus-Creator*	*x-Bus-Selector*
Regelgröße *x1*	Signal 1	Signal 2
Regelgröße *x2*	Signal 2	Signal 1

Entkopplungsregelung

Laut Gl. 3.11 für die P-kanonische Form und Gl. 3.12 für die V-kanonische Form besteht eine MIMO-Strecke aus den Hauptstrecken $G_{11}(s)$ und $G_{22}(s)$ sowie aus den Koppelstrecken $G_{12}(s)$ und $G_{21}(s)$. Man kann zwei separate Regelkreise mit Reglern $G_{R11}(s)$ und $G_{R22}(s)$ für die jeweilige Regelgröße $x_1(s)$ und $x_2(s)$ bilden. Dabei werden die Koppelstrecken $G_{12}(s)$ und $G_{21}(s)$ wie Störungen auf diese Regelkreise wirken, sodass die gesamte Regelung gestört wird.

Eine solche Struktur wird *Diagonalregler* genannt, weil die Hauptregler $G_{R11}(s)$ und $G_{R22}(s)$ wie Komponenten einer Diagonalmatrix betrachtet werden können:

$$\mathrm{G_R}(s) = \begin{pmatrix} G_{R11}(s) & 0 \\ 0 & G_{R22}(s) \end{pmatrix} \tag{3.13}$$

Um dies zu vermeiden, kann man separate Regelkreise entkoppeln (siehe z. B. [2, 3, 6, 7]). Die Entkopplung besteht im Allgemeinen darin, dass die speziellen Entkopplungsregler $G_{R12}(s)$ und $G_{R21}(s)$ neben den Hauptreglern $G_{R11}(s)$ und $G_{R22}(s)$ eingeführt werden, und zwar so, dass die Wirkung von Koppelstrecken $G_{12}(s)$ und $G_{21}(s)$ kompensiert werden. Die Matrix Gl. 3.13 wird somit wie folgt ergänzt:

$$\mathrm{G_R}(s) = \begin{pmatrix} G_{R11}(s) & G_{R12}(s) \\ G_{R21}(s) & G_{R22}(s) \end{pmatrix}$$

Die Einstellung von Hauptreglern $G_{R11}(s)$ und $G_{R22}(s)$ sowie die Wahl der Entkopplungsregler $G_{R12}(s)$ und $G_{R21}(s)$ gehören nicht zu den Zielen dieses Kapitels und werden hier nicht behandelt. Man kann diese Themen in [2, 3, 6, 7] nachlesen.

Betrachten wir als Beispiel einen bereits in [3] optimal eingestellten und komplett entkoppelten MIMO-Regelkreis mit einer MIMO-Strecke in P-kanonischer Form mit $n=3$. In Abb. 3.25 ist gezeigt, wie diese Entkopplungsregelung mit einem Bus-System simuliert wird, die entsprechenden Sprungantworten sind in Abb. 3.26 dargestellt.

Um die Bausteine des Datenflussplanes besser und einfacher abzubilden, werden in Abb. 3.25 folgende Bezeichnungen vorgenommen:

- Hauptregler R1, R2, R3,
- Entkopplungsregler R12, R13, R21, R23, R31, R32,
- Hauptstrecken g1, g2, g3, g4,
- Koppelstrecken a12, a13, a21, a23, a31, a32.

Merken wir uns an dieser Stelle, dass eine grafische Darstellung solcher Regelkreise ohne Bus-Approach nur im Zustandsraum als „state space model“ möglich wäre. Jedoch bringt der Übergang von Übertragungsfunktionen des Laplace-Bereiches bzw. des s-Bereiches, wie in Abb. 3.25, zu Zustandsgleichungen A, B, C, D im Zeitbereich einige neue

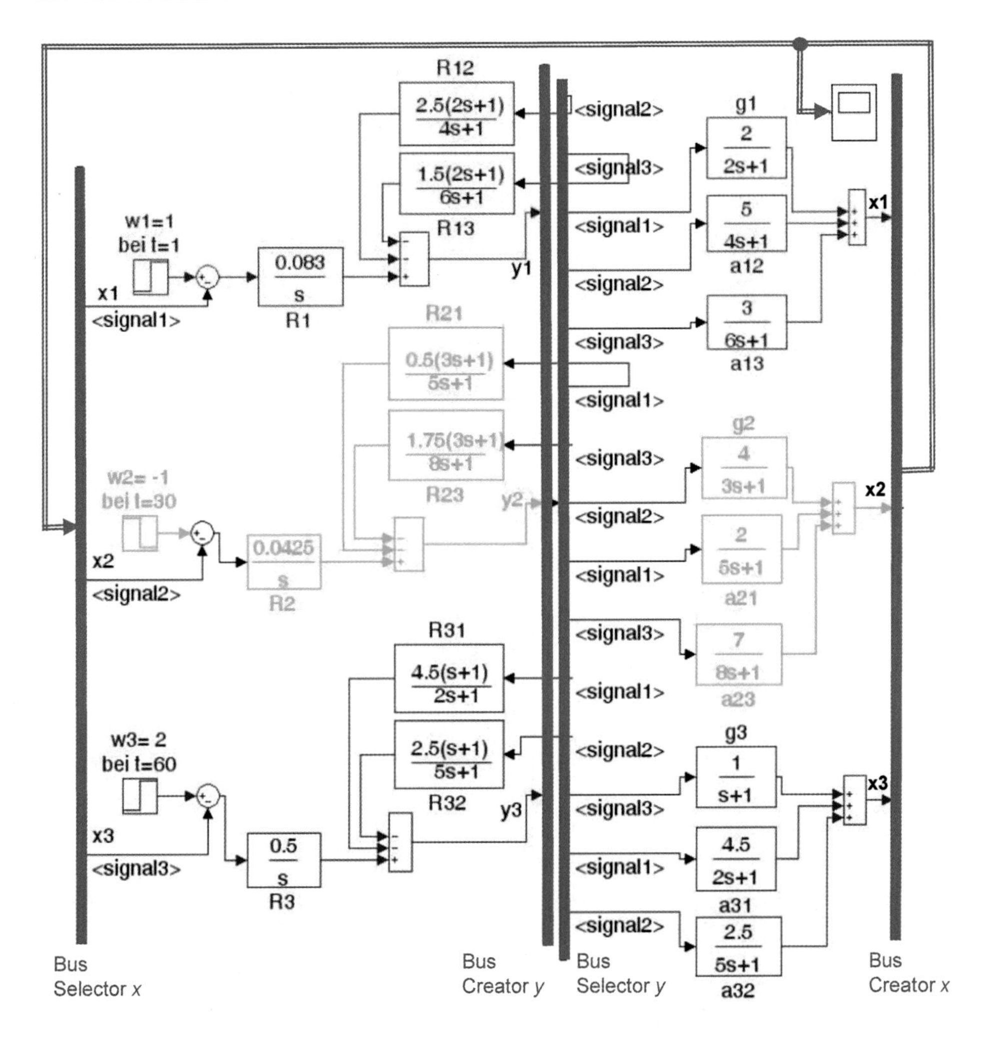

Abb. 3.25 Entkopplungsregelung einer MIMO-Strecke in der P-kanonischen Form mit $n=3$ (Quelle: [3, S. 86])

Probleme mit sich, was in [3] detailliert untersucht wurde. Zwar kann man diese Probleme mit Methoden der Zustandsregelung beseitigen, trotzdem sind die Lösungen mit Übertragungsfunktionen nach dem Bus-Approach viel einfacher, verständlicher für Einsteiger und in der Literatur besser vertreten.

> „Finishing the engineering with bus-approach and the engineering of state space models we find out, that the bus-approach is simpler and is not as voluminous as state space approach. In opposite to the classical *tf*-model the bus-approach could be easily spread to the systems of higher order and in this sense is competing with state space control.“ (Zitat: Quelle [3, S. 119])

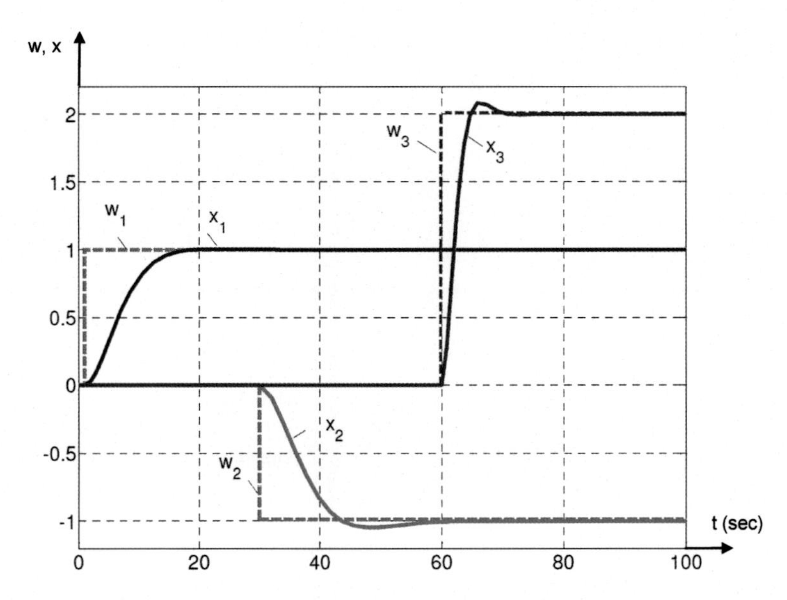

Abb. 3.26 Sprungantworten des entkoppelten MIMO-Regelkreises der Abb. 3.25 mit $n = 3$ (Quelle: [3, S. 85])

3.4 Übungsaufgaben mit Lösungen

Die Aufgabenstellungen dieses Kapitels sind aus dem Buch des Autors [8] übernommen. Die Lösungen sind nach den Grundlagen der Regelungstechnik ermittelt und simuliert, jedoch nicht mit klassischen Wirkungsplänen, sondern mit Datenflussplänen. Somit gilt dieser Abschnitt als Schnittstelle zwischen traditionellen Signalflussplänen und den im vorliegenden Buch beschriebenen Datenflussplänen.

3.4.1 Übungsaufgaben

Aufgabe 3.1
In Abb. 3.27 ist der Wirkungsplan eines Regelkreises mit dem PID-Regler $G_R(s)$ gegeben:

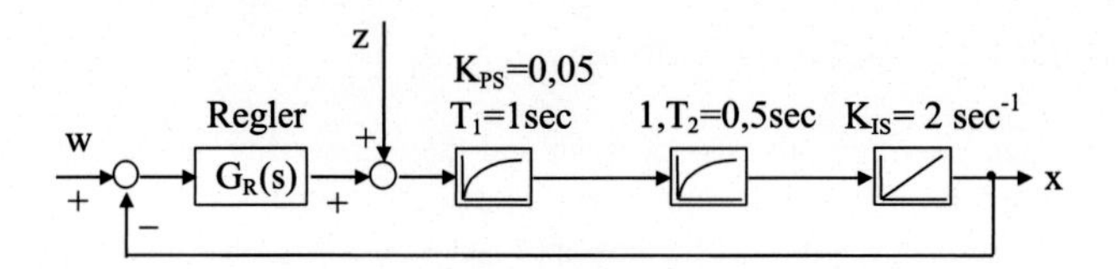

Abb. 3.27 Wirkungsplan zur Aufgabe 3.1 (Quelle: [8, S. 37])

$$G_{\mathrm{R}}(s) = \frac{5 \cdot (1 + 4s)(1 + 0{,}5s)}{4s}$$

Erstellen und simulieren Sie einen horizontal orientierten Datenflussplan!

Aufgabe 3.2

In Abb. 3.28 ist der Wirkungsplan eines Regelkreises nach [8], S. 40] gegeben.

Der Regelkreis soll mit einer Störgrößenaufschaltung ergänzt werden, und zwar so, dass die Störung zum Reglereingang geliefert wird.

Erstellen und simulieren Sie einen horizontal orientierten Datenflussplan der Störgrößenaufschaltung!

Aufgabe 3.3

Die in [8] auf Seite 45 gegebene Regelstrecke

$$G_{\mathrm{S}}(s) = \frac{0{,}5}{(1 + 1{,}5s)(1 + 0{,}3s)} e^{-s}$$

soll mit einem Smith-Prädiktor so geregelt werden, dass die Regelung nach der gewünschten Übertragungsfunktion $G_{\mathrm{M}}(s)$ verlaufen wird:

$$G_{\mathrm{M}}(s) = \frac{1}{0{,}02s^2 + 0{,}2s + 1} e^{-s}$$

Die Übertragungsfunktion $K_{\mathrm{pr}}(s)$ des Smith-Prädiktors wurde in [8] auf den Seiten 100 und 101 bestimmt:

$$K_{\mathrm{pr}}(s) = \frac{0{,}9s^2 + 3{,}6s + 2}{0{,}02s^2 + 0{,}2s}$$

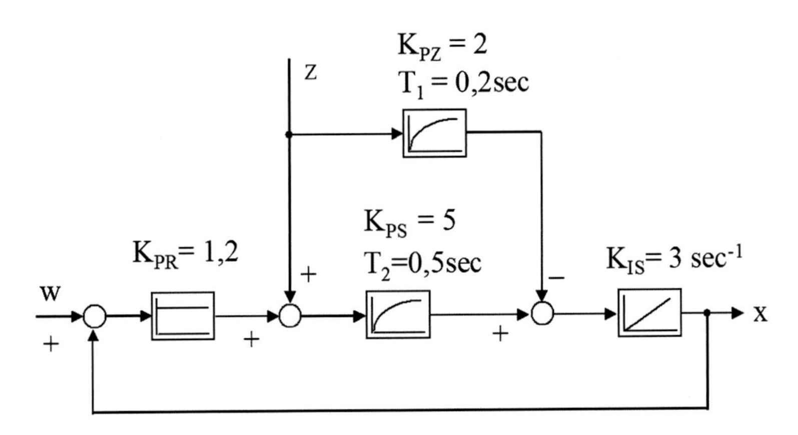

Abb. 3.28 Wirkungsplan zur Aufgabe 3.2 (Quelle: [8, S. 40])

Erstellen und simulieren Sie den Datenflussplan des geschlossenen Regelkreises mit dem Smith-Prädiktor!

Aufgabe 3.4
Laut dem PFC-Algorithmus (siehe [2, S. 394,395]) soll die Sprungantwort einer P-T1-Regelstrecke

$$G_S(s) = \frac{K_{PS}}{1 + sT_1} \tag{3.14}$$

nach einem Sollwertsprung w genauso verlaufen wie die Sprungantwort des gewünschten Modells

$$G_M(s) = \frac{K_{PM}}{1 + sT_M} \tag{3.15}$$

nach gleichem Sollwertsprung w. Die gewünschte Ausregelzeit T_{aus} wird in h Prädiktionshorizonte der Länge

$$T_h = T \cdot h$$

aufgeteilt. Die Regelgröße x_k soll am Ende jedes Horizonts an den Ausgang x_{Mk} des gegebenen Modells angepasst werden.

Nach dem in [2], Seiten 396 und 397, entworfenen SPFC-Algorithmus *(Simplified PFC)* soll die Stellgröße des modellbasierten Reglers wie folgt programmiert und berechnet werden:

$$y_k = \frac{K \cdot w - (K \cdot x_k - x_{Mk})}{K_{PM}} \tag{3.16}$$

wobei x_k und x_{Mk} die mit der Abtastzeit T abgetasteten Ausgänge der Strecke nach Gl. 3.14 und des gewünschten Modells nach Gl. 3.15 sind.

In [8] auf Seite 46 sind folgende Parameter gegeben:

$$K_{PS} = 2 \qquad T_1 = 40 \text{ s},$$
$$K_{PM} = 2 \qquad T_M = 30 \text{ s},$$
$$T_{aus} = 100 \text{ s} \quad T = 0{,}1 \text{ s} \quad h = 50$$

Daraus ist der Koeffizient K in [8] auf den Seiten 101 und 102 berechnet:

$$K = 6{,}652$$

Erstellen Sie einen Datenflussplan nach Gl. 3.16 und simulieren Sie die Sprungantwort!

Aufgabe 3.5
Wie auch in der vorherigen Aufgabe hat die Regelstrecke das P-T1-Verhalten nach Gl. 3.14. Jedoch ist das gewünschte Modell nicht nach der Gl. 3.15, sondern wie in [8, S. 46] gegeben:

$$G_{\mathrm{M}}(s) = \frac{1 + sT_{\mathrm{v}}}{1 + sT_{\mathrm{M}}} \tag{3.17}$$

Darüber hinaus ist das gewünschte Verhalten $G_{\mathrm{w}}(s)$ des geschlossenen Regelkreises gegeben:

$$G_{\mathrm{w}}(s) = \frac{1}{1 + sT_{\mathrm{w}}} \tag{3.18}$$

Die Parameter sind:

$$K_{\mathrm{PS}} = 0{,}4 \quad T_1 = 5 \quad T_{\mathrm{M}} = 0{,}5 \quad T_{\mathrm{w}} = T_{\mathrm{M}}$$

Entwerfen und simulieren Sie den Datenflussplan des Regelkreises nach dem SPFC-Algorithmus [2, S. 396, 397]!

3.4.2 Lösungen

Lösung zu Aufgabe 3.1

Der Datenflussplan ist in Abb. 3.1 gezeigt. Unter Beachtung der in der Aufgabenstellung gegebenen Übertragungsfunktionen des Reglers $G_{\mathrm{R}}(s)$ und der Strecke $G_{\mathrm{S}}(s)$ ergeben sich nach dem Datenflussplan die Vorwärts-Übertragungsfunktion $G_{\mathrm{vw}}(s)$ und die Übertragungsfunktion $G_0(s)$ des offenen Regelkreises:

$$G_{\mathrm{vw}}(s) = G_{\mathrm{R}}(s)G_{\mathrm{S}}(s) = \frac{5 \cdot (1 + 4s)(1 + 0{,}5s)}{4s} \cdot \frac{0{,}05}{(1 + s)(1 + 0{,}5s)} \cdot \frac{2}{s}$$

$$G_0(s) = G_{\mathrm{vw}}(s) = \frac{0{,}125 \cdot (1 + 4s)}{s^2(1 + s)}$$

Die Simulation der Sprungantwort erfolgt nach der Übertragungsfunktion $G_{\mathrm{w}}(s)$ des geschlossenen Regelkreises

$$G_{\mathrm{w}}(s) = \frac{G_0(s)}{1 + G_0(s)}$$

mit dem folgenden MATLAB®-Skript:

```
s=tf('s');
G0=0.125 * (1+4*s) / ((s^2) * (1+s));
Gw=G0 / (1+G0);
step(Gw).
grid.
```

Die Sprungantwort ist in Abb. 3.29 gezeigt.

Abb. 3.29 Sprungantwort zu Aufgabe 3.1

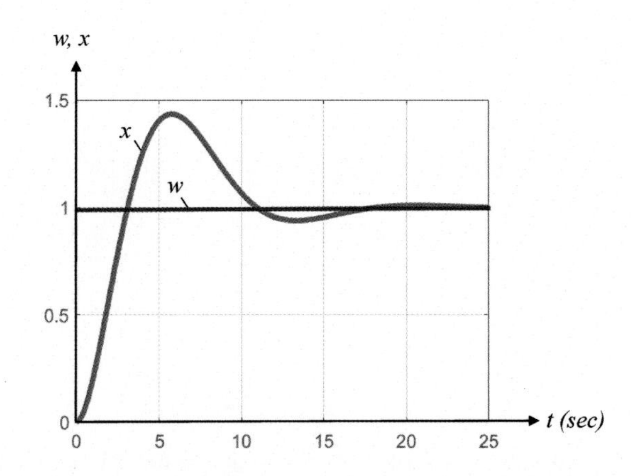

Lösung zu Aufgabe 3.2
Die vollständige Kompensation der Störgröße erfolgt mit dem Korrekturglied

$$G_{RZ}(s) = \frac{K_{RZ}}{1 + sT_{RZ}}$$

mit $K_{RZ} = 0{,}5$ und $T_{RZ} = 0{,}2$ s (siehe [8, S. 85]). Der simulierte Datenflussplan der Störgrößenaufschaltung und die Sprungantwort sind in Abb. 3.30 gegeben. Die Störgröße ist vollständig kompensiert, die Sprungantwort reagiert nicht auf die Störgröße $z = 0{,}5$, die bei $t = 5$ s wirkt (Abb. 3.30).

Lösung zu Aufgabe 3.3
Der Datenflussplan des Regelkreises mit dem Smith-Prädiktor und die simulierte Sprungantwort sind in Abb. 3.31 gezeigt.

Lösung zu Aufgabe 3.4
Der Datenflussplan nach dem SPFC-Algorithmus wird aus der Gl. 3.16 abgeleitet und ist in Abb. 3.32 gezeigt. Wie erwartet, erreicht die simulierte Sprungantwort 95 % des Sollwertes nach der Ausregelzeit $T_{aus} = 100$ s.

Lösung zu Aufgabe 3.5
Der SPFC-Algorithmus ist eine vereinfachte Option des PFC-Modells (siehe [2, S. 394]). Der Datenflussplan des SPFC-Algorithmus ist modifiziert gegenüber Abb. 3.32, wie in [8, S. 102] gezeigt wurde, und ist in Abb. 3.33 implementiert.

Die simulierte Sprungantwort des Regelkreises entspricht genau dem gewünschten Verhalten (Gl. 3.18).

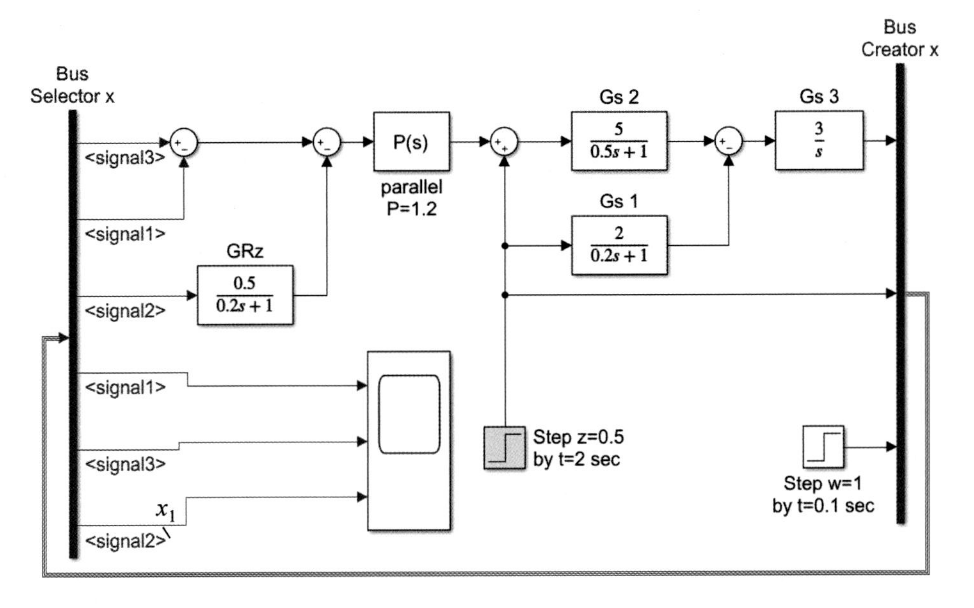

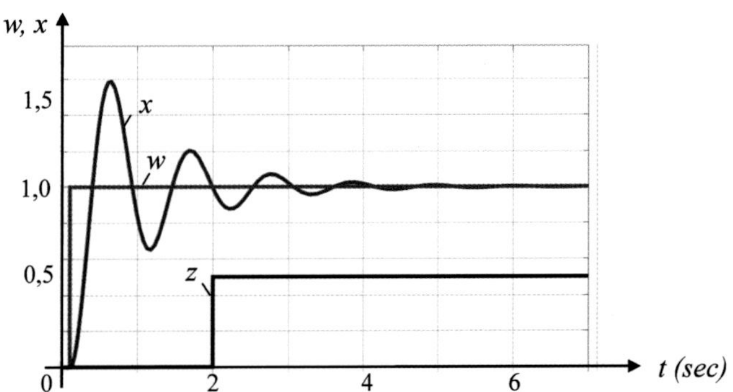

Abb. 3.30 Störgrößenaufschaltung: Datenflussplan und Sprungantwort zu Aufgabe 3.2

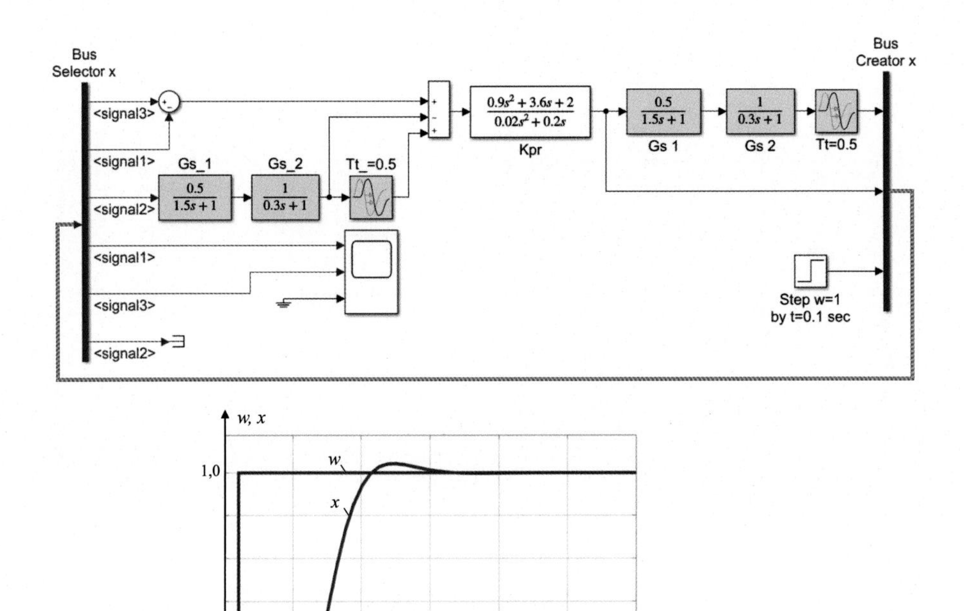

Abb. 3.31 Smith-Prädiktor: Datenflussplan und Sprungantwort zu Aufgabe 3.3

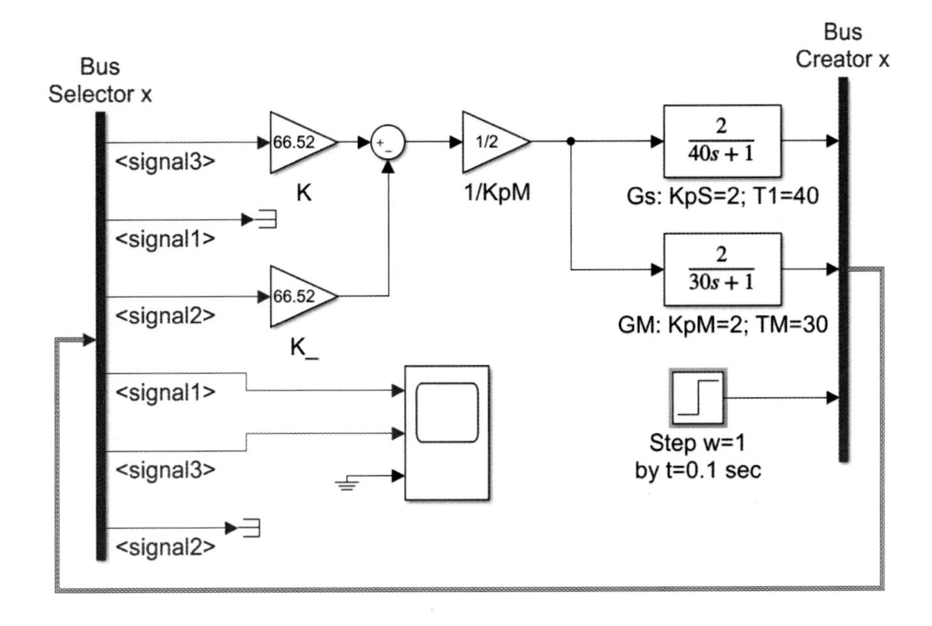

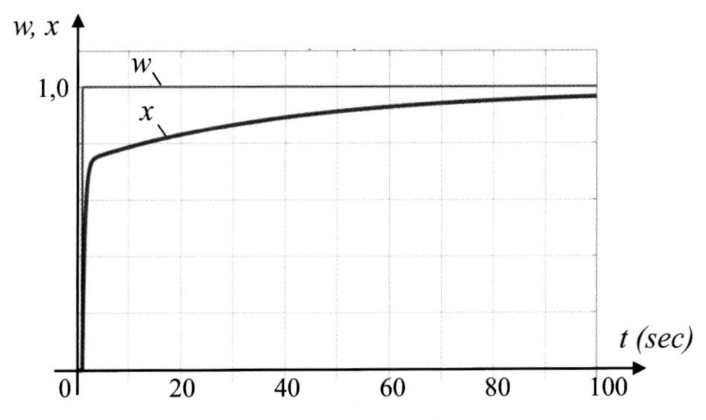

Abb. 3.32 SPFC-Algorithmus: Datenflussplan und Sprungantwort zu Aufgabe 3.4

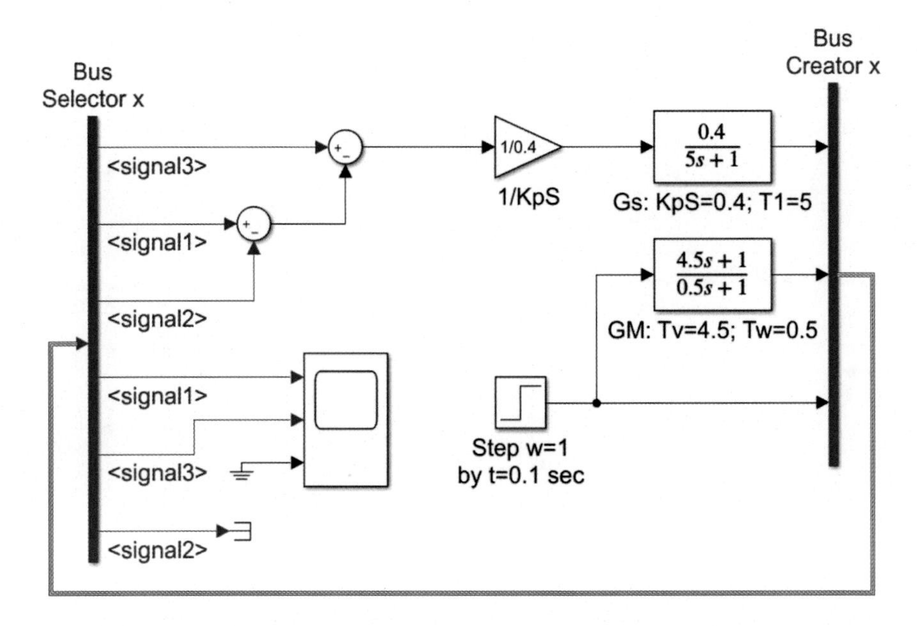

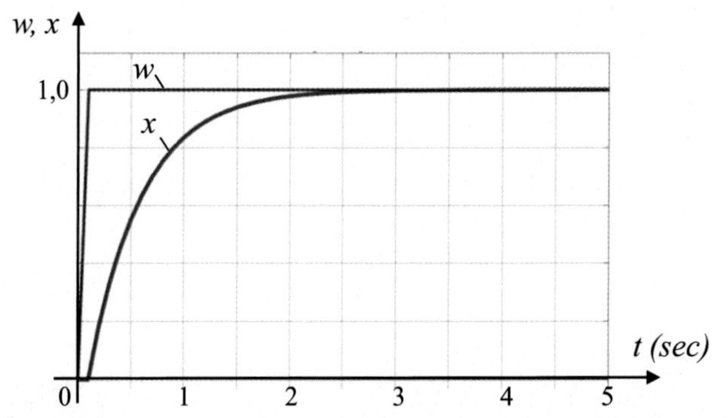

Abb. 3.33 SPFC-Algorithmus: Datenflussplan und Sprungantwort zu Aufgabe 3.5

Literatur

1. Zacher, S. (2023). *Drei Bode Plots Verfahren für Regelungstechnik* (2. Aufl.). Springer Vieweg.
2. Zacher, S., & Reuter, M. (2022). *Regelungstechnik für Ingenieure* (16. Aufl.). Springer Vieweg.
3. Zacher, S. (2014). *Bus-approach for feedback MIMO-control*. Dr. S. Zacher.
4. Zacher, S. (2019). *Bus-Approach for engineering and design of feedback control*. USA. In *Proceedings of ICONEST*, October 7–10, 2019 (S. 26–27). ISTES Publishing.
5. Zacher, S. (2020). Bus-approach for engineering and design of feedback control. *International Journal of Engineering, Science and Technology*, *2*(1), 16–24. https://www.ijonest.net/index.php/ijonest/article/view/9/pdf. Zugegriffen: 20. Mai 2020.

6. Zacher, S. (2019). *Spezielle Methoden der Regelungstechnik.* Lehrbrief für Fernmaster-Studiengang der Hochschule Darmstadt.
7. Zacher, S. (2022). *Übungsbuch Regelungstechnik* (7. Aufl.). Springer Vieweg.
8. Zacher, S. (2016). *Regelungstechnik Aufgaben* (4. Aufl.). Dr. S. Zacher.

Data Stream Management

4

„Die Erfindung des Problems ist wichtiger als die Erfindung der Lösung; in der Frage liegt mehr als in der Antwort."
(Zitat: Walther Rathenau (1867–1922), https://www.zitate.de/kategorie/erfinder, *zugegriffen 25.10.2020)*

Zusammenfassung

Die Automatisierungssysteme sind heute als Netzwerke mit mehreren Reglern hierarchisch nach Client/Server- oder Master/Slave-Strukturen mit Bussen aufgebaut. Um auch die Regelkreise nach ähnlichen Strukturen zu behandeln, wurde im Kap. 2 angeboten, anstelle etablierter Wirkungspläne die Datenflusspläne nach dem sogenannten Bus-Approach zu bilden. Damit werden keine Signalwege eines isolierten Wirkungsplanes, sondern die Datenströme (Data Streams) eines Bussystems betrachtet. Unter einem Bussystem wird kein realer technischer Bus verstanden, sondern ein virtueller Bus, dessen Elemente der Regler und die Strecke sind. In diesem Kapitel wird gezeigt, wie die Datenströme innerhalb des Regelkreises mit dem *Data Stream Management* verwaltet werden und wie dabei der Regler entworfen und implementiert wird. Dafür wird zuerst der Begriff *Data Stream Manager* (DSM) definiert. Ein DSM ist ein Baustein mit logischen Operatoren und gewöhnlichen Übertragungsfunktionen, welche die einfache Simulation und Verwaltung von Datenströmen in Regelkreisen ermöglichen. Die DSM sind im Einklang mit dem Konzept „Industrie 4.0" entwickelt worden, d. h., es werden die „reale Welt" und die „virtuelle Welt" sowie die Phasen „Design" und „Control" des gesamten Lebenszyklus des Regelkreises einheitlich behandelt.

S. Zacher und F. Stöckl, *Regelungstechnik mit Data Stream Management*,
https://doi.org/10.1007/978-3-662-70019-8_4

4.1 Einführung

In Kap. 1 wurde gezeigt, dass die etablierte Darstellung eines Regelkreises als Wirkungsplan nicht mehr dem aktuellen Stand der Technik entspricht. Die Wirkungspläne bestehen nur aus drei Elementen (Block, Vergleichs- und Abzweigungsstelle). Die Automatisierungssysteme sind Netzwerke mit Hunderten von Reglern und SPSen, die nach den Client/Server- oder Master/Slave-Strukturen mit Bussen zusammengekoppelt sind (Abb. 4.1). Heutige Regelung ist ohne Steuerung, Mensch-Maschine-Interface und ohne Verarbeitung von Nachrichten, Daten und Informationen nicht vorstellbar. Dagegen beschreiben die klassischen Wirkungspläne lediglich die Signalwege eines isolierten Kreises. Die Diskrepanz zwischen idealisierten Wirkungsplänen und realen Regelsystemen lässt die Letzteren nur vereinfacht darstellen und erschwert das Verständnis des Faches „Regelungstechnik" bei Studierenden, besonders wenn sie schon Kenntnisse über Automatisierungssysteme erworben haben.

Die Wirkungspläne, die man auch als Signalflusspläne bezeichnet, wurden in Kap. 2 durch die Datenflusspläne ersetzt und somit an den aktuellen Stand der Technik angepasst. Die Datenflusspläne sind nach dem *Bus-Approach* [1–5] konzipiert bzw. wie ein symbolischer bzw. virtueller Bus dargestellt (Abb. 4.2). Aus einem Automatisierungssystem der

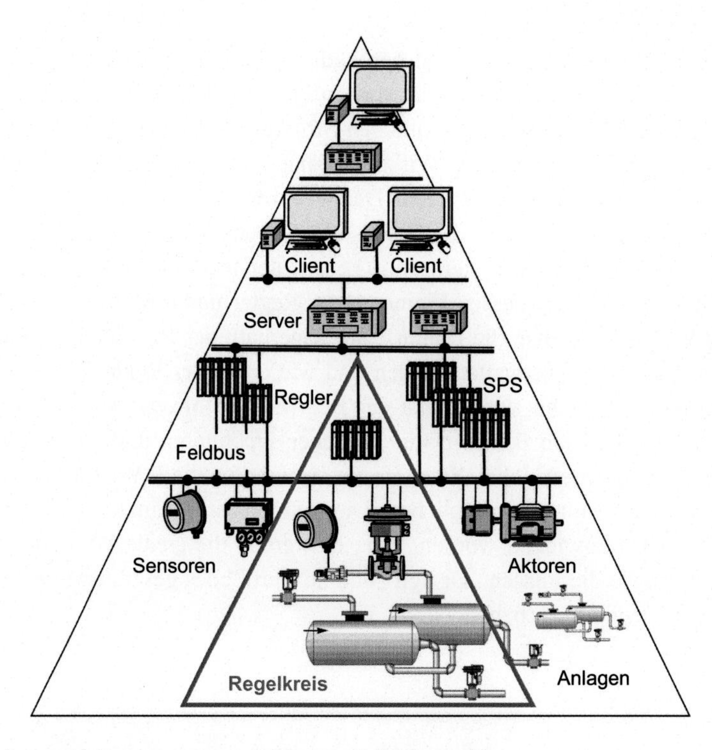

Abb. 4.1 Automatisierungssystems als Netzwerk (Makrowelt)

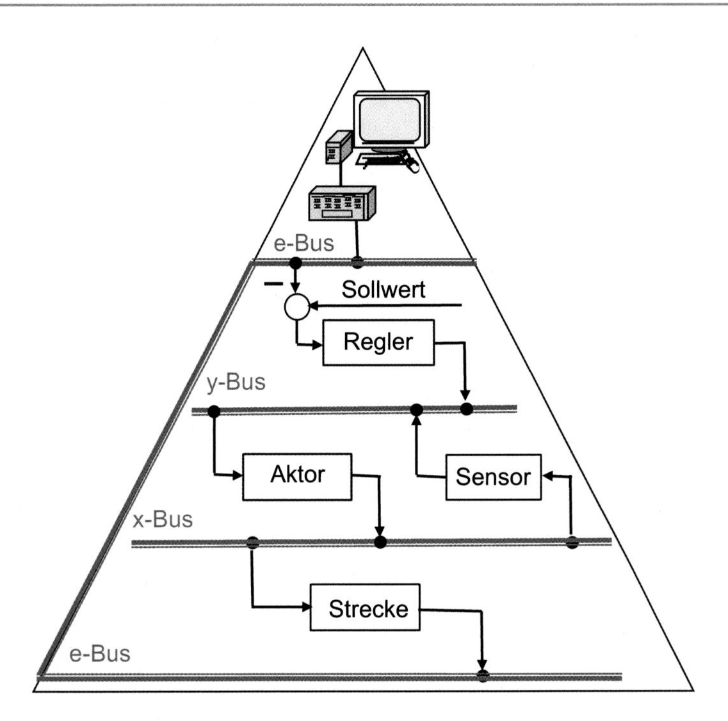

Abb. 4.2 Regelkreis als Netzwerk (Mikrowelt)

Abb. 4.1 wird ein Regelkreis als Untersystem gebildet (Abb. 4.2). Nach Begriffen der Physik oder Psychologie kann man sagen, dass aus einer „Makrowelt" (Automatisierungssystem) eine „Mikrowelt" (Regelkreis) ausgeschnitten wird.

> „Mikrowelten bestehen aus mehreren Variablen, die durch verdeckte Beziehungen untereinander zu einem System vernetzt sind. Jede Variable steht dabei für eine Eigenschaft der simulierten Problemsituation. Ähnlich wie bei einem Computerspiel werden Informationen über den aktuellen Zustand der Mikrowelt und ihrer Variablen auf dem Bildschirm dargeboten. Durch Eingriffe in die Programmoberfläche kann der Benutzer die Werte einzelner Variablen verändern. Dadurch wird es möglich, den Zustand der gesamten Mikrowelt zu beeinflussen und Informationen über die Beziehungen zwischen den Variablen zu gewinnen." (Zitat, Quelle [6])

Die mathematischen Grundlagen des Regelkreisverhaltens sind durch so einen Busansatz nicht betroffen. Die Bestimmung von Übertragungsfunktionen des offenen und geschlossenen Kreises ist nach dem Busansatz sogar anschaulicher und einfacher als nach traditionellen Wirkungsplänen. Auch die Simulation von mitgekoppelten Reglern erfolgt mit dem Bus einfacher als nach Wirkungsplänen, wie in Kap. 3 an Beispielen gezeigt wurde.

Die Datenübertragung und -verarbeitung erfolgt in Automatisierungssystemen mittels Prozessleitsystemen (PLS). Über ein Mensch-Maschine-Interface überwacht der

Operator industrielle Prozesse, die anhand von visualisierten Prozessgrößen in der zentralen Leitwarte angezeigt werden.

Das Ziel des vorliegenden Kapitels ist das Konzipieren der ähnlichen Datenverwaltung von Regelkreisen. Die Datenströme eines Regelkreises (Abb. 4.2) sollen mit Modulen verwaltet werden, die als *Data Stream Manager* (DSM) bezeichnet und wie folgt definiert sind:

Ein *Data Stream Manager* (DSM) ist ein regelungstechnischer Funktionsbaustein mit logischen Operatoren und gewöhnlichen Übertragungsfunktionen, der in klassische Regelkreise eingesetzt wird, um die Regelung mit Steuerung, Datenverwaltung, Simulation und Visualisierung zu erweitern.

Die DSM werden im Einklang mit dem Konzept Industrie 4.0 definiert, weshalb nachfolgend ein kurzer Blick darauf geworfen wird.

4.2 Industrie 4.0

4.2.1 Ziel und Modelle

Das Ziel, die Komponenten und die Modelle des konzeptuellen Programms Industrie 4.0 sind seit 2015 bekannt:

> „Durch Industrie 4.0 entstehen neue Wertschöpfungsketten und -netzwerke, die durch die weiter zunehmende Digitalisierung automatisiert werden.“ (Zitat, Quelle [7], Seite 15)

Die Schlagworte der Industrie 4.0 sind:

- Digitalisierung,
- flexible kundenspezifische Produktion,
- virtuelle Repräsentation von Daten,

> „Eine Industrie 4.0-Komponente umfasst aus logischer Sicht ein oder mehrere Gegenstände und eine Verwaltungsschale, welche Daten der virtuellen Repräsentation und Funktionen der fachlichen Funktionalität enthält.“ (Zitat, Quelle [7], Seite 55)

- Vernetzung von Maschinen, Menschen und Produkten.

> „Einer der grundlegenden Gedanken zur Referenzarchitektur von Industrie 4.0 ist das Zusammenführen unterschiedlichster Aspekte in einem gemeinsamen Modell. Die vertikale Integration innerhalb der Fabrik beschreibt die Vernetzung von Produktionsmitteln z. B. von Automatisierungsgeräten oder Diensten untereinander.“ (Zitat, Quelle [7], Seite 40)

Während sich die vertikale Integration auf eine Fabrik bezieht, geht die horizontale Integration über den einzelnen Fabrikstandort hinaus, um ein dynamisches Netzwerk für die Zusammenführung von Daten während des gesamten Lebenszyklus von Produkten zu bilden.

Noch ein Aspekt der Industrie 4.0 ist die einheitliche Behandlung der verschiedenen Phasen der Wertschöpfungskette:

> „Mit durchgängigem Engineering über die ganze Wertschöpfungskette ist gemeint, dass technische, administrative und kommerzielle Daten, die rund um ein Produktionsmittel oder auch das Werkstück entstehen, über die komplette Wertschöpfungskette konsistent gehalten werden und jederzeit über das Netzwerk zugreifbar sind.“ (Zitat, Quelle [7], Seite 40)

Die Industrie-4.0-Konzepte und -Modelle sind für Produktionsprozesse definiert. Somit sind auch die Aufgaben von Regelkreisen in Bezug auf Wertschöpfungsketten im Allgemeinen formuliert:

> „Schließlich sollen Regelkreise mit Abtastungen im Millisekundentakt, die dynamische Kooperation mehrerer Fabriken untereinander innerhalb eines gemeinsamen Wertschöpfungsnetzwerks mit zusätzlichen kommerziellen Fragestellungen in einem Modell darstellbar sein.“ (Zitat, Quelle [7], Seite 40)

Nachfolgend bringen wir noch die Industrie-4.0-Aspekte näher zum Bereich Regelungstechnik.

4.2.2 Reale und virtuelle Welt

Unter dem Begriff „virtuelle Welt“ versteht man nach Industrie 4.0 die Simulation der realen Welt, z. B. eines physikalischen Prozesses, mit nachfolgender Visualisierung.

> „Die virtuelle Repräsentation hält Daten zu dem Gegenstand. Diese Daten können entweder „auf/in“ der Industrie-4.0-Komponente selbst gehalten und durch eine Industrie-4.0-konforme Kommunikation der Außenwelt zur Verfügung gestellt werden. Oder sie werden auf einem (übergeordneten) IT-System gehalten, welches sie durch Industrie-4.0-konforme Kommunikation der Außenwelt zur Verfügung stellt.“ (Zitat, Quelle [7], Seite 53)

Die Begriffe „reale“ und „virtuelle“ Welt sind in der Automatisierungstechnik seit Langem bekannt (Abb. 4.3).

In Bezug auf Regelkreise werden mit dem Begriff „virtuelle Welt“ die simulierten und visualisierten mathematischen Modelle von realen Regelkreisen bezeichnet. Sie gehören heute zu Standardfunktionen eines Regelkreises (Abb. 4.4). Werden die simulierten und visualisierten Modelle hierzu noch mit realen Prozessen synchronisiert bzw. verlaufen sie in „real-time“, werden sie *digitale Zwillinge* genannt (siehe z. B. [8]).

Aus dem Zusammenspiel von realen und virtuellen Welten sind folgende zwei Modifikationen für Entwurf und Analyse eines Regelkreises aus der Sicht des Anwenders möglich (Abb. 4.5):

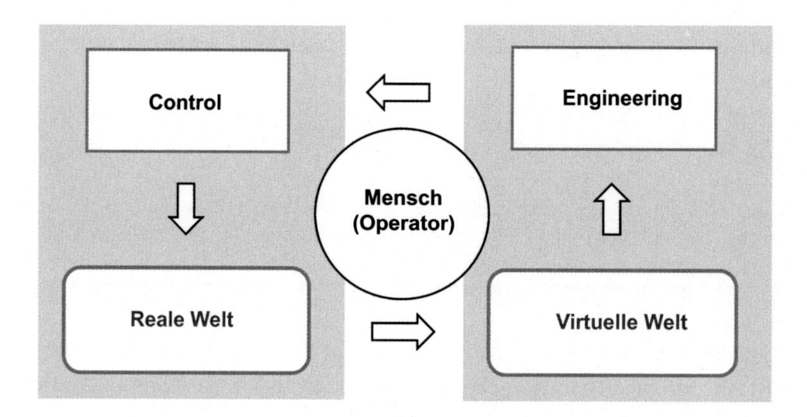

Abb. 4.3 Reale und virtuelle Welt eines Automatisierungssystems

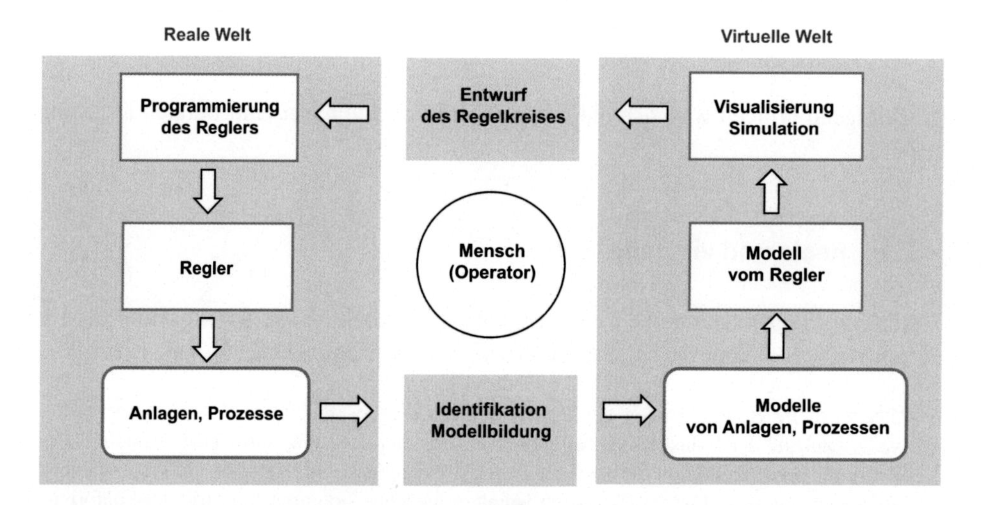

Abb. 4.4 Reale und virtuelle Welt eines Regelkreises

- *Hardware-in-the-Loop* (HWL). Das ist ein Zusammenspiel eines realen Hardware-Controllers mit dem Software-Modell der Anlage. Diese Option wird z. B. angewendet, wenn ein bereits vorhandener Hardware-Controller in einem Labor an einem Software-Modell der Strecke getestet werden soll.
- *Rapid-Control-Prototyping* (RCP). Der Controller bei dieser Option ist eine Software, und die Anlage ist eine Hardware. Damit kann der Algorithmus eines Controllers an einer realen Anlage überprüft und ggf. nachgebessert werden (siehe [9]).

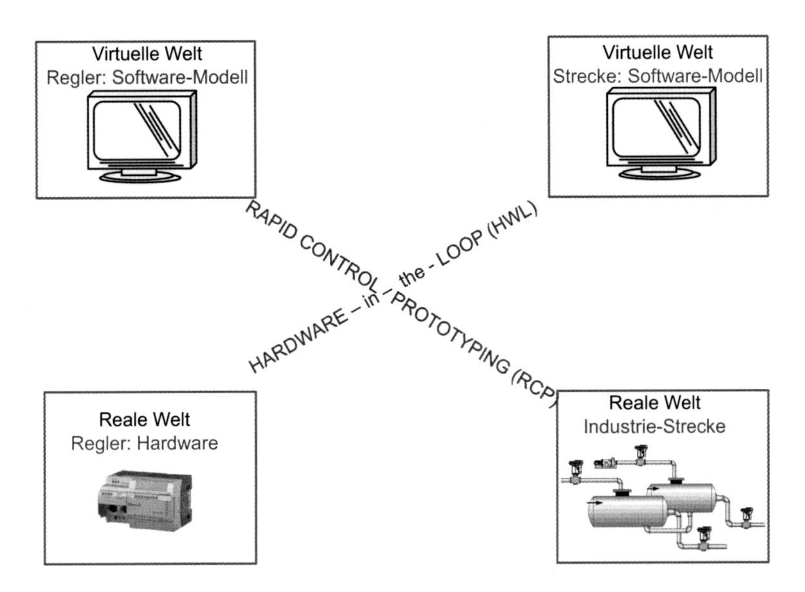

Abb. 4.5 Simulation mit realer und virtueller Welt

4.2.3 Lebenszyklus eines Regelkreises

Der Lebenszyklus eines Regelkreises ist in Abb. 4.6 gezeigt. Damit wird der Prozess vom Entwurf eines Reglers bis zu Fertigstellung einer Regelung bezeichnet. Ganz grob kann der Lebenszyklus in drei Phasen aufgeteilt werden:

- Entwurf bzw. Design,
- Test,
- Regelung bzw. Control.

Die Wartung und Reparatur gehören nicht zum Themenbereich des Buches und werden nicht betrachtet.

Für die Realisierung des Gesamtzyklus sind folgende Arbeitsschritte nötig:

- Entwurf (Design)
  - Konzepterstellung
  - Strukturierung des zu regelnden Prozesses (Datenfluss)
  - Identifikation der Regelstrecke
    Darunter ist in diesem Buch die experimentelle Untersuchung einer Regelstrecke mit Testsignalen (Eingangssprünge) gemeint. Die Stellgröße der Strecke $y(t)$ wird sprunghaft geändert, um die Sprungantwort der Regelgröße $x(t)$ am Ausgang der Strecke aufzunehmen. Aus dem Zusammenhang zwischen $y(t)$ und $x(t)$ wird die Übertragungsfunktion $G_S(s)$ der Regelstrecke mit Laplace-transformiertem Eingang $y(s)$ und Ausgang $x(s)$ bestimmt.

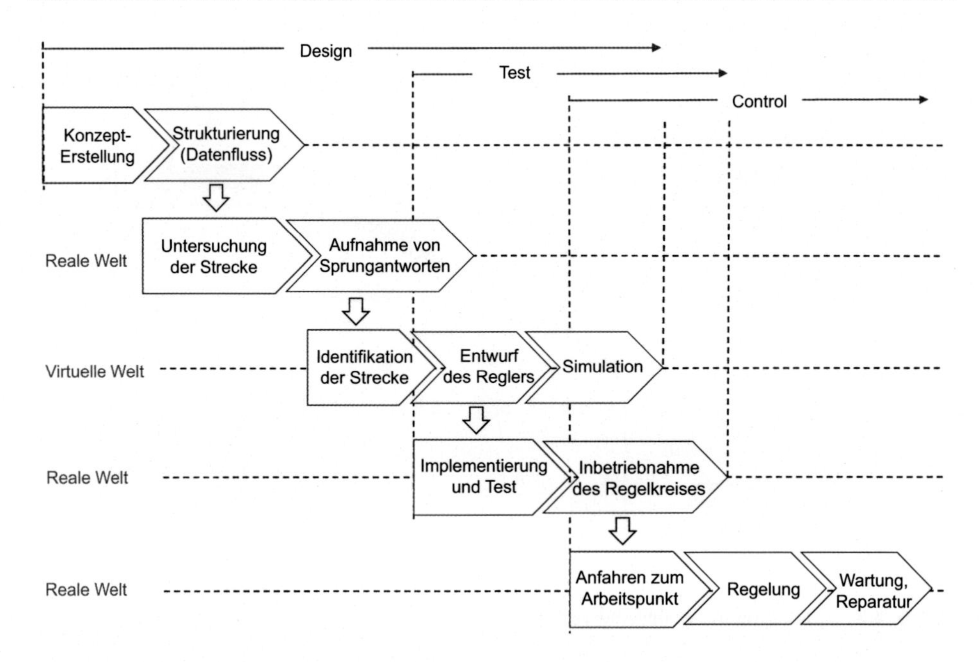

Abb. 4.6 Lebenszyklus eines Regelkreises

- Entwurf des Reglers
  Ein geeigneter Standardregler mit der Übertragungsfunktion $G_R(s)$ wird gewählt und mit Kennwerten so eingestellt, dass die vorab gegebenen bzw. gewünschten Regelgütekriterien erreicht werden. Aber auch die modellbasierten Regler, wie auch die Mehrgrößenregler, werden in diesem Buch behandelt.

- Test
  - Simulation und Visualisierung des Regelkreises
  - Implementierung des Regelkreises und Test
- Regelung (Control)
  - Inbetriebnahme der Regelung
  - Anfahren zum Arbeitspunkt
  - Ausregeln von Störungen

4.3 DSM-Konzept

4.3.1 Systemanalyse eines Regelkreises

Ein Regelkreis als System besteht aus mehreren Untersystemen auf drei Ebenen, in denen verschiedene Prozesse ablaufen (Abb. 4.7):

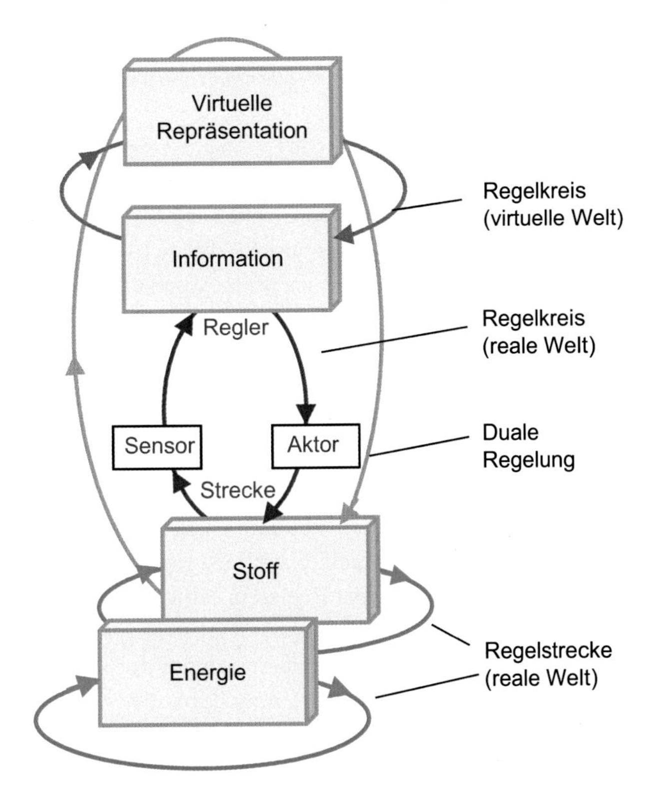

Abb. 4.7 Verschiedene Arten von Strömen eines Regelkreises

- Stoff- und Energieverarbeitung in einer Regelstrecke (reale Welt),
- Informationsverarbeitung durch einen Regler (reale Welt),
- virtuelle Repräsentation (Simulation) des realen Regelkreises (virtuelle Welt).

Es sind vier Kreise in Abb. 4.7 markiert:

- reale Regelstrecken, in denen die Stoff- und Energieprozesse ablaufen;
- virtuelle Regelstrecken bzw. deren mathematische Modelle, die mittels Stoff- und Energieerhaltungsgesetzen als Differenzialgleichungen oder Übertragungsfunktionen beschrieben werden können; hierzu gibt es folgende Optionen von Streckenmodellen:
  - stationäre (mit zeitinvarianten Parametern) oder nichtstationäre (mit zeitvariablen Parametern); die nichtstationären Strecken werden noch in zwei Gruppen aufgeteilt:
    mit vorgegebenen Funktionen von Parameteränderungen;
    mit unbekannten Funktionen von Parameteränderungen;
  - lineare oder nichtlineare; die linearen Strecken werden noch in zwei Gruppen aufgeteilt:
    LZI (lineare zeitinvariante) und LZV (lineare zeitvariable)
  - kontinuierliche (stetige) oder unstetige;

- analoge oder digitale
- mit einer Stellgröße (SI – *Single Input*) oder mit mehreren Stellgrößen (MI – *Multi Input*)
- mit einer Regelgröße (SO – *Single Output)* oder mit mehreren Regelgrößen (MO – *Multi Output*). In diesem Buch werden folgende Strecken behandelt: stetige analoge LZI und LZV, sowie SIMO und MIMO

- reale Regelkreise, die aus physikalischen Elementen (Strecke und Regler) bestehen;
- duale Regelkreise, die im nächsten Abschnitt erläutert werden.

Darüber hinaus kann man aus der Sicht des Lebenszyklus (Abb. 4.6) noch zwei Prozesse bei dem Engineering eines Regelkreises aufheben:

- Design,
  - Identifikation (die Abbildung der realen Welt in die virtuelle Welt)
  - Entwurf des Reglers (virtuelle Welt)
  - Simulation des Regelkreises (virtuelle Welt)
  - Implementierung der Reglereinstellung (reale Welt)
- Control (reale Welt),
  - Führungsverhalten (es ändert sich nur der Sollwert)
  - Störverhalten (keine Änderung des Sollwertes, eine Störung kommt vor)
  - nichtstationäres Verhalten der Regelstrecke (Parameteränderung)

4.3.2 Dualität eines Regelkreises

Wie in Abb. 4.7 gezeigt, stehen im Mittelpunkt eines einzelnen Regelkreises drei Komponenten, nämlich *Stoff, Energie* und *Information.* Die Behandlung dieser Komponenten erfolgt mit folgenden Regelkreisgliedern:

- Sensoren für die Aufnahme von Stoff- und Energiegrößen,
- Aktoren für die Wirkung auf die Stoff- und Energieströme,
- Regler für die gezielte Verwaltung der Information über Stoff- und Energiegrößen.

> „Schon an dieser konzeptuellen Beschreibung ist die Dualität einer Regelung zu erkennen. Einerseits treten die Prozesse auf, die sich deterministisch nach den Erhaltungssätzen der Energie und der Materie mit Differenzialgleichungen beschreiben lassen, andererseits gibt es Informationsprozesse, die keinen Erhaltungssätzen unterliegen und folglich deterministisch nicht beschreibbar sind.“ (Zitat, Quelle [10], Seite 16)

In anderen Worten: Ein Regler ist ohnehin ein Datenmanager, jedoch für nur einen Datenstrom, angefangen von der Regeldifferenz am Eingang bis zur Stellgröße am Ausgang.

Setzten wir die konzeptuelle Beschreibung eines Regelkreises fort, dann stellen wir einen weiteren Datenstrom fest. Die Strecke unterliegt naturgemäß der Wirkung von Störgrößen.

> „Ein klassischer Regler ist dagegen von inneren Parameteränderungen stark geschützt, d. h., es gilt dabei das Prinzip: ein sicherer Regler mit einer unsicheren Strecke.“ (Zitat, Quelle [10], Seite 17)

Zum Entwurf eines Regelkreises gehört die Berechnung von Reglerparametern, die bei klassischen Regelkreisen einmalig und offline gemacht wird. Danach bleiben die Reglerparameter konstant, es sei denn, die Streckenparameter ändern sich, wie bei LZV-Strecken. In diesem Fall erfolgt die Reglereinstellung nach dem *Gain-Scheduling* (Abschn. 6.4.2) oder nach Methoden der *adaptiven Regelung,* die in diesem Buch nicht behandelt werden.

Wird nun die Berechnung der veränderbaren Regelparameter automatisch bzw. online im funktionierenden Regelkreis durchgeführt, wie beispielsweise bei der Anwendung von wissensbasierten *Neuro-* und *Fuzzy*-Reglern, entsteht der zweite Datenstrom, wie in Kap. 1, Abschn. 1.4.3 gezeigt ist. Neben dem „echten“ Regelkreis, bestehend aus physikalischen Elementen, nämlich aus einer Strecke und einem Regler, wirkt der zweite „virtuelle“ Kreis, bestehend aus einem Modell der Strecke und dem Algorithmus des Reglers. Somit handelt es sich nach [10] um eine duale Regelung: Ein Kreis befindet sich verständlicherweise in der „realen Welt“, während der andere Kreis nach dem Konzept Industrie 4.0 in der „virtuellen Welt“ ist.

4.3.3 DSM-Plattform

Das Data Stream Management eines Regelkreises besteht aus vier Teilen, wie in Abb. 4.8 gezeigt ist:

- RW (reale Welt) – physikalische Elemente eines Regelkreises (Strecke, Sensor, Aktor, Regler),
- VW (virtuelle Welt) – das simulierte und visualisierte Modell des Regelkreises nach dem Datenflussplan bzw. nach dem Bus-Approach (Kap. 2),
- ZW (zentrale Leitwarte) bzw. Mensch-Operator, dessen Funktionen in Kap. 1, Abschn. 1.5.3, beschrieben sind,
- DW (Datenverwaltung) – die eigentlichen Data Stream Manager bzw. die Funktionsbausteine mit gewöhnlichen Übertragungsfunktionen und logischen Operatoren für die Reglereinstellung, Steuerung, Datenverwaltung.

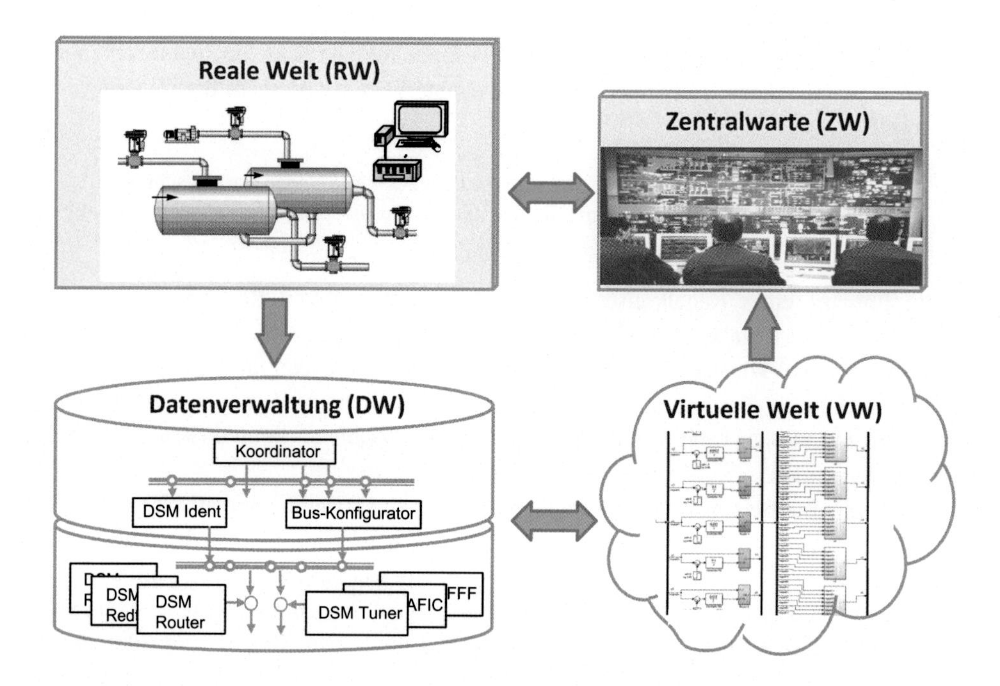

Abb. 4.8 DSM-Plattform

Das Zusammenspiel zwischen diesen vier Teilen des gesamten Systems der Abb. 4.8 ist ausführlich an einem Beispiel in Kap. 9 beschrieben und wird nachfolgend nur kurz skizziert:

- Die Zentralwarte ZW erhält vom realen Regelkreis RW die Sprungantworten auf Testsignale und sendet diese Information zusammen mit gewünschten Typen von Reglern (z. B. Standardregler, modellbasierter Regler usw.) sowie mit gewünschtem Verhalten des geschlossenen Kreises (z. B. Ausregelzeit, Dämpfungsgrad, P-T1-Verhalten usw.) zur Datenverwaltung DW.
- Die Data Stream Manager des Teils DW verarbeiten die von ZW erhaltene Information und senden ggf. eigene Anfragen an den Regelkreis RW. Daraus entsteht die Struktur des Regelkreises. Die Parameter des Reglers werden bestimmt und dem Untersystem „virtuelle Welt“ VW weitergeleitet.
- Die von DW identifizierte Strecke und die von DW bestimmten Reglerparameter werden zur virtuellen Welt VW gesendet. Dort werden sie getestet bzw. simuliert, visualisiert und vom Engineering-Personal ausgewertet. Je nach Ergebnissen wird die Reglereinstellung entweder an die Zentralwarte zwecks Implementierung in der RW geleitet oder zurück an die DW zur Nachbesserung gesendet.

4.4 DSM-Implementierung

4.4.1 Übersicht

Alle in diesem Buch entwickelten DSM und Regelstrukturen sind in Abb. 4.9 zusammengefasst. Das sind Online-Manager, die sich in der realen Welt befinden, und Offline-Manager, die in der virtuellen Welt platziert sind und deren Daten manuell von Menschen zu anderen DSM oder zu Reglern übertragen werden, was üblicherweise bei Reglereinstellung bzw. in der Entwurfphase passiert.

Somit kann man die DSM nach deren Funktion beim Engineering eines Regelkreises in zwei Gruppen aufteilen:

- DSM für Control:
  - Die realen Regelkreise befinden sich natürlich in der realen Welt (Abb. 4.9). Ein Control-DSM soll die Eingangsdaten direkt von einem realen Regelkreis erhalten und nach einer Überarbeitung weiter an den realen Regler liefern. In diesem Fall befindet sich so ein DSM komplett in der Control-Phase der Abb. 4.6 und wird Online-DSM oder *Control-Manager* genannt. In anderen Worten: Ein Control-Manager verwaltet den Control-Stream. Merken wir uns jedoch, dass die Regelkreise sowie die Control-Manager in diesem Buch als MATLAB®/Simulink-Modelle dargestellt sind, d. h., sie befinden sich somit tatsächlich in der virtuellen Welt. Trotzdem werden sie in Abb. 4.9 als Bausteine der RW (reale Welt) dargestellt.

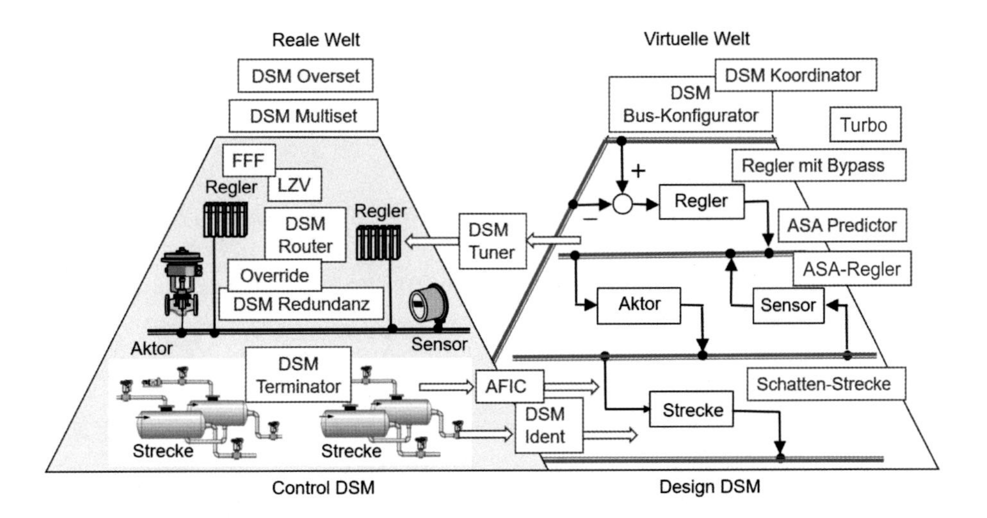

Abb. 4.9 Übersicht: DSM

- DSM für Design:
  - Die Design-Manager befinden sich in der virtuellen Welt und sind mit MATLAB® konfiguriert. In der Praxis werden die Design-Manager ihre Input-Daten von realen Regelkreisen als Export-Dateien empfangen. Merken wir uns, dass es auch möglich ist, die Design-Manager zu Control-Managern umzugestalten und die Regelkreise der realen Welt online zu verwalten. Diese Option wird in diesem Buch nur teilweise in Kap. 9 an einem Beispiel illustriert.

Nachfolgend sind die in diesem Buch entwickelten DSM (Abb. 4.9) mit kurzen Hinweisen über deren Funktion und über das entsprechende Kapitel des Buches aufgelistet.

4.4.2 Design-Manager

Die folgenden DSM und Regelstrukturen sind in diesem Buch mit MATLAB®-Skripten oder wie Simulink-Modelle konfiguriert:

- DSM Ident (Kap. 5) für die Identifikation der Strecke:
  - nach dem Wendetangenten-Verfahren (DSM „ident-1-point“)
  - nach dem Zeit-Prozentkennwert-Verfahren (DSM „ident-3-points“)
- DSM Tuner (Kap. 5) für die Reglereinstellung nach standardisierten Algorithmen wie Betragsoptimum oder symmetrisches Optimum, die im Abschn. 5.3 gegeben sind;
- AFIC: *Adaptive Filter for Identification and Control* (Kap. 5), der aus zwei Modulen besteht:
  - DSM „ident-3-steps“ für die Identifikation der Strecke nach dem Algorithmus des adaptiven Filters
  - DSM Tuner, wie oben für die Reglereinstellung, jedoch nach den in [2] entwickelten Algorithmen
- DSM-Koordinator (Kap. 9) für die Datenverteilung zwischen den Teilnehmern RW, DW und ZW. Dieser Funktionsbaustein
  - erhält von der Zentralwarte ZW die Information über die Strecke und über den Typ des Standardreglers
  - leitet die Ergebnisse vom DSM Ident, Tuner oder AFIC zurück an die ZW oder an die reale Welt (RW) weiter
- DSM Buskonfigurator (Kap. 9) für die Umschaltung zwischen Konfiguration des MATLAB®- Busses nach Dimensionen der Strecke $n=2$, $n=3$ usw.;
- Antisystem-Approach ASA – ein Konzept nach [3–5] für modellbasierte Regelung mit folgenden Optionen:
  - Schattenstrecke (Kap. 7) – das Soft- oder Hardware-Modell der Regelstrecke, die nach dem Antisystem-Approach [3–5] für die modellbasierte Regelung eingesetzt wird. Auch die zweite Regelstrecke als Schattenstrecke kann angewendet werden.

- ASA-Predictor (Kap. 7) – ein nach dem ASA modifizierter Smith-Predictor für die modellbasierte Regelung der Strecken mit Totzeit
- Turbo (Kap. 7) – ein nach dem ASA modifizierter Standardregler mit Vorsteuerung
- Regler mit Bypass (Kap. 7) – eine Regelstruktur nach ASA mit fiktiver Rückführgröße

4.4.3 Control-Manager

Unten sind die im Buch entwickelten und mit MATLAB®-Skripten oder Simulink-Modellen erstellten Online-DSM aufgelistet:

- DSM Terminator (Kap. 6) – ein universeller Funktionsbaustein für die Störgrößenunterdrückung;
- DSM Redundanz (Kap. 6) für die Umschaltung zwischen zwei Reglern bei redundanter Regelung;
- DSM Override (Kap. 6) für die Umschaltung zwischen zwei Reglern bei der Regelung mit Begrenzung;
- DSM Router (Kap. 8) – ein universeller Funktionsbaustein für die Entkopplung der MIMO-Regelung nach [1];
- DSM LZV (Kap. 6) für das *Gain-Scheduling* bei der Regelung von nichtstationären bzw. linearen zeitvarianten Strecken;
- FFF: Feed Forward Fuzzy-Regler (Kap. 6) mit einer nichtlinearen statischen Kennlinie, die nach der *Fuzzifizierung* der Regeldifferenz erstellt wird, jedoch ohne *Regelbasis, Inferenz* und *Defuzzifizierung;*
- DSM Overset (Kap. 6) – ein Funktionsbaustein für die Online-Regelung nach dem *Dead-Beat*-Konzept;
- DSM Multiset (Kap. 6) – ein Funktionsbaustein für die Online-Regelung mit einem Referenzmodell der Strecke nach dem PFC-Konzept *(Predictive Functional Control).*

Literatur

1. Zacher, S. (2014). *Bus-approach for feedback MIMO-control.* Dr. S. Zacher.
2. Zacher, S., & Reuter, M. (2022). *Regelungstechnik für Ingenieure* (16. Aufl.). Springer.
3. Zacher, S. (2019). Bus-approach for engineering and design of feedback control. Denver, CO, USA, *Proceedings of ICONEST,* Oktober 7–10. ISTES Publishing, S. 26–27.
4. Zacher, S. (2020). Bus-approach for engineering and design of feedback control. *International Journal of Engineering, Science and Technology, 2*(1), 16–24. https://www.ijonest.net/index.php/ijonest/article/view/9/pdf. Zugegriffen: 20. Mai 2020.
5. Zacher, S. (2019). *Spezielle Methoden der Regelungstechnik.* Lehrbrief für Fernmaster-Studiengang der Hochschule Darmstadt, FB EIT.
6. Mikrowelten. https://de.wikipedia.ord/wiki/Mikrowelten. Zugegriffen: 20. Okt. 2020.

7. Dorst, W. (Hrsg.). (2015). *Umsetzungsstrategie Industrie 4.0. Ergebnisbericht der Plattform Industrie 4.0.* Herausgegeben von BITKOM e. V., VDMA e. V., ZVEI e. V.
8. Zacher, S. (2020). Digital twins for education and study of engineering sciences. *International Journal of Engineering, Science and Technology.* In iLSet, July 15–17, 2020 in Washington DC, USA. https://www.zacher-international.com/ilSET2020/iLSET03.pdf. Zugegriffen: 10. Okt. 2020.
9. Mille, R. (2017). *Rapid control prototyping eines ASA-controllers mit MATLAB® PLC Coder.* Dr. Zacher. ISBN 978-3-937638-28-7.
10. Zacher, S. (2003). *Duale Regelungstechnik.* VDE.

Identifikation und Reglereinstellung

5

„Aus kleinem Anfang entspringen alle Dinge". (Zitat: M.T. Cicero (106–43 v. Chr.), https://zitate.net/marcus-tullius-cicero-zitate, *zugegriffen 11.10.2020)*

Zusammenfassung

Die ersten zwei Schritte des Entwurfs eines Regelkreises, nämlich die Identifikation der Regelstrecke und die darauf basierende Reglereinstellung, werden in diesem Kapitel als Module des *Data Stream Management* (DSM) betrachtet. Mit diesem Begriff wurde im Kap. 4 die einheitliche Behandlung von Regelung, Steuerung und Datenübertragung eines Regelsystems bezeichnet. Die klassischen Regelkreise, die im Kap. 2 als Bussysteme dargestellt sind, werden im vorliegenden Kapitel mit DSM „Ident" für die Streckenidentifikation und DSM „Tuner" für die Einstellung des Reglers ergänzt. Mit dem DSM „Ident" werden wie üblich die Testsignale zum Eingang der Regelstrecke als Sprungfunktion eingegeben, die Sprungantworten werden am Ausgang der Regelstrecke aufgenommen und nach klassischen Verfahren (Wendetangenten- und Zeit-Prozentkennwert-Verfahren) verifiziert. Die Ergebnisse der Streckenidentifikation werden weiter zum DSM „Tuner" übergeben, aus dessen Bezeichnung seine Funktion ersichtlich ist, nämlich die automatische Einstellung von Standardreglern. Darüber hinaus wird in diesem Kapitel ein *Adaptive Filter for Identification and Control* (AFIC) beschrieben, in dem die Identifikation und der Reglerentwurf mit einem DSM erfolgt. Abschließend werden Übungsaufgaben angeboten und mit Lösungen begleitet.

S. Zacher und F. Stöckl, *Regelungstechnik mit Data Stream Management*,
https://doi.org/10.1007/978-3-662-70019-8_5

5.1 Einführung

5.1.1 Begriffe

Regelstrecke
In diesem Kapitel werden lineare zeitinvariante (LZI) Regelstrecken (siehe z. B. [3], Seiten 140–144) mit nur einer Eingangsvariable *y(t)* bzw. Laplace-Transformierten *y(s)* und mit nur einer Ausgangsvariable *x(t)* bzw. Laplace-Transformierten *x(s)* behandelt.

Von allen möglichen LZI-Strecken werden nur folgende Grundglieder und deren Kombinationen untersucht:

- P-Glieder mit Proportionalbeiwert K_{PS} und Zeitkonstanten T_1, T_2, … T_N

$$G_S(s) = \frac{K_{PS}}{1+sT_1},$$
$$G_S(s) = \frac{K_{PS}}{(1+sT_1)(1+sT_2)},$$
$$G_S(s) = \frac{K_{PS}}{(1+sT_1)(1+sT_2)...(1+sT_N)},$$

- Totzeitglieder mit Zeitkonstante T_t

$$G_S(s) = e^{-sT_t},$$

- I-Glieder mit Integrierkonstante K_{IS}

$$G_S(s) = \frac{K_{IS}}{s}.$$

Standardregler
Die Standardregler sind:

- P-Regler (proportional) mit dem Proportionalbeiwert K_{PR},
- I-Regler (integrierend) mit dem Integrierbeiwert K_{IR},
- PI-Regler (proportional-integrierend) mit dem Proportionalbeiwert K_{PR} und der Nachstellzeit T_n,
- PD-Regler (proportional-differenzierend) mit dem Proportionalbeiwert K_{PR} und der Vorhaltzeit T_v,
- PID-Regler (proportional-integrierend-differenzierend) mit dem Proportionalbeiwert K_{PR} und zwei Zeitkonstanten, Nachstellzeit T_n und Vorhaltzeit T_v.

Mehr über Standardregler in Kap. 1.

Bei PD- und PID-Reglern gibt es zwei Optionen:

- *ideale* PD- oder PID-Regler, bei denen die Ordnung des Zählerpolynoms der Übertragungsfunktion des Reglers größer als die Ordnung des Nennerpolynoms ist. Zwar sind solche Regler praktisch nicht realisierbar, jedoch werden sie oft bei regelungstechnischen Berechnungen einfachheitshalber benutzt;

- *reale* PD- oder PID-Regler, die noch eine eigene Zeitverzögerung des Reglers T_R beim Differenzieren besitzen und dadurch praktisch realisierbar sind. Solche Regler werden auch als PD-T1 und PID-T1 bezeichnet.

Standardisierung
In der Regelungstechnik, wie auch in anderen technischen Fächern, ist die Standardisierung an vielen Stellen angesetzt. Das betrifft sowohl Regler und Strecken als auch die gesamten Regelkreise. Die Standardisierung von gesamten Regelkreisen führt zur Reduzierung des Umfangs und der Zeit des Entwurfs. Mehr über die Standardisierung von Regelkreisen in Kap. 1.

Lebenszyklus eines Regelkreises
Als Lebenszyklus eines Regelkreises wird in Kap. 4 der Prozess vom Entwurf eines Reglers bis zur Fertigstellung einer Regelung bezeichnet. Der Gesamtzyklus besteht aus folgenden Phasen:

- Entwurf (Design):
  - Konzepterstellung
  - Strukturierung des zu regelnden Prozesses (Datenfluss)
  - Identifikation der Regelstrecke
  - Entwurf des Reglers
  - Simulation und Visualisierung des Regelkreises
- Implementierung des Regelkreises und Test;
- Regelung (Control):
  - Inbetriebnahme der Regelung
  - Anfahren zum Arbeitspunkt
  - Ausregeln von Störungen
- Wartung und Reparatur.

Davon werden in diesem Kapitel zwei Arbeitsschritte der Entwurfsphase behandelt, nämlich die Identifikation und der Reglerentwurf.

Identifikation
Mit dem Begriff „Identifikation der Regelstrecke“ ist in diesem Kapitel die experimentelle Untersuchung einer Regelstrecke gemeint, bei der die Stellgröße der Strecke $y(t)$ sprunghaft geändert wird, um die Sprungantwort der Regelgröße $x(t)$ am Ausgang der Strecke aufzunehmen.

Aus dem Zusammenhang zwischen $y(t)$ und $x(t)$ wird die Übertragungsfunktion $G_S(s)$ der Regelstrecke mit dem Laplace-transformierten Eingang $y(s)$ und Ausgang $x(s)$ gebildet:

$$G_S(s) = \frac{x(s)}{y(s)} \text{bzw. } x(s) = G_S(s)y(s) \qquad (5.1)$$

Reglerentwurf

Die Analyse und der Entwurf eines Regelkreises bestehen darin, dass ein geeigneter Standardregler mit der Übertragungsfunktion $G_R(s)$ gewählt und mit Kennwerten so eingestellt wird, dass die vorab gegebenen bzw. gewünschten Regelgütekriterien erreicht werden.

Dualität eines Regelkreises

Ein Regelkreis ist im Allgemeinen ein Stoff-, Energie- und Informationsverarbeitungssystem.

> „Stoff, Energie und Information werden je nach Sichtweise der Regelung unterschiedlich behandelt. Das Interesse der Betreiber der Industrieanlage gilt in erster Linie der energetischen und stofflichen Seite, die dann in wirtschaftliche Größen umgewandelt wird. Für die Regeleinrichtungen sind die den technologischen Prozess begleitenden Informationen von entscheidender Bedeutung." (Zitat [3], Seite 16)

Die Regelungstechnik beschäftigt sich mit der Beschreibung von dynamischen Prozessen in Regelkreisen und mit dem Entwurf von Regelsystemen. Dafür wird der Signalfluss vom Regler zur Strecke und über die Rückführung zurück zum Regler untersucht und verwaltet. Das ist nämlich die Regelung, darum wurde dieser Signalfluss in Kap. 4 als *Control-Stream* bezeichnet.

Es gibt jedoch noch einen Datenfluss von der Regelstrecke zum Regler, der quer zu dem o. g. Control-Stream verläuft, wie in Abb. 5.1 angedeutet ist. Dieser Datenfluss, der als *Design-Stream* bezeichnet wird, fängt mit der o. g. Phase „Identifikation der Strecke" an und endet mit der Phase „Reglerentwurf".

Zwei zusammengehörige Vorgänge für die zwei zusammengehörigen Tätigkeiten, die aus Komponenten unterschiedlicher Natur bestehen, werden in [4], Seite 369, als *dual* bezeichnet. Somit kann ein Regelkreis, in dem Control- und Design-Streams einheitlich behandelt sind, auch dualer Regelkreis genannt werden.

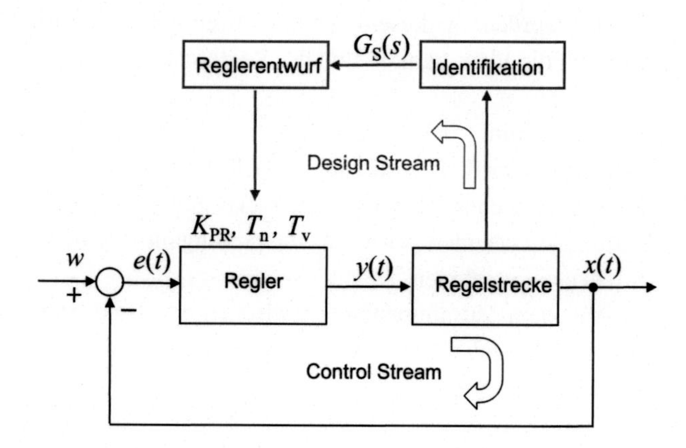

Abb. 5.1 Dualität des Regelkreises

Data Stream Management

Das *Data Stream Management* ist ein System für die einheitliche Verwaltung von dualen Regelkreisen (siehe Kap. 4). Das Data Stream Management ist hierarchisch aus Modulen aufgebaut, die *Data Stream Manager* (DSM) genannt werden.

Ein DSM besteht aus klassischen regelungstechnischen Grundgliedern wie P-T1, P-T2, I-Glied, Totzeitglied, aber auch aus Steuerungselementen wie Switch, Multiplexer oder aus logischen Operatoren wie AND, OR usw.

Control-Manager

Ein DSM kann die Eingangsdaten direkt von einem Regelkreis erhalten und nach Überarbeitung weiter an Regler liefern. In diesem Fall befindet sich so ein DSM komplett in der Control-Phase und wird Online-DSM oder *Control-Manager* genannt. In anderen Worten, ein Control-Manager verwaltet den Control-Stream.

Design-Manager

Wird jedoch ein DSM komplett oder teilweise mit anderen DSM kommunizieren, oder werden die Daten manuell von Menschen zu DSM oder zu Reglern übertragen, was üblicherweise bei Reglereinstellung bzw. bei der Entwurfsphase passiert, werden solche DSM als Offline-DSM oder *Design-Manager* bezeichnet.

In diesem Kapitel werden nur die Offline- bzw. nur Design-Manager behandelt. Um diese Manager in Control-Manager umzuwandeln, muss man die Datenübertragung zwischen einzelnen DSM automatisieren bzw. die Kommunikation zwischen DSM zusätzlich programmieren.

Reale und virtuelle Welt

Unter dem Begriff „virtuelle Welt" versteht man simulierte und visualisierte mathematische Modelle von realen Regelkreisen (siehe Kap. 4). Werden die simulierten und visualisierten Modelle hierzu noch mit realen Prozessen synchronisiert bzw. verlaufen sie in „real-time", werden sie *digitale Zwillinge* genannt (siehe z. B. [5]).

Die realen Regelkreise befinden sich natürlich in der realen Welt. Sie werden jedoch in diesem Kapitel als MATLAB®/Simulink-Modelle dargestellt, d. h., sie werden auch in der virtuellen Welt behandelt. Auch die mit MATLAB® konfigurierten Design-Manager befinden sich in der virtuellen Welt. Merken wir uns, dass die Design-Manager in der Praxis ihre Input-Daten von realen Regelkreisen als Exportdateien empfangen werden. Es ist auch möglich, die Design-Manager zu Control-Managern umzugestalten und die Regelkreise in der realen Welt online zu verwalten. Diese Option wird in diesem Buch nur teilweise in Kap. 9 an einem Beispiel illustriert.

5.1.2 Ziel des Kapitels

In diesem Kapitel werden die DSM-Module entwickelt, die zu den Phasen „Identifikation der Regelstrecke" und „Entwurf des Reglers" des Regelsystem-Engineerings gehören.

DSM „Ident"

Es werden zwei Design-Manager nach zwei bekannten Identifikationsalgorithmen gebildet:

- DSM „ident-1-point" nach dem Wendetangenten-Verfahren,
- DSM „ident-3-points" nach dem Zeit-Prozentkennwert-Verfahren.

Die aus diesen Algorithmen gebildeten Module sind naturgemäß Offline-DSM und gehören zur virtuellen Welt.

DSM „Tuner"

Die DSM „Tuner" werden aus standardisierten Algorithmen des Reglerentwurfs im Bildbereich, wie z. B. Betragsoptimum und symmetrisches Optimum, gebildet.

Als Input für DSM „Tuner" dienen die Übertragungsfunktionen von Regelstrecken, die von dem o. g. DSM „Ident" bestimmt werden. Mit den DSM „Tuner" werden die optimalen Kennwerte von Standardreglern berechnet, die als Output-Daten des DSM „Tuner" dienen.

Die Datenübertragung zwischen DSM „Ident", DSM „Tuner" und dem Regler wird in diesem Kapitel nicht automatisiert, sodass es sich hier auch um Offline-DSM handelt.

In der Praxis werden üblicherweise die Regelkreise vor der Inbetriebnahme noch getestet bzw. simuliert. Erst danach werden die von DSM „Tuner" ermittelten Kennwerte bei realen Regeln eingestellt bzw. zur realen Welt geschickt. Diese Testphase wird in diesem Kapitel auch mit MATLAB®-Skripten in der virtuellen Welt simuliert.

DSM „AFIC"

Man kann die Phasen „Identifikation der Regelstrecke" und „Entwurf des Reglers" miteinander verknüpfen, daraus ein einziges Offline-DSM entwickeln und in die virtuelle Welt einpflegen. Auf diese Weise ist in diesem Kapitel das DSM „ident-3-steps" beschrieben. Die theoretischen Grundlagen dafür sind in [1], Seite 365–367, als AFIC *(Adaptive Filter for Identification and Control)* veröffentlicht. Die Phase „Engineering" wird durch die Verknüpfung der Phasen „Identifikation" und „Tuning" gekürzt, und der Regler wird schneller in Betrieb genommen, wie es an einer Reihe von Projekten [6–8] getestet wurde.

5.1.3 Bezeichnungen

Formelzeichen

Die Begriffe der Regelungstechnik sind in DIN-Normen definiert, deren Anwendung eine Empfehlung, aber grundsätzlich keine Pflicht ist. Daher gibt es in der Fachliteratur unterschiedliche Bezeichnungen für dieselben Begriffe. In diesem und nachfolgenden Kapiteln werden folgende Bezeichnungen verwendet:

• s	Laplace-Operator,
• $x(t)$, $y(t)$	Regelgröße und Stellgröße im Zeitbereich,
• $x(s)$, $y(s)$	Regelgröße und Stellgröße im Bildbereich,
• w	Führungsgröße bzw. Sollwert,
• z	Störgröße,
• $r(t)$, $r(s)$	Rückführgröße im Zeit- und Bildbereich,
• $e(t)$, $e(s)$	Regeldifferenz im Zeit- und Bildbereich,
• $G(s)$	Übertragungsfunktion,
• ω	Kreisfrequenz,
• $G(j\omega)$	Frequenzgang,
• $\lvert G(\omega)\rvert$	Amplitudengang,
• $\varphi(\omega)$	Phasengang

Übertragungsfunktionen von geschlossenen und aufgeschnittenen Regelkreisen

Für die Reglereinstellung benötigt man entweder die Übertragungsfunktion des offenen Kreises $G_0(s)$ oder die Übertragungsfunktion $G_w(s)$ des geschlossenen Regelkreises:

$$G_0(s) = \frac{x(s)}{e(s)} \text{ bzw. } x(s) = G_0(s)e(s) \tag{5.2}$$

$$G_w(s) = \frac{x(s)}{w(s)} \text{ bzw. } x(s) = G_w(s)w(s) \tag{5.3}$$

Die Regelkreise bestehen, wie es in der Regelungstechnik üblich ist, nur aus einem Regler und einer Strecke, die in Reihe geschaltet und rückgekoppelt sind. Der Sensor in der Rückkopplung wird meist vernachlässigt, um die Übertragungsfunktion $G_0(s)$ zu vereinfachen.

In diesem Fall gelten folgende Zusammenhänge für die Übertragungsfunktion $G_0(s)$ des offenen Regelkreises:

$$G_0(s) = G_R(s)G_S(s) \tag{5.4}$$

und für die Übertragungsfunktion des geschlossenen Kreises $G_w(s)$:

$$G_w(s) = \frac{G_0(s)}{1 + G_0(s)} = \frac{G_R(s)G_S(s)}{1 + G_R(s)G_S(s)} = \frac{x(s)}{w(s)} \text{ bzw. } x(s) = G_w(s)w(s) \tag{5.5}$$

5.2 DSM Ident

5.2.1 Ziel

Das Ziel von Modulen, die hier kurz *Ident* genannt werden, ist die Identifikation der Strecke bzw. die Bildung des mathematischen Modells einer Regelstrecke in Form einer Übertragungsfunktion.

Es werden zwei Identtypen betrachtet:

• Ident-1-point	Nach Wendetangenten-Verfahren,
• Ident-3-points	Nach Zeit-Prozentkennwert-Verfahren

Für beide Module werden die Sprungantworten *x(t)* der Regelgröße einer separaten Regelstrecke nach Eingangssprüngen *y(t)* aufgenommen und bearbeitet.

5.2.2 Aufbau

Beide Module haben die gleiche Struktur und bestehen aus ähnlichen Blöcken, wie in Abb. 5.2 erklärt ist. Der Unterschied zwischen beiden Modulen besteht darin, dass man für das Modul „ident-1-point" nur einen Punkt der Sprungantwort benötigt, während bei dem Modul „ident-3-points" die Strecke nach drei verschiedenen Punkten der Sprungantwort identifiziert wird. Dadurch ist die Identifikation nach dem Modul „ident-3-points" präziser als nach dem Modul „ident-1-point".

Switch
Mit diesem Block wird der untersuchte Regelkreis zwischen zwei Betriebsmodi umgeschaltet:

- *Control-Betrieb* für die Regelung im geschlossenen Regelkreis,
- *Identifikationsbetrieb,* bei dem die Strecke vom Regler getrennt wird, sodass der Sprung des Sollwertes w direkt als Stellgröße y zum Eingang der Strecke geleitet wird.

Block 1
Dieser Block dient der Bestimmung des Proportionalbeiwertes K_{PS} der Regelstrecke nach dem bekannten Zusammenhang zwischen Regelgröße im Beharrungszustand $x(\infty)$ und der Größe des Eingangssprunges y_0:

$$K_{PS} = \frac{x(\infty)}{y_0} \tag{5.6}$$

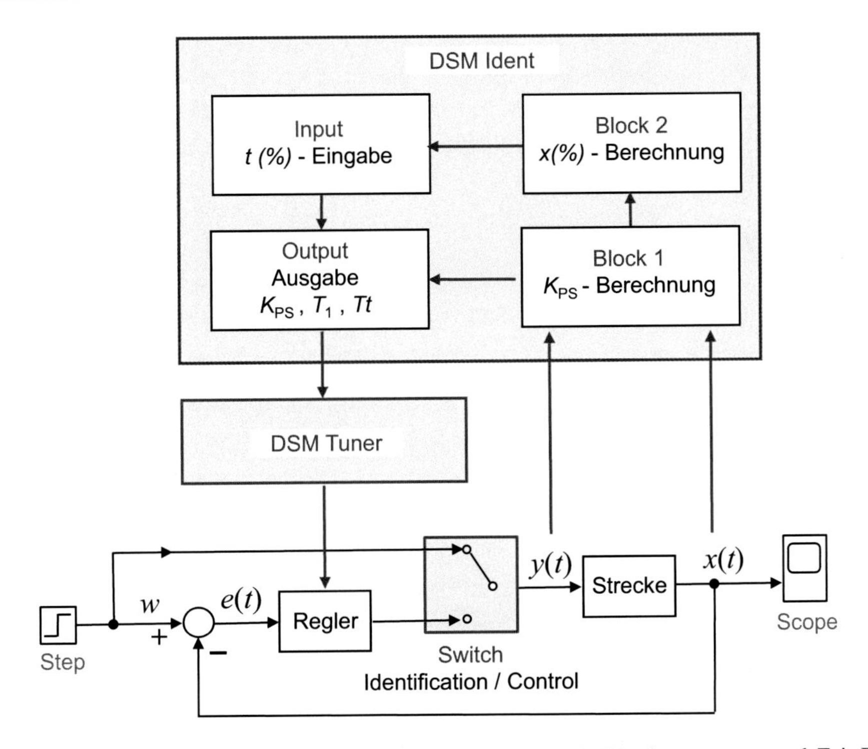

Abb. 5.2 Aufbau des DSM „Ident" für die Identifikation nach Wendetangenten- und Zeit-Prozentkennwert-Verfahren

Merken wir uns, dass als Beispiel in diesem Abschnitt nur proportionale P-Strecken mit Zeitverzögerung verschiedener Ordnung, d. h. P-T1, P-T2, …, P-Tn-Glieder, identifiziert werden (siehe Gl. 5.6).

Block 2
Mit diesem Block werden die für die Identifizierung benötigten Werte der Regelgröße $x(t)$ in Prozenten vom Endwert $x(\infty)$ des stationären Zustandes berechnet. Beispiel: $x(63)$ bedeutet 63 % von $x(\infty)$:

$$x(63) = 0,63x(\infty)$$

Input
In diesem Block sind die Eingangsparameter zusammengefasst, die von externen Quellen dem DSM Ident geliefert werden sollen. Die Eingabe der Input-Parameter erfolgt in diesem Kapitel manuell. In Kap. 9 wird ein Beispiel mit der automatischen Parameterübergabe gezeigt.

Output

Als Ergebnis einer Identifizierung werden in diesem Block die gesuchten Parameter der Strecke ausgegeben, die an den DSM Tuner manuell übergeben werden. Ein Beispiel der automatischen Parameterübergabe findet man im Kap. 9.

5.2.3 DSM „ident-1-point"

Das Modul „ident-1-point" ist nach dem Wendetangenten-Verfahren ([1], Seite 225–227) aufgebaut.

Wendetangenten-Verfahren

Das Wendetangenten-Verfahren ist das einfachste und damit auch das beliebteste Identifikationsverfahren bei studentischen Projekten und praktischen Versuchen, obwohl es nicht so präzise wie das Zeit-Prozentkennwert-Verfahren ist.

> „Viele industrielle Regelstrecken lassen sich angenähert als P-T_n- oder I-T_n-Strecken darstellen. Aus den Sprungantworten können Verzugszeit T_u bzw. T_t und Ausgleichszeit T_g sowie Proportional- und Integrierbeiwerte K_{PS} oder K_{IS} durch eine grobe Approximation mittels der Wendetangente (…) bestimmt werden." (Zitat [1], Seite 225)

Die Auswertung einer Sprungantwort nach dem Eingangssprung y_0 ist in Abb. 5.3 schematisch dargestellt. Eine beliebige P-Tn-Strecke wird als P-T1-Strecke mit Zeitkonstante T_1 und Totzeit T_t angenähert:

$$G_S(s) = \frac{K_{PS}}{1 + sT_1} e^{-sT_t} \tag{5.7}$$

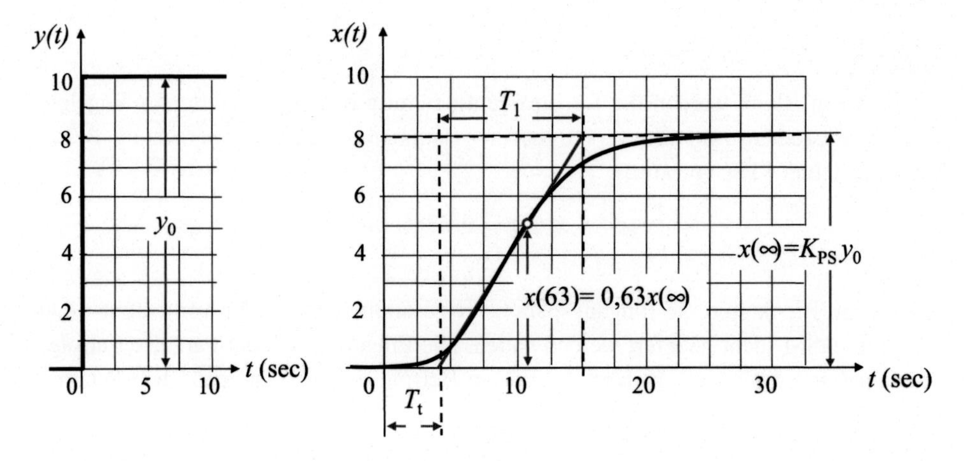

Abb. 5.3 Beispiel einer Sprungantwort zur Identifizierung nach dem Wendetangenten-Verfahren

Das Totzeitglied kann man durch eine Reihe von P-T1-Gliedern nach *Pade* und *Taylor* annähern (siehe z. B. [9, 10]) oder ganz grob durch ein P-T1-Glied approximieren:

$$e^{-sT_\mathrm{t}} \approx \frac{1}{1+sT_\mathrm{t}} \tag{5.8}$$

Beispiel: Wendetangenten-Verfahren

$$y_0 = 10 \quad x(\infty) = 8 \quad K_\mathrm{PS} = 0{,}8$$
$$x(63) = 0{,}63 \cdot x(\infty) = 5{,}04$$

Aus der Sprungantwort folgt:

$$T_t = 4 \quad T_{63} = 15 \quad T_1 = T_{63} - T_t = 11$$

Laut Gl. 5.7 ist die gesuchte Übertragungsfunktion der Regelstrecke:

$$G_\mathrm{S}(s) = \frac{K_\mathrm{PS}}{1+sT_1} e^{-sT_\mathrm{t}} = \frac{0{,}8}{1+11s} e^{-4s}$$

Man kann die obige Übertragungsfunktion nach Gl. 5.8 als P-T2-Glied approximieren:

$$G_\mathrm{S}(s) = \frac{K_\mathrm{PS}}{(1+sT_1)(1+sT_t)} = \frac{0{,}8}{(1+11s)(1+4s)}$$

DSM „ident-1-point"

In Abb. 5.4 ist ein Regelkreis mit unbekannter Strecke gezeigt. Um die Strecke zu identifizieren, ist in Abb. 5.5 ein Data Stream Manager „ident-1-point" eingesetzt, dessen Aufbau in Abb. 5.6 erläutert ist. Der Switch befindet sich in der oberen Position, d. h., der Regelkreis ist vom Betriebsmodus „Control" in den Betriebsmodus „Identifikation" umgeschaltet.

Die Größe des Eingangssprunges y_0 und der stationäre Wert der Regelgröße im Beharrungszustand $x(\infty)$ werden direkt zum Block 1 geschickt. Daraus wird der Proportionalbeiwert der Strecke nach Gl. 5.6 berechnet und dem Output-Modul übergeben.

Im Block 2 wird der Prozentwert $x(63)$ berechnet, jedoch nicht automatisch weiter zum Input-Block geliefert, sondern dem Operator zur Verfügung gestellt. Der Operator bestimmt die Werte der Zeitkonstante T_1 und Totzeit T_t, wie in Abb. 5.6 angedeutet ist, und füllt manuell das Input-Modul mit diesen Werten aus.

Die gesuchten Parameter sind im Output-Modul für den Operator als numerische Werte dargestellt.

Test

Der Test erfolgt nach dem folgenden MATLAB®-Skript.

```
s=tf('s');% Laplace-Operator
Kps=0.8;T1=5; T2=9;% Parameter der realen Strecke
Gs=Kps/((1+s*T1)*(1+s*T2));% reale Strecke
```

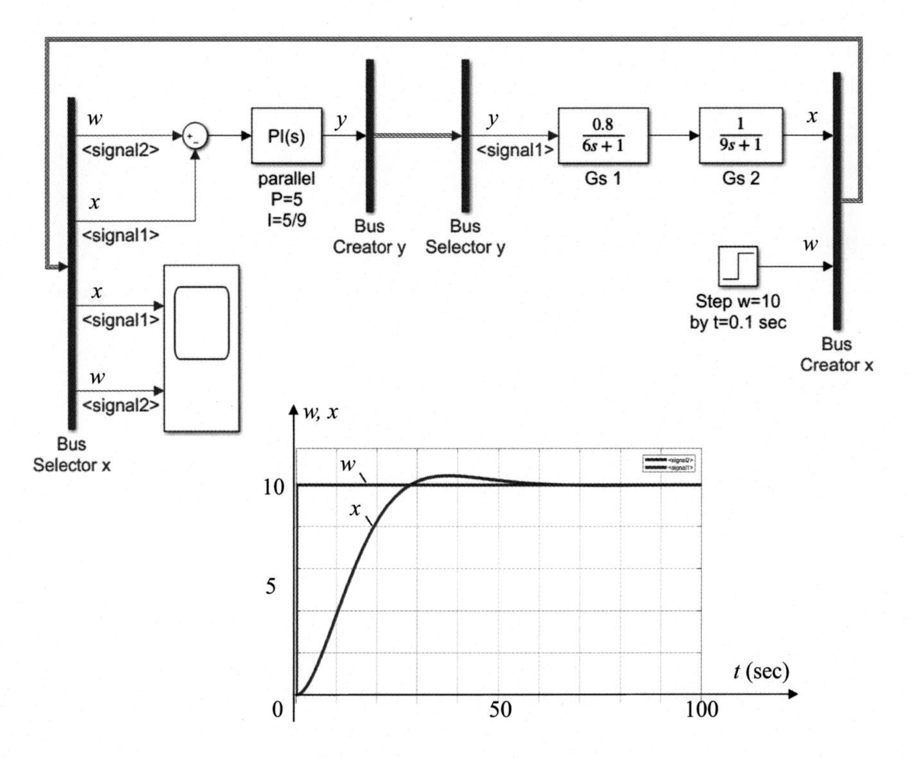

Abb. 5.4 **a** Datenflussplan des Regelkreises ohne DSM. **b** Sprungantwort des Regelkreises

```
Kpsm=0.8; Ttm=4;T1m=11;% identifizierte Parameter der Strecke
Gsm=Kpsm/((1+s*T1m)*(1+s*Ttm)); % identifizierte Strecke
step(Gs,Gsm)% Sprungantworten
grid
```

Die simulierten Sprungantworten sind in Abb. 5.7 dargestellt. Die Totzeit der mit dem DSM „ident-1-point" identifizierten Strecke ist nach Gl. 5.8 als P-T1 approximiert. Somit wird die gesamte Strecke als P-T2-Glied dargestellt.

Obwohl der Unterschied zwischen beiden Kurven in Abb. 5.7 zu sehen ist, liegt der Fehler im zugelassenen Bereich.

5.2.4 DSM „ident-3-points"

Das Modul „ident-3-points" basiert auf dem Zeit-Prozentkennwert-Verfahren ([1], Seite 229–231). Die Hinweise zur Streckenidentifikation und Reglereinstellung nach *Schwarze/Latzel* findet man in [11] und [12].

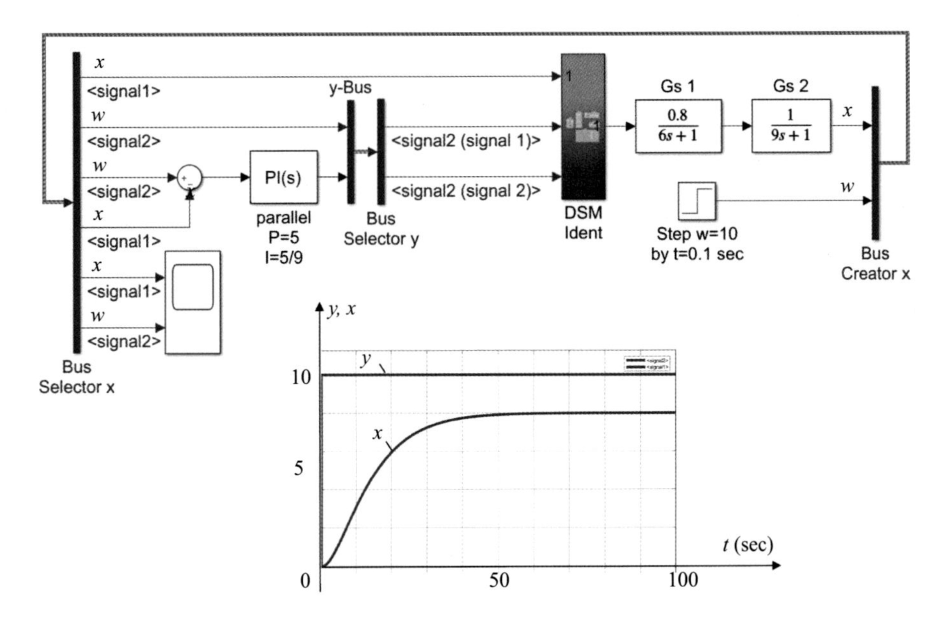

Abb. 5.5 **a** Regelkreis der Abb. 5.4 mit DSM „ident-1-point“. **b** die Sprungantwort der Regelstrecke

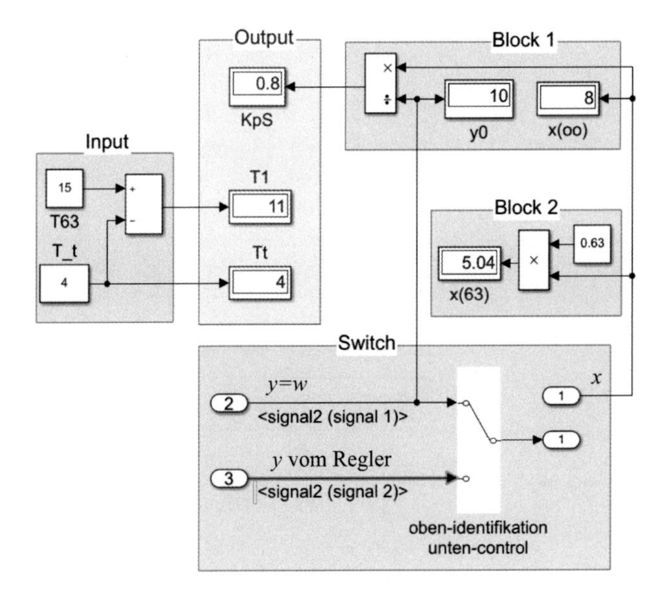

Abb. 5.6 Innere Struktur des DSM „ident-1-point“

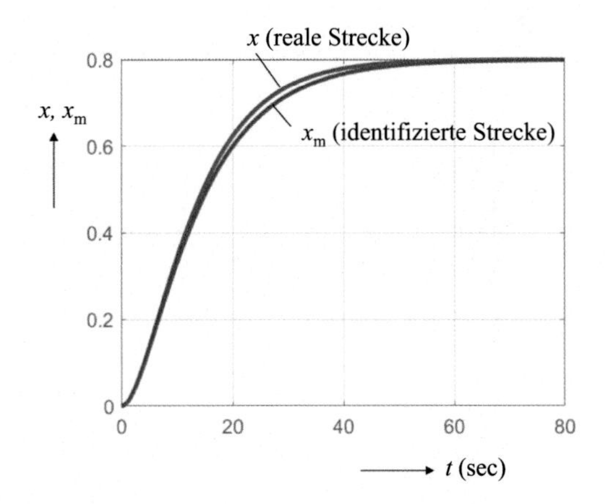

Abb. 5.7 Vergleich von Sprungantworten: „reelle" Strecke nach dem Simulink-Modell und die mit DSM „ident-1-point" identifizierte Strecke

Zeit-Prozentkennwert-Verfahren

Nach diesem Verfahren wird die Regelstrecke als P-Tn-Glied mit n gleichen Zeitkonstanten approximiert:

$$G_S(s) = \frac{K_{PS}}{(1 + sT_1)^n} \tag{5.9}$$

Zuerst werden die Werte der Regelgrößen $x(10)$, $x(50)$ und $x(90)$ berechnet, bei denen die Regelgröße 10 %, 50 % und 90 % ihres stationären Wertes $x(\infty)$ erreicht. Dann werden die Zeitpunkte t_{10}, t_{50} und t_{90} mit Ordinaten $x(10)$, $x(50)$ und $x(90)$ aus der Sprungantwort der Regelstrecke abgelesen (Abb. 5.8).

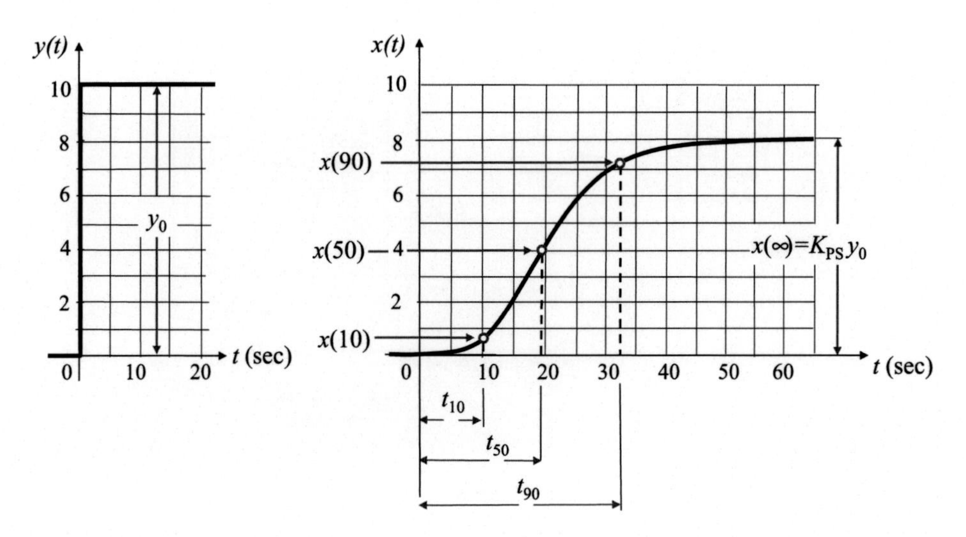

Abb. 5.8 Beispiel einer Sprungantwort zur Identifizierung nach dem Zeit-Prozentkennwert-Verfahren

Es wird die Kennzahl μ berechnet:

$$\mu = \frac{t_{10}}{t_{90}} \tag{5.10}$$

Damit wird die Ordnungszahl n der Strecke aus Tab. 5.1 bestimmt.

Auch die Koeffizienten α_{10}, α_{50} und α_{90}, die der Linearisierung der Sprungantwort dienen, werden aus der Tab. 5.1 übernommen und in die Formel zur Mittelwertbildung der gesuchten Zeitkonstante T_1 eingesetzt:

$$T_1 = \frac{\alpha_{10}t_{10} + \alpha_{50}t_{50} + \alpha_{90}t_{90}}{3} \tag{5.11}$$

Beispiel: Zeit-Prozentkennwert-Verfahren

$$y_0 = 10 \quad x(\infty) = 8 \quad K_{PS} = 0{,}8$$
$$x(10) = 0{,}8 \; x(50) = 4 \; x(90) = 7{,}2$$

Aus der Sprungantwort folgt:

$$t_{10} = 4,03 \quad t_{50} = 12,6 \quad t_{90} = 29{,}5$$

$$\mu = \frac{t_{10}}{t_{90}} = \frac{4{,}03}{29{,}5} = 0,1366$$

Aus Tab. 5.1 folgt:

$$n = 2$$
$$\alpha_{10} = 1,88 \quad \alpha_{50} = 0{,}596 \quad \alpha_{90} = 0{,}257$$

Tab. 5.1 Grundlage zur Berechnung nach dem Zeit-Prozentkennwerte-Verfahren (Quelle: [11], Seite 176)

Kennzahl μ	Ordnung der Strecke n	Koeffizienten der Linearisierung		
		α_{10}	α_{50}	α_{90}
0,137	2	1,880	0,596	0,257
0,174	2,5	1,245	0,460	0,216
0,207	3	0,907	0,374	0,188
0,261	4	0,573	0,272	0,150
0,304	5	0,411	0,214	0,125
0,340	6	0,317	0,176	0,108
0,370	7	0,257	0,150	0,095
0,396	8	0,215	0,130	0,085
0,418	9	0,184	0,115	0,077
0,438	10	0,161	0,103	0,070

Daraus wird die Zeitkonstante der Strecke berechnet:

$$T_1 = \frac{\alpha_{10}t_{10} + \alpha_{50}t_{50} + \alpha_{90}t_{90}}{3} = 7{,}556$$

Die gesuchte Übertragungsfunktion der Regelstrecke ist somit ein P-T2-Glied:

$$G_S(s) = \frac{K_{PS}}{(1 + sT_1)^n} = \frac{0{,}8}{(1 + 7{,}556s)^2}$$

Aufbau des DSM „ident-3-Points"

Betrachten wir nun wieder den in Abb. 5.4 gezeigten Regelkreis mit unbekannter Strecke und setzten diesmal den DSM „ident-3-points" ein (Abb. 5.9).

Der Switch und der Block 1 funktionieren genauso wie bei dem DSM „ident-1-point". Auch der Block 2 und der Input-Block ähneln den entsprechenden Blöcken des DSM „ident-1-point", jedoch werden diesmal die Werte für drei Punkte der Sprungantwort nach Gl. 5.10 und 5.11 berechnet.

Test

Das MATLAB®-Skript zum Vergleich der mit dem DSM „ident-3-points" identifizierten Strecke mit der „realen" Strecke ist im Folgenden erstellt:

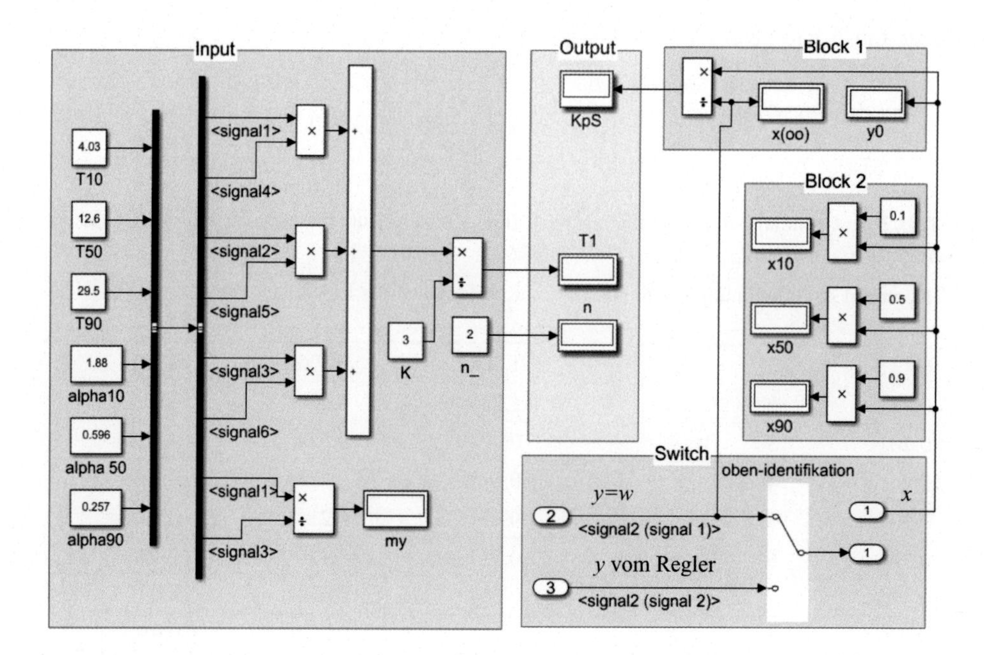

Abb. 5.9 Innere Struktur des DSM „ident-3-points"

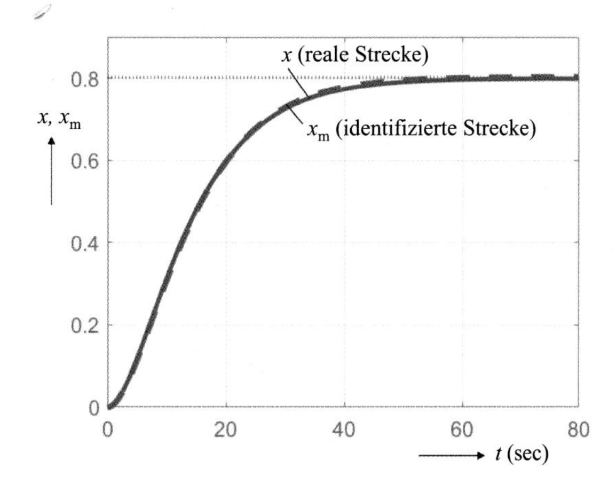

Abb. 5.10 Vergleich von Sprungantworten: „reale" Strecke und die mit dem DSM „ident-3-points" identifizierte Strecke

```
s=tf('s');% Laplace-Operator
Kps=0.8;T1=6; T2=9;% Parameter der realen Strecke
Gs=Kps/((1+s*T1)*(1+s*T2));% Übertragungsfunktion der realen Strecke
n=2;% Ordnung der identifizierten Strecke
Kpsm=0.8; T1m=7.556; % identifizierte Parameter der Strecke
Gsm=Kps/((1+s*T1m)^n);% Übertragungsfunktion der identifizierten
Strecke
step(Gs,Gsm*exp(0.005))% Sprungantworten
grid
```

Die mit dem Skript simulierten Sprungantworten sind in Abb. 5.10 gezeigt. Beide Kurven liegen so dicht aufeinander, dass kein Unterschied zu sehen ist. Um dennoch die Kurven mit zwei unterschiedlichen Farben darzustellen, ist eine winzige Totzeit von 0,005 s bei *G*sm im obigen MATLAB®-Skript eingefügt.

5.3 DSM Tuner

5.3.1 Ziel

Der Data Stream Manager *Tuner* wird beim Entwurf eines einschleifigen Regelkreises eingesetzt, um die Parameter eines Standardreglers P, I, PI, PD oder PID nach einem bereits ermittelten mathematischen Modell der Regelstrecke zu bestimmen.

Der Reglerentwurf kann bekanntlich im Zeit-, Bild- oder Frequenzbereich erfolgen. Im ersten Fall soll dafür das Zustandsmodell A, B, C, D in kanonischer Form und im zweiten Fall die Übertragungsfunktion $G_S(s)$ der Regelstrecke vorgelegt werden. Im dritten Fall, also beim Entwurf eines Regelkreises im Frequenzbereich, wird der Frequenzgang $G_S(j\omega)$ üblicherweise als Bode-Diagramm oder Ortskurve bestimmt.

Der Reglerentwurf im Frequenzbereich ist detailliert in [2] behandelt. In [1] findet man den Entwurf im Zustandsraum, sodass nachfolgend nur die Reglereinstellung im Bildbereich betrachtet wird. Es wird angenommen, dass die Übertragungsfunktion $G_S(s)$ bekannt ist.

Ein DSM Tuner kann als Ausgangsmodul für die oben beschriebenen *Ident*-Module dienen. Dies ist in Kap. 9 beschrieben. Unten wird nur ein separater Tuner ohne Kommunikation zu anderen DSM betrachtet.

Theoretische Grundlagen

Als Grundlage für den Tuner-Aufbau dient die Standardisierung von Reglern, Strecken und Entwurfsverfahren. Die Standardtypen von Reglern sind seit Langem bekannt, es sind fünf Typen: P, I, PI, PD und PID. Auch die gängigen industriellen Regelstrecken kann man nach dynamischen Eigenschaften in P-Strecken (proportionale) und I-Strecken (integrierende) mit Zeitverzögerung aufteilen, d. h. P-T1, P-T2, P-T3, …, I-T1, I-T2, I-T3 … usw.

Aber auch die Regelkreise, die aus Standardreglern und o. g. Typen von Strecken bestehen, kann man standardisieren.

> „Die Standardisierung von Regelkreisen führt zur Reduzierung des Umfangs und der Zeit des Entwurfs. Es ist natürlich nicht vorstellbar, alle möglichen Kombinationen von einzelnen Grundgliedern zu standardisieren und zu jedem Regelkreistyp eine Standardreglereinstellung zu definieren.
>
> Jedoch gibt es Regelkreise, deren Übertragungsfunktionen $G_0(s)$ des offenen Kreises mit P-T1- und I-Verhalten so beschrieben werden, dass dafür folgende 6 Standardtypen definiert werden.“ (Zitat: [2], Seite 20)

Grundtypen von Regelkreisen

Die Grundtypen von Regelkreisen von A bis E sowie der Spezialtyp, das sogenannte symmetrische Optimum (SO), sind folgende:

$$G_0(s) = \frac{K_{PR}K_{PS}K_{IS}}{sT_n(1+sT_1)} \mathit{Typ\ A} \tag{5.12}$$

$$G_0(s) = \frac{K_{PR}K_{PS}}{(1+sT_1)(1+sT_2)} \mathit{Typ\ B} \tag{5.13}$$

$$G_0(s) = \frac{K_{PR}K_{PS}K_{IS}}{sT_n} \mathit{Typ\ C} \tag{5.14}$$

$$G_0(s) = \frac{K_{PR}K_{PS}}{1+sT_1} \mathit{Typ\ D} \tag{5.15}$$

$$G_0(s) = \frac{K_{PR}K_{PS}K_{IS}}{s^2T_n} \mathit{Typ\ E} \tag{5.16}$$

$$G_0(s) = \frac{K_{PR} K_{PS} K_{IS}(1 + sT_n)}{s^2 T_n (1 + sT_1)} Typ\ SO. \tag{5.17}$$

Die Koeffizienten in den o. g. Formeln werden folgendermaßen bezeichnet:

• K_{PR} und K_{PS}	Proportionalbeiwert *(Gain)* des Reglers und der Strecke,
• K_{IS}	Integrierkonstante der Strecke,
• T_n	Nachstellzeit des Reglers,
• T_1, T_2	Zeitkonstanten der Strecke.

Kompensation

In [2] ist ausführlich beschrieben und mit Beispielen erklärt, wie man die Übertragungsfunktion des offenen Regelkreises mithilfe von Kompensation und Bildung der Ersatzzeitkonstante zu einem der oben gegebenen 6 Standardtypen zuordnen kann. Wiederholen wir dies nur kurz ohne Herleitung.

Die allgemeine Empfehlung für die Kompensation der Zeitkonstanten der Strecke T_1, T_2, T_3, ... mit der Nachstellzeit T_n und Vorhaltezeit T_v eines PI-, PD- oder PID-Regler lautet:

• T_n kompensiert die größte Zeitkonstante der Regelstrecke:T_n hat, gilt:	$T_n = T_{größte}$
• T_v kompensiert die zweitgrößte Zeitkonstante der Regelstrecke	$T_z = T_{zweitgrößte}$

Es gibt zwei Ausnahmen:

- PD-Regler:

• Da ein PD-Regler keine Nachstellzeit T_n hat, gilt:	$T_v = T_{größte}$

- symmetrisches Optimum (SO):

• T_n wird nicht kompensiert, sondern mit $k = 4$ eingestellt:	$T_n = kT_{größte}$
• T_v kompensiert die zweitgrößte Zeitkonstante der Strecke:	$T_v = T_{zweitgrößte}$

Ersatzzeitkonstante

Die Anpassung des aktuellen Regelkreises an einen Standardtyp soll immer in folgender Reihenfolge realisiert werden: Zuerst wird die Kompensation gemacht, erst dann kann nach Bedarf die Ersatzzeitkonstante gebildet werden.

Als Ersatzzeitkonstante T_E wird die Summe von Zeitkonstanten T_1, T_2,..., T_N der einzelnen P-T1-Gliedern bezeichnet:

$$T_E = T_1 + T_2 + \ldots + T_N \tag{5.18}$$

Anstelle von N realen Zeitkonstanten wird nur eine Ersatzzeitkonstante betrachtet. Die Ordnung der Übertragungsfunktion $G_0(s)$ des offenen Kreises wird drastisch reduziert und an einen Standardtyp A, B, C ... angepasst.

Jedoch darf man eine Ersatzzeitkonstante nach der Gl. 5.18 nur dann bilden, wenn eine Zeitkonstante, z. B. T_1, viel größer als die Summe der restlichen Zeitkonstanten ist:

$$T_1 \geq 5 \cdot (T_2 + \ldots + T_\mathrm{N}) \tag{5.19}$$

Wird die Bedingung 5.19 nicht erfüllt, aber die Ersatzzeitkonstante doch gebildet, wird die Reglereinstellung nach den unten dargestellten Formeln für Standardtypen mit großem Fehler erfolgen.

Reglereinstellung von Standardkreisen

Der Vorteil der Standardisierung von Regelkreisen besteht im Folgenden:

Ehe man einen aktuellen Regelkreis zu einem Standardtyp A, B, C, ... zugeordnet hat, kann man die Reglerparameter direkt aus folgenden Formeln übernehmen:

$$K_\mathrm{PR} = \frac{T_\mathrm{n}}{2 \cdot K_\mathrm{PS} K_\mathrm{IS} \cdot T_1} \quad \textit{Typ A}$$

$$K_\mathrm{PR} = \frac{(T_1 + T_2)^2}{2 \cdot K_\mathrm{PS} \cdot T_1 \cdot T_2} - \frac{1}{K_\mathrm{PS}} \quad \textit{Typ B}$$

$$K_\mathrm{PR} = \frac{3{,}9 \cdot T_\mathrm{n}}{K_\mathrm{PS} K_\mathrm{IS} T_\mathrm{aus}} \quad \textit{Typ C}$$

$$K_\mathrm{PR} = \frac{1}{K_\mathrm{PS}} \left(\frac{3{,}9 \cdot T_1}{T_\mathrm{aus}} - 1 \right) \quad \textit{Typ D}$$

$$K_\mathrm{PR} = \frac{1}{2 \cdot K_\mathrm{PS} K_\mathrm{IS} \cdot T_1} \quad \textit{Typ S. O}$$

Für Typ E wird keine Formel gegeben. Die Regelkreise nach diesem Typ (siehe Abb. 5.11) sind instabil bei beliebigem K_PR.

Die Herleitung der obigen Formeln für K_PR und die daraus resultierenden Regelgütekriterien findet man in [1] und [2]. In Abb. 5.11 ist nur das Verhalten von Standardregelkreisen mit Sprungantworten gegeben. Damit sind alle Regelgütekriterien, wie die Ausregelzeit T_aus, der Dämpfungsgrad ϑ, die maximale Überschwingweite $ü_\mathrm{max}$ und der statische Fehler bzw. die bleibende Regeldifferenz $e(\infty)$, schon vorab bekannt.

5.3.2 DSM Tuner

Konzept

Das Funktionsprinzip des DSM Tuner basiert auf der o. g. Standardisierung von Regelkreisen. Der DSM Tuner soll automatisch den Standardtyp des Regelkreises nach den

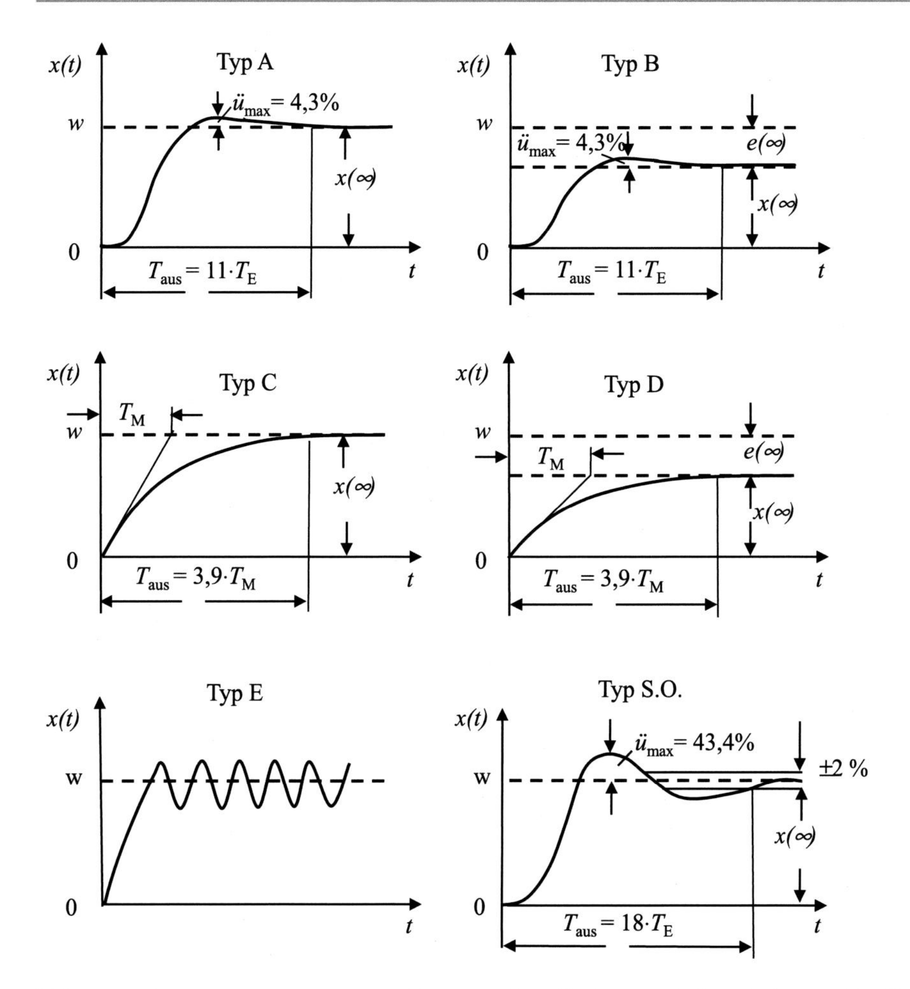

Abb. 5.11 Sprungantworten von geschlossenen Regelkreisen nach Standardtypen (Quelle: [2], Seite 21)

gegebenen Übertragungsfunktionen der Regelstrecke $G_S(s)$ und des Reglers $G_R(s)$ bestimmen und die entsprechende Formel für K_{PR}, T_n, T_v finden.

Soll der aktuelle Regelkreis zu keinem der o. g. Standardtypen A, B, C, … zugeordnet werden, entfällt natürlich der Einsatz des Tuners. In diesem Fall soll der Regler nach anderen Methoden, z. B. im Frequenzbereich, eingestellt werden (siehe [1, 2] und [3]).

Aufbau

Der DSM Tuner besteht aus zwei Blöcken:

- Der Block *Input* bekommt vom DSM *Ident,* vom *Koordinator* oder vom Benutzer folgende Daten:
  - Parameter der Strecke
  - Typ des Reglers
  - Typ des Standardregelkreises

- Der Block *Output* bearbeitet die Eingänge nach Standard-Algorithmen und gibt die berechneten Parameter des Reglers entweder dem DSM-Koordinator zurück oder direkt dem Regler.

Beispiel: P-T3-Strecke mit PI-Regler, Typ A

Ein Regelkreis mit dem DSM Tuner für Standardkreise vom Typ A ist in Abb. 5.12 gezeigt.

Der Typ des Reglers ist bereits vorgegeben: ein PI-Regler mit externen Kennwerten. Die Bausteine der Strecke sind rot markiert, da die Parameter der Strecke noch nicht bekannt sind.

Nach der Identifikation werden die Parameter der Strecke zum Block Input des DSM Tuner geschickt. Dies erfolgt in diesem Beispiel mit dem MATLAB®-Skript:

```
%% Input-Block von DSM Tuner, Datei z_Tuner.m
clear all;
Kps=20; % vom DSM Ident
T1=300; % muss größte Zeitkonstante sein.
T2=1;
T3=4;
Taus=0.1*T1;% Vorgabe: Ausregelzeit für Typ A
```

Nachdem das obige Skript ausgeführt wird, kann das Simulink-Modell gestartet werden. Der Inhalt des DSM Tuner sowie die Sprungantwort sind in Abb. 5.13 gegeben. Die Sprungantwort stimmt genau mit der theoretisch erwarteten Kurve der Abb. 5.11 für Typ A überein.

Beispiel: P-T1-Strecke mit PI-Regler, Typ C

Eine P-T1-Strecke soll mit dem PI-Regler geregelt werden. Der DSM-Koordinator soll in der Lage sein zu erkennen, dass es sich hier um den Typ C handelt. Der Algorithmus des Koordinators wird in Kap. 9 betrachtet. Hier wird der Regelkreis vom Typ C vorgegeben (Abb. 5.14).

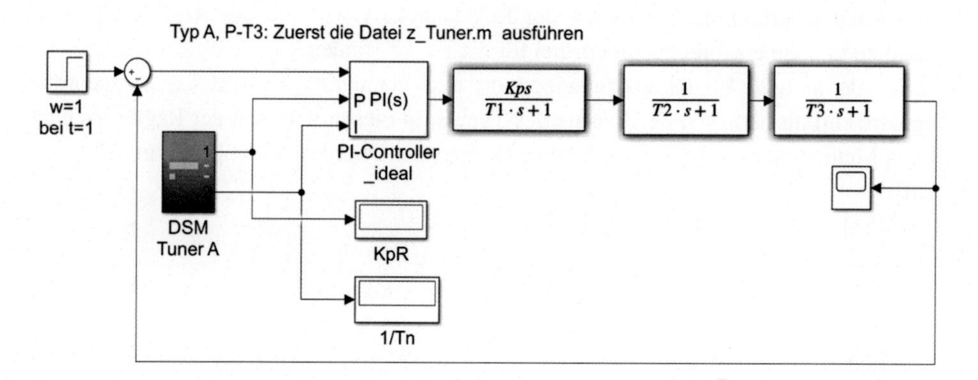

Abb. 5.12 Regelkreis mit dem DSM Tuner: P-T3-Strecke mit PI-Regler

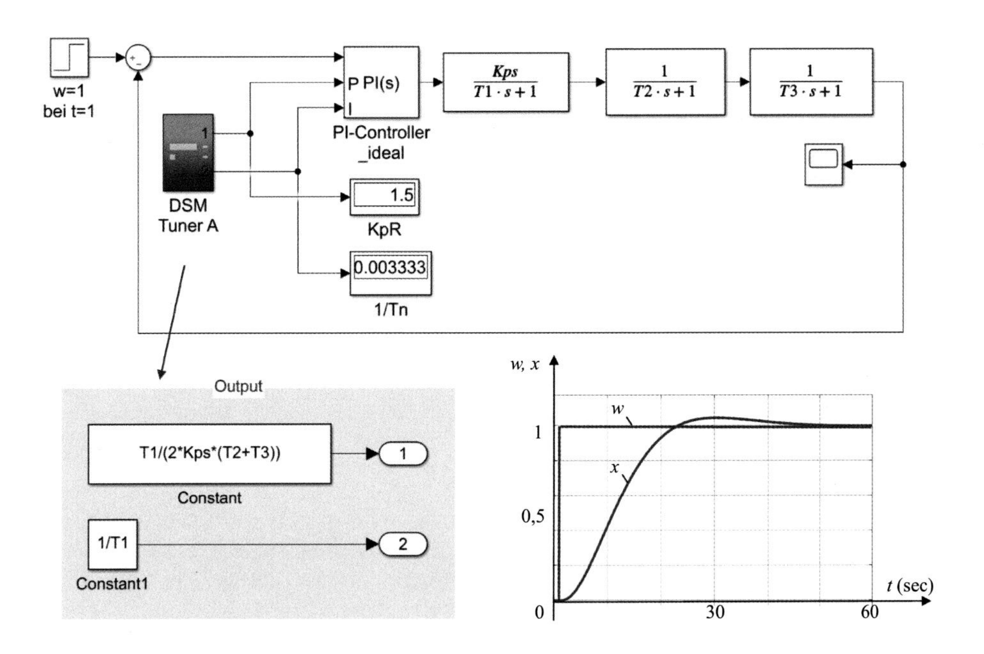

Abb. 5.13 DSM Tuner A und die Sprungantwort vom Typ A

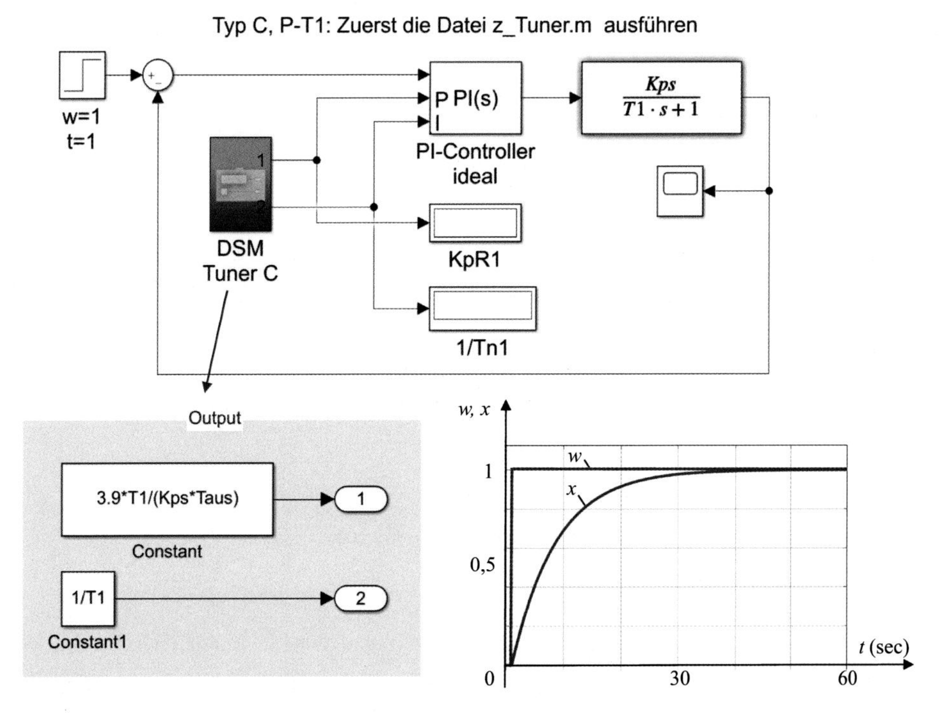

Abb. 5.14 Regelkreis mit DSM Tuner C und die Sprungantwort

Nach der Ausführung des Input-Blocks (siehe MATLAB®-Skript oben) wird die Strecke nach dem erwarteten Typ C ausgeregelt, wie in Abb. 5.14 zu sehen ist.

5.4 AFIC

5.4.1 Ziel

Der AFIC *(Adaptive Filter for Identification and Control)* ist für zwei Aufgaben in [1] entwickelt und in [6–8] getestet worden:

- um eine Strecke zu identifizieren,
- um die Reglerparameter einzustellen.

> „Eine unbekannte Regelstrecke wird zuerst mit einem Filter nach dem LMS-Algorithmus (*Least Mean Squares*) identifiziert und dann mit einem PID-Regler geregelt. Das Verfahren gilt für P-Strecken mit Verzögerung und mit der Totzeit." (Zitat: [1], Seite 365)

Unter Beachtung der oben eingeführten Begriffe „Ident" und „Tuner" ist AFIC nichts anderes als ein DSM „Ident", zusammengesetzt mit einem DSM „Tuner". Jedoch unterscheiden sich der Aufbau und das Funktionsprinzip des AFIC grundsätzlich von den oben beschriebenen Identifikationsverfahren.

Identifikation
Mit AFIC wird die Strecke nicht nach einem, sondern nach den drei nacheinander folgenden Eingangssprüngen identifiziert. Aus der daraus erzeugten Sprungantwort werden drei Koeffizienten K_0, K_1 und K_2 bestimmt. Das Modell der Regelstrecke wird als adaptiver Filter mit diesen drei Koeffizienten gebildet.

Tuner
Ein Regelkreis, bestehend aus einem Standardregler, wie PI- oder PID-Regler, und aus dem o. g. adaptiven Filter mit drei Koeffizienten K_0, K_1 und K_2 wird in der „virtuellen Welt" gebildet. Daraus werden die optimalen Kennwerte des Standardreglers K_{PR}, T_n und T_v mittels Umrechnung von drei Koeffizienten K_0, K_1, K_2 bestimmt und an den realen Regler bzw. in die „reale Welt" übertragen.

5.4.2 Theoretische Grundlagen

Adaptive Filter
Die Identifikation einer unbekannten Regelstrecke mit dem Eingang *y(t)* und Ausgang *x(t)* wird mit AFIC nach dem Prinzip eines adaptiven Filters (siehe z. B. [13]) realisiert.

Es wird dabei angenommen, dass die Regelstrecke ein P-Tt- oder P-Tn-Glied ist. Die Struktur des adaptiven Filters ist in Abb. 5.15 dargestellt.

Ein Eingangssprung y_0 wird gleichzeitig zur Regelstrecke und zum Filter geleitet. Der Filtereingang wird durch Abtastzeiten T (Totzeiten) in einer Reihe von „Teil"-Eingängen mit Gewichten K_i zerlegt. In Abb. 5.15 sind drei „Teil"-Sprünge y_0, y_{F1}, y_{F2} mit drei Gewichten K_0, K_1 und K_2 gezeigt. Die drei „Teil"-Sprungantworten des Filters x_{F0}, x_{F1}, x_{F2} nach jedem „Teil"-Eingang y_0, y_{F1}, y_{F2}

$$x_{F0} = K_0 y_0$$
$$x_{F1} = K_1 y_{F1}$$
$$x_{F2} = K_2 y_{F2}$$

werden mit der Sprungantwort der Strecke bzw. mit den Werten $x(t_0)$, $x(t_1)$, $x(t_2)$ zu jedem Zeitabschnitt $t_0 = 0$, $t_1 = T$, $t_2 = 2$ T verglichen. Daraus wird die Differenz (Fehler) e gebildet:

$$e = e_1 + e_2 + e_3$$

Die Gewichte K_0, K_1 und K_2 werden nach dem *Least Mean Square* (LMS) [13] oder einem anderen Algorithmus so geändert, dass der Fehler e minimiert wird.

Beispielsweise erfolgt die Fehlerminimierung in Abb. 5.16 mittels drei Kreisen mit Mitkopplung (rot herausgehoben in Abb. 5.16).

In Abb. 5.17 sind die Sprungantwort einer realen Strecke „unknown plant" nach dem Sprung $y_0 = 1$ und $T = 2$ s sowie die Sprungantworten x_{F0}, x_{F1}, x_{F2} des Filters mit Gewichten $K_0 = 1{,}7839$; $K_1 = 1{,}7521$; $K_2 = 1{,}464$ gezeigt.

Identifikation

Mit Sprungantworten x_{F0}, x_{F1}, x_{F2} des Filters wird die Übertragungsfunktion der unbekannten Regelstrecke als P-T1-Glied mit der Totzeit approximiert:

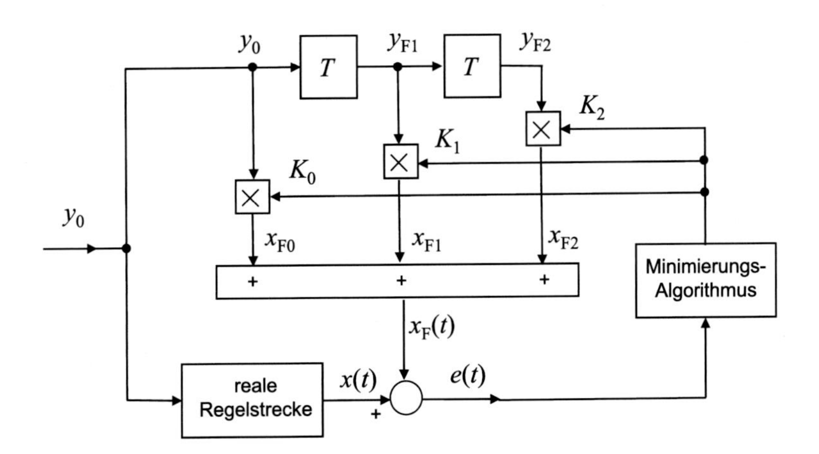

Abb. 5.15 Struktur eines adaptiven Filters

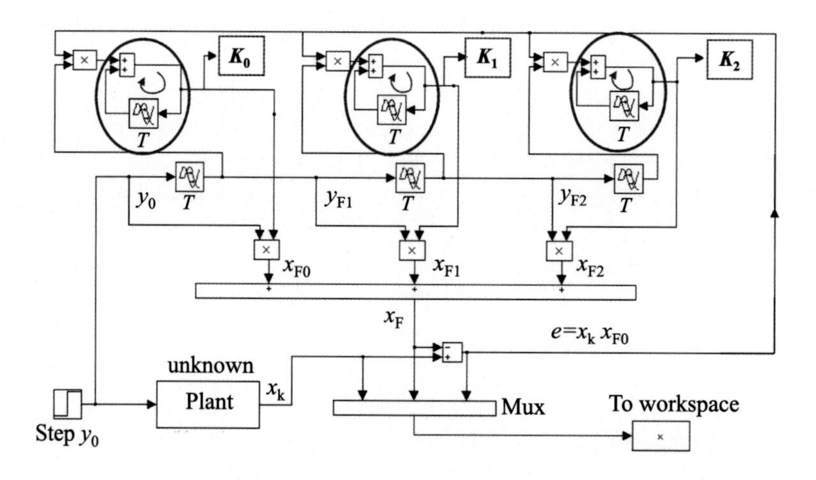

Abb. 5.16 Filter mit Gewichten K_0, K_1, K_2 und unbekannte Strecke „unknown plant"

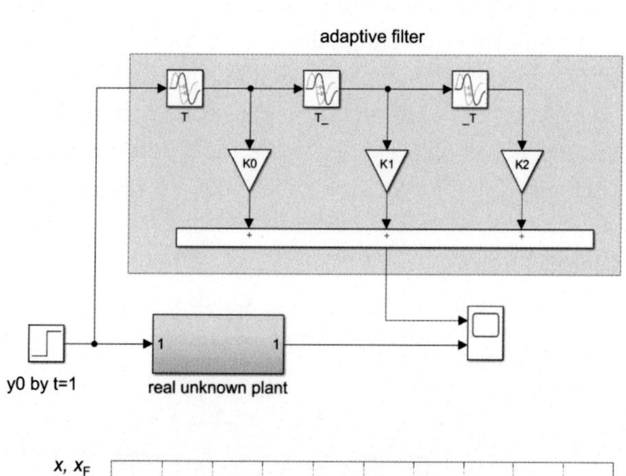

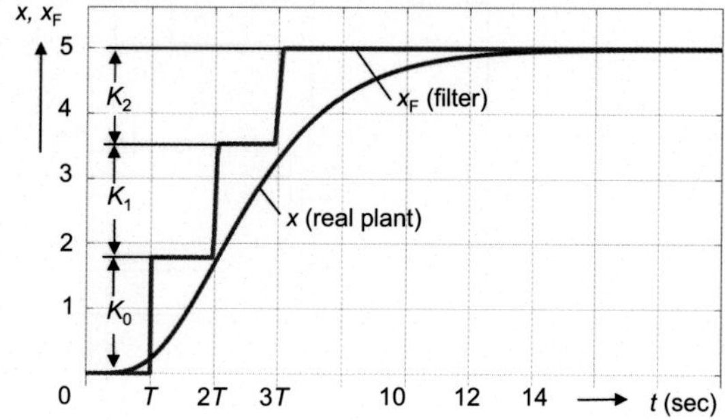

Abb. 5.17 **a** Filter mit Gewichten $K_0 = 1{,}7839$; $K_1 = 1{,}7521$; $K_2 = 1{,}464$. **b** die Sprungantwort x_F des Filters mit $T = 2$ s und die Sprungantwort x der realen Strecke „unknown plant"

$$G_S(s) = \frac{K_{PS}}{1 + sT_1} e^{-sT_t} \tag{5.20}$$

Zuerst wird die Totzeit T_t der Strecke ähnlich wie beim Wendetangenten-Verfahren aus dem Verlauf der Sprungantwort bestimmt. Beispielsweise wird für die Sprungantwort der Abb. 5.18 die folgende Totzeit gewählt:

$$T_t = T \tag{5.21}$$

Dann wird die Tangente zum Anfangspunkt des P-T1-Gliedes

$$G_S(s) = \frac{K_{PS}}{1 + sT_1} \tag{5.22}$$

als Gerade AB approximiert, wie in Abb. 5.18 angedeutet ist.

Aus der Ähnlichkeit von rot und blau gestrichelten Dreiecken in Abb. 5.18

$$\frac{K_1}{K_1 + K_2} = \frac{T}{T_1}$$

folgt die Zeitkonstante des P-T1-Gliedes:

$$T_1 = \frac{T(K_1 + K_2)}{K_1} \tag{5.23}$$

Der Proportionalbeiwert der Strecke wird aus dem bekannten Verhalten für den Beharrungszustand des P-Gliedes bestimmt:

$$x(\infty) = K_{PS} y_0 \tag{5.24}$$

Unter Beachtung von

$$x(\infty) = K_0 + K_1 + K_2$$

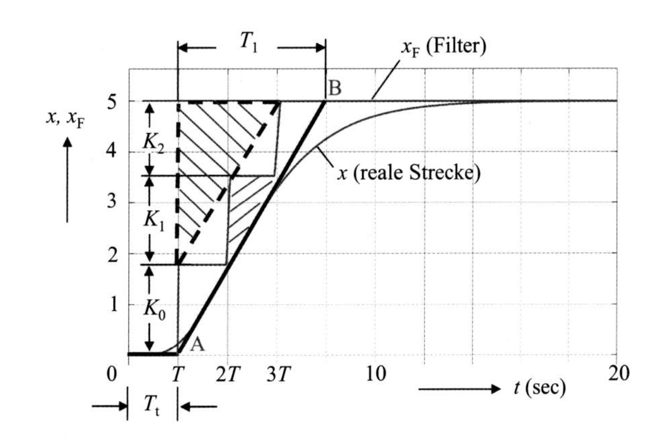

Abb. 5.18 Approximieren der Sprungantworten des Filters durch ein P-T1-Glied mit Totzeit nach Gl. 5.14

ergibt sich aus Gl. 5.24

$$K_{PS} = \frac{K_0 + K_1 + K_2}{y_0} \tag{5.25}$$

Beispiel
Gegeben sind:

- Abtastzeit $T = 2$ s,
- Gewichte $K_0 = 1{,}7839$; $K_1 = 1{,}7521$; $K_2 = 1{,}464$,
- Eingangssprung $y_0 = 1$.

Daraus resultiert die identifizierte Regelstrecke der Gl. 5.14 mit folgenden Parametern:

$$T_t = \frac{T}{2} = \frac{2}{2} = 1s \tag{5.26}$$

$$T_1 = \frac{T(K_1 + K_2)}{K_1} = \frac{2 \cdot (1{,}7521 + 1{,}464)}{1{,}7521} = 3{,}67\ s \tag{5.27}$$

$$K_{PS} = \frac{K_0 + K_1 + K_2}{y_0} = \frac{1{,}7839 + 1{,}7521 + 1{,}464}{1} = 5 \tag{5.28}$$

In Abb. 5.19 werden zwei Sprungantworten miteinander verglichen: die Sprungantwort der realen Strecke und die Sprungantwort der nach Gl. 5.20 identifizierten Strecke mit Parametern von Gl. 5.26, 5.27 und 5.28:

$$G_{Sm}(s) = \frac{5}{1 + 3{,}67s} e^{-2s} \tag{5.29}$$

Die reale Strecke hat ein P-T6-Verhalten und ist (Abb. 5.19) mit MATLAB®/Simulink mit folgender Übertragungsfunktion „real unknown plant" simuliert:

$$G_S(s) = \frac{5}{(1 + 2s)(1 + s)^2(1 + 0{,}8s)(1 + 0{,}5s)(1 + 0{,}1s)} \tag{5.30}$$

Der maximale Identifikationsfehler bei $t = 3{,}5$ s liegt unter 8 %.
In Abb. 5.20 sind die Sprungantworten von zwei Regelkreisen gezeigt:

- mit der realen Strecke nach Gl. 5.30 und
- mit der identifizierten Strecke nach Gl. 5.29.

Beide Strecken sind mit PI-Reglern mit gleichen Parametern geregelt. Der PI-Regler ist optimal für die identifizierte Strecke nach dem Typ A (siehe Abschn. 5.3.2) eingestellt.

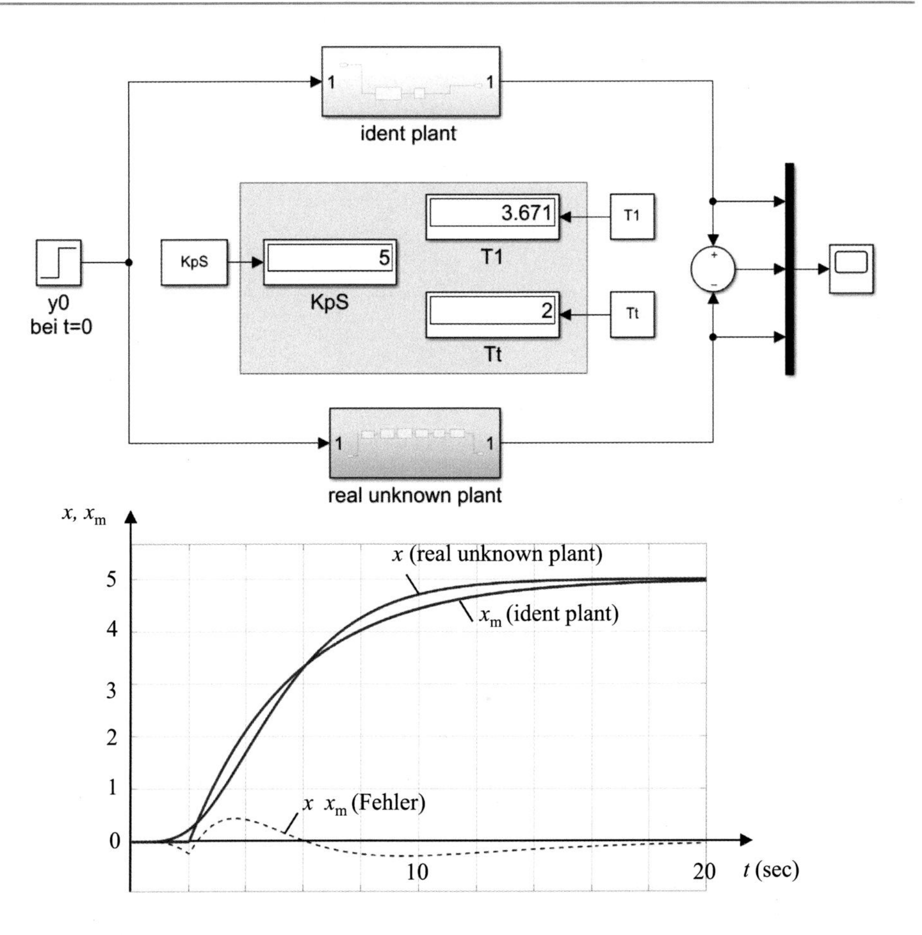

Abb. 5.19 Vergleich: Sprungantworten der realen Strecke und der nach Gl. 5.20 identifizierten Strecke

Die reale Strecke wird mit gleicher Ausregelzeit ohne statischen Fehler wie die identifizierte Strecke geregelt, jedoch mit dem Dämpfungsgrad $\vartheta = 0{,}3$ anstelle der optimalen Dämpfung $\vartheta = 0{,}707$.

5.4.3 DSM „ident-3-steps"

Der Data Stream Manager „ident-3-steps" besteht aus Modulen A, B und C, die als MATLAB®/Simulink-Modelle nach den oben beschriebenen Algorithmen implementiert sind:

Modul A für die Identifikation mit dem Filter (Datei ident_3steps_A.slx)
Das Modul A ist in Abb. 5.21 gezeigt und dient der Fehlerminimierung und der Bestimmung von Gewichten K_0, K_1 und K_2.

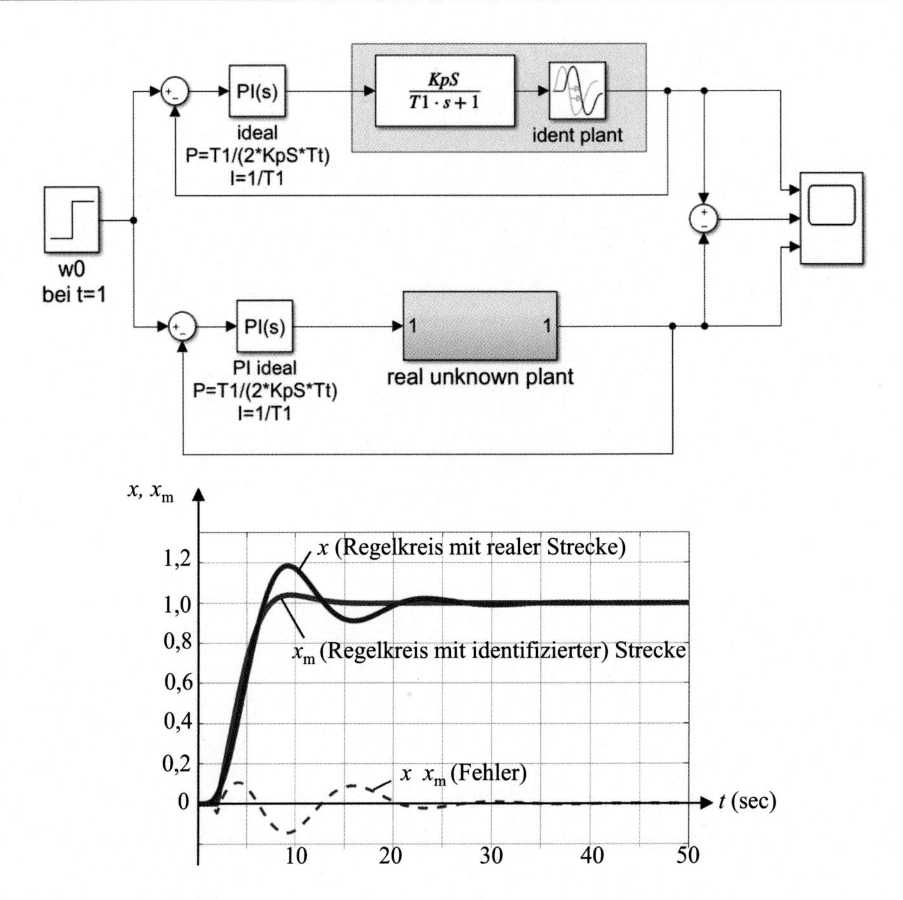

Abb. 5.20 Vergleich: Sprungantworten von Regelkreisen mit realer und identifizierter Strecke, beide mit gleichem PI-Regler

Modul B für die Anzeige der Streckenparameter (Datei ident_3steps_B.slx)
Das Modul wurde bereits in Abb. 5.19 gegeben. Mit diesem Modul werden die Streckenparameter angezeigt, und die zwei Sprungantworten werden miteinander verglichen, nämlich die Sprungantwort der realen Strecke und die Sprungantwort der nach Gl. 5.20 identifizierten Strecke. Das Modul B ist für die Zwischenkontrolle der Identifikation eingesetzt.

Modul C als Tuner für die Reglereinstellung (Datei ident_3steps_C.slx)
Die Aufgabe dieses Moduls ist die Reglereinstellung. Am Beispiel der Abb. 5.20 wurde schon erläutert, wie ein Standardregler anhand der identifizierten Strecke nach dem Standardtyp A eingestellt wird (siehe Abschn. 5.3).

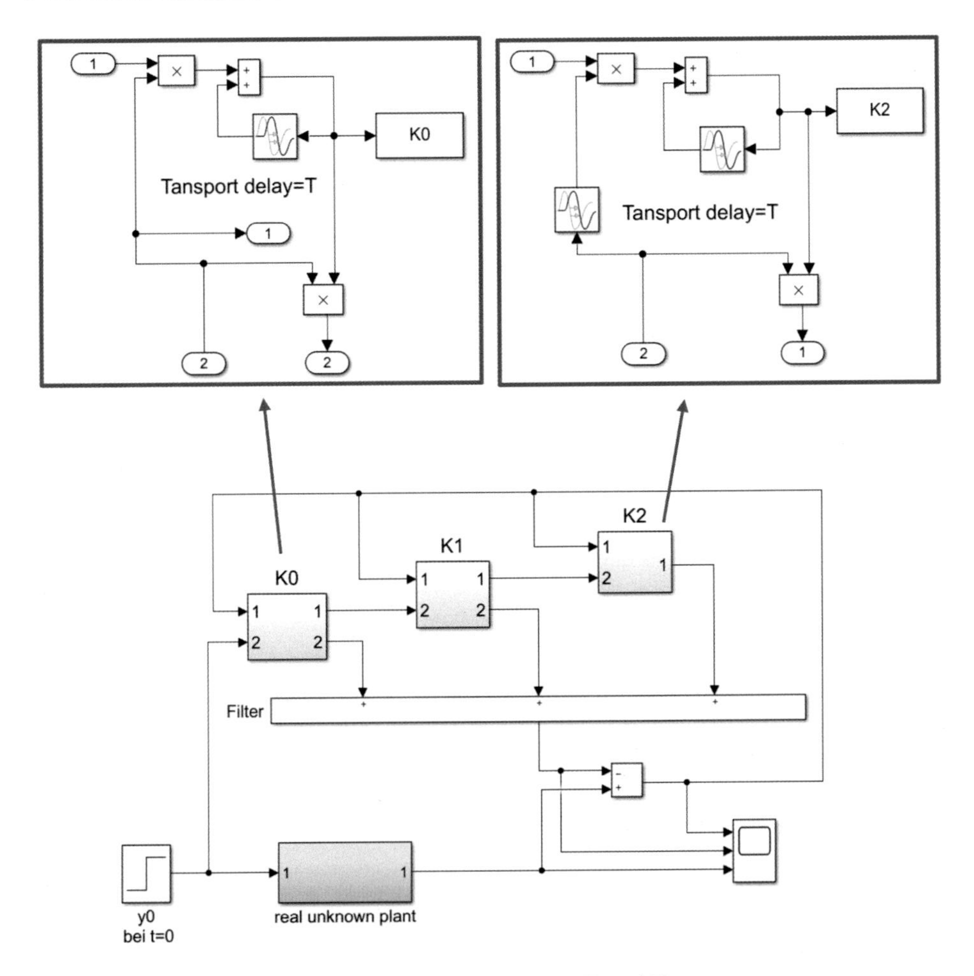

Abb. 5.21 Modul A zur Bestimmung von Gewichten K_0, K_1 und K_2

Koordinator (Datei ident_3steps_koordinator.m)

Alle drei Module A, B und C werden von einem MATLAB®-Skript angesteuert. Unten ist ein Beispiel gezeigt, nach dem die Module einfach nacheinander aufgerufen und ausgeführt werden. Der Benutzer (Operator) soll vorab die Parameter eingeben:

- Abtastzeit T,
- Sprunghöhe y_0.

```
KpS=input('Enter KpS=') % Einen beliebige Startwert eingeben, z. B.
KpS=1
T=input('Enter T=') % Eingabe Abtastzeit, z. B. T=2
```

```
y0=input ('Enter y0='); % Höhe des Eingangssprungs eingeben, z. B. y0=
run('ident_3steps_A')% Modul A
sim('ident_3steps_A')% die Gewichte werden bestimmt und in Workspace
geladen
Tt=input('Enter Tt=')% geschätzte Totzeit, abhängig von Sprung-
antwort der Strecke,
% hier: Tt=T;
% alternativ kann Tt=0, Tt=0,5*T oder T=1,5*T gewählt werden
T1=T*(K1+K2)/K1;% Tuner für Standardtyp A
% alternativ kann ein passender Typ, z. B. B, C usw. gewählt werden
run('ident_3steps_B')% Modul B
sim('ident_3steps_B')
run('ident_3steps_C')% Modul C
sim('ident_3steps_C')
```

Zur Wahl der Abtastzeit T

Ohne allgemeine Vorstellung über die Strecke kann man sich keine sinnvollen Werte für T vorstellen. Für die automatische Identifizierung wird vorausgesetzt, dass die Sprungantwort der Strecke wenigstens einmal vor dem Beginn experimentell aufgenommen werden kann. Unter diesen Voraussetzungen kann man aus einer einzigen Sprungantwort ziemlich genau den Wert von T bestimmen, der dann für die automatische Identifikation dieser Strecke in breiten Grenzen von Parametern gelten wird.

Die Wahl der Abtastzeit für den Fall, dass die Sprungantwort der Strecke das Verhalten eines P-Tn-Gliedes aufweist, ist in Abb. 5.22 grafisch dargestellt. Es gilt also:

$$T = \frac{1}{3} T_{\mathrm{d}} \tag{5.31}$$

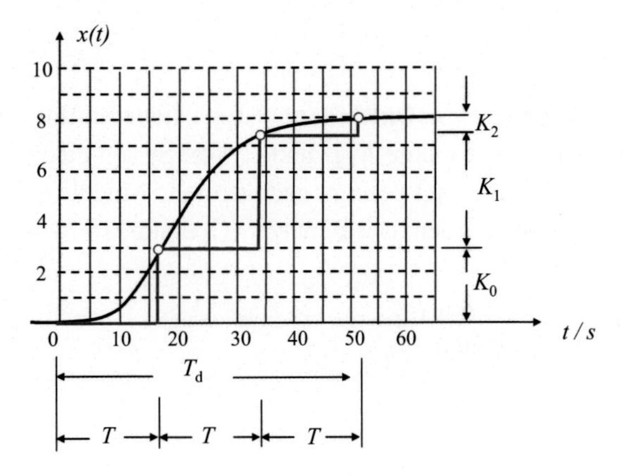

Abb. 5.22 Zur Wahl der Abtastzeit

5.5 Übungsaufgaben mit Lösungen

5.5.1 Übungsaufgaben

Aufgabe 5.1
Die Sprungantwort einer Regelstrecke nach dem Eingangssprung $y_0 = 10$ ist in Abb. 5.23 gegeben. Erstellen Sie ein MATLAB®-Skript zur Bestimmung der Übertragungsfunktion der Strecke mit dem DSM „ident-1-point"!

Aufgabe 5.2
Erstellen Sie ein MATLAB®-Skript zur Bestimmung der Übertragungsfunktion der Strecke mit dem DSM „ident-3-points"! Die Sprungantwort nach dem Eingangssprung $y_0 = 10$ ist in Abb. 5.24 gezeigt.

Aufgabe 5.3
Eine reale Regelstrecke mit unbekannten Parametern ist in dem Simulink-Modell der Abb. 5.25 als Baustein „real unknown plant" gegeben.

Bestimmen Sie die Einstellung eines PID-Reglers mit dem DSM „ident-3-steps" so, dass die Regelung nach der Ausregelzeit $T_{aus} = 0{,}5$ s ohne Überschwingung abgeschlossen wird!

5.5.2 Lösungen

Lösung zu Aufgabe 5.1
Die Lösung ist mit dem MATLAB®-Skript unten gegeben, die Sprungantworten sind in Abb. 5.26 gezeigt.

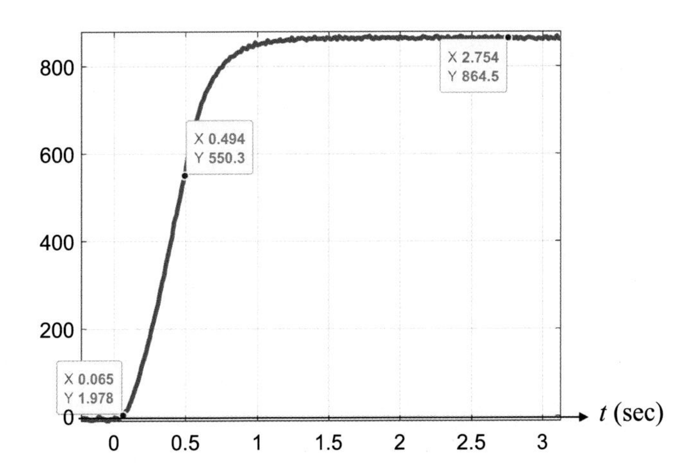

Abb. 5.23 Sprungantwort einer Regelstrecke zu Aufgabe 5.1

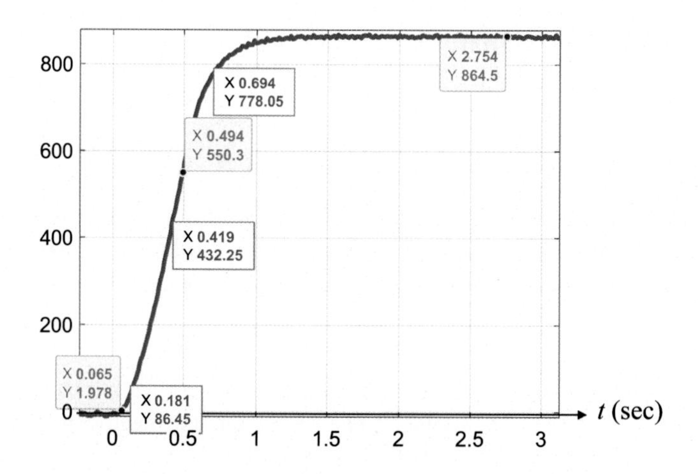

Abb. 5.24 Sprungantwort einer Regelstrecke zu Aufgabe 5.2

Abb. 5.25 Gegebene reale Strecke, simuliert als Subsystem „real unknown plant"

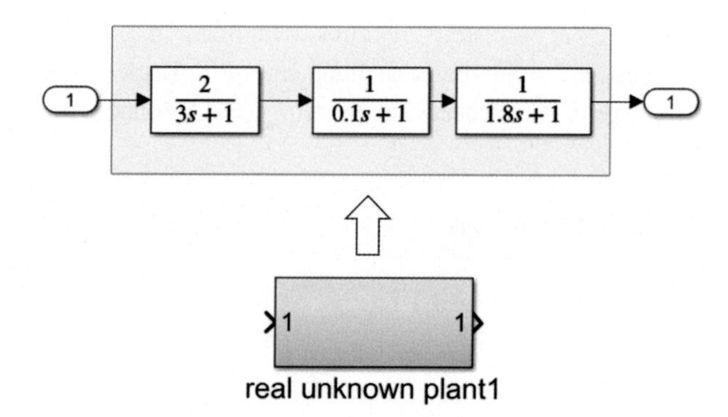

Abb. 5.26 Lösung zu Aufgabe 5.1

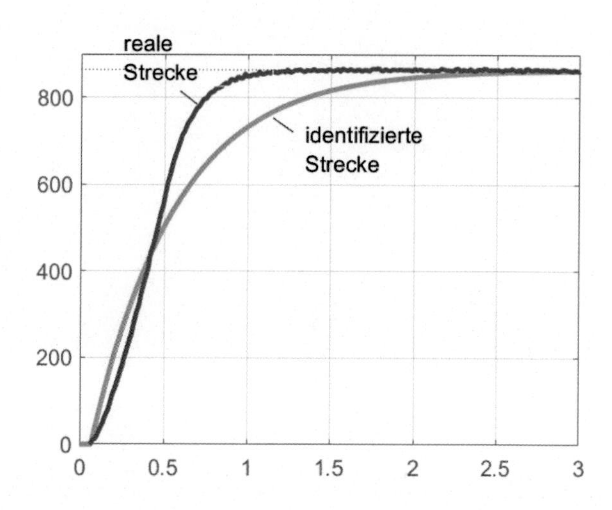

```
s=tf('s');
'DSM ident_1_point'
y0=10;% ist gegeben
Tt=input('Enter Tt=')% auslesen aus der Sprungantwort Tt=0.07
X_end=input('Enter X_end=')% auslesen aus der Sprungantwort X_
end=864
X63=X_end*0.63
T63=input('Enter T63=')% auslesen aus der Sprungantwort T63=0.494
KpS=X_end/y0;% Identifikation und Sprungantwort
T1=T63;
Gs=KpS*exp(-s*Tt)/(1+s*T1)
step(Gs*y0)
grid.
```

Lösung zu Aufgabe 5.2

Die Lösung ist mit dem MATLAB®-Skript unten gegeben, die Sprungantworten sind in Abb. 5.27 gezeigt.

```
s=tf('s');
'DSM ident-3_points'
y0=10;% gegeben
X_end=input('Enter X_end=')% auslesen aus der Sprungantwort X_
end=864
X10=X_end*0.1;
X50=X_end*0.5;
X90=X_end*0.9;
T10=input('Enter T10=')% auslesen aus der Sprungantwort T10=0.181
```

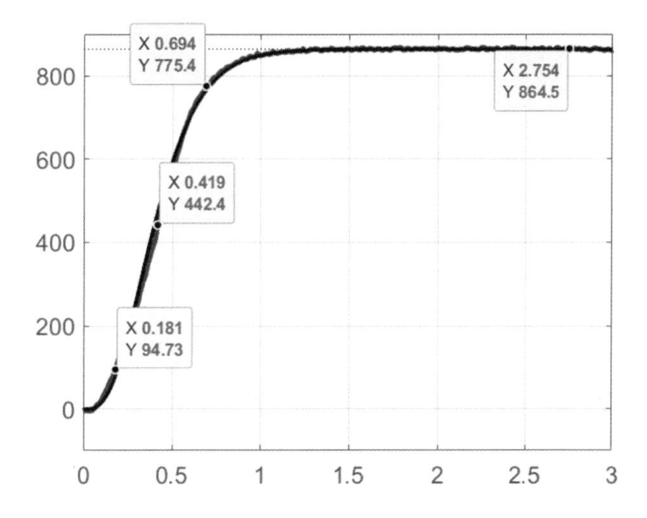

Abb. 5.27 Lösung zu Aufgabe 5.2

```
T50=input('Enter T50=')% auslesen aus der Sprungantwort T50=0.419
T90=input('Enter T90=')% auslesen aus der Sprungantwort T90=0.694
KpS=X_end/y0;% Identifikation und Sprungantwort
my=T10/T90
n=input('Enter n=')% n=4 aus Tabelle eingeben
alpha10=input('Enter alpha10=')% alpha10=0.573
alpha50=input('Enter alpha50=')% alpha50=0.272
alpha90=input('Enter alpha90=')% alpha90=0.150
T=(alpha10*T10+alpha50*T50+alpha90*T90)/3;
Gs=KpS/(1+s*T)^n
step(Gs*y0)
grid
hold on
```

Lösung zu Aufgabe 5.3

Es wird zuerst das Modul „Koordinator" (siehe folgendes MATLAB®-Skript) ausgeführt. Dann werden alle Module automatisch nacheinander ausgeführt.

```
'Koordinator des DSM ident-3-steps'
KpS=2;
y0=1;
T=2;
Taus=0.5;
run('example_ident_3steps_A')
sim('example_ident_3steps_A')
Tt=input('Enter Tt=') % hier: Tt=T
T1=T*(K1+K2)/K1;
run('example_ident_3steps_C')
sim('example_ident_3steps_C')
run('example_ident_3steps_B')
sim('example_ident_3steps_B')
```

Es ergeben sich die Gewichte: $K_0=0{,}9082$; $K_1=0{,}7157$; $K_2=0{,}376$.

Die Ergebnisse sind Abb. 5.28 und 5.29 gezeigt.

Die Einstellung des PID-Reglers erfolgt nach dem Standardtyp C.

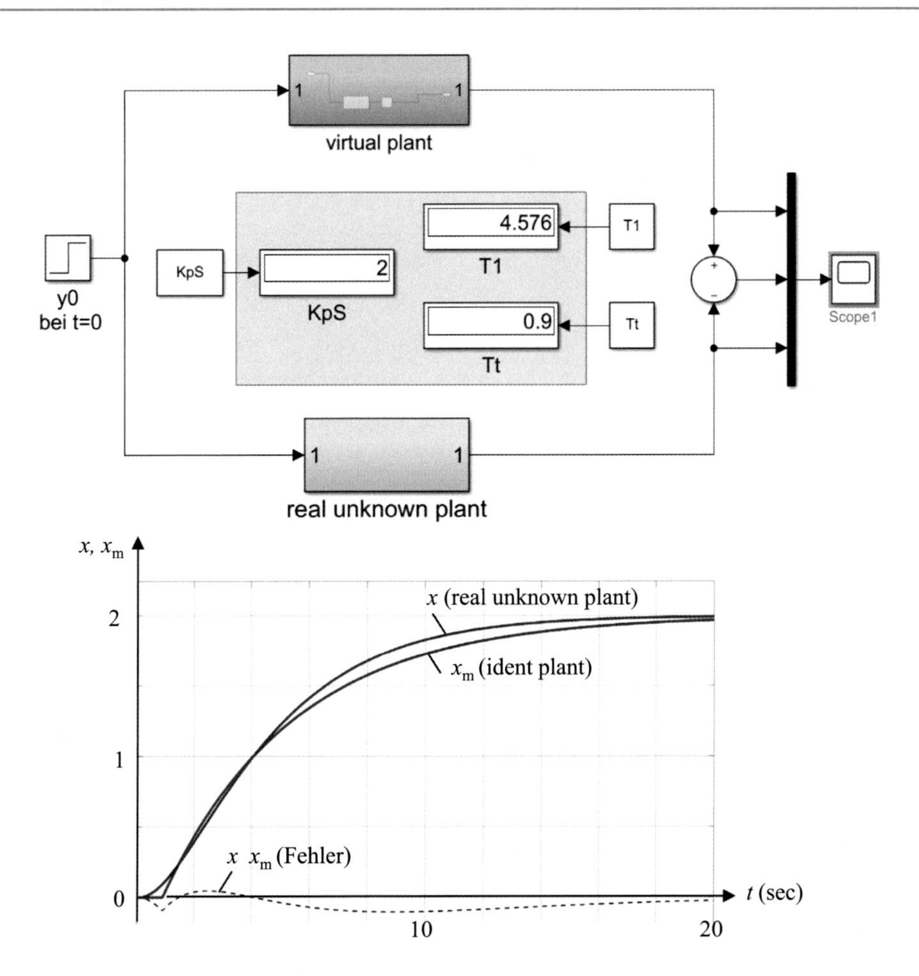

Abb. 5.28 Modul B zur Lösung der Aufgabe 5.3

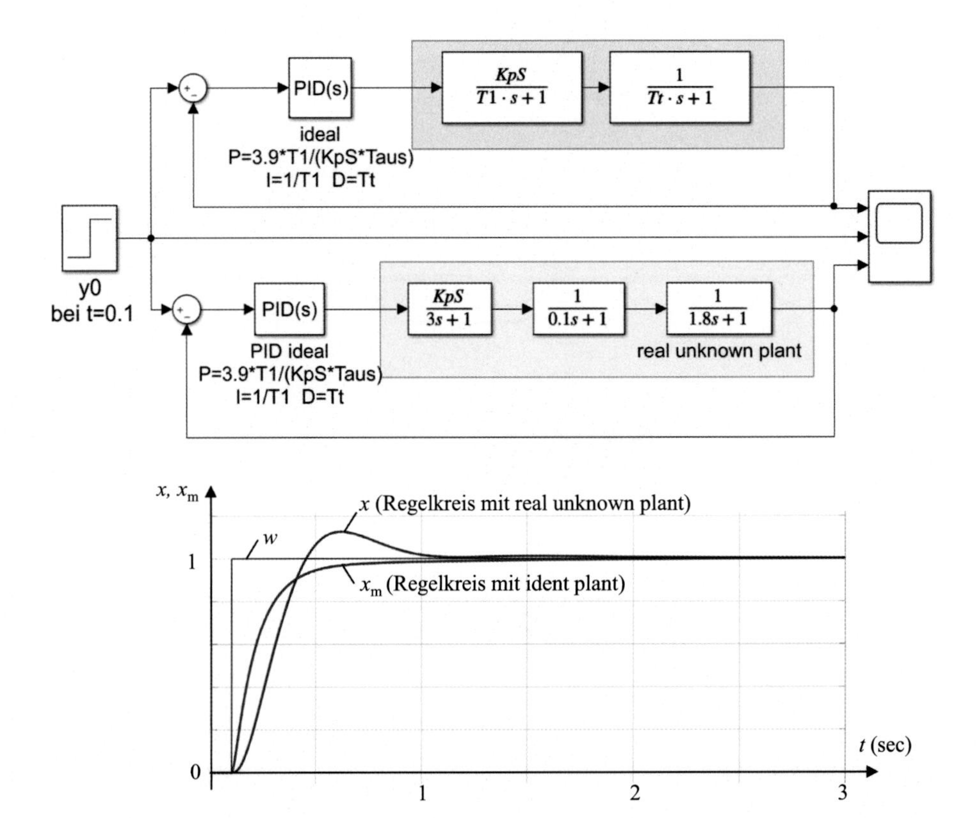

Abb. 5.29 Modul C zur Lösung der Aufgabe 5.3

Literatur

1. Zacher, S., & Reuter, M. (2022). *Regelungstechnik für Ingenieure* (16. Aufl.). Springer Vieweg.
2. Zacher, S. (2023). *Drei Bode Plots Verfahren für Regelungstechnik* (2. Aufl.). Springer Vieweg.
3. Zacher, S. (2003). *Duale Regelungstechnik,* VDE.
4. Duden: Deutsches Universalwörterbuch. (1989). (2. Aufl.). Brockhaus AG.
5. Zacher, S. (2020). *Digital Twins for Education and Engineering,* iLSET, Juli 24–19, Washington, DC. https://www.zacher-international.com/ilSET2020/proceedings_book_iLSET03.pdf. Zugegriffen: 23. Sept. 2020.
6. Theiss, J. (2011). *Entwurf und Realisierung einer adaptiven Regelung an einer ausgesuchten Strecke der Gebäudeautomatisierung,* Darmstadt.
7. Mrugalla, M. (2011). *Simulation und Visualisierung eines Herstellungsprozesses mit Regelkreisen unter Anwendung des adaptiven Filters,* Diplomarbeit.

8. Leichsenring, P. (2012). *Regelungstechnische Analyse und Entwurf einer adaptiven Regelung für eine Industrieanlage,* Diplomarbeit.
9. Zacher, S. (2022). *Übungsbuch Regelungstechnik* (7. Aufl.). Springer Vieweg.
10. Zacher, S. (2011). *Identifikation von Regelstrecken,* Automation-Letter Nr. 3. https://www.szacher.de/Automation-Letters/. Zugegriffen: 26. Sept. 2020.
11. Latzel, W. (1995). *Einführung in die digitalen Regelungen,* VDI-Verlag GmbH.
12. Zacher, S. (2018). *Zeitprozentkennwert-Verfahren,* Automation-Letter Nr. 24. https://www.zacher-international.com/Automation_Letters/24_Zeit_Prozentkennwert.pdf. Zugegriffen: 26. Sept. 2020.
13. Unbehauen, R. (1998). *Systemtheorie 2. Mehrdimensionale, adaptive und nichtlineare Systeme* (7. Aufl.). Oldenbourg.

6 Führungs- und Störverhalten eines Regelkreises

"Natürlich lassen sich – und das geschieht in der Praxis sehr häufig – Steuerung und Regelung verbinden. Man spricht dann von einer Regelung mit Vorsteuerung oder von einem Regelkreis mit zwei Freiheitsgraden." (Zitat, Quelle [4, Seite 8])

Zusammenfassung

Wer von den Studierenden technischer Hochschulen und Universitäten kennt sie nicht, die Führungs- und Störverhalten eines Regelkreises? Beide Verhalten werden in jedem Lehrbuch der Regelungstechnik ähnlich behandelt, weil die Nennerpolynome von beiden Übertragungsfunktionen (und folglich die dynamischen Verhalten) gleich sind. Der Unterschied besteht nur darin, an welcher Stelle des Regelkreises das Eingangssignal wirkt. Fast alle in der Literatur beschriebenen Entwurfsverfahren beziehen sich auf Führungsverhalten, weil sie auch für Störverhalten (wegen der o. g. gleichen Nennerpolynome) gelten. Es wird erwartet, dass die nach dem Führungsverhalten optimal eingestellten Regler auch beim Störverhalten optimal funktionieren werden, was theoretisch und praktisch nicht der Fall ist. Zwar bleibt der Kreis stabil, jedoch wird die Wirkung von Störgrößen mit anderer Ausregelzeit und ggf. mit einem statischen Fehler beseitigt. Die bekannten Verfahren der Störgrößenunterdrückung sind nur dann wirksam, wenn die Störungen bekannt und messbar sind, was eher selten vorkommt. In diesem Kapitel wird das Störverhalten nach einem neuen Konzept behandelt, wonach ein neues Modul, der sogenannte Data Stream Manager (DSM), entwickelt ist. DSM wird „Terminator“ genannt, weil damit alle Störungen, ohne gemessen zu werden, unabhängig von der Applikationsstelle komplett beseitigt werden. Die neuen DSM sind in diesem Kapitel auch für Führungsverhalten vorgestellt: für Anfahren mit einer Impulsfolge *(Overset),* mit Begrenzung *(Override),* mit einem Referenzmodell *(Multiset),* mit einem Fuzzy-ähnlichen Algorithmus *(FFF)* sowie der

S. Zacher und F. Stöckl, *Regelungstechnik mit Data Stream Management,*
https://doi.org/10.1007/978-3-662-70019-8_6

DSM *Redundanz* für die Umschaltung zwischen zwei Reglern für die redundante Regelung und für die Regelung von nichtstationären bzw. linearen zeitvarianten Strecken *(LZV)*.

6.1 Einführung

6.1.1 Begriffe

Wiederholen wir zunächst die aus den Grundlagen der Regelungstechnik bekannten Begriffe und Formeln, die bereits in Kap. 1, Abschn. 1.5.2 erwähnt wurden und in Abb. 6.1 (nach [1]) gezeigt sind.

„Bei der Beurteilung eines Regelkreises interessieren u. a.:

a. das dynamische Verhalten der Regelgröße x auf eine Sollwertänderung, das sogenannte Führungsverhalten, und
b. die dynamische Reaktion der Regelgröße x auf eine Störung, das sogenannte Störverhalten.

> Im Idealfall sollte die Regelgröße stets gleich der Führungsgröße sein und eine Störung sofort kompensiert werden, sodass keine Auswirkung auf die Regelgröße erfolgt.“ (Zitat, Quelle [2, Seite 104])

Die Übertragungsfunktionen des geschlossenen Regelkreises beim Führungs- und Störverhalten haben gleiche Nennerpolynome.

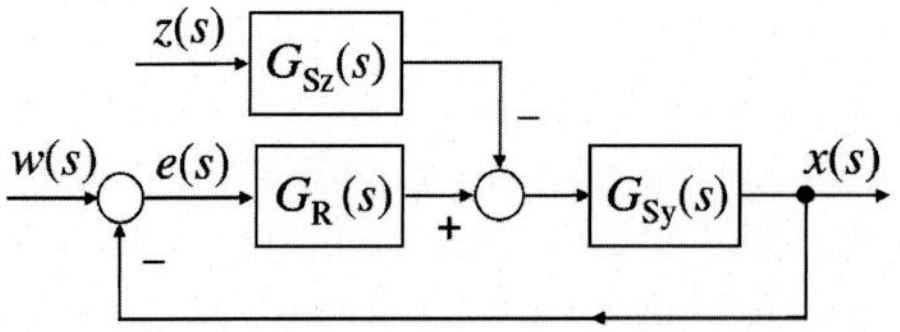

$$G_{\text{geschl}}(s) = \frac{G_{\text{vorwärts}}(s)}{1 + G_{\text{vorwärts}}(s) G_{\text{rückführ}}(s)}$$

$$x(s) = G_w(s)\hat{w}$$

$$x(s) = G_z(s)\hat{z}$$

Führungsverhalten: $\hat{z} = 0$	für proportionale Glieder bei $t \to \infty$
$G_w(s) = \frac{G_R(s) G_{Sy}(s)}{1 + G_R(s) G_{Sy}(s)}$	$K_{Pw} = \frac{K_{PR} K_{PSy}}{1 + K_{PR} K_{PSy}}$ und $x(\infty) = K_{Pw}\hat{w}$
Störverhalten: $\hat{w} = 0$	für proportionale Glieder bei $t \to \infty$
$G_z(s) = \frac{G_{Sz}(s) G_{Sy}(s)}{1 + G_R(s) G_{Sy}(s)}$	$K_{Pz} = \frac{K_{PSz} K_{PSy}}{1 + K_{PR} K_{PSy}}$ und $x(\infty) = K_{Pz}\hat{z}$

Abb. 6.1 Wirkungsplan des geschlossenen Regelkreises und die Formelsammlung. (Quelle: [1, S. 12])

$$p(s) = 1 + G_R(s)G_{Sy}(s),$$

wobei das Produkt $G_R(s)G_{Sy}(s)$ der Übertragungsfunktionen $G_0(s)$ des offenen Regelkreises entspricht:

$$G_R(s)G_{Sy}(s) = G_0(s)$$

Beide Übertragungsfunktionen $G_w(s)$ und $G_z(s)$ haben die gleiche charakteristische Gleichung:

$$1 + G_0(s) = 0$$

Folglich haben sie auch gleiche Polstellen, dadurch ist das dynamische Verhalten des Regelkreises beim Führungs- und Störverhalten identisch. Damit kann auch erklärt werden, warum sich fast alle in der Literatur beschriebenen Entwurfsverfahren auf das Führungsverhalten beziehen.

Der Unterschied besteht nur darin, an welcher Stelle des Regelkreises das Eingangssignal, d. h. die Führungsgröße w oder die Störgröße z, eingegeben wird. Das ist durch die im Zähler stehenden Vorwärts-Übertragungsfunktionen $G_{vw}(s)$ und $G_{vz}(s)$ bedingt:

$$G_{vw}(s) = G_R(s)G_{Sy}(s)$$
$$G_{vz}(s) = G_{Sz}(s)G_{Sy}(s)$$

Die Vorwärts-Übertragungsfunktion $G_{vz}(s)$ des Störverhaltens ist nicht abhängig vom Regler, während die Vorwärts-Übertragungsfunktion $G_{vw}(s)$ des Führungsverhaltens vom Regler beeinflusst wird. Als Folge können Regelkreise beim Störverhalten eine andere, üblicherweise größere, Ausregelzeit T_{aus} haben. Auch eine bleibende Regeldifferenz $e(\infty)$ ist beim Störverhalten nicht ausgeschlossen, wie aus den Formeln der Abb. 6.1 für den Beharrungszustand bei $t \to \infty$ ersichtlich ist.

Trotzdem werden die Regler in der Regelungstechnik überwiegend für das Führungsverhalten optimal eingestellt und auch beim Störverhalten mit gleicher Einstellung behandelt. Zwar werden die für das Führungsverhalten eingestellten Regelkreise weiterhin auch beim Störverhalten stabil, die Regelung verläuft beim Störverhalten nicht mehr so optimal wie beim Führungsverhalten.

6.1.2 Anfahren, Halten, Sichern

Definition
Zwei Betriebsarten eines Regelkreises sind in der Regelungstechnik aus der Sicht der mathematischen Beschreibung einheitlich nach den jeweiligen Übertragungsfunktionen $G_w(s)$ oder $G_z(s)$ behandelt. Sie entsprechen folgenden praktischen Aufgaben:

- Das Führungsverhalten heißt, dass die Regelgröße $x(t)$ aus einem Anfangszustand x_0 bei $t = 0$ (in der Regelungstechnik üblicherweise angenommen $x_0 = 0$) zu einem gewünschten Arbeitspunkt bzw. zu einem Sollwert $w = x(\infty)$ überführt wird. Je nach physikalischer Regelgröße (z. B. Drehzahl, Füllstand, Temperatur) wird diese Betriebsart in der Literatur „Anfahren“, „Nachfüllen“ oder „Leeren“, „Erwärmen“ oder „Abkühlen“ genannt. Nachfolgend wird das Führungsverhalten einheitlich als „Anfahren“ bezeichnet.

- Das Störverhalten heißt, dass die Regelgröße $x(t)$, die sich bereits im Arbeitspunkt w befindet, trotz wirkender Störungen z konstant gehalten werden soll. Dieses Verhalten wird nachfolgend als „Halten“ bezeichnet.

Es ist klar, dass die Betriebsarten „Anfahren“ und „Halten“ („Rise“ and „Hold“) unterschiedliche Ziele verfolgen. Unten ist gezeigt, dass auch die Regelsysteme dafür unterschiedlich entworfen werden sollen.

Anfahren (Rise)

Um einen möglichen Vorgang beim Anfahren zu zeigen, ist im Folgenden ein Beispiel aus der regelungstechnischen Praxis geschildert:

> „In der Abwasserwirtschaft ist es üblich, die Pumpen mit einem maximalen Stellwertsprung bei sehr hoher Rampen-Anstiegsgeschwindigkeit für den Zeitraum der ersten 30 Sekunden zu starten.
>
> Erst danach kann in den Regelungsprozess übergegangen werden. Es wird also zuerst bewusst eine Überschwingung der Regelstrecke herbeigeführt und der Sollwert dann von oben angefahren. Diese Forderung besteht, weil beim Pumpen von mit Feststoffen belastetem Abwasser insbesondere zum Pumpbeginn die Gefahr eines Blockierens der Pumpen besteht. Die Feststoffe lagern sich in Stillstandszeiten auf dem Boden des Abwassersammlers ab und werden unmittelbar zum Pumpbeginn angesaugt. Ein Blockieren entsteht durch das niedrige Drehmoment der Drehstrom-Asynchronmaschinen bei niedrigen Frequenzen. Eine Drehmomentanhebung kann nur in gewissen Grenzen durch die Frequenzumrichter bis zur Stromgrenze der Ausgangshalbleiter erzeugt werden.“ (Zitat, Quelle [3, Seite 7])

Dass das Führungsverhalten (Anfahren) nicht nur geregelt, sondern auch überwiegend gesteuert werden soll, ist bekannt:

> „Die Steuerung übernimmt in einer solchen Struktur meist ‚grobe Aufgaben‘, wie beispielsweise eine schnelle (aber i. A. nicht genaue) Anpassung der Ausgangsgrößen an geänderte Sollwerte. Der Regelung kommt dann die Aufgabe zu, den durch unzureichende Modellkenntnis verursachten Abweichungen entgegenzuwirken und die Regelstrecke ggf. zu stabilisieren.“ (Zitat, Quelle [4, Seite 8])

Das aus der Literatur bekannte Verfahren für die Umschaltung zwischen „groben“ und „präzisen“ Regelungen, die sogenannte „Vorsteuerung“ (siehe z. B. [4, 5]), wird nachfolgend nicht betrachtet. Dagegen sind in Abschn. 6.2 neue Module für das „Anfahren“ beschrieben und werden Data Stream Manager (DSM) genannt:

- DSM Overset für Anfahren nach Impulsen (Abschn. 6.2.1);
- DSM Override für Anfahren mit einer Begrenzung auf die Regelgröße (Abschn. 6.2.2);
- DSM FFF *(Feed-Forward-Fuzzy)* nach einem Fuzzy-ähnlichem Algorithmus, mit dem der Sollwert mit einem nichtlinearen Regler für „grobe" und „präzise" Regelung erreicht wird (Abschn. 6.2.3);
- DSM Multiset, mit dem die mehrfache Sollwertvorgabe w_1, w_2 usw. während der Regelung von einem Referenzmodell erfolgt (Abschn. 6.2.4).

Halten (Hold)

Mit dem Begriff „Halten" werden die in der Regelungstechnik als Störverhalten bekannten Betriebsarten eines Regelkreises bezeichnet, die nach externen Störungen entstehen.

Die Probleme beim Störverhalten bzw. „Halten" sind bekannt:

> „Nicht alle auftretenden Störungen sind messbar (schon gar nicht exakt), unser Wissen über den Prozess – das mathematische Prozessmodell – gibt die Wirklichkeit nur vereinfacht und fehlerhaft wieder. Wir können demzufolge nicht genau vorhersagen, wie die Prozessausgangsgrößen auf Stelleingriffe reagieren." (Zitat, Quelle [4, Seite 7])

Bekannt sind auch die Verfahren der Beseitigung von Störgrößen. Das sind:

- Vorsteuerung,
- Vorfilter,
- Störgrößenaufschaltung.

Jedoch sind alle o. g. Verfahren nur dann wirksam, wenn die Störungen bekannt und messbar sind, was eher selten vorkommt.

Im Abschn. 6.3 sind zunächst Beispiele der klassischen Störgrößenunterdrückung gegeben. Danach wird gezeigt, wie das Störverhalten (Halten) nach einem neuen Konzept mit einem Data Stream Manager (DSM) behandelt wird. Das DSM wird „Terminator" genannt, weil damit alle Störungen, ohne gemessen zu werden, unabhängig von der Applikationsstelle komplett beseitigt werden. Das Konzept des „Terminators" ist so einfach und gleichzeitig so effektiv, dass es höchst seltsam ist, warum dieses Konzept erst 2014 in [6] entwickelt und später in [7–9] erläutert wurde.

Sichern

Merken wir uns, dass es noch ein Verhalten von Regelkreisen gibt, das in den Grundlagen der Regelungstechnik nicht extra behandelt wird und erst bei tiefgehenden Kapiteln wie „Adaptive Regelung" und „Robuste Regelung" auftaucht. Es geht um die Änderung von Parametern des Regelkreises während des Regelbetriebes:

- bei Ausfällen des Reglers;
- bei nichtstationären bzw. LZV *(linearen zeitvariablen)* Strecken (siehe z. B. [12]). Das mathematische Modell einer stationären LZI-Strecke *(lineare zeitinvariante),* das zum Beginn des Entwurfs eines Regelkreises bestimmt wird (siehe Kap. 5) und als Grundlage für die Reglereinstellung gilt, wird dadurch nicht mehr der realen Strecke entsprechen, sodass der Regler umgestellt werden soll.

Das Verhalten eines Regelkreises, bei dem sich nicht die externen Störungen, wie beim „Halten", sondern die Regler- oder Streckenparameter ändern, werden nachfolgend kurz als „Sichern" bezeichnet. Dafür sind in Abschn. 6.4 zwei Module angeboten:

- DSM Redundanz für redundante Regelung mit zwei Reglern;
- DSM LZV für die Regelung von nichtstationären Strecken.

6.2 Data Stream Management beim Anfahren

6.2.1 DSM Overset

Klassisches Führungsverhalten: Anfahren nach dem Sollwertsprung

Betrachten wir einen einfachen Regelkreis, der aus einem P-Regler $G_R(s)$ und einer P-T1-Strecke $G_S(s)$ besteht. Die Übertragungsfunktion des offenen Kreises ist wie folgt gegeben:

$$G_0(s) = G_R(s)G_S(s) = K_{PR} \cdot \frac{K_{PS}}{1 + sT_1}$$

Beim Anfahren zum gegebenen Sollwert (Set Point) w_0 wird das dynamische Verhalten der Regelgröße nach der Führungs-Übertragungsfunktion $G_w(s)$ des geschlossenen Kreises bestimmt:

$$G_w(s) = \frac{G_0(s)}{1 + G_0(s)} = \frac{K_{PR}K_{PS}}{1 + K_{PR}K_{PS} + sT_1} = \frac{K_{Pw}}{1 + sT_w},$$

wobei gilt:

$$K_{Pw} = \frac{K_{PR}K_{PS}}{1 + K_{PR}K_{PS}} \tag{6.1}$$

$$T_w = \frac{T_1}{1 + K_{PR}K_{PS}} \tag{6.2}$$

Üblicherweise wird beim Anfahren der Eingangssprung w des Sollwertes eingegeben, wonach die Regelgröße $x(s)$ den gewünschten Sollwert w nach dem P-T1-Verhalten mit der Zeitkonstante T_w erreichen soll. Die Ausregelzeit T_{aus} beträgt dabei mathematisch genau $T_{aus} = 3{,}9T_w$ bzw. grob approximiert für praktische Fälle $T_{aus} = 5T_w$.

Jedoch wird der Sollwert nicht genau, sondern mit einem statischen Fehler bzw. mit einer bleibenden Regeldifferenz $e(\infty)$ erreicht:

$$x(\infty) = \lim_{t \to \infty} x(t) = \lim_{s \to 0} G_w(s)w = K_{Pw}w \tag{6.3}$$

$$e(\infty) = w - x(\infty) = (1 - K_{Pw})w$$

Um den statischen Fehler und auch die Ausregelzeit T_{aus} zu minimieren, soll natürlich der Verstärkungsfaktor K_{PR} des P-Reglers auf den möglichst maximalen Wert eingestellt werden. Aus technologischen Gründen oder wegen einer Begrenzung der Stellgröße ist dies jedoch nicht immer möglich. Der K_{PR}-Wert wird auch begrenzt, und der Sollwert wird nach einer großen Ausregelzeit mit einem statischen Fehler erreicht.

Beispiel

$$K_{PS} = 0,3 \ T_1 = 8\text{s}$$

Angenommen, der aus technologischen Gründen maximal zugelassene K_{PR}-Wert ist

$$K_{PR} = 10.$$

Die Kreisparameter werden nach Gl. 6.1 und 6.2 bestimmt:

$$K_{Pw} = \frac{10 \cdot 0,3}{1+10 \cdot 0,3} = 0,75 \ T_w = \frac{8}{1+10 \cdot 0,3} = 2$$

Das Anfahren zum Sollwert, z. B. $w = 1$, wird nach Gl. 6.3 mit dem statischen Fehler von 25 % erfolgen:

$$e(\infty) = w - x(\infty) = (1 - K_{Pw})w = (1 - 0,75) \cdot w = 0,25w$$

Die Ausregelzeit ist dabei $T_{aus} \approx 5T_w =$ ca. 10 s.

Anfahren mit dem Data Stream Manager „Overset“

Unter dem DSM Overset ist ein Algorithmus bezeichnet, mit dem

> „die Regelgröße in möglichst kurzer Zeit ihren durch die Führungsgröße w(t) vorgegebenen Wert annimmt. Dafür soll der Regler in der Lage sein, die Stellgröße auf einen möglichst großen Wert zu verstellen, d. h. von yR_{max} auf yR_{min} und umgekehrt, um die entsprechend schnelle Änderung der Regelgröße zu erreichen. Wegen der Anschläge des Stellgliedes beim Umschalten benutzte man dafür die Bezeichnung Bang-Bang-Regelung. Da dabei der Übergang der Regelgröße von einem zu dem anderen Sollwert ohne Überschwingen erfolgt, ist dieses Verfahren als Dead-Beat-Regelung (engl. aperiodisch) bekannt“. (Zitat, Quelle [2, Seite 367])

Der Sollwert w wird als Folge von üblicherweise zwei oder drei Impulsen w_0, w_1 und w_2 erstellt. Die Impulsperiode t wird abhängig von der Zeitkonstante T_w des Kreises (siehe

Gl. 6.2) festgelegt: $t=T_1$. Zum Ende des 1. Impulses w_0 sollen 90 % des Sollwertes w erreicht werden, was 63 % des Endwertes $x(\infty)$ der Regelgröße $x(\infty)$ entsprechen soll (siehe Gl. 6.1 und 6.3):

$$0,9w = 0,63x(\infty) = 0,63K_{\mathrm{Pw}}w_0 \tag{6.4}$$

Daraus wird die Höhe des 1. Impulses bestimmt:

$$w_0 = \frac{0,9w}{0,63K_{\mathrm{Pw}}} = \frac{1,4286}{K_{\mathrm{Pw}}}w \tag{6.5}$$

Mit dem 2. Impuls w_1 soll die Regelgröße x vom Punkt

$$x(T_{\mathrm{w}}) = 0,63x(\infty) \text{ bzw. } x(T_{\mathrm{w}}) = 0,9w$$

genau zum Sollwert w gebracht werden. Falls wir den Impuls w_0 nicht ändern, wird die Regelgröße oberhalb des Sollwertes w bis zu $K_{\mathrm{pw}}w_0$ gebracht. Um die Differenz $(K_{\mathrm{pw}}w_0 - w)$ zu vermeiden, soll der 2. Impuls w_1 eingegeben werden:

$$K_{\mathrm{Pw}}w_1 = K_{\mathrm{Pw}}w_0 - w$$

Die folgende Höhe des 2. Impulses ist also nötig:

$$w_1 = w_0 - \frac{1}{K_{\mathrm{Pw}}}w$$

Unten wird im MATLAB®-Skript anhand des obigen Beispiels eines einfachen Regelkreises aus einem P-Regler $G_{\mathrm{R}}(s)$ und einer P-T1-Strecke $G_{\mathrm{S}}(s)$ erklärt, wie die Impulse konfiguriert werden. Der Wirkungsplan des Regelkreises mit dem DSM Overset und die Sprungantwort beim Anfahren zum Sollwert $w=5$ sind in Abb. 6.2 und 6.3 gezeigt.

```
clear all
w=input('w='); % Sollwert-Eingabe
Kps=input('Kps='); % P-T1-Strecke: Parameter-Eingabe
T1=input('T1='); % P-T1-Strecke: Parameter-Eingabe
KpR=input('KpR='); % P-Regler: Eingabe des Verstärkungsfaktors
Kpw=KpR*Kps/(1+KpR*Kps); % Regelkreis als P-T1: Berechnung des Ver-
stärkungsfaktors
Tw=T1/(1+KpR*Kps); % Regelkreis als P-T1: Berechnung der Zeit-
konstante
w0=1.4286*w/Kpw; % 1. Impulshöhe w0 bei t=0, um 90 % des Sollwertes
zu erreichen
w1=w0-(1/Kpw)*w; % 2. Impulshöhe w1 bei t=Tw, um den Sollwert w zu
erreichen
```

In Abb. 6.4 sind zwei Optionen für das Anfahren einer P-T2-Strecke zum Sollwert $w=5$ miteinander verglichen, nach der Steuerung mit dem DSM Overset und nach der Regelung mit dem PI-Regler ohne DSM. Aus der Abb. 6.5 sind die Vorteile der Option mit dem DSM deutlich zu sehen.

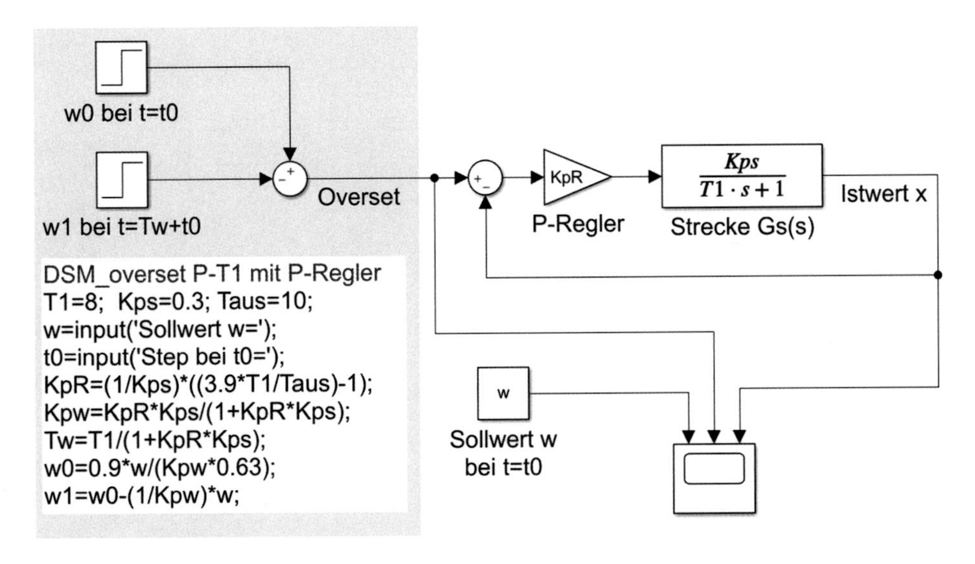

Abb. 6.2 Beispiel eines DSM Overset für P-T1-Regelstrecke mit dem P-Regler

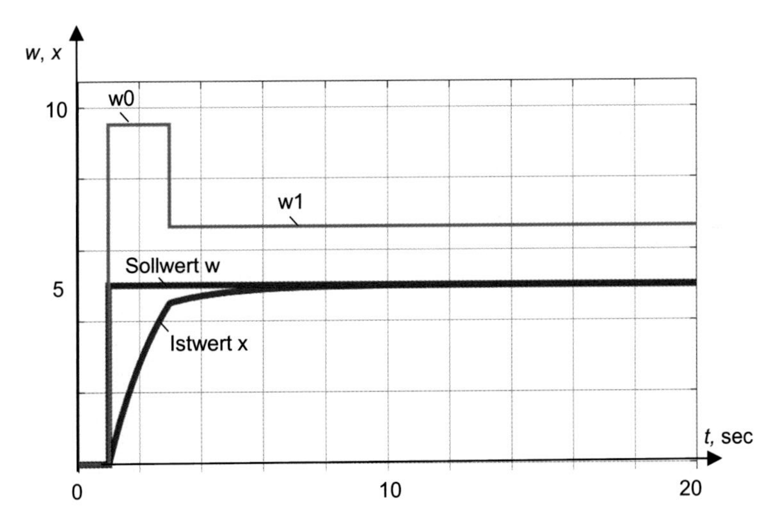

Abb. 6.3 Sprungantwort des Regelkreises der Abb. 6.2 beim Anfahren zum Sollwert $w=5$ mit dem DSM Overset

6.2.2 DSM Override

Beim Anfahren zum Sollwert wird oft verlangt, dass die Regelgröße in bestimmten Grenzen bleibt. Eine solche Regelung wird Begrenzungsregelung oder auch Override-Regelung genannt.

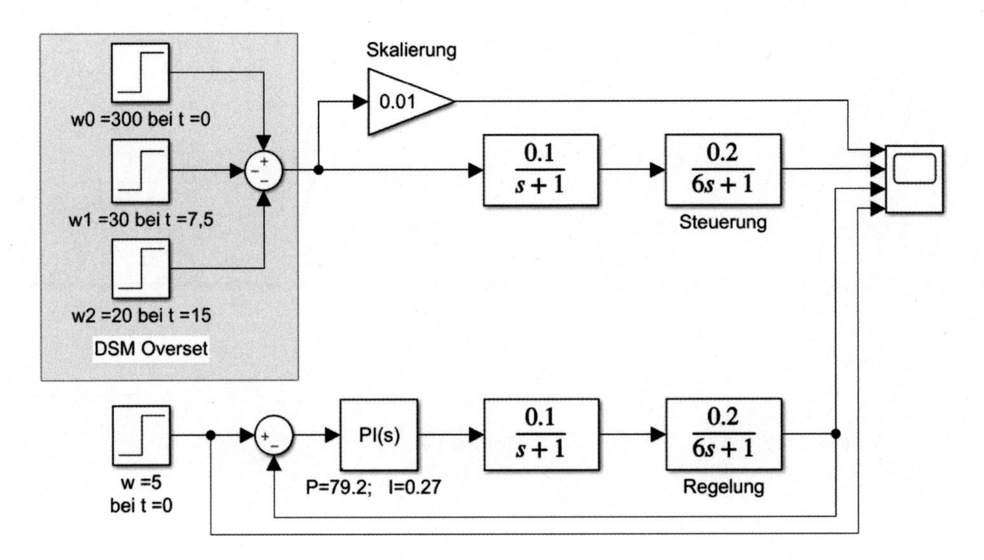

Abb. 6.4 Anfahren mit DSM Overset (oben) und mit dem PI-Regler ohne DSM Overset

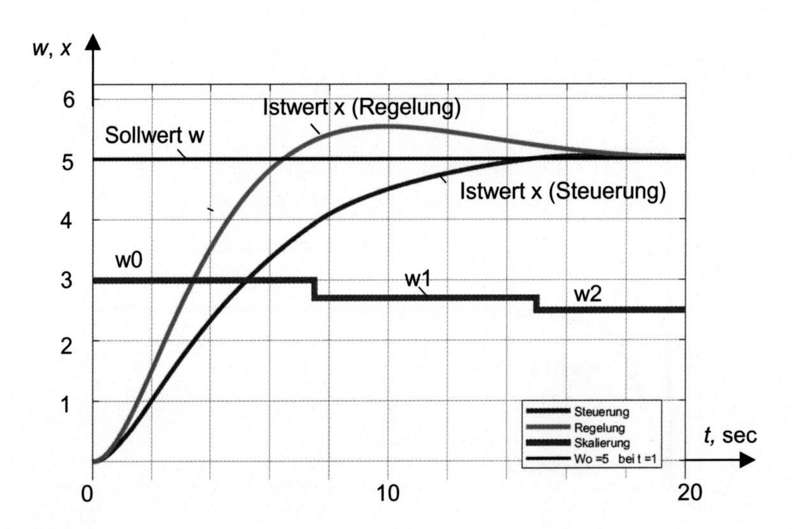

Abb. 6.5 Sprungantworten für das Anfahren nach Abb. 6.4 mit DSM Overset (Steuerung) und mit dem PI-Regler ohne DSM (Regelung)

„Die Begrenzungsregelung ist besonders gut für Strecken geeignet, bei denen sowohl die Regelgröße x auf den vorgegebenen Sollwert w gebracht als auch eine weitere Größe (Begrenzungsgröße) vorgegebene Grenzwerte g_{max} und/oder g_{min} nicht überschreiten soll. Beispielsweise soll in einem Ofen die Temperatur konstant gehalten werden und gleichzeitig der Druck den maximal zugelassenen Wert nicht überschreiten." (Zitat, Quelle [2, Seite 258])

Beispiel

Die Temperatur x_{over} in einem Ofen als Temperaturregelstrecke ist neben Heizelementen natürlich höher als die Temperatur x im Ofen. Wird die Strecke beim Anfahren zum Arbeitspunkt bzw. zum Sollwert w mit einem Einzelkreis mit dem Regler G_R geregelt, kann $x > x_{over}$ sein, wie in Abb. 6.6b gezeigt ist. Die überhöhte Temperatur x im Ofen kann zu unerwünschten Effekten führen.

Um dies zu vermeiden und die Bedingung $x < x_{over}$ beim Anfahren zum Sollwert w zu erfüllen, wird noch ein Regelkreis mit dem G_{Rover}-Regler gebildet (Abb. 6.6). Die Regelung wird nach einem Auswahl-Switch zwischen beiden Reglern umgeschaltet, wie in Kap. 3 an einer Simulation angedeutet ist.

Die Sprungantworten von x und x_{over} mit Override-Regelung sind in Abb. 6.6 gezeigt. Daraus ist ersichtlich, dass die gegebene Bedingung $x < x_{over}$ erfüllt ist.

Die Reglereinstellung der beiden Regler wird in [10] und [11] an Beispielen behandelt sowie in Kap. 1, Abschn. 1.5.1 diskutiert, sodass in Abb. 6.7 nur der Aufbau des DSM Over gezeigt ist.

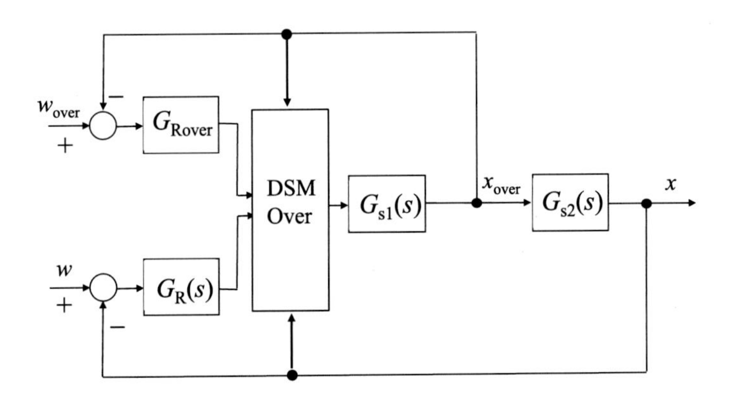

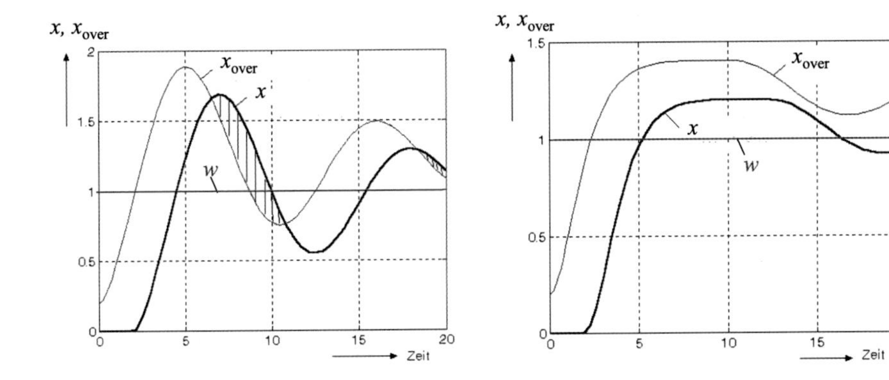

Abb. 6.6 Begrenzungsregelung bzw. Override-Regelung

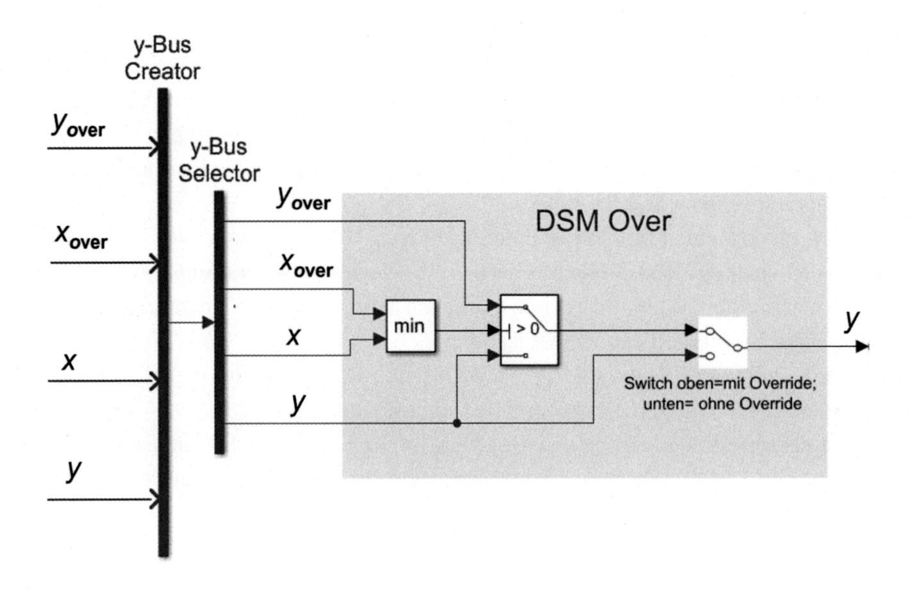

Abb. 6.7 Aufbau des DSM Over

6.2.3 DSM FFF

Konzept

Der als FFF bezeichnete *Feed-Forward-Fuzzy*-Regler wurde in [13] entwickelt und in [12] als „Fuzzy-Regler ohne Fuzzy-Logik“ mit „Fuzzy-Trial Elementen“ behandelt. Der Begriff „Trial“ bedeutet üblicherweise die abgespeckte Demo-Version eines Software-Produkts, das zum Testen auf dem Markt angeboten wird.

Die Trial-Elemente des FFF-Reglers sind auch die abgespeckten Bausteine eines Fuzzy-Reglers nach *Mamdani* (siehe [2, 10, 12–1415]). Sie entsprechen der Operation „Fuzzifizierung“ einer konventionellen Fuzzy-Logic.

Die Regelbasis und die Inferenz eines klassischen Fuzzy-Reglers (Abb. 6.8a) sind in dem FFF-Regler durch einfache Addition und den Algorithmus des klassischen Standardreglers ersetzt (Abb. 6.8b).

> „Die Regelbasis einer konventionellen Regelung ist durch das allgemeine Rückführungsprinzip in jedem Regelkreis bereits vorhanden. Die gewünschte Nichtlinearität der statischen Kennlinie des Reglers kann auch ohne Regelbasis, Inferenz und Defuzzifizierung durch die Einstellung von Eingangs-Zugehörigkeitsfunktionen erreicht werden.“ (Zitat, Quelle [12, Seite 129])

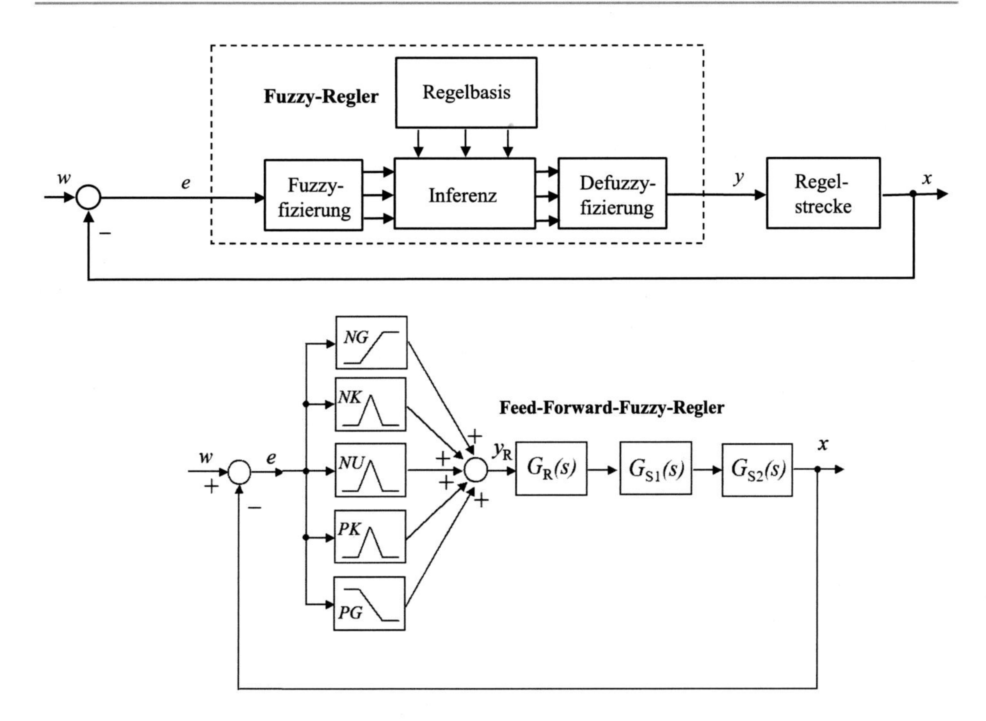

Abb. 6.8 **a** Klassischer Fuzzy-Regler (Quelle [1, Seite 105]) und **b** Feed-Forward-Fuzzy-Regler nach [12] und [13]

DSM FFF

Die Implementierung des DSM FFF nach dem oben beschriebenen Fuzzy-Trial-Algorithmus ist in Abb. 6.9 gegeben. Der PI-Regler ist optimal nach der Dämpfung $\vartheta = 1$ des Kreises ohne Rücksicht auf Fuzzy-Bausteine *big, middle* und *small* eingestellt (aperiodisches Verhalten, keine Überschwingung):

$$G_0(s) = G_R(s)G_S(s) = \frac{K_{PR}(1 + sT_n)}{sT_n} \cdot \frac{0,8}{(1 + 2s)(1 + 20s)}$$

Nach der Kompensation mit $T_n = 20$ s ergibt sich für den offenen Kreis:

$$G_0(s) = \frac{0,8K_{PR}}{sT_n(1 + 2s)}$$

Das ist der Standardtyp A (siehe Kap. 5 oder [2] und [9]), wofür Folgendes gilt:

$$K_{PR} = \frac{T_n}{4\theta^2 K_{PS} T_2} = \frac{20}{4 \cdot 1 \cdot 0,8 \cdot 2} = 3,125$$

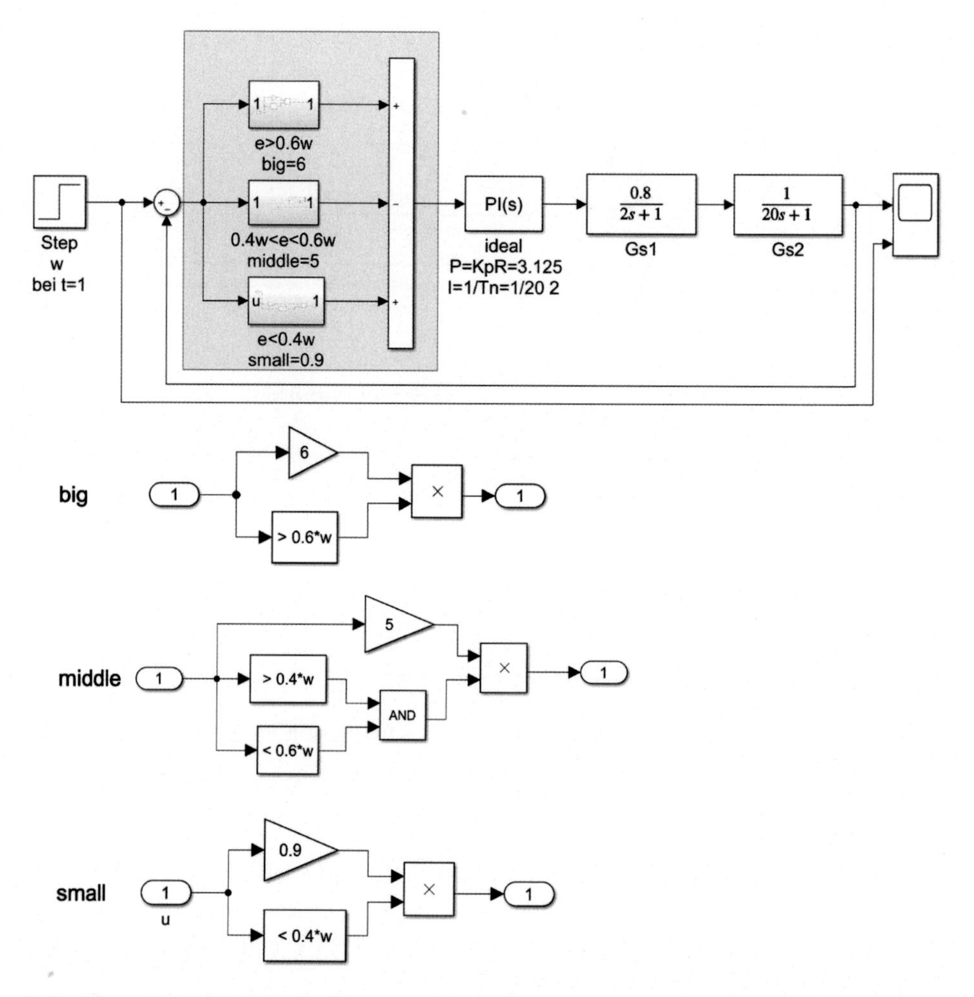

Abb. 6.9 **a** Regelkreis mit dem DSM FFF und **b** die Fuzzy-Trial-Elemente big, middle, small

Die Sprungantwort des Reglerkreises mit dem FFF-Regler ist in Abb. 6.10 gegeben. Zum Vergleich sind dort auch die Sprungantworten desselben Regelkreises mit dem PI-Regler ohne DSM FFF für zwei K_{PR}-Werte abgebildet, für $K_{PR} = 25$ und $K_{PR} = 3{,}125$. In beiden Fällen ist die Regelqualität schlechter als mit dem FFF-Regler: Entweder entsteht große Überschwingung oder die Ausregelzeit ist zu groß.

6.2.4 DSM Multiset

Eine typische Aufgabe in der chemischen, pharmazeutischen und Lebensmittelindustrie ist die Dosierung von Produkten, z. B. Flüssigkeiten oder Pulver. Zeigen wir unten an

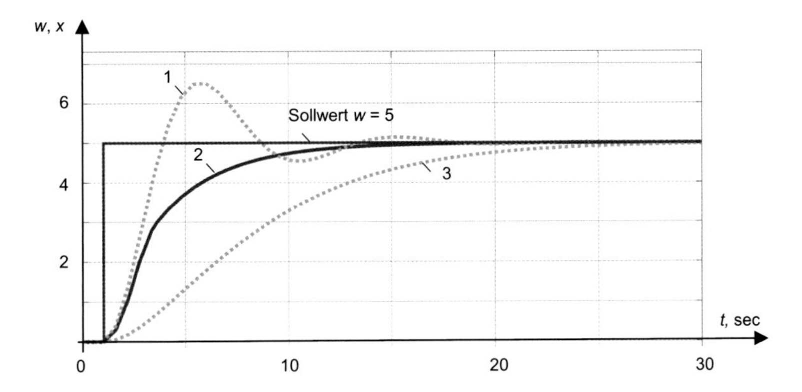

Abb. 6.10 Sprungantworten des Regelkreises. Kurven 1 und 3: ohne DSM FFF mit dem PI-Regler, entsprechend mit $K_{PR} = 25$ und $K_{PR} = 3{,}125$. Kurve 2: mit DSM FFF mit dem PI-Regler mit $K_{PR} = 3{,}125$. Bei allen Reglern ist $T_n = 20$ s

einem Beispiel, wie die Dosierung mit dem Data Stream Management nach dem Konzept *Predictive Functional Control* (PFC) mit einem Referenzmodell realisiert werden kann.

> „Nach diesem Verfahren wird zuerst der Modellausgang $x_M(t)$ für die gesamte Ausregelzeit T_{aus} berechnet, dann wird die Stellgröße $y(t)$ des Reglers innerhalb eines vordefinierten Zeitabschnitts T_h (Prädiktionshorizont) an die gewünschte Sprungantwort $x_M(t)$ angepasst (siehe Skizze rechts). Am Ende jedes Anpassungsschritts T_λ wird die Berechnung wiederholt und somit ständig an den aktuellen Wert gebracht. Somit wird die Abweichung $e_k - e_{Mk}$ zwischen Regeldifferenzen minimiert." (Zitat, Quelle [1, Seite 102])
>
> „Der Vorteil dieses Verfahrens besteht also darin, dass die möglichen Abweichungen der Modellparameter T_M und K_{PM} von den reellen Parametern am Ende jedes Prädiktionshorizonts erkannt und durch eine geänderte Stellgröße ausgeglichen werden." (Zitat, Quelle [2, Seite 362])

Angenommen, ein Gefäß soll innerhalb von $T = 200$ ms mit $w = 10$ mg eines zu dosierenden Mediums gefüllt werden. Nach dem PFC-Verfahren wird die gesamte Füllzeit T in k Zeitabschnitte *(Prädiktionshorizonte)* der Länge T_h aufgeteilt, z. B.:

$$k = 5 \quad T_h = \frac{T}{k} = \frac{200}{5} = 40 \text{ ms}$$

Das Data Stream Management ist in Abb. 6.11 dargestellt und besteht neben einer zu regelnden Strecke mit ausgeprägtem I-Verhalten aus drei Modulen:

- dem Referenzmodell bzw. dem vorab identifizierten Modell der Strecke für eine zu dosierende Mediumsorte, die als Sollwertgeber zum Beginn jedes Zeithorizonts dienen soll. Das Referenzmodell ist natürlich nicht, wie die Regelstrecke, von Störungen beeinflusst;

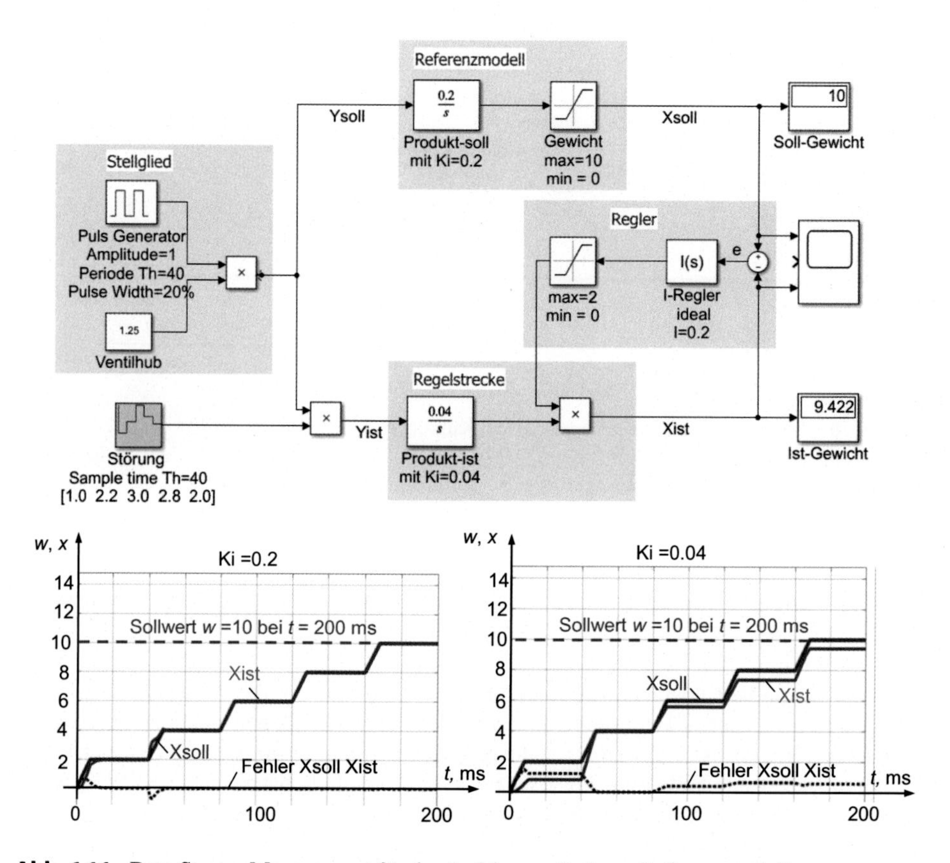

Abb. 6.11 Data Stream Management für das Anfahren mit einem Referenzmodell

- dem Stellglied, mit dem die Zeithorizonte mittels eines Pulsgenerators gebildet werden und die Stellgröße erstellt wird (Ventilhub);
- dem Regler zum Ausregeln der Differenz zwischen Soll- und Istwert von Gewichten der Regelstrecke und des Referenzmodells zu jedem Zeithorizont.

  Die Sprungantworten sind in Abb. 6.11 für zwei Fälle gezeigt:

- Kurve links: Das nachgefüllte Medium hat gleiche Eigenschaften wie das Referenzmodell, nämlich in beiden Fällen gilt $Ki = 0{,}2$. Trotz Störungen wird das Gewicht $x = 9{,}991$ mg zum gewünschten Zeitpunkt $T = 200$ ms erreicht bzw. der Fehler ist 0,009 mg. Bei einem Medium mit $Ki = 0{,}05$ wird das Ist-Gewicht 9,983 mg erreicht, bzw. der Fehler ist 0,017 mg.
- Kurve rechts: Erst bei einem Medium mit $Ki = 0{,}04$, das sich stark vom vorab identifizierten Mediums unterscheidet bzw. 5-mal kleiner ist, beträgt das nachgefüllte Gewicht 9,422 g am Ende des Füllprozesses bei $T = 200$ ms. Um das zu vermeiden, soll die Strecke erneut identifiziert und der Regler dementsprechend umgestellt werden.

6.3 Data Stream Management beim Halten

6.3.1 Klassische Regelverfahren bei Störgrößen

„Die Einführung eines 2. Freiheitsgrades in das Regelsystem, nämlich einer Vorsteuerung oder eines Vorfilters, ermöglicht eine individuelle, optimale Auslegung bezüglich der beiden Anforderungen: Störgrößenunterdrückung und Führungsgrößenfolge." (Zitat, Quelle [5, Seite 473])

Die klassischen Strukturen für die Einführung des 2. Freiheitsgrades beim Störverhalten sind:

- Vorsteuerung,
- Vorfilter,
- Störgrößenaufschaltung.

Alle drei Strukturen findet man in Abb. 6.12.

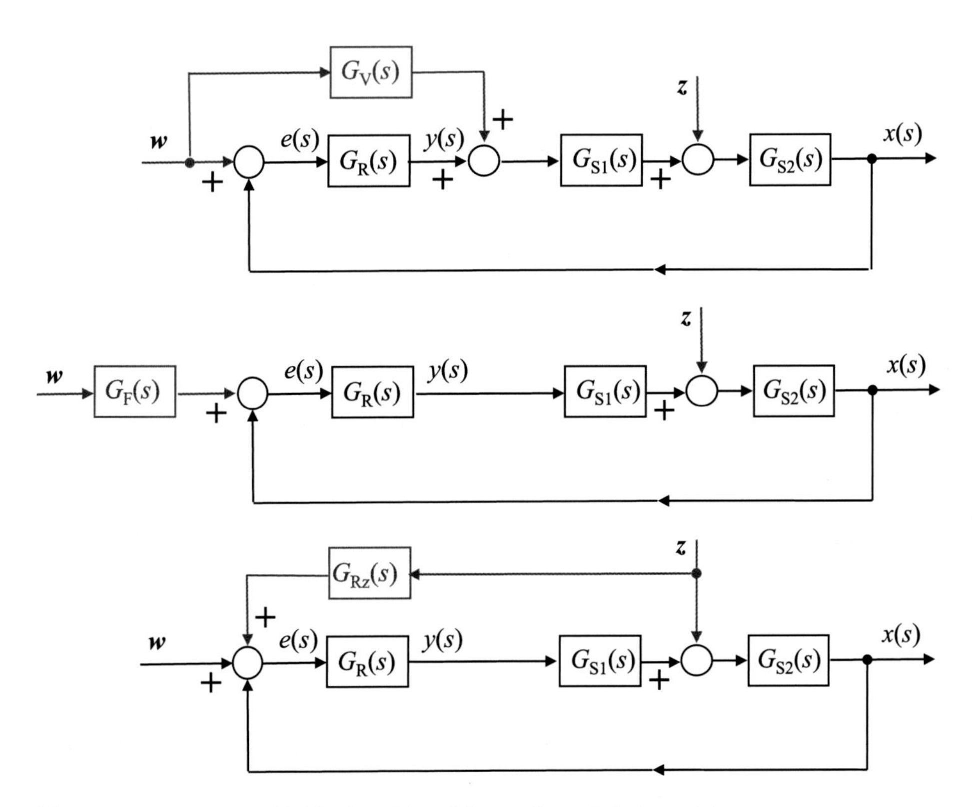

Abb. 6.12 Vorsteuerung (a), Vorfilter (b) und Störgrößenaufschaltung (c)

Vorsteuerung
Die Störgröße z wird durch die Führungsgröße w kompensiert (Abb. 6.12a), sodass die Regelgröße $x(s)$ durch die gemeinsame Wirkung von w und z nicht beeinflusst wird, bzw. es soll gelten:

$$G_w(s) = G_z(s) \tag{6.6}$$

$$G_w(s) = \frac{G_{Vw}(s)}{1 + G_0(s)} = \frac{G_V(s)G_{S1}(s)G_{S2}(s)}{1 + G_0(s)} \tag{6.7}$$

$$G_z(s) = \frac{G_{Vz}(s)}{1 + G_0(s)} = \frac{G_{S2}(s)}{1 + G_0(s)} \tag{6.8}$$

Setzt man Gl. 6.7 und 6.8 in Gl. 6.6 ein, dann ergibt sich die Übertragungsfunktion der Vorsteuerung:

$$G_V(s) = \frac{1}{G_{S1}(s)}$$

Vorfilter
Auch mit dem Vorfilter wird die Störgröße z durch die Führungsgröße w kompensiert (Abb. 6.12b). Es soll die Gleichung $x(s) = 0$ bei der gemeinsamen Wirkung von w und z gelten. Die Übertragungsfunktion für die Führungsgröße

$$G_w(s) = G_F(s)\frac{G_R(s)G_{S1}(s)G_{S2}(s)}{1 + G_0(s)}$$

und die Übertragungsfunktion $G_z(s)$ für die Störgröße (siehe Gl. 6.8) werden in Gl. 6.6 eingesetzt:

$$\frac{G_F(s)G_R(s)G_{S1}(s)G_{S2}(s)}{1 + G_0(s)} = \frac{G_{S2}(s)}{1 + G_0(s)}$$

Daraus resultiert die Übertragungsfunktion des Vorfilters:

$$G_F(s) = \frac{1}{G_R(s)G_{S1}(s)}$$

Störgrößenaufschaltung
Die Störgrößenaufschaltung wurde in Kap. 2, Abschn. 2.3.2 detailliert beschrieben, auch die Reglereinstellung wurde gezeigt. In Bezug auf Abb. 6.12c wird die Übertragungsfunktion $G_{Rz}(s)$ des Störgrößenkompensators nach der Bedingung $x(s) = 0$ bzw. $G_{Vz}(s) = 0$ wie folgt bestimmt:

$$G_{Vz}(s) = G_{Rz}(s)G_R(s)G_{S1}(s)G_{S2}(s) - G_{S2}(s) = 0$$
$$G_{Rz}(s) = \frac{1}{G_R(s)G_{S1}(s)}$$

Zusammenfassend merken wir uns, dass bei allen drei klassischen Verfahren die Inverse der Übertragungsfunktion der Strecke gebildet werden soll, was praktisch bei industriellen Strecken mit großen Zeitkonstanten im Nenner oder mit Totzeiten nie genau realisierbar ist. Das Hautproblem der klassischen Verfahren besteht jedoch darin, dass die externe Störung messbar sein muss, und es bekannt sein soll, an welcher Stelle der Strecke die Störgröße wirkt, was häufig nicht möglich ist.

Die in [6] und [9] angebotene und unten beschriebene Struktur der Störgrößenunterdrückung basiert auf einem ganz anderen Konzept als das o. g. Kompensationsprinzip und eliminiert die Störungen, unabhängig davon, an welcher Stelle des Kreises sie wirken.

6.3.2 DSM Terminator

Konzept

Der DSM Terminator für die Störgrößenbeseitigung eines einfachen Regelkreises, wie auch der in Kap. 8 beschriebene DSM Router für die Entkopplung eines MIMO-Reglers, ist nach dem Antisystem-Approach (ASA) entworfen (siehe Kap. 7). Die mathematische Herleitung des Router-Algorithmus ist zu finden in [6].

Im Folgenden werden die Struktur und die Funktion des DSM Terminators ohne mathematische Hintergründe anhand Abb. 6.13 erklärt:

a. Ein Regelkreis besteht aus einem Regler $G_R(s)$ und zwei Teilstrecken $G_{S1}(s)$, $G_{S2}(s)$. Zunächst soll der Kreis zum Arbeitspunkt $x = w$ angefahren werden. Wie es in der Regelungstechnik üblich ist, wird angenommen, dass beim Anfahren keine Störgrößen wirken (Abb. 6.13a), und die Übertragungsfunktionen $G_{S1}(s)$ und $G_{S2}(s)$ sind bekannt.
b. Nehmen wir an, dass der Regler, wie es in der Praxis üblich ist, ein PI- oder PID-Regler ist. In diesem Fall wird der Kreis zum Arbeitspunkt $x = w$ ohne bleibende Regeldifferenz, d. h. mit $e(\infty) = 0$ angefahren. Die Stellgröße in diesem stabilen Beharrungszustand ist in Abb. 6.13b einfach als y bezeichnet und bleibt konstant, solange keine Störungen auftreten.
c. Ehe eine der Störgrößen z_1, z_2 oder z_3 wirkt (oder alle drei zusammen), wird die Regelgröße sofort mit Δx gestört (siehe Abb. 6.13c). Es gilt also für die Regelgröße nicht mehr $x = w$, sondern $x = (w + \Delta x)$. Danach wird der Regler durch Δe angeregt und eine neue Stellgröße $(y + \Delta y)$ liefern.
d. Die Stellgröße wird nach dem Terminatorkonzept in zwei Richtungen geschickt (Abb. 6.13d): wie üblich zur Strecke, aber auch zu einer Schattenstrecke, die eigentlich eine Software-Kopie bzw. das Modell der Strecke ist. Laut Kap. 7, Abschn. 7.3.5 kann die Schattenstrecke auch als Hardware-Modell oder als zweite physikalische Strecke eingesetzt werden. Da die Schattenstrecke im Unterschied zur geregelten Strecke ungestört ist, wird aus der Differenz der beiden Ausgänge die von Störgrößen hervorgerufene

a) Anfahren zum Arbeitspunkt (Führungsverhalten)

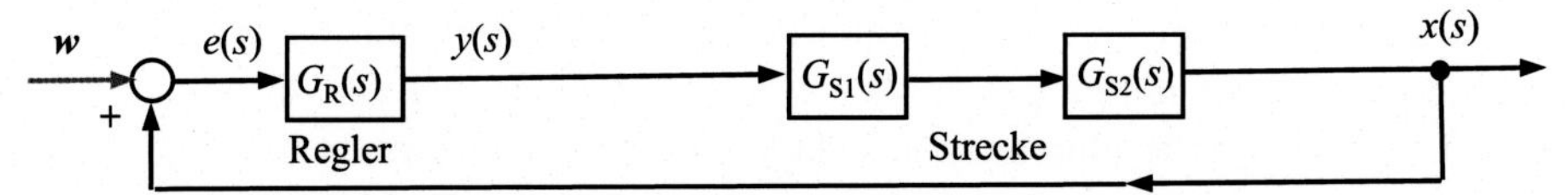

b) Ausgeregelter stabiler Zustand im Arbeitspunkt

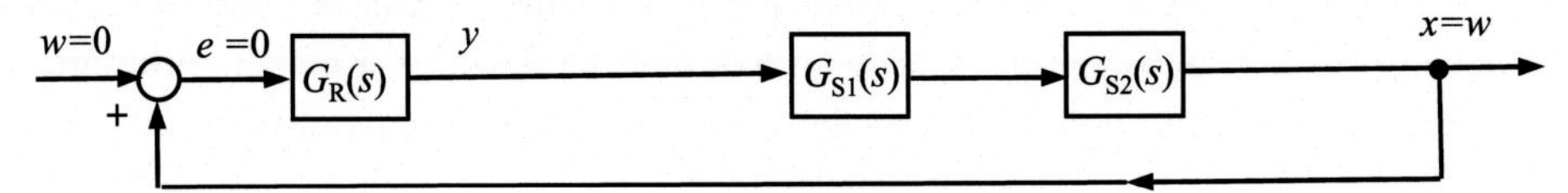

c) Halten (Störverhalten)

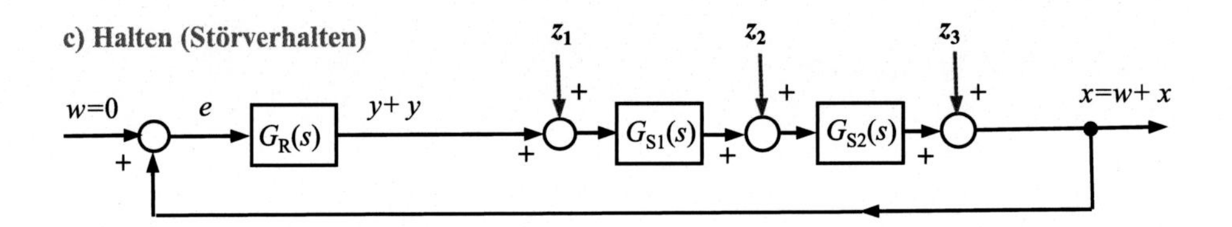

d) Vergleich mit ungestörtem Modell

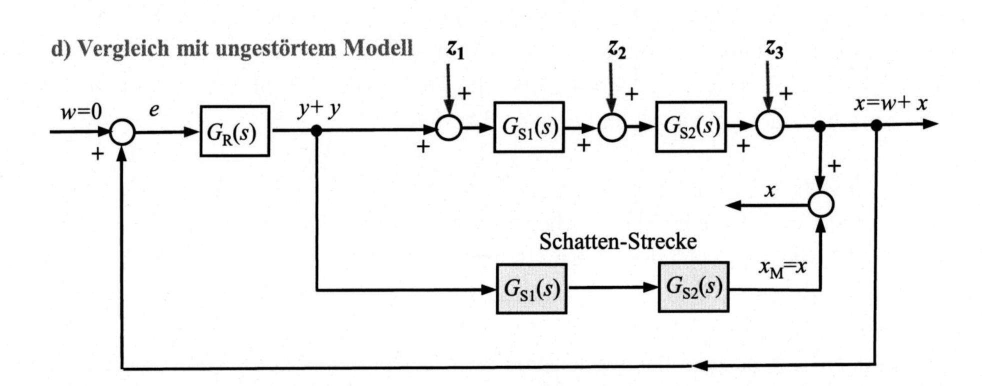

e) Keine Wirkung von Störgrößen

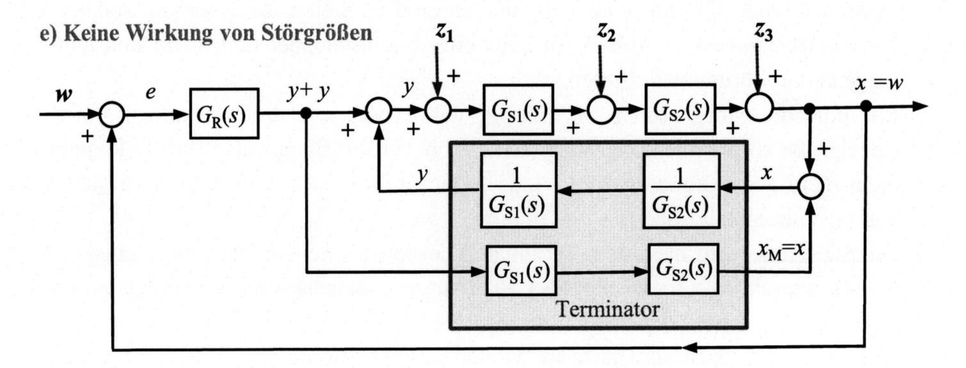

Abb. 6.13 Störgrößenerkennung und -unterdrückung mit dem DSM Terminator

Änderung Δx der Regelgröße erkannt. Merken wir uns an dieser Stelle, dass es absolut egal ist, aufgrund welcher Störgröße z_1, z_2, z_3 (oder ob von allen drei Störgrößen zusammen) diese Änderung entstand.

e. Die letzten zwei Schritte der Störgrößenbeseitigung mit dem DSM Terminator sind in Abb. 6.13e angedeutet. Zuerst wird der Zuwachs Δx der Regelgröße in den Zuwachs Δy der Stellgröße zurückberechnet. Dafür wird Δx durch die inverse Übertragungsfunktion $1/G_{S1}G_{S2}$ der Strecke geschickt. Die somit erkannte Δy wird dann von der „gestörten" Stellgröße $(y + \Delta y)$ abgezogen, sodass die Stellgröße y des „ungestörten" Arbeitspunktes (siehe Abb. 6.13b) wieder „erkannt" wird. Diese „wieder erkannte" Stellgröße des Arbeitspunktes $x = w$ wird vom Terminator zur Strecke viel schneller gesendet, als der Regler an seinem Eingang die „gestörte" Regeldifferenz Δe erhalten kann, weil die inverse Regelstrecke hohe D-Anteile besitzt. Die Wirkung der Störung wird vollständig beseitigt.

Implementierung

Das MATLAB®/Simulink-Modell eines Regelkreises mit drei Störgrößen und der interne Aufbau des DSM Terminators sind in Abb. 6.14 gezeigt. Die simulierten Sprungantworten dieses Regelkreises mit und ohne DSM Terminator sind in Abb. 6.15 gegeben.

Es ist aus Abb. 6.15 deutlich zu sehen, dass die Wirkung von allen drei Störungen nach dem Einsatz des DSM Terminators spurlos verschwindet. Jedoch kann die Beseitigung von Störgrößen nicht immer so perfekt erfolgen, wie es theoretisch zu erwarten und wie es in Abb. 6.15 dargestellt ist. Dies hängt ab von Verhältnissen zwischen Parametern der Strecke und Zeitverzögerungen von Übertragungsfunktionen $G_{z1}(s)$, $G_{z2}(s)$ und $G_{z2}(s)$. Je kleiner die Zeitkonstanten von $G_{z1}(s)$, $G_{z2}(s)$ und $G_{z2}(s)$ im Vergleich zu Strecken-Zeitkonstanten von $G_{S1}(s)$ und $G_{S2}(s)$ sind, desto schneller wirken die Störungen und desto größer sind die Abweichungen von der theoretisch zu erwartenden Störgrößenunterdrückung. Es soll auch beachtet werden, dass der interne Kreis des DSM Terminator (Abb. 6.14) zwischen der inversen Strecke und der Schattenstrecke eine Mitkopplung hat. Dadurch werden ungedämpfte Schwingungen der Stellgröße generiert. Obwohl die Amplitude dieser Schwingungen klein ist und die Stabilität des Kreises nicht gefährdet wird, soll bei praktischen Anwendungen ein Tiefpassfilter nach dem DSM Terminator eingesetzt werden.

Zusammenfassend kann man feststellen, dass der Einsatz des DSM Terminators immense Vorteile gegenüber klassischen Verfahren hat, weil dabei keine Informationen über Störgrößen, deren Messwerte, Eigenschaften oder Applikationsstellen benötigt werden.

6.4 Data Stream Management beim Sichern

Wie bereits in der Einführung zu diesem Kapitel erwähnt wurde, wird das Verhalten eines Regelkreises als „Sichern" bezeichnet, wenn sich die Regler- oder Streckenparameter während des Regelbetriebs ändern. Im Folgenden sind dafür zwei Module angeboten:

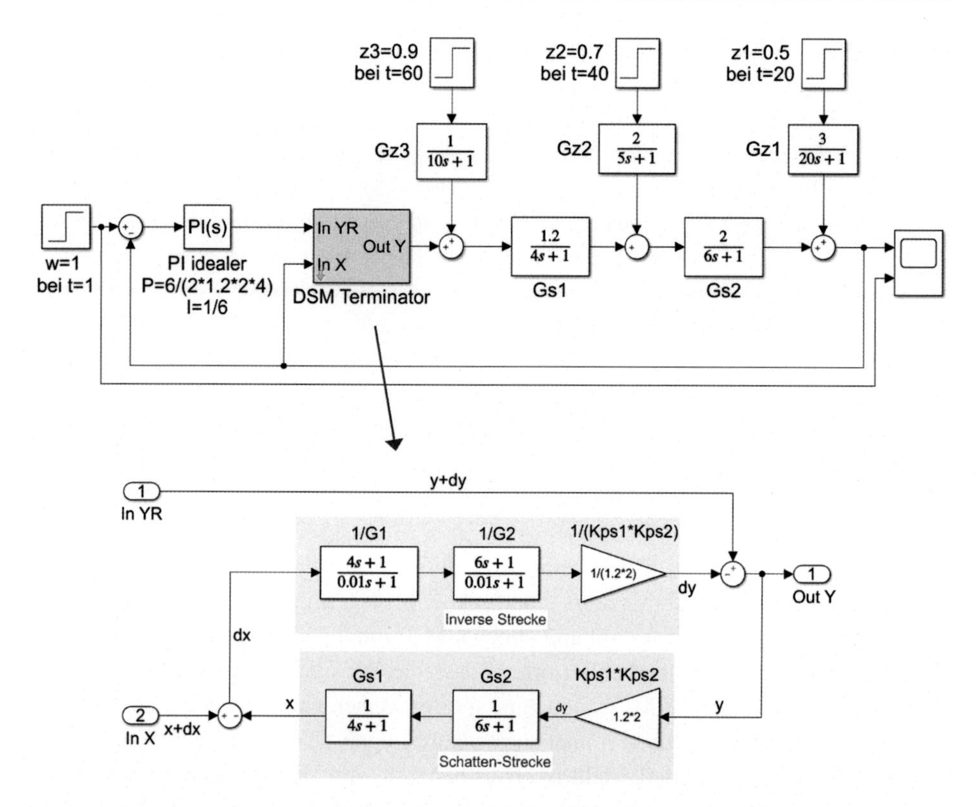

Abb. 6.14 Regelung mit DSM Terminator bei der Betriebsart „Halten" (Störgrößenverhalten); **a** Wirkungsplan des Regelkreises mit drei Störungen; **b** der Aufbau des DSM Terminators

- DSM-Redundanz für redundante Regelung mit zwei Reglern;
- DSM LZV für die Regelung von nichtstationären Strecken.

6.4.1 DSM-Redundanz

Ein Regelkreis mit dem redundanten Switch ist in Kap. 3 gezeigt (siehe auch [6] bis [9]). Die Regelung erfolgt mit zwei identischen PI-Reglern, $G_{R1}(s)$ und $G_{R2}(s)$, zu deren Eingängen die gleiche Regeldifferenz $e(s)$ eingegeben ist (Abb. 6.16). Der Regler $G_{R1}(s)$ erstellt daraus die Stellgröße $y_1(s)$ als „Control"-Variable, der Regler $G_{R2}(s)$ liefert an seinem Ausgang $y_2(s)$ die „Safe"-Variable.

Im Normalbetrieb, d. h. solange $y_1(s) = y_2(s)$ gilt, ist der „Control"-Regler $G_{R1}(s)$ im Einsatz. Wenn aber die Differenz $\Delta = |y_2(s) - y_1(s)|$ entsteht, wird die Stellgröße von „Control"-Variable $y_2(s)$ auf „Safe"- Variable umgeschaltet.

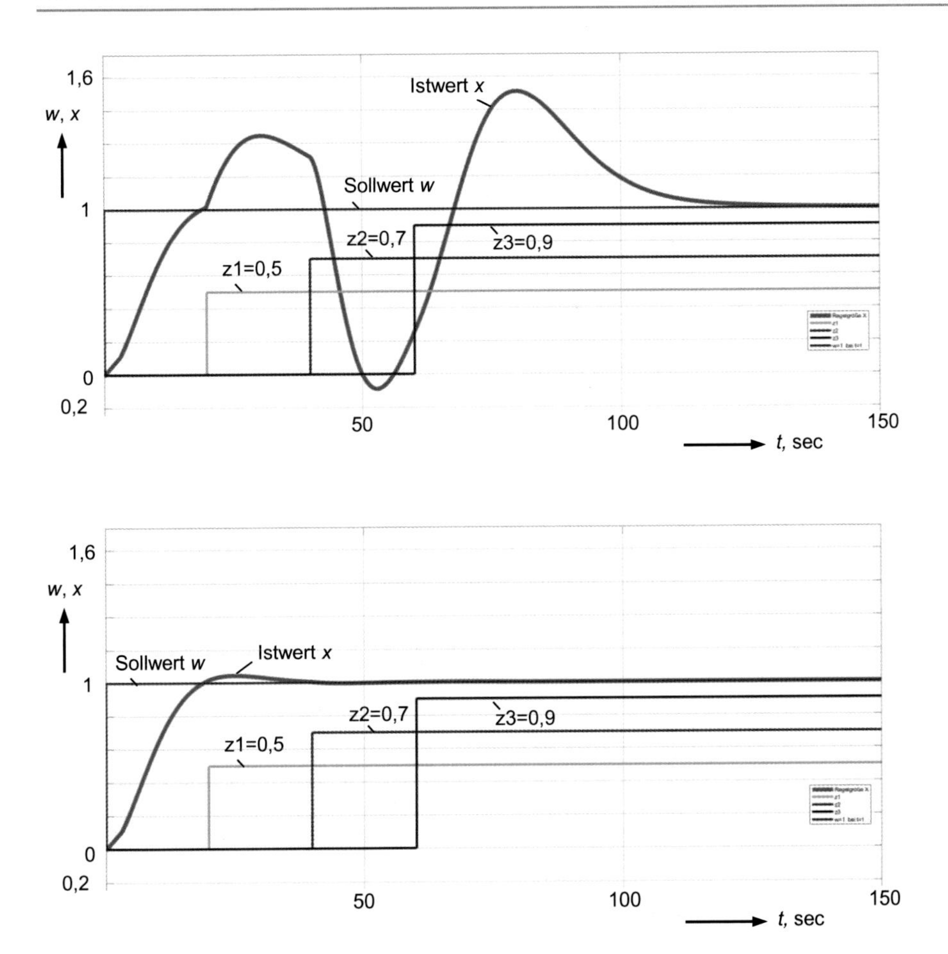

Abb. 6.15 Sprungantworten des Regelkreises der Abb. 6.14; **a** ohne DSM Terminator; **b** mit DSM Terminator

6.4.2 DSM LZV

Problemstellung

„Die linearen Übertragungsglieder kann man mittels DGL mit konstanten Koeffizienten

$$a_2 \underset{\mathrm{a}}{\ddot{x}}(t) + a_1 \dot{x}_\mathrm{a}(t) + a_0 x_\mathrm{a}(t) = b_0 x_\mathrm{e}(t)$$

oder mit zeitabhängigen Koeffizienten, z. B. wie folgt

$$a_2 \underset{a}{\ddot{x}}(t) + a_1(t)\dot{x}_\mathrm{a}(t) + a_0 x_\mathrm{a}(t) = b_0 x_\mathrm{e}(t)$$

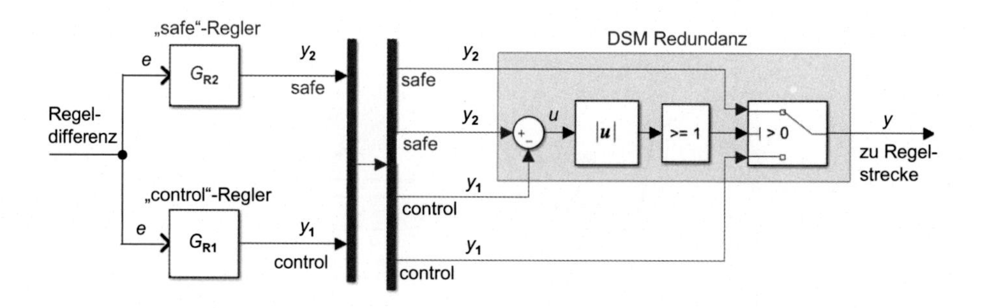

Abb. 6.16 DSM-Redundanz – ein Switch zwischen zwei redundanten Reglern

beschreiben. Nach dem in [16] gegebenen Klassifikationsschema werden die Übertragungsglieder mit konstanten Koeffizienten als LZI-Glieder (lineare zeitinvariante) und die mit zeitabhängigen Koeffizienten als LZV-Glieder (lineare zeitvariante) bezeichnet. Zu den LZI-Gliedern gehören lineare Übertragungsglieder, die eine Laplace-transformierte Übertragungsfunktion

$$G(s) = \frac{x_a(s)}{x_e(s)}$$

sowie die entsprechende Übertragungsgleichung

$$x_a(s) = G(s)x_e(s)$$

besitzen. Dies gilt nicht für die LZV-Glieder. Die klassische lineare Regelungstechnik beruht ausschließlich auf LZI-Gliedern." (Zitat, Quelle [12, Seite 140])

Jedoch kommt es häufig bei praktischen Anwendungen vor, dass sich die Streckenparameter ändern, wie unten nach [11] am Beispiel eines P-T1-Gliedes gezeigt ist:

$$G_S(s, \tau) = \frac{K_{PS}(\tau)}{1 + sT_1(\tau)} = \frac{x(s)}{y(s)} \tag{6.9}$$

Die Änderungen von K_{ps} und T_1 erfolgen viel langsamer als die Sprungantwort $x(t)$ der Strecke und sind in Gl. 6.9 als Funktionen des Arguments τ dargestellt. Ein Regler, der für den Zeitpunkt τ_0 optimal eingestellt ist, wird zu einem anderen Zeitpunkt τ_1 nicht mehr optimal funktionieren und soll umgestellt werden.

Wenn die Funktionen $K_{PS}(\tau)$ und $T_1(\tau)$ des LZV-Gliedes Gl. 6.9 vorab nicht gegeben sind, werden für die Reglereinstellung die Methoden der adaptiven Regelung benutzt, die hier nicht behandelt werden. Sind jedoch die Funktionen $K_{PS}(\tau)$ und $T_1(\tau)$ gegeben, können die Kennwerte eines Standardreglers als Funktionen $K_{PR}(\tau)$, $T_n(\tau)$ und $T_v(\tau)$ bestimmt werden, und zwar so, dass die gewünschten Regelgütekriterien innerhalb des gegebenen Zeitintervalls ständig erreicht werden. Solche Verfahren sind als *Gain-Scheduling* bekannt.

Gain-Scheduling

In [11] wurde ein Beispiel der P-T2-Strecke

$$G_S(s) = \frac{K_{PS}}{(1 + sT_1)(1 + sT_2)}$$

mit dem konstanten Wert von $T_2 = 40$ behandelt. Die Änderung von Parametern der Strecke ist wie folgt gegeben:

$$\begin{array}{lll} 0 < \tau < 400 & K_{PS} = 0,01 & T_1 = 2\text{ s} \\ 400 < \tau < 800 & K_{PS} = 0,025 & T_1 = 4,9\text{ s} \\ 800 < \tau < 1000 & K_{PS} = 0,11 & T_1 = 22\text{ s} \end{array}$$

Der PI-Regler

$$G_R(s) = \frac{K_{PR}(1 + sT_n)}{sT_n}$$

wurde in [11] mit $T_n = T_2 = 40$ kompensiert und zu jedem Zeitabschnitt optimal nach dem Standardtyp A (Betragsoptimum, siehe Kap. 1) eingestellt:

$$G_0(s) = \frac{K_{PR}K_{PS}}{sT_n(1 + sT_1)} \Rightarrow K_{PR} = \frac{T_n}{2 \cdot K_{PS}T_1}$$

$$\begin{array}{ll} 0 < \tau < 400 & K_{PR} = \frac{40}{2 \cdot 0,01 \cdot 2} = 1000 \\ 400 < \tau < 800 & K_{PR} = \frac{40}{2 \cdot 0,25 \cdot 4,9} = 16,33 \\ 800 < \tau < 1000 & K_{PR} = \frac{40}{2 \cdot 0,11 \cdot 22} = 8,26 \end{array} \quad (6.10)$$

Mit einem Schalter (Switch) wird der K_{PR}-Wert zu jedem Zeitabschnitt entsprechend Gl. 6.10 umgestellt, sodass die Regelung ständig optimal verläuft.

Regelkreis mit einer LZV-Strecke

In [12] ist eine P-T2-Strecke in zwei Teilen von jeweils einem P-T1-Glied aufgeteilt:

- eine LZI-Strecke mit konstanten Parametern

$$G_{S1}(s) = \frac{K_{PS1}}{1 + sT_1} = \frac{1}{1 + 3s} \quad (6.11)$$

- eine LZV-Strecke mit variabler Zeitverzögerung T_2

$$G_{S2}(s) = \frac{K_{PS2}}{1 + sT_2} = \frac{0,8}{1 + (m \cdot \tau + b)s} \quad (6.12)$$

Wie aus Gl. 6.12 ersichtlich ist, ändert sich T_2 wie eine lineare Funktion von der Zeit τ mit konstanten Faktoren *m* und *b:*

$$m = -0,00317$$
$$b = 1$$

Es gilt beispielsweise für drei Zeitpunkte:

$$\tau = 0 \quad T_2 = 6 \text{ s}$$
$$\tau = 10 \quad T_2 = 12 \text{ s}$$
$$\tau = 600 \; T_2 = 120 \text{ s}$$

Der simulierte Regelkreis mit dem PI-Regler nach Gl. 6.11 und der Strecke nach Gl. 6.12 ist in Abb. 6.17 gezeigt.

Struktur und Aufbau des DSM LZV

Wie aus Abb. 6.17 ersichtlich ist, soll zu jedem Zeitpunkt τ manuell ein Wert, z. B. $\tau = 10$, Zeit = 10, $T_2 = 12$, $K_2 = 0{,}8$ eingegeben werden. Gleichzeitig sollen passende Kennwerte $K_{PR}(\tau)$ und $T_n(\tau)$ des PI-Reglers auch manuell zu jedem τ-Wert berechnet und eingestellt werden.

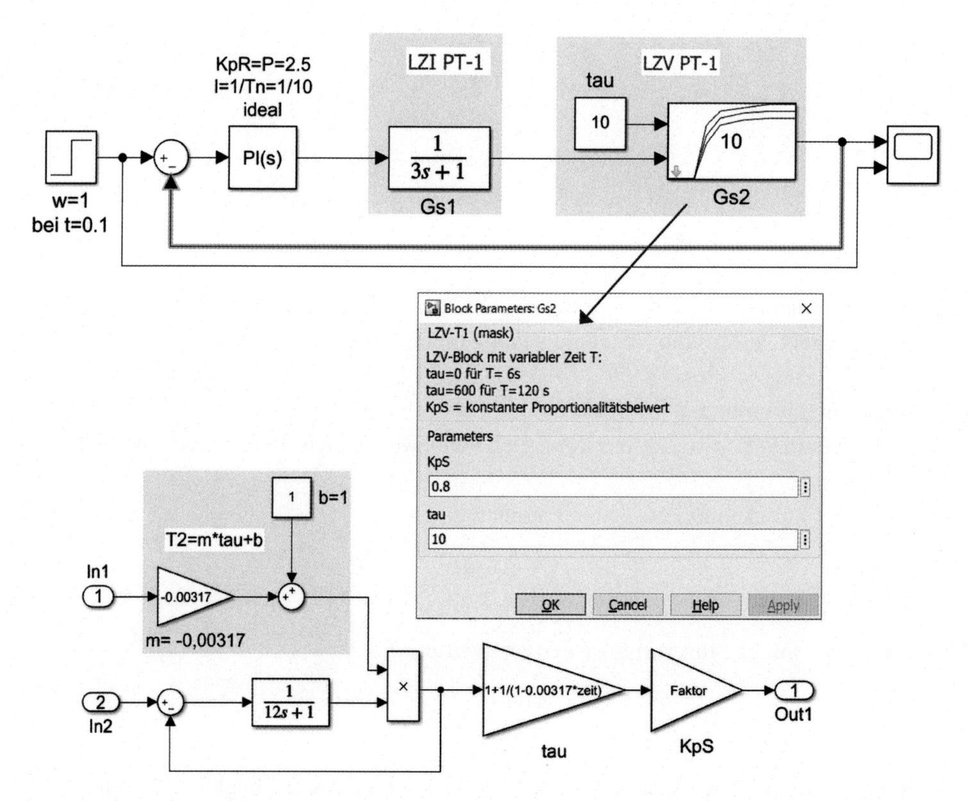

Abb. 6.17 **a** Regelkreis mit einer Strecke, bestehend aus einem LZI und einem LZV-Glied zum Zeitpunkt *tau* = 10 s. **b** Konfigurationsfenster und Aufbau des LZV-Gliedes nach Gl. 6.12

Der interne Aufbau des DSM LZV ist in Abb. 6.18 nach [12] erläutert. Die Herleitung des Funktionsprinzips gehört zum Wissensbereich künstliche neuronale Netze (KNN) und würde den Rahmen dieses Buches sprengen. Im Folgenden ist nur die kurze Beschreibung gegeben.

Das DSM besteht aus zwei identischen Modulen, die als *Neuro* 1 und *Neuro* 2 bezeichnet sind. Das sind zwei Generatoren bzw. zwei Kreise mit mitgekoppelten Rückführungen, deren Prototypen die biologischen Neuronen sind. Wie auch reale Neuronen generieren die Neuro-Module am Ausgang Signale, die mit einem Schwellenwert (hier ist der Schwellenwert gleich 2) verglichen werden. Der Ausgang y des DSM wird vom Clock-Generator angesteuert. Zu jedem Zeitpunkt der ganzen Dauer des Regelbetriebes von $\tau = 0$ bis $\tau = 600$ s werden die Parameter der LZV-Strecke vom Output Port 1 und die entsprechenden Kennwerte des Reglers vom Output Port 2 gleichzeitig zum Regelkreis geliefert, wie in Abb. 6.19 zu sehen ist.

Nach Bedarf kann man die Eingangssprünge (Steps) des Sollwertes w manuell zum gewünschten Zeitpunkt τ konfigurieren und die Sprungantworten anzeigen lassen, wie in Abb. 6.19 zu den Zeitpunkten $\tau = 10$, 150, 500 gezeigt ist. Die Regelung ist robust und

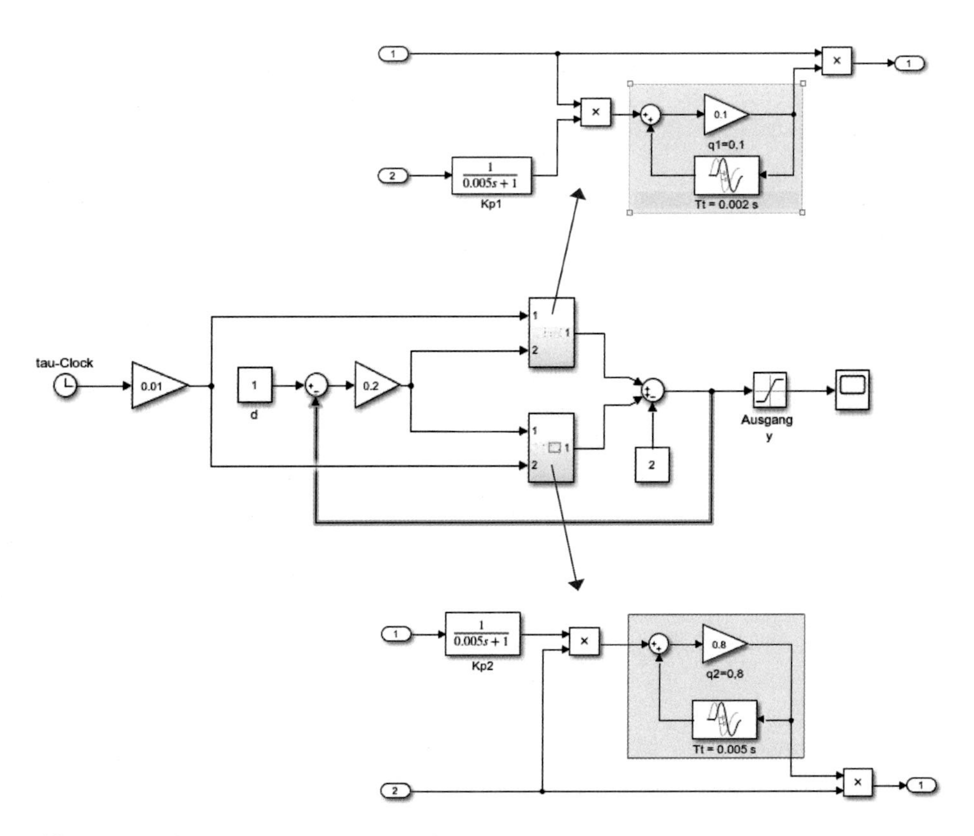

Abb. 6.18 Aufbau des DSM LZV nach [12]

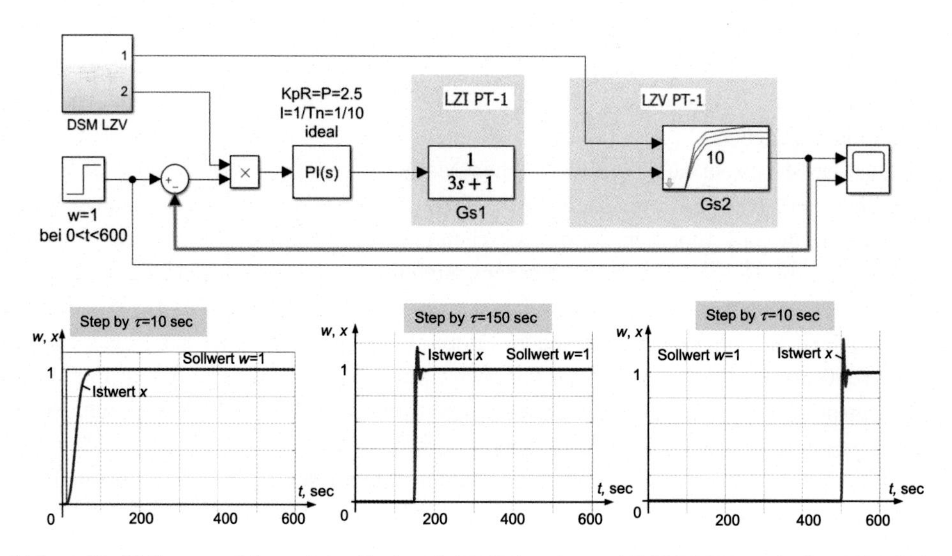

Abb. 6.19 Vollautomatisierter Regelkreis mit LZV-Strecke und DSM LZV nach der Abb. 6.17 und die Sprungantworten zu beliebig gewählten Zeitpunkten (hier $\tau = 10, 150, 500$)

optimal im gesamten Zeitbereich, obwohl mit etwas unterschiedlichen Dämpfungen, wie man nach Sprungantworten der Abb. 6.19 entnehmen kann.

6.5 Übungsaufgaben mit Lösungen

6.5.1 Übungsaufgaben

Aufgabe 6.1
Ein Regelkreis besteht aus einem idealen PD-Regler und einer P-T2-Strecke. Die Übertragungsfunktion des offenen Kreises ist gegeben:

$$G_0(s) = \frac{0,8K_{\mathrm{PR}}(1 + sT_{\mathrm{v}})}{(1 + 2s)(1 + 5s)}$$

Bestimmen Sie die optimale Reglereinstellung und die Parameter des DSM Overset, um den Regelkreis nach dem Sollwertsprung $w = 1$ mit der Ausregelzeit $T_{\mathrm{aus}} = 0{,}5$ s zu regeln!

Aufgabe 6.2
Ein Regelkreis besteht aus einem P-Regler und einer P-T1-Strecke. Die Übertragungsfunktion des offenen Kreises ist gegeben:

$$G_0(s) = \frac{10K_{\mathrm{PR}}}{1 + 20s}$$

Erstellen Sie das MATLAB®/Simulink-Modell des Regelkreises und ergänzen Sie das Modell mit einem DSM Overset für die Ausregelzeit $T_{\mathrm{aus}} = 5$ s. Simulieren Sie die Sprungantwort des Regelkreises nach dem Sollwertsprung $w = 2$, der bei $t = 1$ s eingegeben wird!

Aufgabe 6.3
Erstellen Sie ein DSM Overset mit dem MATLAB®-Skript für Regelkreise, die aus einer P-T1-Strecke mit dem P-Regler mit beliebigen Parametern bestehen, und simulieren Sie die Sprungantwort mit dem MATLAB®-Skript für beliebige Ausregelzeit T_{aus}!

Aufgabe 6.4
Die Teilstrecken $G_{\mathrm{S1}}(s)$ und $G_{\mathrm{S2}}(s)$ in Abb. 6.6 sind gegeben:

$$G_{\mathrm{S1}}(s) = \frac{0,08}{1 + 2s} \cdot \frac{1,5}{1 + 0,3s} G_{\mathrm{S2}}(s) = e^{-1,7s}$$

Der Hauptregler $G_{\mathrm{R}}(s)$ ist ein PID-Regler und der Override-Regler $G_{\mathrm{Rover}}(s)$ ist ein PI-Regler. Bestimmen Sie die optimale Einstellung von $G_{\mathrm{R}}(s)$ und $G_{\mathrm{Rover}}(s)$ nach einem Standardtyp (siehe Kap. 5, Abschn. 5.3.2)!

6.5.2 Lösungen

Lösung zu Aufgabe 6.1
Zuerst kompensieren wir die größte Zeitkonstante der Strecke mit der Vorhaltezeit T_{v} des Reglers:

$$T_{\mathrm{v}} = 5 \text{ s}$$

Dann bestimmen wir den K_{PR}-Wert nach dem Standardtyp D (siehe Kap. 5, Abschn. 5.3.2) für die gegebene Ausregelzeit $T_{\mathrm{aus}} = 0{,}5$ s:

$$K_{\mathrm{PR}} = \frac{1}{K_{\mathrm{PS}}}\left(\frac{3,9 \cdot T_{\mathrm{E}}}{T_{\mathrm{aus}}} - 1\right) = \frac{1}{0,8}\left(\frac{3,9 \cdot 2}{0,5} - 1\right) = 18,25$$

Nach Gl. 6.1 und 6.2 gilt für den geschlossenen Regelkreis:

$$K_{\mathrm{Pw}} = \frac{K_{\mathrm{PR}} K_{\mathrm{PS}}}{1+K_{\mathrm{PR}} K_{\mathrm{PS}}} = \frac{18{,}25 \cdot 0{,}8}{1+18{,}25 \cdot 0{,}8} = 0,9359$$
$$T_{\mathrm{w}} = \frac{T_1}{1+K_{\mathrm{PR}} K_{\mathrm{PS}}} = \frac{2}{1+18{,}25 \cdot 0{,}8} = 0,1282$$

Die Höhe des 1. und des 2. Impulses des DSM Overset wird nach Gl. 6.5 berechnet, die Impulsdauer ist $T_{\mathrm{w}} = 0{,}1282$ s:

$$w_0 = \frac{1{,}4286}{K_{\mathrm{Pw}}} w = \frac{1{,}4286}{0{,}9359} \cdot 1 = 1,5264$$
$$w_1 = w_0 - \frac{1}{K_{\mathrm{PW}}} \cdot w = 1,5264 - \frac{1}{0{,}9359} \cdot 1 = 0,4579$$

Lösung zu Aufgabe 6.2

Die Lösung ist in Abb. 6.20 gezeigt	$K_{\mathrm{PR}} = 8{,}5$	$K_{\mathrm{PW}} = 0{,}8718$	$T_{\mathrm{W}} = 1{,}2821$
Impulshöhe und Dauer T	$w_0 = 3{,}2773$	$w_1 = 0{,}9832$	$T = 1{,}2821$

Lösung zu Aufgabe 6.3

Die Lösung ist unten im MATLAB®-Skript gegeben und in Abb. 6.21 für folgende Angaben gezeigt:

$$K_{\mathrm{PR}} = 10 \quad K_{\mathrm{PS}} = 3 \quad T_1 = 5$$

Der Sollwertsprung $w = 2$ ist bei $t = t_0 = 1$ eingegeben.

```
clear all
w=input('w='); % Sollwert w
KpR=input('KpR='); % Regler
T1=input('T1='); % Strecke
Kps=input('Kps='); % Strecke
Kpw=KpR*Kps/(1+KpR*Kps);
Tw=T1/(1+KpR*Kps);
t0=input('t0='); % Eingabe: Sollwertsprung bei t0
T=t0+Tw; % Impulsdauer
w0=0.9*w/(Kpw*0.63); % 1. Impulshöhe
w1=w0-(1/Kpw)*w; % 2. Impulshöhe
%% Overset-Impulse
s=tf('s'); % Laplace-Operator
Gw0=w0*s/s; % Übertragungsfunktion: 1. Impuls
Gw1=w1*s/s; % Übertragungsfunktion: 2. Impuls
step(exp(-s*t0)*Gw0,'g'); % Simulation: 1. Impuls
hold on
step(w0-exp(-s*T)*Gw1,'g'); % Simulation: 2. Impuls
%% Sprungantworten
s=tf('s'); % Laplace-Operator
GR=KpR*s/s; % Übertragungsfunktion: Regler
Gs=Kps/(1+s*T1); % Übertragungsfunktion: Strecke
G0=GR*Gs; % Übertragungsfunktion: offener Kreis
Gw=G0/(1+G0); % Übertragungsfunktion: geschlossener Kreis
h1=exp(-s*t0)*Gw*w0; % Sprungantwort nach dem 1. Impuls
step(h1,'b') % Simulation: Regelgröße nach dem 1. Impuls
hold on
```

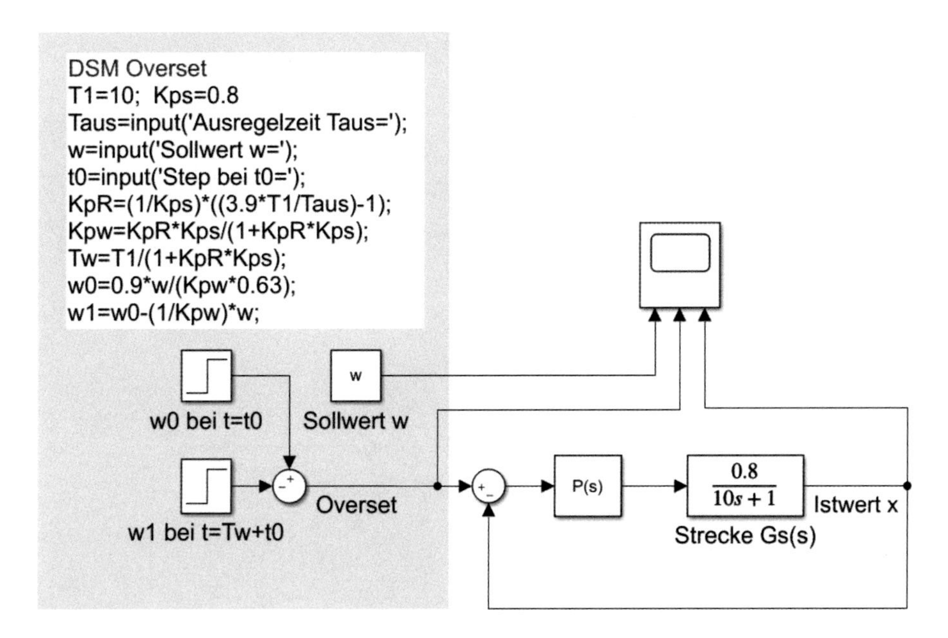

Abb. 6.20 Lösung zu Aufgabe 6.2

```
h2=exp(-s*T)*(Gw)*w1; % Sprungantwort nach dem 2. Impuls
step(h1-h2,'b'); % Simulation: Regelgröße nach dem 2. Impuls
Gsoll=w*s/s; % Übertragungsfunktion: Sollwert w
step(Gsoll,'r') % Simulation: Sollwert w
```

Lösung zu Aufgabe 6.4

Die Übertragungsfunktion des aufgeschnittenen Override-Regelkreises mit dem PI-Regler ist:

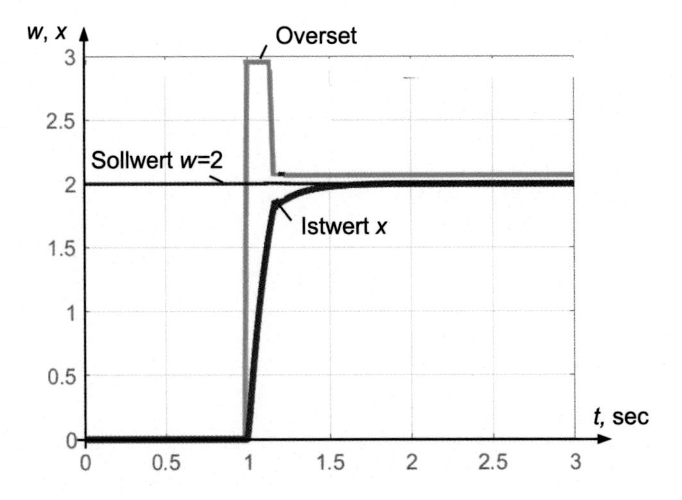

Abb. 6.21 Lösung zu Aufgabe 6.3

$$G_{0\_over}(s) = \frac{K_{PRover} 1 + sT_{n\_over}}{sT_{n\_over}} \cdot \frac{0,08}{1+2s} \cdot \frac{1,5}{1+0,3s}$$

Nach der Kompensation mit $T_{n\_over} = T_{größte} = 2$ s ergibt sich die Übertragungsfunktion

$$G_{\_over}(s) = \frac{0,08 \cdot 1,5 \cdot K_{PRover}}{sT_{n\_over}(1+0,3s)},$$

die dem Standardtyp A entspricht (siehe Kap. 5, Abschn. 5.3.2). Somit ist die Lösung:

$$K_{PRover} = \frac{T_{n\_over}}{2 \cdot 0,08 \cdot 1,5 \cdot 0,3} = 27,78$$

Die Übertragungsfunktion des aufgeschnittenen Hauptregelkreises mit dem PID-Regler ist:

$$G_0(s) = \frac{K_{PR}(1+sT_n)(1+sT_v)}{sT_n} \cdot \frac{0,08}{1+2s} \cdot \frac{1,5}{1+0,3s} \cdot e^{-1,7s}$$

Nach dem Approximieren des Totzeitgliedes durch ein P-T1-Glied

$$e^{-1,7s} \approx \frac{1}{1+1,7s}$$

und nach der Kompensation mit $T_n = T_{größte} = 2$ s und $T_n = T_{zweitgrößte} = 1,7$ s ergibt sich:

$$G_0(s) = \frac{0,08 \cdot 1,5 \cdot K_{PR}}{sT_n(1+0,3s)}$$

Daraus resultiert, wie oben für den Override-Regelkreis, die Einstellung des PID-Hauptreglers:

$$K_{\text{PR}} = \frac{T_{\text{n}}}{2 \cdot 0{,}08 \cdot 1{,}5 \cdot 0{,}3} = 27{,}78$$

Literatur

1. Zacher, S. (2022). *Übungsbuch Regelungstechnik* (7. Aufl.). Springer Vieweg.
2. Zacher, S., & Reuter, M. (2017). *Regelungstechnik für Ingenieure* (15. Aufl.). Springer Vieweg.
3. Treffert, A.-P. (2011). *Identifizierung der Regelstrecken einer Abwasserpumpanlage und Simulation mit MATLAB®/Simulink*. Projektarbeit der Hochschule RheinMain, FB Ingenieurwissenschaften, Studienbereich Informationstechnologie und Elektrotechnik.
4. Raisch, J. (2019). Grundlagen der Regelungstechnik. Skript zur Vorlesung, Fachgebiet Regelungssysteme, Fak. IV-Elektrotechnik und Informatik, Technische Universität Berlin. https://www.docsity.com/de/grundlagen-der-regelungstechnik-ss-2019-prof-raisch/5446985/. Zugegriffen: 17. Dez. 2019.
5. Nelles, O. (2020). Regelungstechnik. Automatic Control, Mechatronics, University of Siegen. https://www.mb.uni-siegen.de/mrt/lehre/rt/rt_skript.pdf. Zugegriffen: 10. Okt. 2020.
6. Zacher, S. (2014). *Bus-approach for feedback MIMO-control*. Dr. S. Zacher.
7. Zacher, S. (2019). *Bus-approach for engineering and design of feedback control. Proceedings of ICONEST*, October 7–10, 2019, published by ISTES Publishing (S. 26–27).
8. Zacher, S. (2020). Bus-approach for engineering and design of feedback control. *International Journal of Engineering, Science and Technology, 2*(1), 16–24. https://www.ijonest.net/index.php/ijonest/article/view/9/pdf. Zugegriffen: 20. Mai 2020.
9. Zacher, S. (2023). *Drei Bode Plots Verfahren für Regelungstechnik* (2. Aufl.). Springer Vieweg.
10. Zacher, S. (2016). *Regelungstechnik Aufgaben* (4. Aufl.). Dr. S. Zacher.
11. Zacher, S. (2019). *Spezielle Methoden der Regelungstechnik*. FB EIT, Lehrbrief für Fernmaster-Studiengang der Hochschule Darmstadt.
12. Zacher, S. (2003). *Duale Regelungstechnik*. VDE.
13. Zacher, S. (2000). *SPS-Programmierung mit Funktionsbausteinen*. Automatisierungstechnische Anwendungen. VDE.
14. Zacher, S. (Hrsg.). (2000). *Automatisierungstechnik kompakt*. Vieweg.
15. Zacher, S. (2015). *Fuzzy-Logic-Toolbox*, Automation-Letter Nr. 20. Verlag Dr. Zacher. https://www.zacher-international.com/Automation_Letters/20_Fuzzy-Logic-Toolbox.pdf. Zugegriffen: 17. Dez. 2019.
16. Föllinger, O. (1994). *Regelungstechnik* (8. Aufl.). Hüthig.

Modellbasierte ASA-Regelung

7

„For every action there is an equal and opposite re-action.“
(Zitat: Newton's Laws of Motion. https://www.grc.nasa.gov/www/K-12/airplane/newton.html, *zugegriffen 24.10.2020)*

Zusammenfassung

Der vom Autor zum ersten Mal 1997 eingeführte Antisystem-Approach (ASA) wird in diesem Kapitel für modellbasierte Regler angewendet. Laut ASA kann man zu jedem beliebigen dynamischen System ein Antisystem bilden, und zwar so, dass bei beliebigen Eingängen von Antisystemen eine Bilanz zwischen beiden Systemen gilt. In Bezug auf Regelkreise wird mit dem Begriff ASA eine Schaltung aus zwei Blöcken (reale Regelstrecke und deren Modell, genannt Schattenstrecke) bezeichnet, die sich gegenseitig kompensieren, ohne dabei die reziproke Übertragungsfunktion der Regelstrecke zu bilden. Somit sind die ASA-Regler frei von Nachteilen der konventionellen Kompensationsregelung. Zu den Vorteilen der ASA-Regelung gehört auch die Möglichkeit, sowohl neue Optionen der modellbasierten Regler zu entwerfen (Vorfilter, Kompensator) als auch neue Regelstrukturen zu bilden, wie Turboregelung, Regelung mit Bypass und ASA-Predictor. Bei der letzteren Option handelt es sich um einen modifizierten Smith-Predictor für die modellbasierte Regelung der Strecken mit Totzeit. Zu jeder Option wurde ein entsprechender Data Stream Manager entwickelt und mit MATLAB®/Simulink-Beispielen verdeutlicht. Abschließend werden Übungsaufgaben angeboten und mit Lösungen begleitet.

S. Zacher und F. Stöckl, *Regelungstechnik mit Data Stream Management*,
https://doi.org/10.1007/978-3-662-70019-8_7

7.1 Einführung

7.1.1 Konzept

Modellbasierte Regelung

Unter *modellbasierten* Regelungen versteht man Verfahren,

> „die das Modell der Regelstrecke im Regelalgorithmus enthalten.“ (Zitat, Quelle [1], Seite 387)

Es sind verschiedene Typen von modellbasierten Reglern bekannt, die nach unterschiedlichen Konzepten gebaut sind. Beispielsweise sind in [1] zwei davon behandelt:

- der an der Berkeley University 1957 vom *Smith* entwickelte *Predictor* für Strecken mit Totzeit,
- das PFC *(Predictive Functional Control),* das 1973 von *Jacques Richalet* für P-Strecken mit Zeitverzögerung angeboten wurde.

Modellbasierte Kompensationsregler

Die einfachsten modellbasierten Regler sind nach dem Kompensationsprinzip gebaut und werden auch Kompensationsregler genannt.

> „Die Übertragungsfunktion der Strecke $G_S(s)$ wird durch die Übertragungsfunktion des Reglers $G_R(s)$ so kompensiert werden, dass die Übertragungsfunktionen $G_0(s)$ und $G_w(s)$ des offenen und geschlossenen Regelkreises konstant und unabhängig von $G_S(s)$ gemacht werden. Der Kompensationsregler $G_R(s)$ besteht aus zwei Teilen: a) die reziproke Übertragungsfunktion $1/G_S(s)$, mit der die Übertragungsfunktion der Strecke $G_S(s)$ kompensiert wird: b) eine gewünschte Übertragungsfunktion $G_M(s)$ des geschlossenen Regelkreises $G_w(s)$.“ (Zitat, Quelle: [1], Seite 388)

Bei der Anwendung für industrielle Strecken sind zwei Nachteile des Kompensationsprinzips sofort ersichtlich, die durch die Bildung einer inversen Übertragungsfunktion $1/G_S(s)$ entstehen:

- Die inversen Übertragungsfunktionen $1/G_S(s)$ sind nicht realisierbar, weil deren Ordnung bzw. die Ordnung ihrer Nennerpolynome kleiner als die Ordnung der Zählerpolynome ist. Der Grund dafür sind die großen Zeitkonstanten von Industriestrecken $G_S(s)$, die bei inversen Übertragungsfunktionen $1/G_S(s)$ vom Nenner in den Zähler wandern.
- Die großen Zeitkonstanten der Industriestrecken führen bei inversen Übertragungsfunktionen $1/G_S(s)$ zu mehreren differenzierenden Anteilen (D-Anteilen) des Reglers. Die D-Anteile erschweren die Realisierung des modellbasierten Reglers und verschlechtern die Regelung.

Bei den in diesem Kapitel betrachteten modellbasierten Reglern sind andere Konzepte zugrunde gelegt als bei klassischen Kompensationsreglern, nämlich: Dualität und Antisystem-Approach.

Dualität und Antisysteme

Mit der Dualität bezeichnet man zwei unterschiedliche Prozesse, die jedoch paarweise erscheinen und zusammenhängende Vorgänge bilden.

> „Die Dualität in der Systemtheorie besteht im Allgemeinen darin, dass zu jedem Problem ein duales Problem mit gleichen Größen wie beim Originalproblem formuliert wird. Die Fragestellung des Originalproblems wird als *direkte Aufgabe* bezeichnet. Die entsprechende aus dem Originalproblem abgeleitete Aufgabe heißt dann die *duale Aufgabe.*
>
> Die Lösung der direkten Aufgabe ist oft komplex, nicht eindeutig und lässt sich vorher nicht auf die Existenz prüfen. Die duale Aufgabe kann dagegen zu einer einfacheren und eindeutigen Lösung des Originalproblems führen, was ein wesentlicher Vorteil des Dualitätsprinzips ist." (Zitat, Quelle: [2], Seite 100)

Unter einem System und Antisystem versteht man zwei duale Prozesse, die zwar identisch, jedoch gegeneinandergerichtet sind. Mehr darüber findet man z. B. in [2, 3] oder [4].

In Bezug auf modellbasierte Regelungen werden mit dem Begriff *Antisysteme* zwei duale regelungstechnische Schaltungen bezeichnet (Parallelschaltung und Rückkopplung), die sich gegenseitig kompensieren, ohne dabei die inverse Übertragungsfunktion $1/G_S(s)$ zu bilden. Damit entfallen die oben genannten Nachteile der Kompensationsregelung.

7.1.2 Inhalt des Kapitels

Zuerst wird gezeigt, wie und welche regelungstechnischen Schaltungen als „System" und „Antisystem" gebildet werden können, um eine Regelstrecke zu kompensieren bzw. unwirksam zu machen.

Dann wird das Konzept der klassischen Kompensationsregelung erläutert, simuliert und mit Standardreglern am Beispiel einer P-T3-Stecke verglichen.

Der Antisystem-Approach (ASA) wird im Allgemeinen kurz beschrieben und für das betrachtete regelungstechnische Problem angewendet, nämlich für die vollständige Kompensation der Regelstrecke, ohne eine Inverse zu bilden. Es werden zwei Schaltungen betrachtet, mit der realen Regelstrecke und mit dem Modell der Strecke, die als *Schattenstrecke* bezeichnet wird.

Anhand des somit eingeführten Antisystem-Approachs werden zwei Optionen der modellbasierten Kompensationsregelung diskutiert: mit dem Vorfilter und mit dem Kompensator. Es wird auch eine neue Struktur des Regelkreises mit einer Schattenstrecke vorgeschlagen, die sogenannte *Regelung mit Bypass.* Die Besonderheit dieser Struktur besteht darin, dass die Rückführgröße nicht wie üblich die Regelgröße $x(t)$, sondern eine fiktive Variable ist. Diese fiktive Variable ist die Summe der Regelgröße $x(t)$ mit der Stellgröße $y(t)$.

Der Regler hat somit zwei Aufgaben:

- die fiktive Variable $x(t)+y(t)$ für den Kreis Strecke/Schattenstrecke auszuregeln,
- die Regelgröße $x(t)$ aus der fiktiven Variablen zu extrahieren.

Es wird gezeigt, dass eine Schattenstrecke unterschiedlich implementiert werden kann:

- als Software-Modell, d. h. wie eine simulierte Übertragungsfunktion der Strecke,
- als Hardware-Modell, z. B. wie ein Mikrocontroller-Board,
- als zweite physikalische Strecke, die identisch mit der zu regelnden Strecke ist.

Anschließend wird das Data Stream Management für die oben genannten Regeltypen und Strukturen erstellt und mit MATLAB®-Simulationen verdeutlicht.

Wie alle anderen Kapitel des Buches wird auch dieses Kapitel mit Übungsaufgaben mit Lösungen abgeschlossen.

7.1.3 Begriffe

Die Begriffe der Regelungstechnik sind in DIN-Normen definiert, deren Anwendung eine Empfehlung, aber grundsätzlich keine Pflicht ist. Daher gibt es in der Fachliteratur unterschiedliche Bezeichnungen für dieselben Sachverhalte.

In diesem Kapitel, wie auch im gesamten Buch, werden folgende Bezeichnungen verwendet, die an die DIN 19226 angepasst sind:

• s	Laplace-Operator
• $x(t)$, $y(t)$	Regelgröße und Stellgröße im Zeitbereich
• $x(s)$, $y(s)$	Regelgröße und Stellgröße im Bildbereich
• w	Führungsgröße bzw. Sollwert
• z	Störgröße
• $e(t)$, $e(s)$	Regeldifferenz im Zeit- und Bildbereich
• $G(s)$	Übertragungsfunktion:
– $G_S(s)$	… der Regelstrecke
– $G_R(s)$	… des Reglers
– $G_0(s)$	… des offenen Regelkreises
– $G_w(s)$	… des geschlossenen Regelkreises beim Führungsverhalten nach dem w-Sprung
– $G_M(s)$	… des gewünschten Verhaltens des geschlossenen Kreises $G_w(s)$

Darüber hinaus werden in diesem Kapitel neue Begriffe bzw. neue Übertragungsfunktionen, bezogen auf Herleitung und Beschreibung von modellbasierten ASA-Reglern, eingeführt:

• $G_{\mathrm{Srez}}(s)$	Die reziproke Regelstrecke $G_{\mathrm{S}}(s)$ $G_{\mathrm{Srez}}(s) = \frac{1}{G_{\mathrm{S}}(s)}$
• $G^*_{\mathrm{S}}(s)$	Die Schattenstecke, die in Gegenrichtung zu Strecke $G_{\mathrm{S}}(s)$ wirkt $G^*_{\mathrm{S}}(s) = G_{\mathrm{S}}(s)$
• $G_{\mathrm{Sparallel}}(s)$	Die parallele Schaltung der Strecke $G_{\mathrm{S}}(s)$ $G_{\mathrm{Sparallel}}(s) = 1 + G_{\mathrm{S}}(s)$
• $G_{\mathrm{wS}}(s)$	Der geschlossene Regelkreis ohne Regler, nur mit der Strecke $G_{\mathrm{wS}}(s) = \frac{G_{\mathrm{S}}(s)}{1+G_{\mathrm{S}}(s)}$
• $G_{\mathrm{wSrez}}(s)$	Die reziproke Übertragungsfunktion zu $G_{\mathrm{wS}}(s)$ $G_{\mathrm{wSrez}}(s) = \frac{1+G_{\mathrm{S}}(s)}{G_{\mathrm{S}}(s)}$
• $G_{\mathrm{F}}(s)$	Der Vorfilter $G_{\mathrm{F}}(s) = 2G_{\mathrm{M}}(s)G_{\mathrm{wSrez}}(s)$
• $G_{\mathrm{K}}(s)$	Der Kompensator $G_{\mathrm{K}}(s) = \frac{G_{\mathrm{M}}(s)G_{\mathrm{wSrez}}(s)}{1-G_{\mathrm{M}}(s)G_{\mathrm{wSrez}}(s)}$
• $G_{\mathrm{R0}}(s)$	Der „offene“ Regler $G_{\mathrm{R0}}(s) = \frac{G_{\mathrm{R}}(s)}{1-G_{\mathrm{R}}(s)}$ bzw. $G_{\mathrm{R}}(s) = \frac{G_{\mathrm{R0}}(s)}{1+G_{\mathrm{R0}}(s)}$
• $G_{\mathrm{M0}}(s)$	Das gewünschte Verhaltens des offenen Kreises $G_0(s)$ $G_{\mathrm{M0}}(s) = \frac{G_{\mathrm{M}}(s)}{1-G_{\mathrm{M}}(s)}$ bzw. $G_{\mathrm{M}}(s) = \frac{G_{\mathrm{M0}}(s)}{1+G_{\mathrm{M0}}(s)}$
• $G_{\mathrm{M0rez}}(s)$	Die reziproke Übertragungsfunktion zu $G_{\mathrm{M0}}(s)$ $G_{\mathrm{M0rez}}(s) = \frac{1}{G_{\mathrm{M}}(s)} - 1$

7.2 Modellbasierte Kompensationsregler

Ein Regler, dessen Übertragungsfunktion $G_{\mathrm{R}}(s)$ das Modell der Regelstrecke in Form einer Übertragungsfunktion $G_{\mathrm{S}}(s)$ beinhaltet, wird bekanntlich als *modellbasierter Regler* bezeichnet.

> „Voraussetzung für die Kompensation ist ein exaktes Modell der Strecke. Sonst... das Verhalten des Regelkreises wird unvorhersehbar.“ (Zitat, Quelle: [1], Seite 388)

In diesem Abschnitt werden zunächst das Konzept eines konventionellen Kompensationsreglers beschrieben und seine Vorteile gegenüber Standard-PID-Reglern gezeigt. Im nächsten Abschnitt werden dann das Konzept *Antisystem-Approach* (ASA) präsentiert und das Data Stream Management nach diesem Konzept entwickelt.

7.2.1 Unwirksame Regelstrecke

Das Ziel einer Regelung besteht bekanntlich darin, die Regelgröße *x(t)* (die Ausgangsgröße der Regelstrecke bzw. der Istwert) durch die Wirkung der Stellgröße *y(t)* (die Ausgangsgröße des Reglers) ständig gleich einem vorgegeben Sollwert *w(t)* (die Führungsgröße) zu halten. Die eventuell entstehende Differenz *e(t)* zwischen Soll- und Istwert heißt Regeldifferenz. Die Regelung soll stabil, möglichst schnell und genau bzw. ohne Regeldifferenz im ausgeregelten Zustand, auch möglichst ohne oder nur mit kleinen Überschwingungen erfolgen. Ein Beispiel einer Regelung mit der Ausregelzeit $T_{aus}=$ca. 17 s, ohne bleibende Regeldifferenz $e(\infty)=0$, mit der maximalen Überschwingung von ca. 20 % und mit $N=2$ Halbwellen, d. h. mit der Dämpfung $\vartheta=1/N=0{,}5$, ist in Abb. 7.1 gezeigt.

Der Sprung des Sollwertes $w=1$ führt somit zu einer Sprungantwort der Regelgröße *x(t)*, die wegen Streckeneigenschaften und/oder uneffektiver Einstellung des Reglers nicht unbedingt optimal bzw. nicht nach dem gewünschten Verlauf erfolgt.

Zeigen wir nun, wie die Strecke unwirksam gemacht wird und wie damit das gewünschte Verhalten des Regelkreises erreicht werden kann. Stellen wir uns zuerst vor, dass der Regler aus dem Regelkreis entfernt wird. Es ist nur die Strecke im Regelkreis geblieben (Abb. 7.2).

Nun wird die Übertragungsfunktion $G_S(s)$ der Regelstrecke durch die reziproke Übertragungsfunktion $G_{Srez}(s)$ der Regelstrecke kompensiert bzw. unwirksam gemacht (Abb. 7.3):

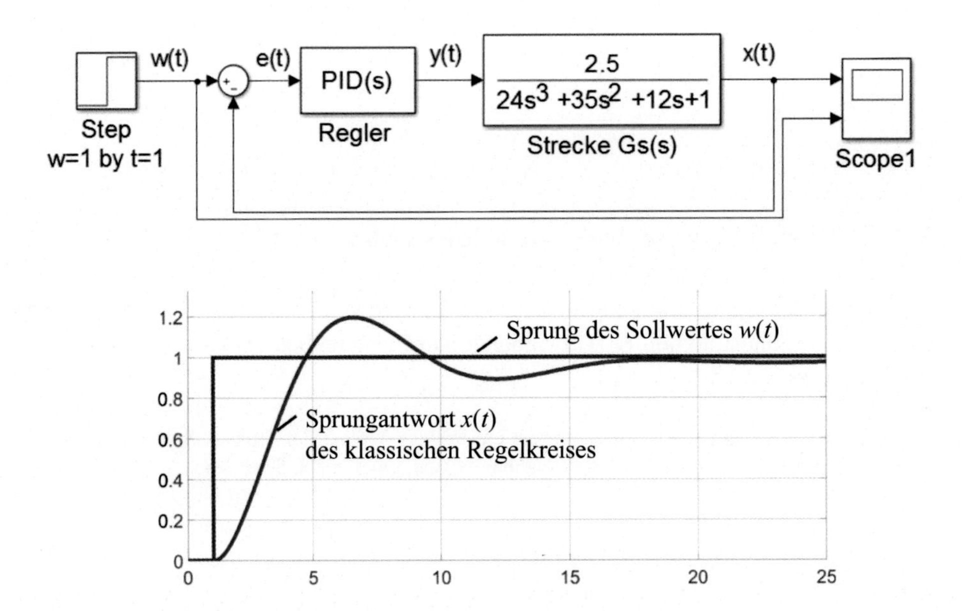

Abb. 7.1 Klassischer Regelkreis mit dem Standard-PID-Regler

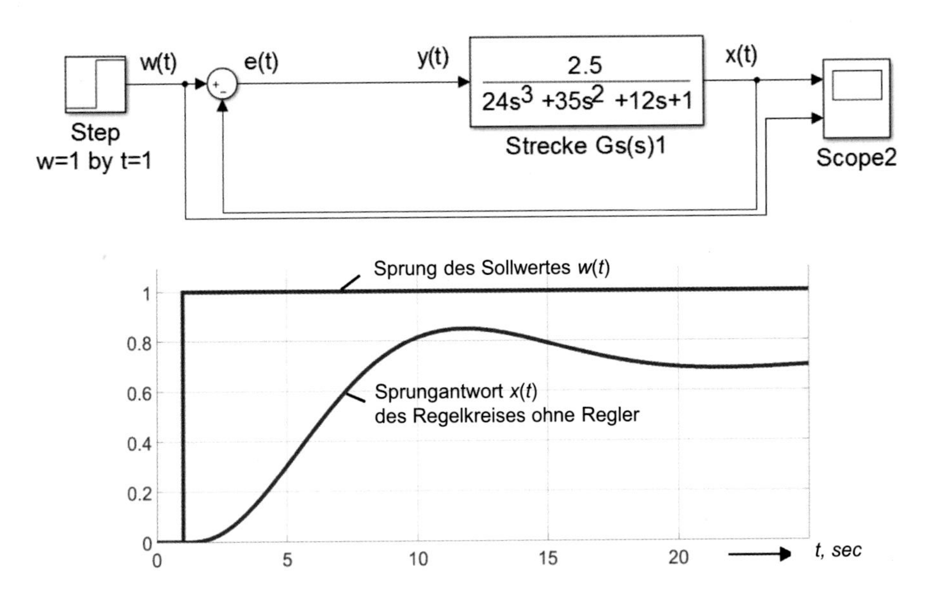

Abb. 7.2 Regelkreis ohne Regler

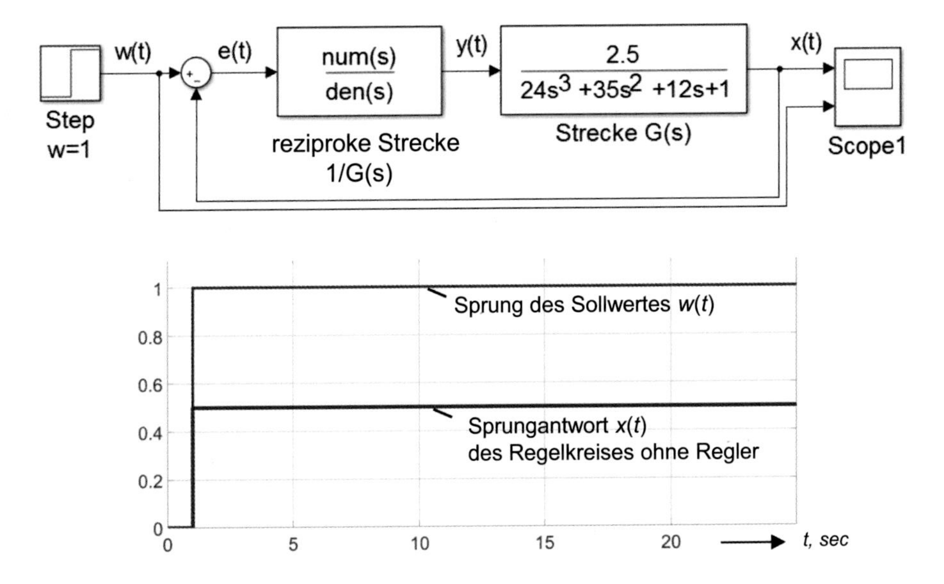

Abb. 7.3 Regelkreis mit unwirksamer Regelstrecke

$$G_K(s) = G_{Srez}(s) = \frac{1}{G_S(s)} \tag{7.1}$$

Die Sprungantwort der Regelgröße *x(t)* wiederholt genau und ohne jegliche Verzögerungen den Eingangssprung des Sollwertes. Jedoch wird die Höhe des Eingangssprunges *x(t)* am Ausgang zweimal verkleinert. Die bleibende Regeldifferenz beträgt 50 % des Sollwertes:

$$G_0(s) = G_{Srez}(s)G_S(s) = \frac{1}{G_S(s)}G_S(s) = 1 \tag{7.2}$$

$$G_w(s) = \frac{x(s)}{w(s)} = \frac{G_R(s)G_S(s)}{1 + G_R(s)G_S(s)} = \frac{1}{1+1} = 0{,}5 \tag{7.3}$$

$$x(s) = G_w(s)w = 0{,}5 \cdot w \tag{7.4}$$

Allein hat eine solche unwirksame Strecke natürlich keinen Nutzen. Aber wenn ein passender Block, genannt „gewünschtes Verhalten", in den Regelkreis mit der unwirksamen Strecke der Abb. 7.3 eingeführt wird, kann die gewünschte Sprungantwort der Regelgröße *x(t)* erreicht werden (Abb. 7.4).

Die Frage, welches Verhalten gewünscht ist, wurde bereits in Kap. 5 diskutiert. Demensprechend wurde der Typ A mit der optimalen Dämpfung $\vartheta = 0{,}707$ als „gewünschtes Verhalten" in Abb. 7.4 gewählt. Wäre beispielsweise eine Sprungantwort ohne Überschwingung gewünscht, sollte der Typ C mit $\vartheta = 1$ eingesetzt werden. Selbstverständlich werden die Typen B und D nie gewünscht, weil sie einen statischen Fehler bzw.

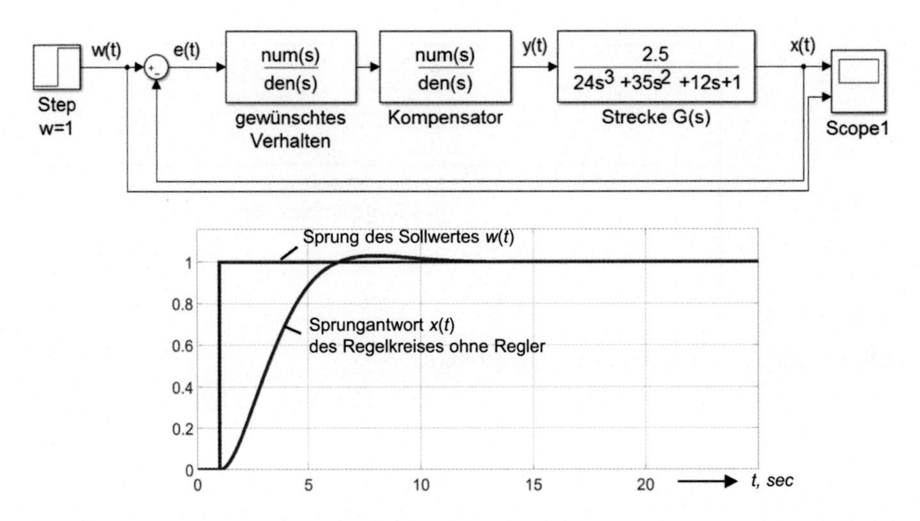

Abb. 7.4 Regelkreis mit unwirksamer Strecke, ergänzt mit dem gewünschten Verhalten

eine bleibende Regeldifferenz $e(\infty) \neq 0$ hinterlassen. Auch der Typ E soll vermieden werden, da der Regelkreis mit $\vartheta = 0$ ungedämpfte Schwingungen hat bzw. instabil wird, wie in Kap. 5 in Abb. 5.11 gezeigt ist.

7.2.2 Klassische Kompensationsregler

> „Das Konzept der Kompensationsregelung ist sehr einfach, die Übertragungsfunktion der Strecke $G_S(s)$ soll nämlich durch die des Reglers $G_R(s)$ so kompensiert werden, dass daraus eine gewünschte Übertragungsfunktion $G_M(s)$ des geschlossenen Regelkreises entsteht. Der Kompensationsregler $G_R(s)$ besteht also aus zwei Teilen. Der erste Teil beinhaltet die reziproke Übertragungsfunktion $1/G_S(s)$, mit dem die Übertragungsfunktion der Strecke $G_S(s)$ kompensiert wird. Der zweite Teil wird anhand der gewünschten Übertragungsfunktion $G_M(s)$ bestimmt.“ (Quelle: [1], Seite 388)

Ein modellbasierter Regler besteht nach dem Kompensationsprinzip aus zwei Teilen:

$$G_R(s) = G_{Srez}(s) G_{M0}(s) = \frac{1}{G_S(s)} \cdot \frac{G_M(s)}{1 - G_M(s)} \tag{7.5}$$

- die reziproke Übertragungsfunktion $1/G_S(s)$ zur vollständigen Kompensation der Regelstrecke $G_S(s)$; somit wird die Strecke unwirksam für die Regelkreisdynamik gemacht;
- die gewünschte Übertragungsfunktion $G_M(s)$ des geschlossenen Regelkreises $G_W(s)$, die vorher vom Benutzer definiert werden soll. Mit $G_{M0}(s)$ ist die Übertragungsfunktion des gewünschten Verhaltens des offenen Regelkreises bezeichnet.

Da die Übertragungsfunktion der Strecke $G_S(s)$ durch die reziproke Übertragungsfunktion $1/G_S(s)$ vollständig gekürzt ist, wird nur die gewünschte Übertragungsfunktion $G_M(s)$ für das Verhalten der Regelgröße wirksam.

Die Übertragungsfunktion des offenen Regelkreises mit dem Regler nach Gl. 7.5 ist:

$$G_0(s) = G_R(s) G_S(s) = \frac{G_M(s)}{1 - G_M(s)} \cdot \frac{1}{G_S(s)} \cdot G_S(s) = \frac{G_M(s)}{1 - G_M(s)} = G_{M0}(s) \tag{7.6}$$

Die Übertragungsfunktion des geschlossenen Regelkreises lautet:

$$G_w(s) = \frac{G_0(s)}{1 + G_0(s)} = \frac{G_{M0}(s)}{1 + G_{M0}(s)} = G_M(s) \tag{7.7}$$

Die Übertragungsfunktion des Reglers $G_R(s)$, die Struktur des Reglers und des gesamten Regelkreises sind in Abb. 7.5 gezeigt.

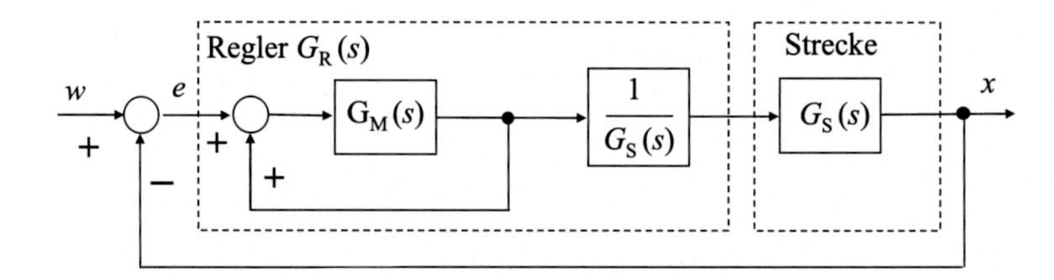

Abb. 7.5 Klassischer Kompensationsregler

7.2.3 Vergleich: Standardregler und klassischer Kompensationsregler

Betrachten wir als Beispiel eine P-T3-Regelstrecke mit $K_{PS}=2{,}5$; $T_1=1$ s; $T_2=8$ s; $T_3=3$ s:

$$G_S(s) = \frac{K_{PS}}{(1+sT_1)(1+sT_2)(1+sT_3)} \tag{7.8}$$

Zuerst entwerfen wir dafür einen PID-Regler nach dem Betragsoptimum. Die Übertragungsfunktion des aufgeschnittenen Regelkreises ist:

$$G_0(s) = G_R(s)G_S(s) = \frac{K_{PR}(1+sT_n)(1+sT_v)}{sT_n} \cdot \frac{K_{PS}}{(1+sT_1)(1+sT_2)(1+sT_3)} \tag{7.9}$$

Nach der Kompensation mit $T_n=T_{\text{größte}}=T_2$ und $T_v=T_{\text{zweitgrößte}}=T_3$ ergibt sich:

$$G_0(s) = \frac{K_{PR}K_{PS}}{sT_n(1+sT_1)}$$

Laut Einstellregeln des Kap. 5 nach dem Betragsoptimum für Grundtyp A wird die Verstärkung des Reglers bestimmt:

$$K_{PR} = \frac{T_n}{2K_{PS}T_3} = \frac{8}{2 \cdot 2{,}5 \cdot 1} = 1{,}6$$

Für die praktische Anwendung und für die Konfiguration eines Simulink-Modells sollen die oben bestimmten Kennwerte des multiplikativen PID-Reglers in die additive Form nach [1] oder [5] umgerechnet werden:

$$P = K_{PR}\left(1 + \frac{T_v}{T_n}\right) = 1{,}6 \cdot (1 + 0{,}375) = 1{,}98$$
$$I = \frac{P}{T_n + T_v} = \frac{1{,}98}{8+3} = 0{,}18$$
$$D = P \cdot \frac{T_nT_v}{T_n + T_v} = 1{,}98 \cdot \frac{8 \cdot 3}{8+3} = 4{,}32$$

Nun wird zum Vergleich ein modellbasierter Regler $G_R(s)$ nach dem Kompensationsprinzip für dieselbe Regelstrecke entworfen. Die gewünschte Übertragungsfunktion $G_M(s)$ des Regelkreises mit $T_w = 0{,}35$ s ist gegeben durch:

$$G_M(s) = \frac{1}{(1 + sT_w)^3}$$

Die Übertragungsfunktion $G_R(s)$ des Reglers laut Gl. 7.5 besteht aus zwei Teilen:

a) inverse Übertragungsfunktion $1/G_S(s)$ der Strecke:

$$\frac{1}{G_S(s)} = \frac{(1 + sT_1)(1 + sT_2)(1 + sT_3)}{K_{PS}} \tag{7.10}$$

b) gewünschte Übertragungsfunktion $G_{M0}(s)$ des offenen Kreises:

$$G_{M0}(s) = \frac{G_M(s)}{1 - G_M(s)} = \frac{1}{(1 + sT_w)^3 - 1}$$

Das MATLAB®/Simulink-Modell von Regelkreisen mit dem PID-Regler und mit dem Kompensationsregler sowie die Sprungantworten sind in Abb. 7.6, 7.7 und 7.8 gezeigt. Die Simulation lässt zu, beide Regler miteinander zu vergleichen. Es wird angenommen, dass die maximale Stellgröße mit dem Wert 100 begrenzt ist:

- Der PID-Regler mit berechneten optimalen Werten produziert einen sehr starken Impuls, der die maximale Stellgröße überschreitet (Abb. 7.7). In diesem Fall geht die Linearität des Regelkreises verloren. Aber ein nichtlinearer Regelkreis mit einer Begrenzung (Sättigung) ist von der Größe des Eingangssprunges (hier: Sollwertsprung) abhängig, sodass sich das Verhalten des Kreises bei $w = 1$ von anderen w-Werten, z. B. bei $w = 2$ oder $w = 3$, unterscheiden bzw. verschlechtern wird. Um dies zu vermeiden, soll man die Höhe des Sollwertsprunges bei der Simulation begrenzen oder eine *Rampe* statt eines *Step* als Sollwert anwenden.
- Der Kreis mit dem Kompensationsregler hat eine kleinere Ausregelzeit als mit dem PID-Regler, aber nur beim Führungsverhalten. Die Ausregelzeit beim Störverhalten ist für beide Kreise gleich (Abb. 7.8), weil das Eingangssignal des Reglers beim Störverhalten kein Sprung mehr ist. Dadurch wird die Begrenzung der Stellgröße nicht überschritten, was auch theoretisch auf die Stör-Übertragungsfunktion zurückzuführen ist.

7.2.4 Nachteile des konventionellen Kompensationsreglers

Schaltet man die Übertragungsfunktion der Strecke $G_S(s)$ und die Übertragungsfunktion der reziproken Strecke $1/G_S(s)$ nacheinander in Reihe, wie in Gl. 7.2, und gibt zum Eingang der Reihenschaltung einen Einheitssprung $w = 1$, wie in Abb. 7.3 gezeigt ist, so

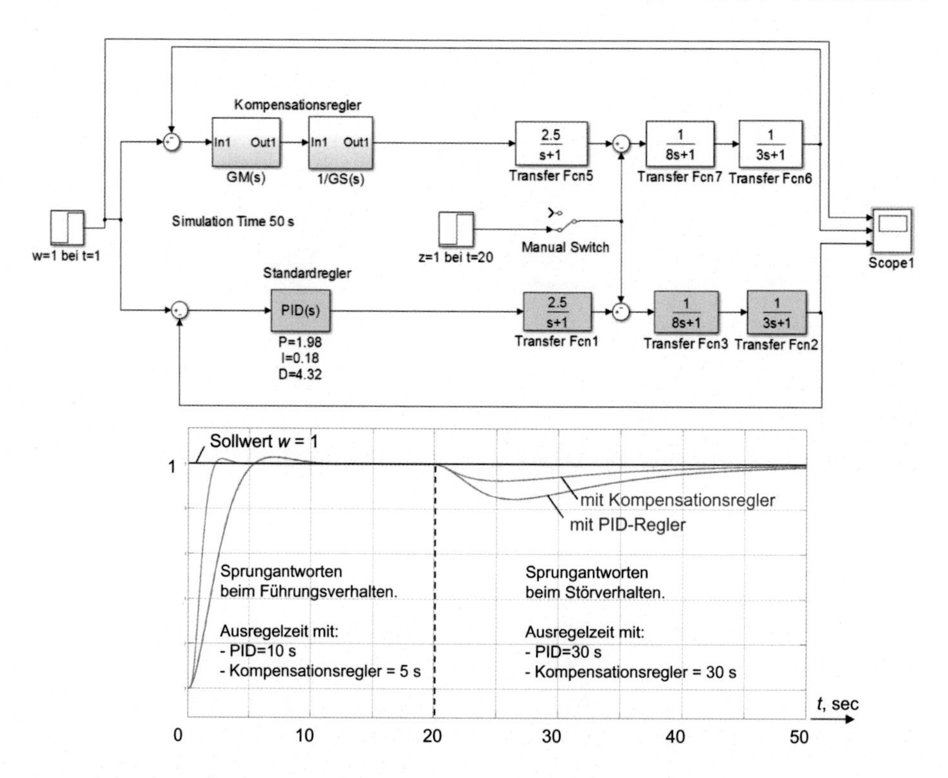

Abb. 7.6 MATLAB®/Simulink-Modell und die Sprungantworten der P-T3-Strecke mit PID-Standardregler und Kompensationsregler

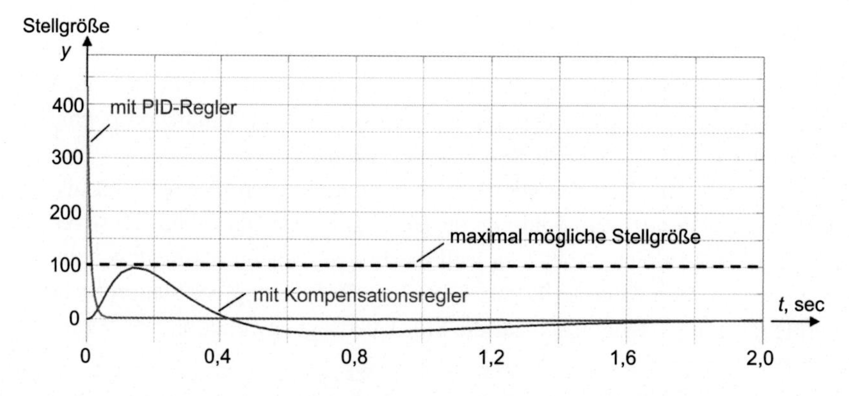

Abb. 7.7 Sprungantworten der Stellgrößen bei Führungsverhalten nach dem Sollwertsprung $w = 1$ bei $t = 0$

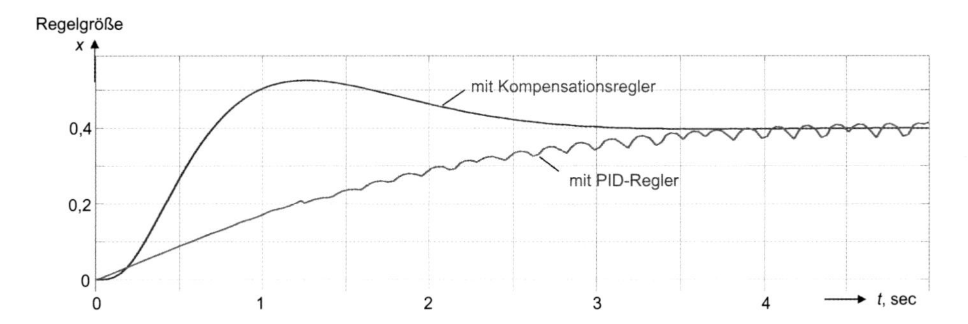

Abb. 7.8 Sprungantworten der Stellgrößen bei Störverhalten nach dem Sprung der Störgröße $z = 1$ bei $t = 0$

wird die Strecke unwirksam gemacht, und die Sprungantwort $x(t)$ des aufgeschnittenen Kreises wird auch eine Sprungfunktion der Höhe 1 darstellen.

Darauf basiert das Konzept des im vorherigen Abschnitt beschriebenen konventionellen Kompensationsreglers. Jedoch sind industrielle Regelstrecken typischerweise P-Glieder mit Verzögerung, wie z. B. die in Gl. 7.8 gezeigte Strecke. Sie sind meist stabil und phasenminimal, sodass auch nach dem Invertieren (siehe Gl. 7.10) keine instabilen Pol-/Nullstellen auftreten. Da aber das Zählerpolynom der Gl. 7.8 eine kleinere Ordnung als das Nennerpolynom hat, ist die inverse Übertragungsfunktion der Gl. 7.10 nicht realisierbar. Um die inversen Übertragungsfunktionen doch realisierbar zu machen, wurde in Abb. 7.6 das Nennerpolynom mit kleinen zusätzlichen Zeitkonstanten T_{R1}, T_{R2}, T_{R3} ergänzt, die üblicherweise ca. 1 % der Originalzeitkonstanten T_1, T_2, T_3 der Strecke betragen:

$$\frac{1}{G_S(s)} = \frac{(1 + sT_1)(1 + sT_2)(1 + sT_3)}{K_{PS}(1 + sT_{R1})(1 + sT_{R2})(1 + sT_{R3})} \tag{7.11}$$

Die Gl. 7.2 wird dadurch gestört, und die Strecke wird nicht mehr komplett unwirksam gemacht. Das erwartete gewünschte Verhalten wird mit Fehler realisiert, wenn überhaupt.

Ein anderer Nachteil der konventionellen Regler mit reziproken Übertragungsfunktionen ist die starke Differenzierung wegen großer D-Anteile T_1, T_2, T_3 in Gl. 7.11.

7.3 Kompensationsregler nach dem Antisystem-Approach

Die oben beschriebene Kompensation der Regelstrecke $G_S(s)$ durch die reziproke Übertragungsfunktion $1/G_S(s)$, die bei konventionellen modellbasierten Kompensationsreglern benutzt wird, ist jedoch nicht die einzig mögliche Kompensation. Andere Möglichkeiten, die Regelstrecke unwirksam zu machen, wurden in [6] detailliert untersucht und sind unten kurz zusammengefasst.

7.3.1 Kompensationsstrukturen

Bevor wir jedoch zu Kompensationsstrukturen übergehen, kehren wir zur Abb. 7.2 zurück. Der Regelkreis ohne Regler mit nur einer mit sich selbst gegengekoppelten Strecke $G(s)$ hat folgende Übertragungsfunktion, die in Abb. 7.9a gezeigt ist:

$$G_{\mathrm{wS}}(s) = \frac{x(s)}{w(s)} = \frac{G_{\mathrm{S}}(s)}{1 + G_{\mathrm{S}}(s)} \tag{7.12}$$

Die reziproke Schaltung $G_{\mathrm{wSrez}}(s)$ zu Gl. 7.12 ist in Abb. 7.9b dargestellt. Sie besteht aus einer Parallelschaltung

$$G_{\mathrm{Sparallel}}(s) = 1 + G_{\mathrm{S}}(s), \tag{7.13}$$

die mit sich selbst gegengekoppelt ist:

$$G_{\mathrm{wSrez}}(s) = \frac{-G_{\mathrm{Sparallel}}(s)}{1 + [-G_{\mathrm{Sparallel}}(s)]} = \frac{1 + G_{\mathrm{S}}(s)}{G_{\mathrm{S}}(s)} \tag{7.14}$$

Anhand Gl. 7.12 bis Gl. 7.14 werden in [6] folgende Kompensationsstrukturen einer Regelstrecke $G(s)$ betrachtet. Diese Strukturen werden miteinander zwecks Bildung einer modellbasierten Regelung nachfolgend verglichen:

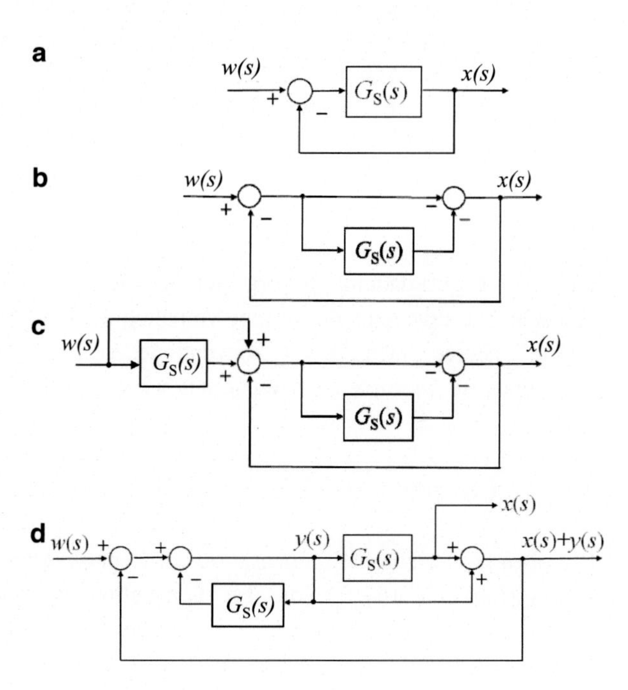

Abb. 7.9 Kreisstrukturen mit der Regelstrecke $G(s)$: **a** $G_{\mathrm{wS}}(s)$; **b** $G_{\mathrm{wSrez}}(s)$ und Kompensationsschaltungen **c** Gl. 7.16, **d** Gl. 7.17

für eine Strecke G(s) mit reziproker Strecke Gl. 7.1 (**Abb. 7.3**):

$$G_0(s) = \frac{1}{G_S(s)} \cdot G_S(s) = 1 \tag{7.15}$$

für eine Strecke G(s) mit Parallelschaltung Gl. 7.13 **und mit reziproker Kreisschaltung Gl.** 7.14 (**Abb. 7.9c**):

$$G_0(s) = G_{\text{Sparallel}}(s) \cdot G_{\text{wSrez}}(s) = [1 + G_S(s)] \cdot \frac{1 + G_S(s)}{G_S(s)} \tag{7.16}$$

für eine Strecke G(s) mit Parallelschaltung und gegengekoppelte Strecke G(s) (**Abb. 7.9d**):

$$G_0(s) = G_{\text{Sparallel}}(s) \cdot \frac{1}{1 + G_S(s)} = [1 + G_S(s)] \cdot \frac{1}{1 + G_S(s)} = 1 \tag{7.17}$$

Im Abschn. 7.2.4 wurde verdeutlicht, warum die mathematisch genaue Kürzung nach Gl. 7.15 und 7.16 bei der realen Signalübertragung verfälscht wird (siehe z. B. Gl. 7.11). Wegen reziproken Strecken $1/G_S(s)$ werden auch große D-Anteile auf die Regelung negativ wirken, sodass man die überdimensionierte Stellgröße an die vorhandenen Begrenzungen anpassen muss, was wiederum die Realisierung des gewünschten Verhaltens verfälschet.

Die beste Kompensation der Regelstrecke wird im Fall von Gl. 7.17 erreicht: Es ist keine reziproke Strecke vorhanden, die Kompensation ist praktisch realisierbar und bringt keine Verfälschung. Dabei werden keine D-Anteile generiert, und die Stellgröße liegt weit unter der maximalen Begrenzung.

Anhand der unwirksamen Strecke der Gl. 7.17 wird im nächsten Abschnitt der modellbasierte Regler, ASA-Regler genannt, entwickelt. Jedoch kann diese Schaltung nicht direkt in einen Kompensationsregler eingesetzt werden, weil am Ausgang des Kreises nicht wie üblich die Regelgröße $x(t)$, sondern die Summe $x(t)+y(t)$ entsteht.

7.3.2 Antisystem-Approach

An diese Stelle soll kurz erwähnt werden, dass die Bezeichnung ASA (Antisystem-Approach) zum ersten Mal 1997 in [7] eingeführt wurde. Darunter versteht man ein Konzept der Variablenverdichtung, das in [8] vorgeschlagen und später in einer Reihe von Publikationen (siehe [9, 10]) zu einer theoretischen Methode entwickelt wurde.

Laut dem ASA kann man zu jedem beliebigen System ein Antisystem (auch als Schattensystem bezeichnet) so einfügen, dass zwischen beiden Systemen eine Bilanz entsteht. Diese Bilanz kann für verschiedene Applikationen angewendet werden, sowohl für technische Systeme, z. B. für MIMO-Systeme [1, 10] oder für künstliche neuronale

Netze [7], als auch für mathematische Aufgaben wie Lösung von linearen algebraischen Gleichungssystemen [11–13].

In Bezug auf die Regelungstechnik wird mit dem Begriff Antisystem-Approach ein Regelkreis bezeichnet, der aus zwei identischen Blöcken, nämlich aus einer realen Regelstrecke und einer *Schattenstrecke* besteht. Die Schattenstrecke kann als Soft- oder Hardware-Modell realisiert werden [14].

> „Ein ASA-Regler ist somit ein modellbasierter Regler, in dem sich der Regler und die Strecke vollständig kompensieren, ohne dabei die reziproken Übertragungsfunktionen der Regelstrecke zu bilden.“ (Zitat, Quelle: [1], Seite 364)

Die unwirksame Strecke wird nach Gl. 7.17 gebildet. Somit entfallen die in Abschn. 7.2.4 erwähnten Nachteile der Kompensationsregelung, da der Regler keine D-Anteile mehr hat.

Die Übertragungsfunktion der Parallelschaltung $G_{\text{Sparallel}}(s)$ der Gl. 7.13 gilt im Sinne von ASA wie ein „System“:

$$1 + G_S(s)$$

Die in Gegenrichtung wirkende Schaltung mit der Übertragungsfunktion

$$\frac{1}{1 + G_S(s)}$$

wird wie ein „Antisystem“ betrachtet.

Die in Reihe geschalteten „Systeme“ und „Antisysteme“ kompensieren sich laut Gl. 7.17.

Nach diesem Konzept sind folgende Optionen von ASA-Reglern entstanden, die nachfolgend behandelt werden:

- mit Vorfilter,
- mit Kompensator,
- mit Bypass,
- mit Turbo,
- mit Predictor.

7.3.3 ASA-Regler

Nachdem die Regelstrecke $G_S(s)$ durch die im Abschn. 7.3.1 beschriebene Beschaltung Gl. 7.17 unwirksam geworden ist, soll dem geschlossenen Regelkreis (Abb. 7.9d) das gewünschte Verhalten $G_M(s)$ vermittelt werden.

Dies kann auf zwei Wegen erfolgen (siehe [1, 14]):

- mit einem Vorfilter $G_F(s)$,
- mit einem Kompensator $G_K(s)$.

In beiden Fällen wird unter dem Begriff „Schattenstrecke“ $G^*_S(s)$ die Übertragungsfunktion der Originalstrecke $G_S(s)$ verstanden:

$$G_S^*(s) = G_S(s) \tag{7.18}$$

ASA-Regler mit Vorfilter (Abb. 7.10a)
Herleitung:

$$x(s) = G_F(s) \cdot \frac{\frac{1}{1+G_S(s)} \cdot G_S(s)}{1 + G_0(s)} w(s) = G_F(s) \cdot \frac{\frac{1}{1+G_S(s)} \cdot G_S(s)}{1+1} w(s)$$

$$x(s) = \underbrace{\frac{G_F(s)}{2} \cdot \frac{G_S(s)}{1 + G_S(s)}}_{G_M(s)} w(s)$$

$$G_M(s) = \frac{G_F(s)}{2} \cdot \frac{G_S(s)}{1 + G_S(s)}$$

Daraus ergibt sich die Übertragungsfunktion des Vorfilters:

$$G_F(s) = 2G_M(s)\frac{1 + G_S(s)}{G_S(s)} \tag{7.19}$$

Unter Beachtung von Gl. 7.14 wird die Übertragungsfunktion des Vorfilters wie folgt dargestellt:

$$G_F(s) = 2G_M(s)G_{wSrez}(s)$$

ASA-Regler mit Kompensator (Abb. 7.10b)
Herleitung:

$$G_0(s) = G_K(s) \cdot \frac{1}{1 + G_S(s)} \cdot [1 + G_S(s)] = G_K(s)$$

$$x(s) = \frac{G_K(s) \cdot \frac{1}{1+G_S(s)} \cdot G_S(s)}{1 + G_0(s)} w(s) = G_K(s) \cdot \frac{\frac{1}{1+G_S(s)} \cdot G_S(s)}{1 + G_K(s)} w(s)$$

$$x(s) = \underbrace{\frac{G_K(s)}{1 + G_K(s)} \cdot \frac{G_S(s)}{1 + G_S(s)}}_{G_M(s)} w(s)$$

$$G_M(s) = \frac{G_K(s)}{1 + G_K(s)} \cdot \frac{G_S(s)}{1 + G_S(s)}$$

Übertragungsfunktion des Kompensators:

$$G_K(s) = \frac{G_M(s)\frac{1+G_S(s)}{G_S(s)}}{1 - G_M(s)\frac{1+G_S(s)}{G_S(s)}} \tag{7.20}$$

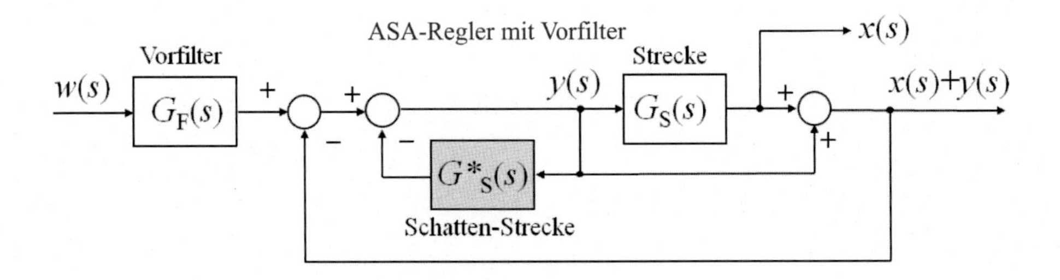

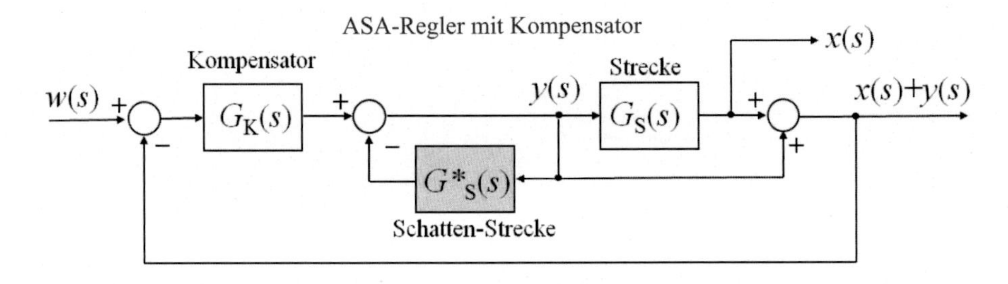

Abb. 7.10 ASA-Regler mit Vorfilter (a) und mit Kompensator (b)

Unter Beachtung von Gl. 7.14 wird die Übertragungsfunktion des Kompensators wie folgt dargestellt:

$$G_K(s) = \frac{G_M(s)G_{wSrez}(s)}{1 - G_M(s)G_{wSrez}(s)}$$

Vergleich: ASA-Vorfilter und ASA-Kompensator

Der ASA-Regler mit Vorfilter hat einfachere Übertragungsfunktionen (Gl. 7.19) als der ASA-Regler mit Kompensator (Gl. 7.20). Dagegen befindet sich der ASA-Vorfilter außerhalb des geschlossenen Regelkreises und kann dadurch die Störgrößen nicht ausregeln. Das ist natürlich ein Nachteil. Obwohl ein Vorfilter im Allgemeinen doch verwendet werden kann, wie es z. B. bei der Zustandsregelung der Fall ist (siehe [1], Seite 404–409), wird nachfolgend der ASA-Vorfilter nicht betrachtet.

7.3.4 Hinweise zur Implementierung und Simulation

Beide Optionen der ASA-Regler, mit dem Vorfilter und mit dem Kompensator, wurden an mehreren Projekten getestet (siehe z. B. [15–18]).

Bei der Implementierung oder Simulation von ASA-Reglern, wie übrigens auch bei konventionellen Reglern, kann es zu folgenden Problemen kommen, die nach den in der Literatur gegebenen Hinweisen gelöst werden können:

- Digitalisierung [19],
- Algebraic Loop [20],
- Stellwertbegrenzung [21],
- die Wahl des passenden gewünschten Verhaltens [22],
- das negative Vorzeichen des Reglers [23].

7.3.5 Schattenstrecke

Der Erfolg der Regelung mit einem ASA-Regler ist in erster Linie davon abhängig, wie genau die reale Regelstrecke $G_S(s)$ identifiziert und als Schattenstrecke $G^*_S(s)$ in einen Regelkreis eingesetzt ist.

Bei einer Offline-Simulation, z. B. mit MATLAB®/Simulink, wird wie üblich das Modell der Strecke $G_S(s)$ zweimal in den Wirkungsplan der Abb. 7.10 eingefügt, d. h. als $G_S(s)$ und als $G^*_S(s) = G_S(s)$.

Bei einem *Rapid Control Prototyping* (RCP) kann die Schattenstrecke zusammen mit einer realen physischen Strecke, z. B. mit einem Motor, in einen *Hardware-in-the-Loop* (HWL)-Regelkreis eingesetzt werden (siehe Kap. 4, Abschn. 4.2.2, auch [17]). Es gibt folgende Optionen, wie in Abb. 7.11 gezeigt ist.

Damit wird die Schattenstrecke $G^*_S(s)$:

- als C-Code an einem Mikrokontroller-Board implementiert (Abb. 7.11a);
- als zweite Regelstrecke $G_S(s)$ in einen realen physikalischen Regelkreis eingesetzt. Diese Option ist in Abb. 7.11b gezeigt und wurde erfolgreich in [16] realisiert.

Die Vorteile der Doppelstrecken-Implementierung sind:

- Wenn beide identische Strecken nichtlinear sind und beide sich im gleichen Arbeitspunkt befinden, werden sich beide Strecken auch identisch verhalten, was von einem Software-Modell kaum zu erwarten ist.
- Wenn beide Strecken unter gleichen Bedingungen funktionieren, sei es die interne Abnutzung oder die Wirkung von externen Kräften, werden beide identisch von eventuellen Störungen betroffen und folglich nach dem ASA-Konzept auch identisch ausgeregelt.

Jedoch ist die zweite Strecke als Schattenstrecke aus technologischen und wirtschaftlichen Gründen nur in speziellen Fällen einsetzbar, wie es z. B. bei der in [16] behandelten Drehzahlregelung eines Motors der Fall ist.

In Abb. 7.11c ist gezeigt, wie die „Doppelstrecken"-Schaltung in eine „Einzelstrecken"-Schaltung umgewandelt werden kann, sodass nur die Regelstrecke sich selbst allein nach dem ASA-Konzept kompensieren wird. Die oben erwähnten Vorteile der „Doppelstrecken"-Option bleiben dabei erhalten.

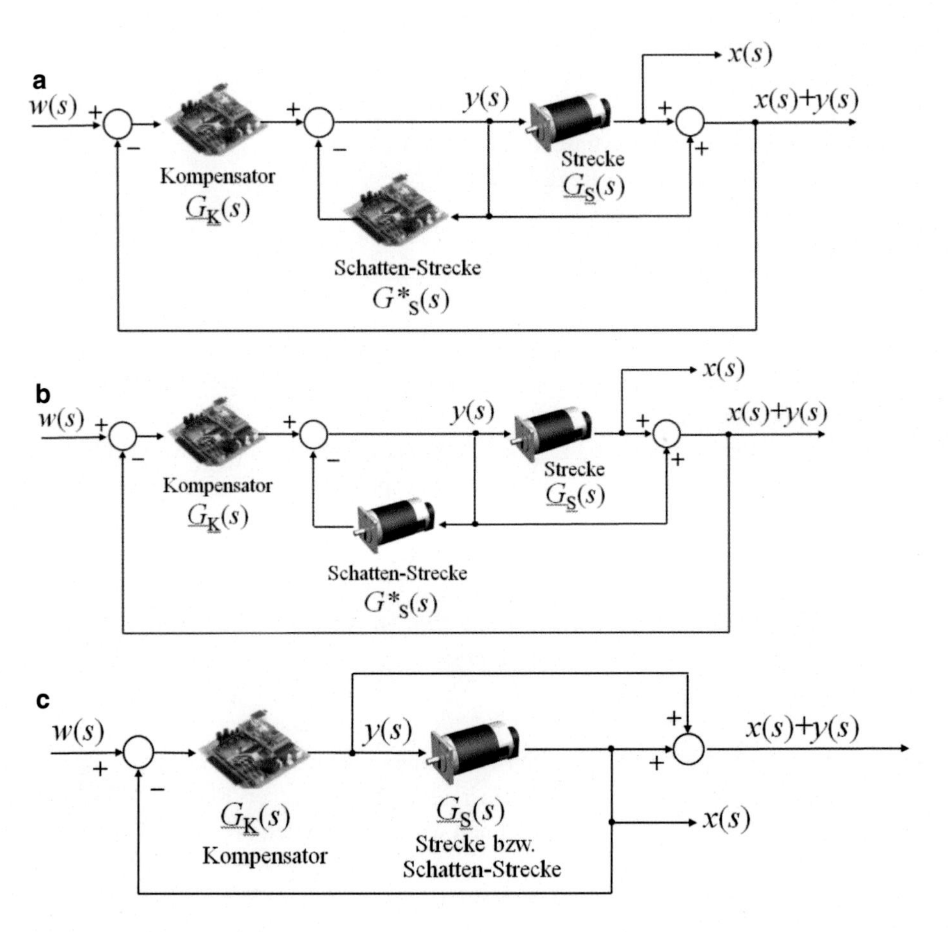

Abb. 7.11 ASA-Regler mit: **a** Software-Modell der Schattenstrecke; **b** Doppelstrecke; **c** Strecke, die selbst Schattenstrecke ist

7.4 ASA-Regler mit Bypass

7.4.1 Vereinfachung des ASA-Kompensators

Wie oben bereits erwähnt wurde, hat die Regelung mit dem ASA-Kompensator Vorteile gegenüber der Option mit dem ASA-Vorfilter. Nachteilig ist aber die komplizierte Struktur des ASA-Kompensators. Um die Realisierung des ASA-Kompensators zu vereinfachen, wurde der Kompensator mit der Schattenstrecke in einen Baustein zusammengesetzt (Abb. 7.12a).

Die Übertragungsfunktion $G_R(s)$ des Kompensators $G_K(s)$ mit dem internen Kreis mit der Schattenstrecke wird wie folgt hergeleitet, wobei die Schattenstrecke $G^*_S(s)$ einfach wie $G_S(s)$ bezeichnet wird:

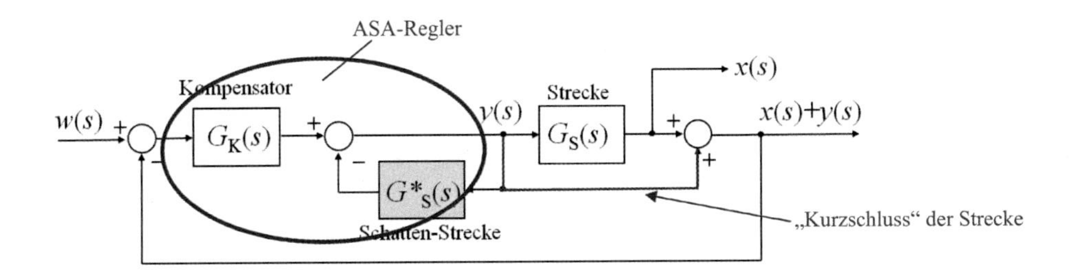

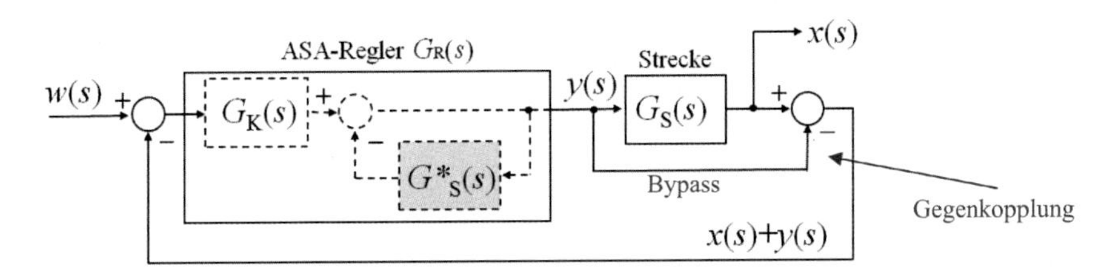

Abb. 7.12 Vereinfachung des ASA-Kompensators (a) und ASA-Regler mit Bypass (b)

$$G_R(s) = G_K(s)\frac{1}{1+G_S(s)} = \frac{G_M(s)\frac{1+G_S(s)}{G_S(s)}}{1-G_M(s)\frac{1+G_S(s)}{G_S(s)}} \cdot \frac{1}{1+G_S(s)} = \frac{1}{G_S(s)\underbrace{\left[\frac{1}{G_M(s)}-1\right]}_{G_{M0rez}(s)}-1} \tag{7.21}$$

Unter Beachtung von

$$G_{M0rez}(s) = \frac{1}{G_M(s)} - 1 \tag{7.22}$$

folgt aus Gl. 7.21 die Übertragungsfunktion des ASA-Reglers $G_R(s)$:

$$G_R(s) = \frac{1}{G_S(s)G_{M0rez}(s) - 1} \tag{7.23}$$

7.4.2 Beispiel: ASA-Kompensator mit Schattenstrecke

Gegeben sind: Die I-Strecke $G_S(s)$ und das gewünschte Verhalten $G_M(s)$ als P-T1-Verhalten mit der Zeitkonstante $T_M = 3{,}5$ s, d. h., die gewünschte Ausregelzeit beträgt ca. $T_{aus} = 5T_M$ bzw. ca. 17 s.

$$G_S(s) = \frac{0{,}8}{32{,}2s}$$

$$G_{\mathrm{M}}(s) = \frac{1}{1 + 3{,}5s}$$

Die Lösung mit dem MATLAB®-Skript nach Gl. 7.22 und 7.23 ist wie folgt gegeben:

```
s=tf('s');% Eingabe des Laplace-Operators
Gs=0.8/(32.2*s);% Strecke
GM=1/(1+3.5*s);% Gewünschtes Verhalten
Taus=3.5*5;% gewünschte Ausregelzeit
GMrez=(1/GM)-1;% reziproke GM mit rückgekoppelter Strecke
GR=1/(Gs*GMrez-1)% ASA-Regler (Kompensator)
% Sprungantwort des Regelkreises simulieren
Gv=GR*Gs; %Vorwärts-Signalübertragung für x
G0=GR*(1+Gs);% aufgeschnittener Regelkreis
Gx=Gv/(1+G0);% Übertragungsfunktion für Regelgröße x
step(Gx,Taus)% Sprungantwort der Regelgröße x
grid
```

Der ASA-Regler wirkt wie ein P-Regler, jedoch mit negativem Vorzeichen:

$$G_{\mathrm{R}}(s) = \frac{32,2s}{-28,7s} = -1,12$$

7.4.3 Regler mit Bypass

Wenn der ASA-Kompensator mit der Schattenstrecke zusammengesetzt wird, wie in Abb. 7.12a gezeigt ist, wird die „kurzgeschlossene“ Regelstrecke nicht mehr mit der Schattenstrecke kompensiert. Andererseits kommt dabei der ASA-Regler $G_{\mathrm{R}}(s)$ mit dem negativen Vorzeichen vor. Zwar ist dabei der Regelkreis stabil, aber die Stabilität des Regelkreises wird bei Störungen gefährdet.

Um dies zu vermeiden und die Stabilität des Regelkreises zu gewährleisten, wird das Vorzeichen des ASA-Reglers $G_{\mathrm{R}}(s)$ invertiert. Das ist aber nur dann möglich, wenn auch das Vorzeichen der Parallelschaltung der Strecke („Kurzschluss“) geändert wird. Somit wird das positive Vorzeichen durch das negative Vorzeichen ersetzt, und der Regelkreis wird robust gemacht.

Diese Option ist in Abb. 7.12b gezeigt und wird in [21] „ASA-Regler mit Bypass“ genannt. Die Übertragungsfunktion des ASA-Reglers wird nicht mehr nach Gl. 7.23, sondern wie folgt bestimmt:

$$G_{\mathrm{R}}(s) = \frac{G_{\mathrm{M0}}(s)}{G_{\mathrm{S}}(s) + G_{\mathrm{M0}}(s)} = \frac{\frac{G_{\mathrm{M0}}(s)}{G_{\mathrm{S}}(s)}}{1 + \frac{G_{\mathrm{M0}}(s)}{G_{\mathrm{S}}(s)}} \tag{7.24}$$

Da die Übertragungsfunktion $G_M(s)$ einem gewünschten Verhalten des geschlossenen Kreises entspricht, wird die Übertragungsfunktion $G_{M0}(s)$ in der Gl. 7.24 als das „offene gewünschte Verhalten des Regelkreises" bezeichnet:

$$\frac{G_M(s)}{1 - G_M(s)} = G_{M0}(s) \tag{7.25}$$

Weiterhin kann $G_{R0}(s)$ nach [21] als „offener ASA-Regler" bezeichnet werden:

$$G_{R0}(s) = \frac{G_{M0}(s)}{G_S(s)} \tag{7.26}$$

Setzt man Gl. 7.25 und 7.26 in Gl. 7.24 ein, wird die Übertragungsfunktion des ASA-Reglers mit Bypass wie folgt umgeschrieben:

$$G_R(s) = \frac{G_{R0}(s)}{1 + G_{R0}(s)} \tag{7.27}$$

7.4.4 Entwurfsschritte

1. Schritt: Einen Wirkungsplan mit der gegebenen Regelstrecke G_S und mit dem Bypass-Regler erstellen, wie in Abb. 7.13 gezeigt ist.
2. Schritt: Das gewünschte Verhalten $G_{M0}(s)$ des offenen Kreises oder des geschlossenen Kreises $G_M(s)$ definieren (siehe Gl. 7.25).
3. Schritt: Die Übertragungsfunktion des „offenen" Reglers $G_{R0}(s)$ nach Gl. 7.26 bestimmen.
4. Schritt: Die Übertragungsfunktion $G_R(s)$ des ASA-Reglers nach Gl. 7.27 bestimmen.

Beispiel

Gegeben sind: Die I-T1-Strecke $G_S(s)$ und das gewünschte Verhalten $G_M(s)$ als P-T2-Verhalten mit gleichen Zeitkonstanten $T_M = 0{,}05$ s, d. h., die gewünschte Ausregelzeit beträgt ca. $T_{aus} = 5T_M = 0{,}25$ s.

$$G_S(s) = \frac{0,0328}{s(0,4s+1)}$$

$$G_M(s) = \frac{1}{(0,05s+1)^2}$$

Der Reglerentwurf mit dem MATLAB®-Skript nach Gl. 7.25, 7.26 und 7.27 ist wie folgt gegeben:

```
s=tf('s');% Eingabe des Laplace-Operators
Gs=0.0328/(s*(1+0.4*s));% Strecke
GM=1/(1+0.05*s);% Gewünschtes Verhalten
```

```
GM0=GM/(1-GM);% offenes gewünschtes Verhalten
GR0=GM0/Gs;% „offener" Regler
GR=GR0/(1+GR0)% ASA-Regler (Kompensator)
% Sprungantwort des Regelkreises simulieren
Gv=GR*Gs; %Vorwärts-Signalübertragung für x
G0=GR*(Gs-1);% aufgeschnittener Regelkreis
Gx=Gv/(1+G0);% Übertragungsfunktion für Regelgröße x
step(Gx, GM)% Sprungantwort der Regelgröße x und des gewünschten Ver-
haltens
grid
```

Die simulierte Sprungantwort ist in Abb. 7.13 gezeigt und entspricht dem gewünschten Verhalten.

7.5 Data Stream Management nach ASA

Ein ASA-Regler besteht aus zwei Teilen (siehe Gl. 7.19 und 7.20):

- aus einer Schattenstrecke $G^*_S(s)$, um die reale Strecke $G_S(s)$ unwirksam zu machen;
- aus einem Algorithmus, um das gewünschte Verhalten $G_M(s)$ des geschlossenen Regelkreises zu erreichen.

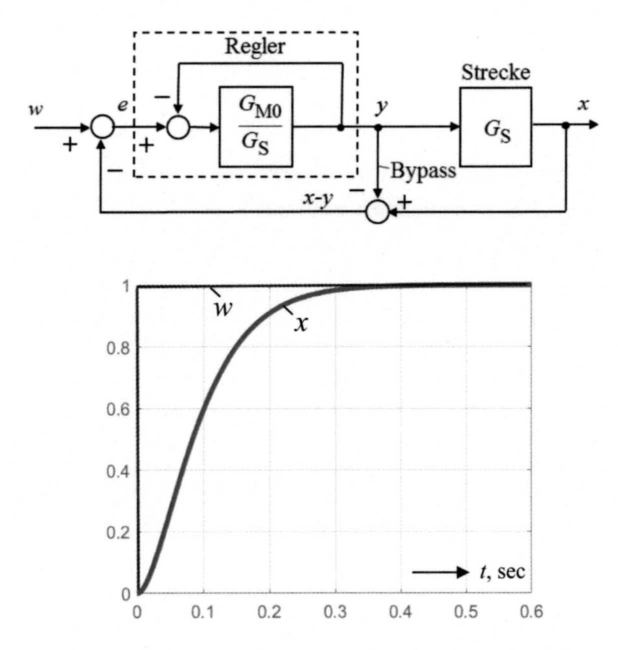

Abb. 7.13 Regler mit Bypass

Der zweite Teil wird nach dem in Kap. 3 eingeführten Begriff „Data Stream Manager" benannt und mit MATLAB®/Simulink-Bausteinen programmiert, wie nachfolgend in diesem Abschnitt für verschiedene Optionen der ASA-Regelung ohne Herleitung beschrieben wird.

7.5.1 DSM-Bypass

Der DSM-Bypass wurde in [17] entworfen. Das ist ein MATLAB®/Simulink-Baustein, der nach Gl. 7.25, 7.26 und 7.27 programmiert und in die eigene Simulink Library „MyLib" als LTI-Block *ASAController_eigen_lib.sltx* (Abb. 7.14) eingefügt ist.

Nach dem Befehl „Create" wird der Baustein GR aus der Simulink Library als „ASA-Regler mit Bypass" in eine Simulink-Datei übertragen und kann weiter in ein gewünschtes Regelkreismodell eingesetzt werden.

In Abb. 7.15 ist gezeigt, wie der DSM-Bypass in einem Regelkreis mit der Strecke

$$G_S(s) = \frac{0{,}7}{(1+0{,}5s)(1+0{,}5s)} = \frac{0{,}7}{0{,}25s^2+s+1}$$

und dem gewünschten Verhalten des geschlossenen Regelkreises

$$G_M(s) = \frac{1}{(1+0,3s)(1+0,1s)} = \frac{1}{0,03s^2+0,4s+1}$$

konfiguriert wird. Die simulierte Sprungantwort des Kreises zeigt das gewünschte Verhalten.

7.5.2 ASA-Predictor

Der ASA-Predictor ist ein Data Stream Manager, der genauso wie ein *Smith-Prädiktor* als Kompensationsregler für Strecken mit Totzeit angewendet wird.

> „Besitzt die Regelstrecke eine Totzeit T_t, soll der Algorithmus des Kompensationsreglers modifiziert werden. Der Algorithmus wurde nach dem Namen des Entwicklers Smith-Prädiktor genannt (Berkeley-University, 1957) und besteht darin, dass ein Teil der Strecke GS(s) ohne Totzeit betrachtet wird." (Zitat, Quelle:[24], Seite 101)

Der Wirkungsplan des Smith-Prädiktors ist in Abb. 7.16 nach [24] gegeben. Die Strecke besteht aus zwei Teilen, nämlich die Teilstrecke ohne Totzeit $G_S(s)$ und die Totzeit T_t selbst.

Mit $K_{Pr}(s)$ wird die Übertragungsfunktion des konventionellen Kompensationsreglers nach Gl. 7.5 bezeichnet, jedoch bezogen nur auf die Teilstrecke $G_S(s)$ ohne Totzeit T_t:

$$K_{Pr}(s) = \frac{1}{G_S(s)} \cdot \frac{G_M(s)}{1-G_M(s)}$$

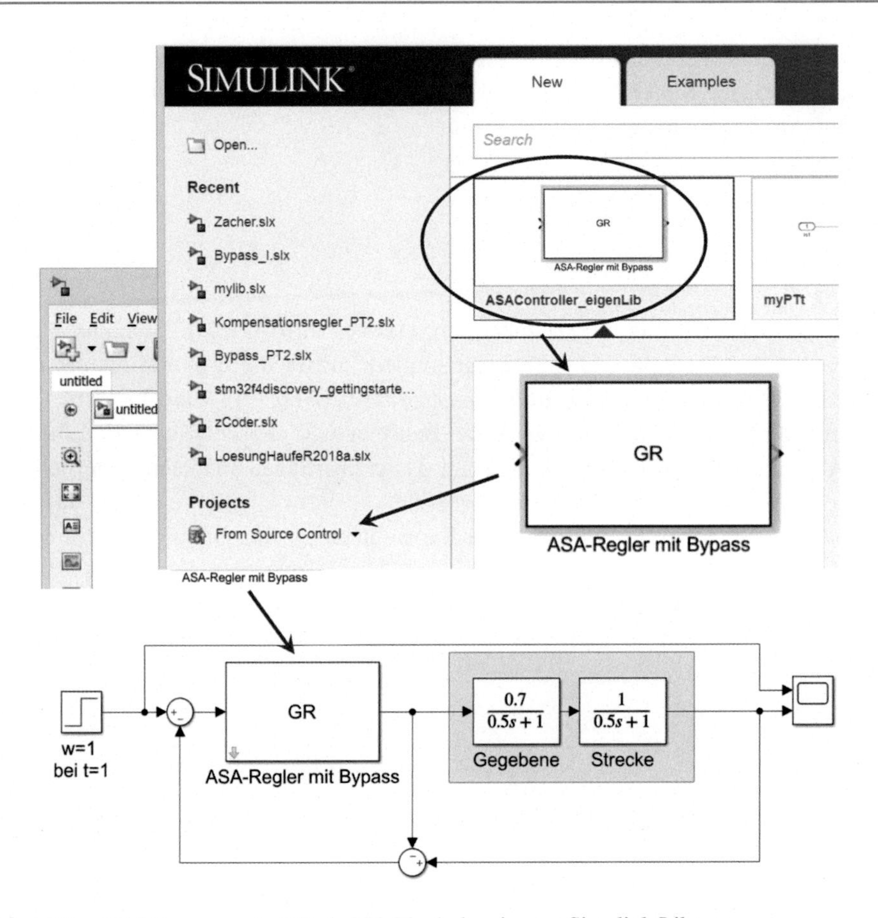

Abb. 7.14 DSM-Bypass nach [17] als LTI-Block der eigenen Simulink Library

Um auch die Totzeit auszuregeln, soll einerseits die gewünschte Übertragungsfunktion $G_M(s)$ des geschlossenen Regelkreises mit gleicher Totzeit T_t ergänzt werden, andererseits soll der Regler $K_{Pr}(s)$ nach dem Algorithmus des *Smith-Prädiktors* in $G_R(s)$ umgewandelt werden:

$$G_R(s) = \frac{K_{Pr}(s)}{1 + K_{Pr}(s)G_S(s)(1 - e^{-sT_t})}$$

In [4] wurde der Smith-Prädiktor analysiert und mittels Symmetrieoperationen in eine einfachere Struktur umgewandelt. Dabei lässt sich die Übertragungsfunktion des Reglers nach ASA mit einer Schattenstrecke beschreiben. Der daraus entstandene DSM wird nachfolgend *ASA-Predictor* genannt.

Ein Beispiel des ASA-Predictors ist in Abb. 7.17 gegeben. Die Strecke, wie auch die Schattenstrecke, besteht aus zwei Teilen:

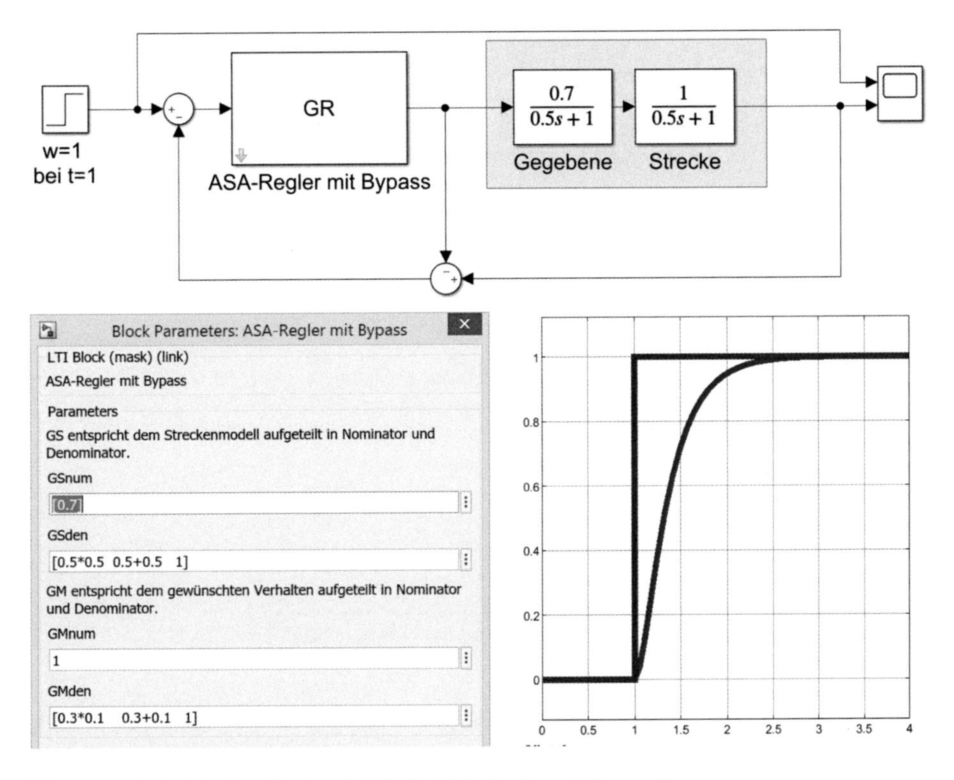

Abb. 7.15 Beispiel: Regelkreis mit DSM „ASA-Regler mit Bypass"

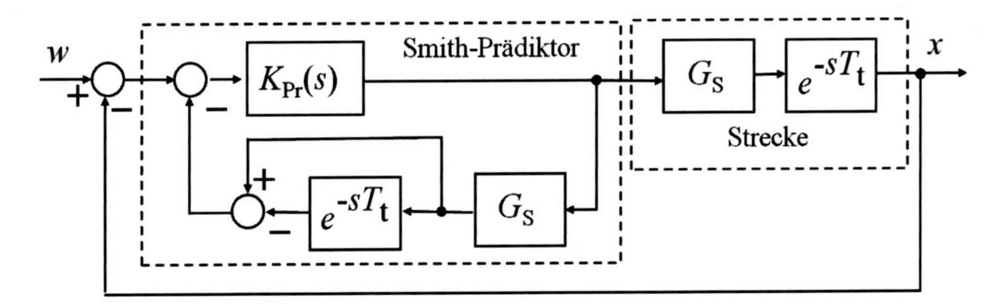

Abb. 7.16 Smith-Prädiktor (Quelle: [24], Seite 102)

- Teilstrecke $G_S(s)$ ohne Totzeit:

$$G_S(s) = \frac{0,5}{(1 + 1,5s)(1 + 0,3s)};$$

- Totzeit $T_t = 0,1$ s.

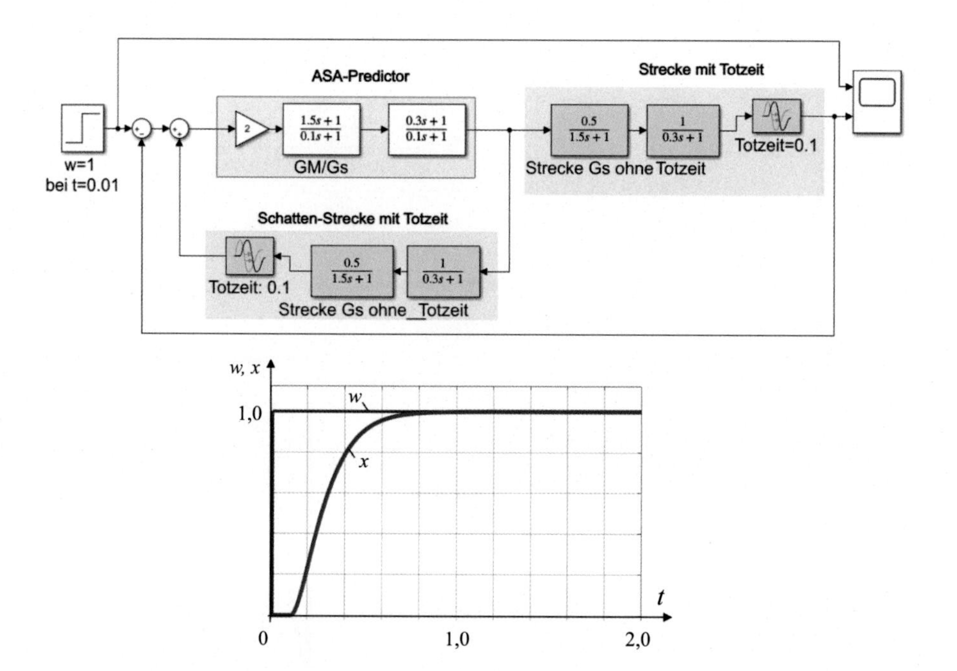

Abb. 7.17 ASA-Predictor nach [4]

Auch die gewünschte Übertragungsfunktion des geschlossenen Regelkreises besteht aus zwei Teilen:

- ohne Totzeit:

$$G_M(s) = \frac{1}{(1+0,1s)(1+0,1s)};$$

- Totzeit $T_t = 0{,}1$ s.

Die Übertragungsfunktion $G_{Pred}(s)$ des ASA-Predictors wird ganz einfach bestimmt:

$$G_{Predictor}(s) = \frac{G_M(s)}{G_S(s)}$$

Im betrachteten Beispiel ergibt sich daraus:

$$G_{Predictor}(s) = \frac{\frac{1}{(1+0,1s)(1+0,1s)}}{\frac{0,5}{(1+1,5s)(1+0,3s)}} = 2 \cdot \frac{1+1,5s}{1+0,1s} \cdot \frac{1+0,3s}{1+0,1s}$$

Die Sprungantwort des Regelkreises mit dem ASA-Predictor ist in Abb. 7.17 dargestellt. Zwar sieht diese Sprungantwort genauso aus wie die Sprungantwort des Smith-Prädiktors, jedoch hat der ASA-Predictor einen Vorteil, nämlich: Die Übertragungsfunktion $G_{Pred}(s)$

des ASA-Predictors ist einfach und praktisch realisierbar, sie beinhaltet keine D-Anteile, wie es beim Smith-Prädiktor der Fall ist.

7.5.3 DSM-Turbo

Konzept

Die in Abb. 7.15 gezeigte Regelstruktur mit Bypass wurde in [25] modifiziert. Zum einen wurde der Regelkreis mit einer Schaltung ergänzt, die aus der Übertragungsfunktion des gewünschten Verhaltens $G_M(s)$ und der Schattenstrecke, wie in Abb. 7.17, besteht. Zum anderen wurde ein Standardregler anstelle des ASA-Predictors eingesetzt.

Daraus entsteht ein Regelkreis, wie in Abb. 7.18a gezeigt ist, in dem der klassische PID-Standardregler durch die Bausteine *Turbo* und $G_M(s)$ beschleunigt wird. Der Standardregler wird optimal, z. B. nach dem Betragsoptimum, ohne Rücksicht auf die Turboschaltung eingestellt.

Die Sprungantworten beim Führungs- und Störverhalten zeigen eine optimale Dämpfung $\vartheta = 0{,}707$, jedoch erfolgt die Regelung mit Turbo doppelt so schnell wie ohne Turbo (Abb. 7.19).

Herleitung

Wie man der Abb. 7.18b entnehmen kann, ist der Turbobaustein nichts anderes als die reziproke Schaltung $G_{\text{wSrez}}(s)$ nach Gl. 7.14. Im betrachteten Beispiel der Regelstrecke

$$G_S(s) = G_{S1}(s)G_{S2}(s)G_{S3}(s) = \frac{2,5}{s+1} \cdot \frac{1}{3s+1} \cdot \frac{1}{8s+1}$$

hat der Baustein Turbo die folgende Übertragungsfunktion:

$$G_{\text{Turbo}}(s) = G_{\text{wSrez}}(s) = \frac{G_S(s)+1}{G_S(s)} = \frac{G_{S1}(s)G_{S2}(s)G_{S3}(s)+1}{G_{S1}(s)G_{S2}(s)G_{S3}(s)}$$

Da die Übertragungsfunktionen, mit der Ordnung des Zählerpolynoms größer als die Ordnung des Nennerpolynoms, nicht realisierbar sind, werden bei der Schattenstrecke zusätzliche, möglichst kleine Zeitverzögerungen eingeführt, wie es in Abb. 7.18 gemacht wurde:

$$G_S(s) = \underbrace{\frac{0,01s+2,5}{s+1}}_{G_{S1}(s)} \cdot \underbrace{\frac{0,01s+1}{3s+1}}_{G_{S2}(s)} \cdot \underbrace{\frac{0,01s+1}{8s+1}}_{G_{S3}(s)}$$

Die Stellgröße $y(s)$ besteht aus zwei Teilen:

- y_R vom PID-Regler:

$$y_R(s) = G_R(s)\hat{e} = G_R(s)(\hat{w} - x(s))$$

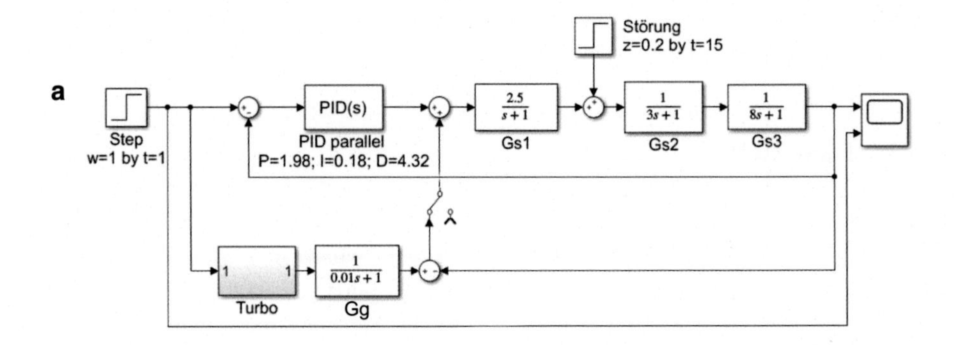

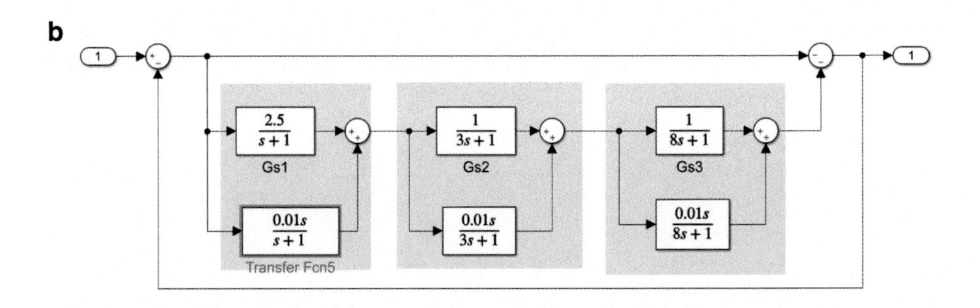

Abb. 7.18 PID-Regler mit DSM-Turbo: **a** Regelkreis; **b** DSM-Turbo

- y_{T} vom Turbo-Baustein:

$$y_{\mathrm{T}}(s) = G_{\mathrm{T}}(s)G_{\mathrm{g}}(s)\hat{w} - x(s)$$

Aus den letzten beiden Ausdrücken bestimmt man die Stellgröße $y(s)$ und die Regelgröße $x(s)$:

$$y(s) = y_{\mathrm{R}}(s) + y_{\mathrm{T}}(s) = G_{\mathrm{R}}\hat{w} - G_{\mathrm{R}}x(s) + \frac{1 + G_{\mathrm{S}}}{G_{\mathrm{S}}}G_{\mathrm{g}}\hat{w} - x(s)$$

$$x(s) = G_{\mathrm{S}}y(s) = G_{\mathrm{R}}G_{\mathrm{S}}\hat{w} - G_{\mathrm{R}}G_{\mathrm{S}}x(s) + (1 + G_{\mathrm{S}})G_{\mathrm{g}}\hat{w} - G_{\mathrm{S}}x(s)$$

Nach Umstellung folgt daraus die Übertragungsfunktion des gesamten Regelkreises:

$$G_{\mathrm{w}}(s) = \frac{x(s)}{\hat{w}} = \frac{G_{\mathrm{g}} + G_{\mathrm{g}}G_{\mathrm{S}} + G_{\mathrm{R}}G_{\mathrm{S}}}{1 + G_{\mathrm{S}} + G_{\mathrm{R}}G_{\mathrm{S}}}$$

Mit der Übertragungsfunktion $G_{\mathrm{g}}(s)$ wird das gewünschte Verhalten des Kreises $G_{\mathrm{M}}(s)$ eingestellt:

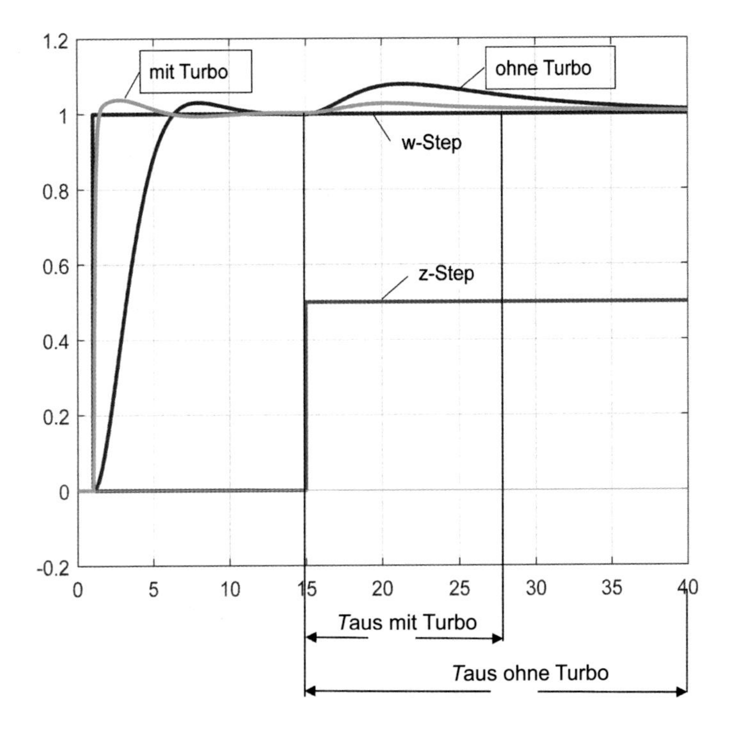

Abb. 7.19 Regelung mit und ohne Turbo (Quelle: [25], Seite 11)

$$G_{\mathrm{M}}(s) = \frac{G_{\mathrm{g}} + G_{\mathrm{g}}G_{\mathrm{S}} + G_{\mathrm{R}}G_{\mathrm{S}}}{1 + G_{\mathrm{S}} + G_{\mathrm{R}}G_{\mathrm{S}}}$$

$$G_{\mathrm{g}}(s) = G_{\mathrm{M}} + G_{\mathrm{R}} \cdot \frac{G_{\mathrm{S}}}{1 + G_{\mathrm{S}}}(G_{\mathrm{M}} - 1)$$

Wird beispielsweise ein schnelles Verhalten des Regelkreises gewünscht, kann

$$G_{\mathrm{M}} = 1$$

oder wie in Abb. 7.18a

$$G_{\mathrm{M}} = \frac{1}{0{,}01s + 1} \approx 1$$

angenommen werden, woraus folgt:

$$G_{\mathrm{g}} \approx G_{\mathrm{M}}$$

Beispiel

Gegeben ist die Strecke $G_{\mathrm{S}}(s)$, die mit einem PI-Regler $G_{\mathrm{R}}(s)$ nach dem gewünschten P-T2-Verhalten $G_{\mathrm{M}}(s)$ geregelt werden soll:

$$G_S(s) = \frac{0{,}5}{(12s+1)(10s+1)} G_M(s) = \frac{1}{(5s+1)^2}$$

Zuerst wird der Regler nach dem Betragsoptimum, Typ A, mit der Dämpfung $\vartheta = 1$, wie es bei $G_M(s)$ gegeben ist, eingestellt:

$$G_0(s) = G_R(s)G_S(s) = \frac{K_{PR}(1+sT_n)K_{PS}}{sT_n(1+sT_1)(1+sT_2)}$$

$$T_n = T_1 = 12 \text{ sec} \quad K_{PR} = \frac{T_n}{4\theta^2 K_{PS} T_2} = 0{,}6$$

Die Ausregelzeit T_{aus} des Regelkreises mit dem PI-Regler ist:

$$T_{aus} = 11 \cdot T_1 = 11 \cdot 10 = 110 \text{ sec}$$

Es wird jedoch eine kleinere Ausregelzeit T_{aus} gewünscht, die mit $G_M(s)$ vorgegeben ist. Die Regelung wird mit einem DSM-Turbo wie in Abb. 7.18 ergänzt, was im nachfolgenden MATLAB-Skript gemacht wurde. Die Sprungantworten sind in Abb. 7.20 gezeigt.

```
%% Strecke und gewünschtes Verhalten
s=tf('s'); %Eingabe des Laplace-Operators
Kps=0.5; T1=12;T2=10;TM=5;
Gs=Kps/((1+T1*s)*(1+T2*s)); %Strecke
GM=1/(1+s*TM)^2;%gewünschtes Verhalten
%% PI-Regler
theta=1; %Betragsoptimum, Typ A
Tn=T1;
KpR=Tn/(4*theta^2*Kps*T2);
GR=KpR*(1+s*Tn)/(s*Tn);
```

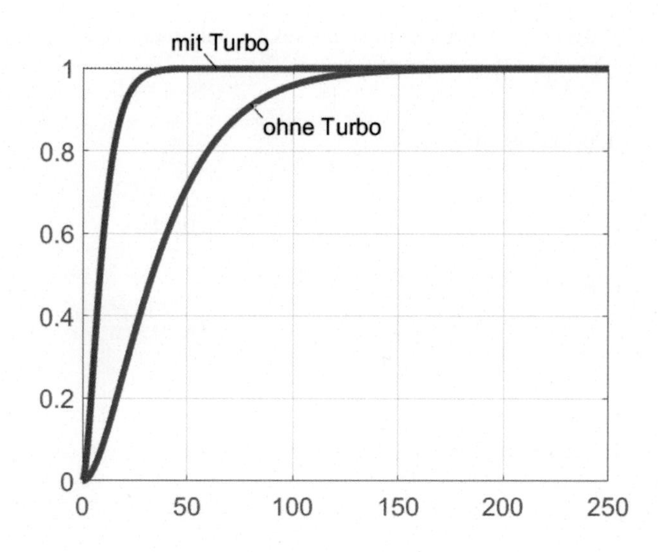

Abb. 7.20 Beispiel der Turboregelung mit einem Pi-Regler

```
G0=GR*Gs;
Gw=G0/(1+G0); %ohne Turbo
%% DSM Turbo;
GwS=(1+Gs)/Gs;
Gg=GM+GR*GwS*(GM-1);
GwT=(Gg+Gg*Gs+GR*Gs)/(1+Gs+GR*Gs);% mit Turbo
step(Gw,GM)
grid
```

7.6 Übungsaufgaben mit Lösungen

7.6.1 Übungsaufgaben

Aufgabe 7.1
Die Temperatur eines Reaktors hat aperiodisches P-T2-Verhalten mit $K_{PS}=0{,}8$; $T_1=12$ s; $T_2=120$ s:

$$G_S(s) = \frac{K_{PS}}{(1+sT_1)(1+sT_2)} \tag{7.28}$$

In [4], Seite 36, sollte der Reaktor mit einem idealen PID-Standardregler mit der Ausregelzeit $T_{aus}=13{,}2$ s geregelt werden:

$$G_R(s) = \frac{K_{PR}(1+sT_n)(1+sT_v)}{sT_n} \tag{7.29}$$

Zuerst wurde in [4] die Übertragungsfunktion des offenen Kreises bestimmt:

$$G_0(s) = G_R(s)G_S(s) = \frac{K_{PR}(1+sT_n)(1+sT_v)}{sT_n} \cdot \frac{K_{PS}}{(1+sT_1)(1+sT_2)}$$

Nach der Kompensation $T_n=T_2=120$ s und $T_v=T_1=12$ s ergibt sich nach dem Standardtyp C für die gegebene Ausregelzeit:

$$K_{PR} = \frac{3{,}9T_n}{K_{PS}T_{aus}} = 44{,}32$$

Die Regelung erfolgte ohne statischen Fehler und ohne Überschwingung, d. h. nach dem P-T1-Verhalten

$$G_w(s) = \frac{1}{1+sT_w} \tag{7.30}$$

mit der Zeitkonstante T_w:

$$T_w = \frac{T_{aus}}{3{,}9} \tag{7.31}$$

Bestimmen Sie die Übertragungsfunktion und die Parameter eines konventionellen Kompensationsreglers und zwar so, dass die Regelung nach gleichem P-T1-Verhalten $G_w(s)$ wie Gl. 7.30 und mit gleicher Ausregelzeit T_{aus} wie mit dem PID-Regler erfolgt!

Aufgabe 7.2
Die P-T2-Regelstrecke mit $K_{PS} = 0{,}5$; $T_1 = 1{,}5$ s; $T_2 = 0{,}3$ s

$$G_S(s) = \frac{K_{PS}}{(1 + sT_1)(1 + sT_2)} \tag{7.32}$$

wurde in [26], Seite 45, mit einem ASA-Kompensator

$$G_R(s) = \frac{0{,}45s^2 + 1{,}8s + 1}{0{,}005s^2 - 0{,}45s^2 + 1{,}7s + 1} \tag{7.33}$$

so geregelt, dass die Regelung nach dem folgenden gewünschten Verhalten mit $T_M = 0{,}1$ s erfolgte:

$$G_M(s) = \frac{1}{(1 + sT_M)^2} \tag{7.34}$$

a) Ersetzten Sie den ASA-Kompensator Gl. 7.33 durch einen ASA-Regler mit Bypass, um dasselbe gewünschte Verhalten Gl. 7.34 mit der Strecke Gl. 7.32 zu erreichen!
b) Ersetzten Sie den ASA-Kompensator Gl. 7.33 durch einen PI-Regler und stellen Sie den PI-Regler so ein, dass die Sprungantwort nach Gl. 7.34 ohne Überschwingungen erfolgt!
c) Simulieren Sie mit einem MATLAB®-Skript die Sprungantworten des geschlossenen Regelkreises zu den vorherigen Punkten a) und b)!

Aufgabe 7.3
Die Regelstrecke mit $K_{PS} = 0{,}5$; $T_1 = 1{,}5$ s; $T_2 = 0{,}3$ s ist in Gl. 7.32 gegeben. Die Strecke soll mit einem PI-Regler mit der optimalen Dämpfung $\vartheta = 0{,}707$ mit der Ausregelzeit $T_{aus} = 0{,}1$ s geregelt werden.

Bestimmen Sie dafür die Kennwerte des PI-Reglers und den DSM-Turbo! Simulieren Sie den Regelkreis mit dem PI-Regler für die zwei Fälle mit und ohne DSM-Turbo!

7.6.2 Lösungen

Lösung zu Aufgabe 7.1
Die Übertragungsfunktion des konventionellen Kompensationsreglers wird nach Gl. 7.5 für die gegebenen Übertragungsfunktionen der Strecke (Gl. 7.28) und das gewünschte Verhalten Gl. 7.30 mit der Zeitkonstante der Gl. 7.31 wie folgt bestimmt:

$$G_R(s) = \frac{1}{G_S(s)} \cdot \frac{G_M(s)}{1 - G_M(s)} = \frac{(1 + sT_1)(1 + sT_2)}{K_{PS}} \cdot \frac{1}{sT_w} \tag{7.35}$$

Der Regler nach Gl. 7.35 entspricht einem idealen PID-Regler:

$$G_R(s) = \frac{(1+sT_1)(1+sT_2)}{sK_{PS}T_w} \cdot \frac{T_2}{T_2} = \frac{T_2}{K_{PS}T_w}\frac{(1+sT_1)(1+sT_2)}{sT_2}$$

mit folgenden Parametern:

$$T_n = T_2 = 120 \text{ s}$$
$$T_v = T_1 = 12 \text{ s}$$
$$K_{PR} = \frac{T_2}{K_{PS}T_w} = \frac{T_n}{K_{PS}T_w}$$

Daraus ergibt sich derselbe K_{PR}-Wert wie nach dem Standardtyp C (siehe Kap. 5, Abschn. 5.3):

$$K_{PR} = \frac{3,9T_n}{K_{PS}T_{aus}} = 44,32$$

Lösung zu Aufgabe 7.2

Die Lösung zu allen drei Punkten ist im folgenden MATLAB®-Skript gegeben. Die damit simulierten Sprungantworten sind in Abb. 7.21 gezeigt.

```
%% Strecke und gewünschtes Verhalten
s=tf('s'); %Eingabe des Laplace-Operators
Gs=0.5/((1+1.5*s)*(1+0.3*s));%Strecke
GM=1/((1+0.1*s)^2);%gewünschtes Verhalten
%% PI-Regler
```

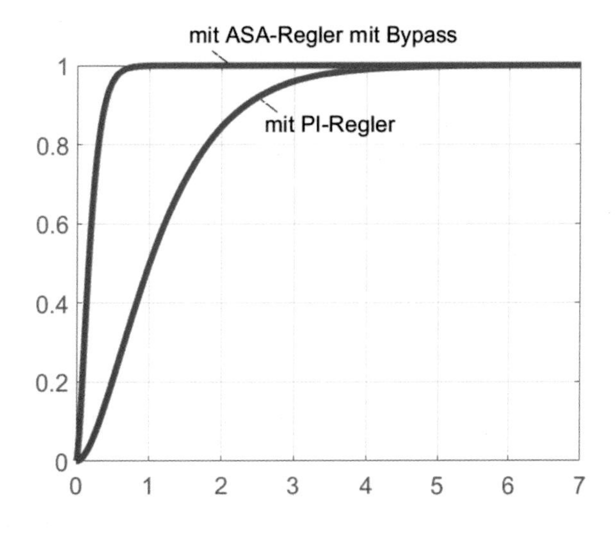

Abb. 7.21 Lösung zu Aufgabe 7.2

```
theta=1;% gewünschte Dämpfung
Tn=1.5;
KpR=Tn/(4*theta*0.5*0.3);
GR=KpR*(1+s*Tn)/(s*Tn);
G0=GR*Gs;
Gw=G0/(1+G0);
%% ASA mit Bypass: Regelgröße xB und Stellgröße yB
GM0=GM/(1-GM);% offenes gewünschtes Verhalten
GR0=GM0/Gs;% „offener" Regler
GB=GR0/(1+GR0);% ASA-Regler mit Bypass
Gv_B=GB*Gs;%Vorwärts-Signalübertragung für x
G0_B=GB*(Gs-1); % aufgeschnittener Regelkreis
GxB=Gv_B/(1+G0_B);% Übertragungsfunktion für Regelgröße x
step(Gw,GxB)% Regelgröße xB
grid
```

Lösung zu Aufgabe 7.3

Die Regelung mit der optimalen Dämpfung $\vartheta = 0{,}707$ soll nach dem Betragsoptimum, Typ A, erfolgen:

$$G_0(s) = G_R(s)G_S(s) = \frac{K_{PR}(1+sT_n)}{sT_n} \cdot \frac{K_{PS}}{(1+sT_1)(1+sT_2)}$$
$$T_n = T_1 = 1,5 \text{ sec} \quad K_{PR} = \frac{T_n}{2K_{PS}T_2} = 0,6$$

Dabei kann die Ausregelzeit T_{aus} allein mit dem PI-Regler nicht kleiner als

$$T_{aus} = 11 \cdot 0,3 = 3,3 \text{ s}$$

erreicht werden. Es ist aber $T_{aus} = 0{,}1$ s gewünscht. Die Regelung soll mit einem DSM-Turbo beschleunigt werden. Es wird einen DSM-Turbo nach Gl. 7.14 eingesetzt, wie in Abb. 7.18 gezeigt ist. Die Lösung ist im folgenden MATLAB®-Skript gegeben. Die damit simulierten Sprungantworten sind in Abb. 7.22 gezeigt.

```
%% Strecke und gewünschtes Verhalten
s=tf('s'); % Eingabe des Laplace-Operators
Kps=0.5; T1=1.5;T2=0.3;
Gs=Kps/((1+T1*s)*(1+T2*s));% Strecke
%% PI-Regler
theta=1/sqrt(2); % Betragsoptimum, Typ A
Tn=T1;
KpR=Tn/(2*Kps*T2);
GR=KpR*(1+s*Tn)/(s*Tn);
G0=GR*Gs;
Gw=G0/(1+G0); % mit PI-Regler ohne Turbo
omega0=sqrt(KpR*Kps/(Tn*T2))% aktuelle Eigenkreisfrequenz bei
Taus=3,3 sec
```

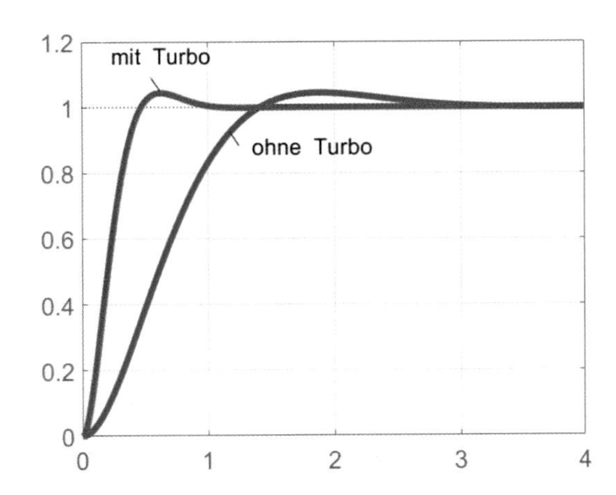

Abb. 7.22 Lösung zu Aufgabe 7.3

```
%% gewünschtes Verhalten GM
omega0M=omega0*3;% gewünschte Eigenkreisfrequenz für
TausM=Taus/3=1,1
GM=1/((1/omega0M^2)*s^2+(2*theta/omega0M)*s+1);% gewünschtes Ver-
halten
%% DSM Turbo;
GwS=(1+Gs)/Gs;
Gg=GM+GR*GwS*(GM-1);
GwT=(Gg+Gg*Gs+GR*Gs)/(1+Gs+GR*Gs);% mit Turbo
step(Gw,GM)
grid
```

Literatur

1. Zacher, S., & Reuter, M. (2022). *Regelungstechnik für Ingenieure* (16. Aufl.). Springer Vieweg.
2. Zacher, S. (2003). *Duale Regelungstechnik*. VDE.
3. Zacher, S., & Saeed, W. (2010). *Design of multivariable control systems using Antisystem-Approach*. In 7. Fachkolloquium AALE, FH Technikum, Wien.
4. Zacher, S. (2023). *Drei Bode-Plots-Verfahren für Regelungstechnik* (2. Aufl.). Springer Vieweg.
5. Zacher, S. (2016a). PID-Gesichte. Automation-Letters, Nr. 9. https://www.zacher-international.com/Automation_Letters/09_PID_Gesichte.pdf. Zugegriffen: 31. Okt. 2020.
6. Zacher, S. (2016b). Unwirksame Strecke. Automation-Letters, Nr. 6. https://www.zacher-international.com/Automation_Letters/06_Unwirksame_Strecke.pdf. Zugegriffen: 31. Okt. 2020.
7. Zacher, S. (1997). *Antisysteme versus Neuronale Netze: Das Prinzip und die Anwendungsbeispiele*. In Anwendersymposium zu Fuzzy Technologien und Neuronalen Netzen, 19. bis 20. November 1997, Dortmund
8. Kattanek, S., & Sacharjan, S. (1968). Berechnung von Übertragungsfunktionen eines Festbettreaktors durch Reduzierung des Signalflußbildes. *Chemische Technik, XX*(12), 725–728.

9. Zacher, S. (2000). *SPS-Programmierung mit Funktionsbausteinen*. VDE.
10. Zacher, S. (2020). *Antisystem-Approach (ASA) for engineering of wide range of dynamis systems*. In International Conference on Engineering, Science and Technology (IConEST) October 15–18, 2020, Chicago, USA.
11. Zacher, S. (2008a). *Mobile Mathematik. Ein neues Konzept zur Lösung von linearen Gleichungssystemen*. Verlag Dr. Zacher, ISBN 978-3-937638-13-3.
12. Zacher, S. (2008b). *Existentielle Mathematik*. Verlag Dr. Zacher, ISBN 978-3-937638-16-4.
13. Zacher, S. (2012). *Verbotene Mathematik*. Verlag Dr. Zacher, ISBN 978-3-937638-22-5.
14. Zacher, S. (2016c). *ASA-Implementierung*. Automation-Letters, Nr. 8. Verlag Dr. Zacher. https://www.zacher-international.com/Automation_Letters/08_ASA-Implementierung.pdf. Zugegriffen: 31. Okt. 2020.
15. Wessel, S. (2014). *Entwicklung eines ASA-basierenden Reglers für Volumenstromregelung*. Master-Thesis, Hochschule Darmstadt, FB EIT, Fernstudium.
16. Groß, D. (2015). *Entwurf und Untersuchung einer modellbasierten prädiktiven Regelung mit ASA-Konzep*t. Master-Thesis, Hochschule Darmstadt, FB EIT, Fernstudium.
17. Mille, R. (2017). *Rapid Control Prototyping eines ASA-Controllers mit MATLAB® PLC Coder*. Verlag Dr. Zacher, ISBN 978-3-937638-28-7.
18. Schmitt, O. (2016). *Bilanzregelung nach dem ASA-Konzept mit Schattenstrecke*. Studienarbeit, Fachbereich Technik, DHBW Mannheim, Mannheim.
19. Zacher, S. (2015). *Model Discretizer.* Automation-Letters, Nr. 5. Verlag Dr. Zacher. https://zacher-international.com/Automation_Letters/05_Model_Discretizer.pdf. Zugegriffen: 31. Okt. 2020.
20. Zacher, S. (2016d). *Algebraic Loop*. Automation-Letters, Nr. 15. Verlag Dr. Zacher. https://zacher-international.com/Automation_Letters/15_Algebraic_loop.pdf. Zugegriffen: 31. Okt. 2020.
21. Zacher, S. (2016e). *ASA-Regler mit Bypass*. Automation-Letters, No. 29. Verlag Dr. Zacher. https://www.zacher-international.com/Automation_Letters/29_ASA_Regler_mit_Bypass.pdf. Zugegriffen: 31. Okt. 2020.
22. Zacher, S. (2017a). *Gewünschtes Verhalten*. Automation-Letters, Nr. 16. Verlag Dr. Zacher. https://zacher-international.com/Automation_Letters/16_gewuenschtes_Verhalten.pdf. Zugegriffen: 31. Okt. 2020.
23. Zacher, S. (2016f). *ASA-Regler für I-Strecke*. Automation-Letters, Nr. 25. Verlag Dr. Zacher. https://zacher-international.com/Automation_Letters/25_ASA_Regler_OSLO.pdf. Zugegriffen: 31. Okt. 2020.
24. Zacher, S. (2022). *Übungsbuch Regelungstechnik* (7. Aufl.). Springer Vieweg.
25. Zacher, S. (2016g). *Turbo-Regler*. Automation-Letters, Nr. 4. Verlag Dr. Zacher. https://zacher-international.com/Automation_Letters/04_Turbo_Regler.pdf. Zugegriffen: 31. Okt. 2020.
26. Zacher, S. (2016). *Regelungstechnik Aufgaben* (4. Aufl.). Dr. Zacher.

Mehrgrößenregelung

8

„Alles sollte so einfach wie möglich gemacht werden, Aber nicht einfacher." (Zitat: Albert Einstein, https://www.quotez.net/german/einfachheit.html, *Zugegriffen 25.10.2020)*

Zusammenfassung

Die Probleme beim Entwurf von Mehrgrößenregelungen resultieren aus zwei Tatsachen: Es liegen mehrere Regel-/Stellgrößen vor, und es gibt eine starke innere Kopplung zwischen benachbarten Regelkreisen. Wegen innerer Kopplungen beeinflussen sich die einzelnen Regelkreise gegenseitig, was zu Störungen des gesamten Mehrgrößensystems bis zum Stabilitätsverlust führt. Das etablierte Verfahren der Regelungstechnik beim Entwurf von Mehrgrößensystemen ist deren Zustandsbeschreibung im Zeitbereich, weil die klassische Beschreibung mittels Übertragungsfunktionen im Bildbereich bei vielen Regelgrößen versagt. Dagegen lassen es die in Kap. 2 beschriebenen Datenflusspläne zu, auch mehrere verkoppelte Regelkreise einfach abzubilden. Der Buseinsatz, der in den vorherigen Kapiteln bereits angewendet wurde, wirkt besonders überzeugend bei der Mehrgrößenregelung. Die Signalwege in einem Bus sind nachvollziehbar, sodass man einfach die Entkopplungswege finden kann. Auch die Simulation erfolgt dabei viel einfacher, man muss nur die Busse richtig konfigurieren. In diesem Kapitel werden die Busdarstellung von Mehrgrößensystemen beschrieben und ein Data Stream Manager eingesetzt, der als *Router* bezeichnet wird, mit dem der Entwurf von Mehrgrößensystemen mittels Übertragungsfunktionen möglich ist. Die Entkopplung von benachbarten Regelkreisen mit dem Router erfolgt nach anderen Konzepten als in der klassischen Regelungstechnik, wodurch die Anzahl der Bausteine für die Entkopplung drastisch reduziert wird. Abschließend werden Übungsaufgaben angeboten und mit Lösungen begleitet.

S. Zacher und F. Stöckl, *Regelungstechnik mit Data Stream Management,*
https://doi.org/10.1007/978-3-662-70019-8_8

In Kap. 2 wurden die Datenflusspläne für die grafische Darstellung von Regelkreisen erklärt, die dann im Kap. 3 simuliert wurden. Es wurden die Vorteile von Datenflussplänen, die nach dem Bus-Approach gebaut sind, gegenüber klassischen Wirkungsplänen für einfache Regelkreise gezeigt. Besonders überzeugend wirkt der Buseinsatz bei der Mehrgrößenregelung bzw. bei MIMO *(Multi Input Multi Output)*. Die dabei entstehenden Datenströme werden mittels Data Stream Management verwaltet, das in Kap. 4 eingeführt und definiert ist. In Kap. 5 bis 7 wurde das Data Stream Management für einschleifige Regelkreise angewendet.

In diesem Kapitel wird beschrieben, wie das Data Stream Management für MIMO eingesetzt wird und welche Vorteile sich daraus ergeben.

Aber zuerst wiederholen wir kurz die Ergebnisse des Kap. 3 und zeigen an Beispielen von MIMO-Regelstrecken und -Regelkreisen, wie der Übergang von Wirkungsplänen zu Datenflussplänen gemacht wird.

8.1 MIMO-Strecken in P- und V-kanonischer Form

8.1.1 P-kanonische Form

In Abb. 8.1a ist der Wirkungsplan einer MIMO-Regelstrecke 2. Ordnung, d. h. einer Strecke mit $n = 2$ Regelgrößen x_1, x_2 und $m = n = 2$ Stellgrößen y_1, y_2 gegeben. Solche Wirkungspläne, bei denen die Signale nur in eine Richtung, d. h. von Eingängen zu Ausgängen, übertragen werden, heißen MIMO-Strecken in P-kanonischer Form (siehe z. B. [1]).

Die Teilstrecken $G_{11}(s)$ und $G_{22}(s)$ sind Hauptstrecken. Sie übertragen Signale von einer Stellgröße, z. B. von y_1, zur Regelgröße x_1:

$$G_{11}(s) = \frac{x_{11}(s)}{y_1(s)} \text{ bzw. } x_{11}(s) = G_{11}(s)y_1(s) \tag{8.1}$$

Dasselbe gilt für die zweite Hauptregelstrecke:

$$G_{22}(s) = \frac{x_{22}(s)}{y_2(s)} \text{ bzw. } x_{22}(s) = G_{22}(s)y_2(s) \tag{8.2}$$

Die Koppelstrecken $G_{12}(s)$ und $G_{21}(s)$ zeigen die Wirkung einer Stellgröße, z. B. y_1, auf die benachbarte Regelgröße x_2, nämlich:

$$G_{12}(s) = \frac{x_{12}(s)}{y_2(s)} \text{ bzw. } x_{12}(s) = G_{12}(s)y_2(s) \tag{8.3}$$

$$G_{21}(s) = \frac{x_{21}(s)}{y_1(s)} \text{ bzw. } x_{21}(s) = G_{21}(s)y_1(s) \tag{8.4}$$

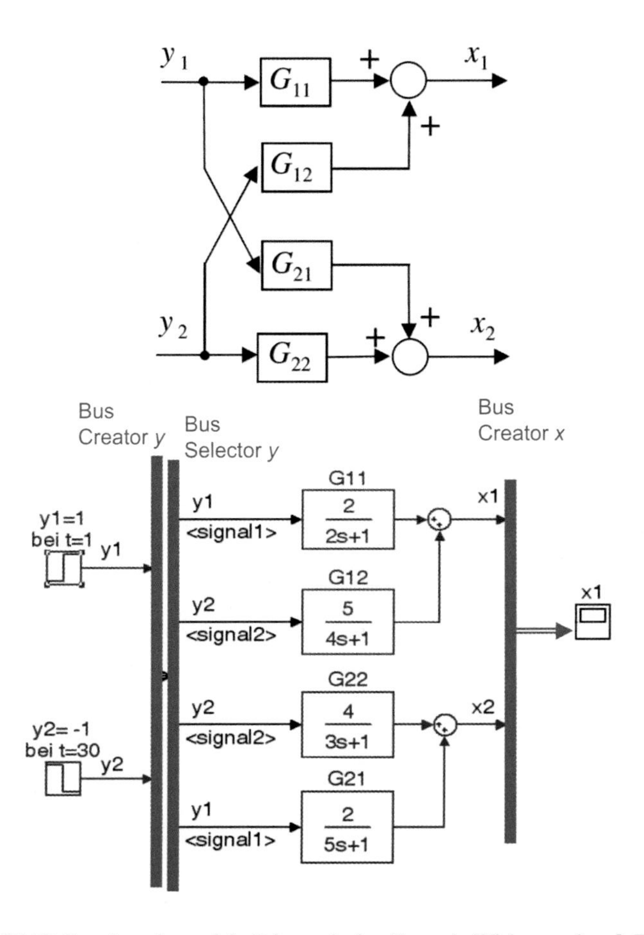

Abb. 8.1 MIMO-Strecke mit $n=2$ in P-kanonischer Form (**a** Wirkungsplan, **b** Datenflussplan)

Die gesamte MIMO-Strecke wird somit nach dem Superpositions- bzw. Überlappungsprinzip wie die Summe von Regelgrößen Gl. 8.1 bis 8.4 beschrieben:

$$x_1(s) = x_{11}(s) + x_{12}(s) \tag{8.5}$$

$$x_2(s) = x_{21}(s) + x_{22}(s) \tag{8.6}$$

Unter Beachtung von Gl. 8.1 bis 8.4 ergibt sich:

$$\begin{aligned} x_1(s) &= G_{11}(s)y_1(s) + G_{12}(s)y_2(s) \\ x_2(s) &= G_{21}(s)y_1(s) + G_{22}(s)y_2(s) \end{aligned} \tag{8.7}$$

Das letzte Gleichungssystem kann in Matrixform dargestellt werden:

$$\mathbf{x}(s) = \mathbf{G}(s)\mathbf{y}(s) \tag{8.8}$$

wobei $\mathbf{x}(s)$ und $\mathbf{y}(s)$ Spaltenvektoren sind und $\mathbf{G}(s)$ eine (2×2)-Matrix ist, die folgende Form haben:

$$\mathbf{x}(s) = \begin{pmatrix} x_1(s) \\ x_2(s) \end{pmatrix} \text{ und } \mathbf{y}(s) = \begin{pmatrix} y_1(s) \\ y_2(s) \end{pmatrix} \tag{8.9}$$

$$\mathbf{G}(s) = \begin{pmatrix} G_{11}(s) & G_{12}(s) \\ G_{21}(s) & G_{22}(s) \end{pmatrix} \tag{8.10}$$

Somit wird der ganze Wirkungsplan der Abb. 8.1a wie nur ein Block mit jeweils einem Ein- und Ausgang dargestellt.

Die Gl. 8.9 und 8.10 spielen bei $n = 2$ keine große Rolle. Sie werden aber in der Regelungstechnik gern bei höheren Ordnungen n von MIMO-Strecken benutzt, weil die grafische Darstellung von MIMO-Strecken mit $n > 3$ erschwert ist, wenn überhaupt möglich. So ein Wirkungsplan als Beispiel für $n = 4$ ist in Abb. 8.2 gezeigt und wird kaum eine praktische Anwendung finden.

Der Übergang von einem Wirkungsplan zum Datenflussplan, der in Abb. 8.1b für $n = 2$ gezeigt ist, ermöglicht die grafische Darstellung auch von MIMO-Strecken größerer Ordnung. Das ist in Abb. 8.3 für eine MIMO-Strecke mit $n = 4$ gezeigt. Die Busse x und y sind nur schematisch abgebildet. Der Datenflussplan der Abb. 8.3 wurde bereits in Kap. 3 simuliert. Dort findet man auch die detaillierte Beschreibung zum Aufbau von Bus-Creator und Bus-Selector.

Aus dem Vergleich von Abb. 8.2 (Wirkungsplan) und Abb. 8.3 (Datenflussplan) sind die Vorteile des Buseinsatzes sofort ersichtlich. Während man mit einem Wirkungsplan nur die MIMO-Systeme mit $n < 3$ abbilden kann, ist mit dem Datenflussplan die grafische Darstellung und Simulation für größere Dimensionen n möglich. In Kap. 9 ist der Datenflussplan für $n = 7$ implementiert.

8.1.2 V-kanonische Form

In Abb. 8.4a sind der Wirkungsplan und der Datenflussplan (Abb. 8.4b) einer MIMO-Regelstrecke der 2. Ordnung mit $n = 2$ Regelgrößen x_1, x_2 und $m = n = 2$ Stellgrößen y_1, y_2 gegeben. Die Signale werden nicht nur in eine Richtung übertragen, sondern es werden auch die Rückführungen gebildet. So eine Strecke wird als V-kanonische Form bezeichnet.

> „Sie unterscheidet sich von der P-kanonischen Form durch vertauschte Additions- und Verzweigungsstellen. Die Umrechnung der Gl. (8.47) in (8.50) und umgekehrt bzw. die Umwandlung des Wirkungsplanes einer P-kanonischen in eine V-kanonische Form ist möglich, jedoch werden dabei die Übertragungsfunktionen bzw. die Wirkungspläne verkompliziert werden.“ (Zitat, Quelle [1], Seite 265)

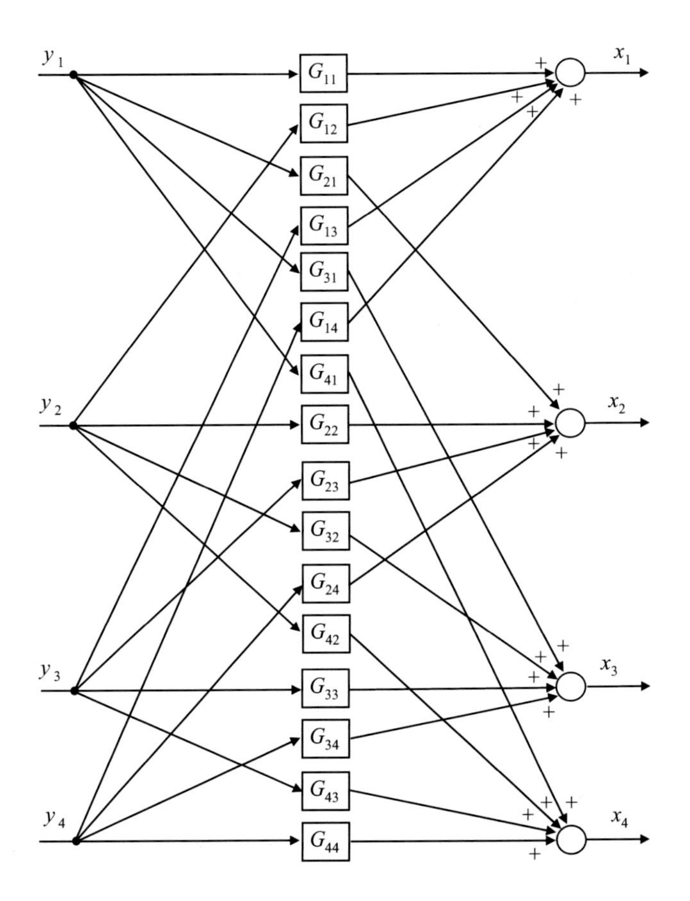

Abb. 8.2 Wirkungsplan einer MIMO-Strecke in P-kanonischer Form mit $n=4$, praktisch kaum anwendbar (Quelle [2, S. 50])

Die Hauptstrecken, welche die Signale vorwärts übertragen, werden – wie auch bei P-kanonischer Form – als $G_{11}(s)$ und $G_{22}(s)$ bezeichnet. Für Koppelstrecken gelten in Abb. 8.4 die Bezeichnungen $V_{12}(s)$ und $V_{21}(s)$.

Ohne Herleitung ist die MIMO-Strecke in V-kanonischer Form mittels einzelner Übertragungsfunktionen

$$G_{11}(s) = \frac{x_1(s)}{y_1(s)}$$

$$G_{11}(s)V_{12}(s) = \frac{x_1(s)}{x_2(s)}$$

$$G_{22}(s) = \frac{x_2(s)}{y_2(s)}$$

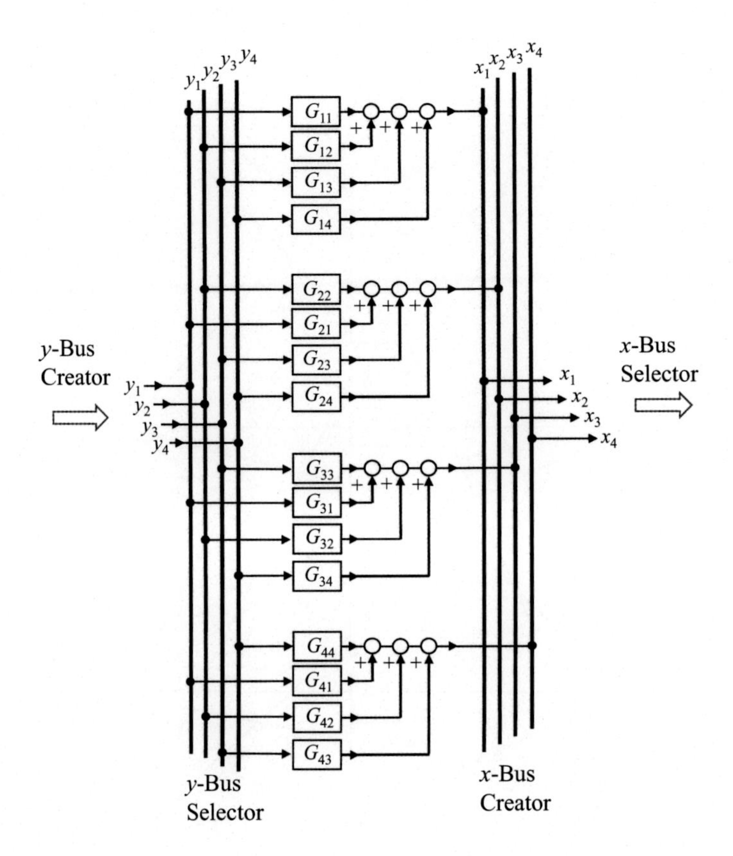

Abb. 8.3 Datenflussplan einer MIMO-Strecke in P-kanonischer Form mit $n = 4$ (Quelle [2, S. 51])

$$G_{22}(s)V_{21}(s) = \frac{x_2(s)}{x_1(s)}$$

nach [7] wie folgt mathematisch beschrieben:

$$\begin{aligned} x_1(s) &= G_{11}(s)[y_1(s) + V_{12}(s)x_2(s)] \\ x_2(s) &= G_{22}(s)[y_2(s) + V_{21}(s)x_1(s)] \end{aligned} \tag{8.11}$$

In Abb. 8.4b ist der Datenflussplan einer MIMO-Strecke in V-kanonischer Form für $n = 2$ gezeigt. Der Übergang vom Wirkungsplan zum Datenflussplan ermöglicht die einfache grafische Darstellung der MIMO-Strecken größerer Ordnungen in V-kanonischer Form, wie in Abb. 8.5 für $n = 4$ gezeigt ist. Wie auch beim Datenflussplan der P-kanonischen Form (Abb. 8.3) sind hier die Busse x und y nur schematisch abgebildet. In Kap. 3 sind Hinweise zur Konfigurierung des Bus-Creator und Bus-Selector gegeben.

Es ist möglich, die V-kanonische Form in die P-kanonische Form umzuwandeln und umgekehrt.

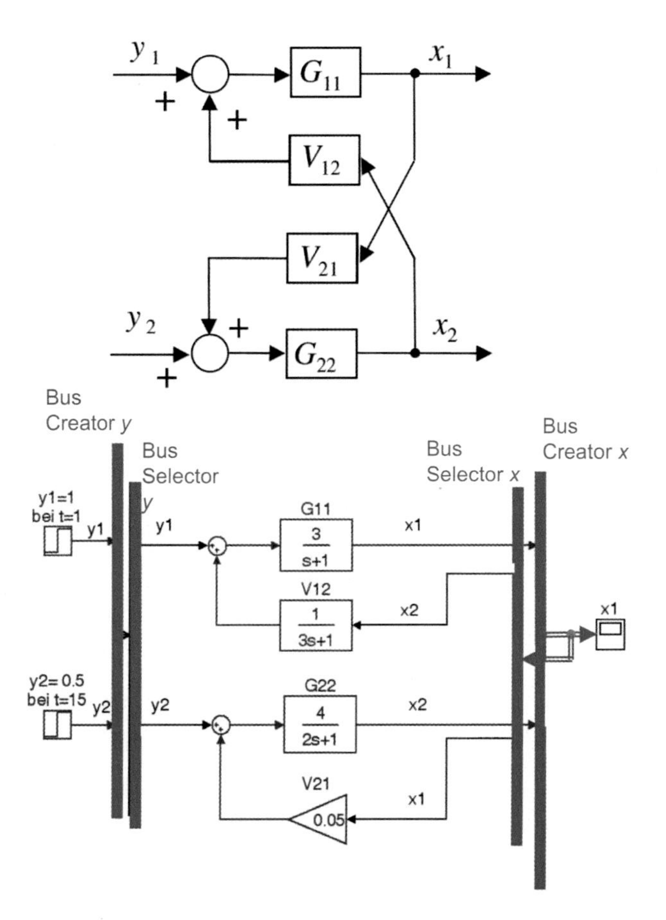

Abb. 8.4 MIMO-Strecke mit $n = 2$ in V-kanonischer Form (**a** Wirkungsplan, **b** Datenflussplan)

8.1.3 Umrechnung V-kanonische Form in virtuelle P-kanonische Form

Die Identifikation einer MIMO-Strecke in P-kanonischer Form kann relativ einfach nach Gl. 8.1 bis 8.4 realisiert werden (siehe [1, 2]). Man gibt dafür einen Eingangssprung y_{01} ein und nimmt die Sprungantworten $x_{11}(t)$ und $x_{21}(t)$ auf. Dann bestimmt man die Übertragungsfunktionen $G_{11}(s)$ und $G_{21}(s)$ nach einem bekannten Identifikationsverfahren, z. B. nach dem Wendetangenten-Verfahren [1, 3] oder nach dem Zeit-Prozentkennwert-Verfahren [1, 4]. Analog werden die Übertragungsfunktionen $G_{22}(s)$ und $G_{12}(s)$ aus den Sprungantworten $x_{22}(t)$ und $x_{12}(t)$ nach dem Eingangssprung y_{02} ausgelesen.

Die Identifikation einer MIMO-Strecke in V-kanonischer Form ist nach Eingangssprüngen y_{01} und y_{02} wegen Rückführungen in der Gl. 8.11 erschwert, wenn sie überhaupt möglich ist. Man kann aber die V-kanonische Form mathematisch in eine virtuelle P-kanonische Form

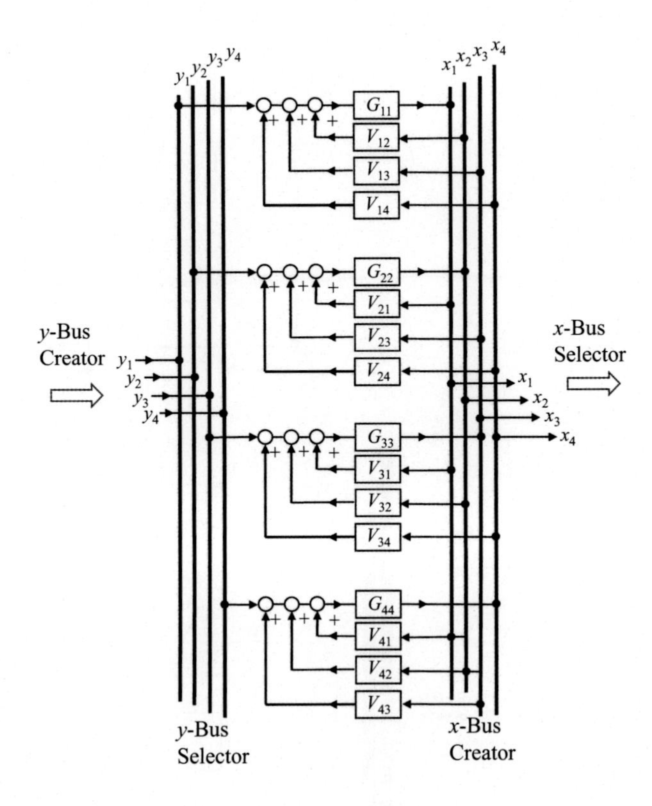

Abb. 8.5 Datenflussplan einer MIMO-Strecke in V-kanonischer Form mit $n = 4$ (Quelle [2], Seite 52)

umwandeln, wie nachfolgend erläutert wird, um die oben beschriebenen Verfahren mit Eingangssprüngen y_{01} und y_{02} anzuwenden.

Eine MIMO-Strecke in V-kanonischer Form (Abb. 8.4) kann mittels Matrizen in einer kompakten Form dargestellt werden, wobei die Vorwärts- und Rückwärtswege getrennt in zwei Matrizen zusammengefasst werden. Die Matrix $G_v(s)$ entspricht dem Vorwärtsweg von den Stellgrößen y_1, y_2 zu den Regelgrößen x_1, x_2, während die Matrix $V(s)$ die Rückwege beschreibt:

$$\mathbf{G}_v(s) = \begin{pmatrix} G_{11}(s) & 0 \\ 0 & G_{22}(s) \end{pmatrix} \mathbf{V}(s) = \begin{pmatrix} 0 & V_{12}(s) \\ V_{21}(s) & 0 \end{pmatrix} \tag{8.12}$$

Für eine MIMO-Strecke in V-kanonischer Form der Gl. 8.11 ergibt sich die folgende Vektor-Matrix-Form mit den Vektoren $\mathbf{x}(s)$ und $\mathbf{y}(s)$ nach Gl. 8.9:

$$\mathbf{x}(s) = \mathbf{G}_v(s) \cdot [\mathbf{y}(s) + \mathbf{V}(s)\mathbf{x}(s)] \tag{8.13}$$

Die Gl. 8.13 kann umgeschrieben

$$\mathbf{x}(s) = \mathbf{G}_v(s) \cdot \mathbf{y}(s) + \mathbf{G}_v(s) \cdot \mathbf{V}(s) \cdot \mathbf{x}(s)$$

und umgestellt werden:

$$[\mathbf{I} - \mathbf{G}_\mathrm{V}(s) \cdot \mathbf{V}(s)] \cdot \mathbf{x}(s) = \mathbf{G}_\mathrm{V}(s) \cdot \mathbf{y}(s)$$

Die Matrix **I** ist die n-reihige Einheitsmatrix (hier: $n=2$). Somit erhält man die Systemgleichung:

$$\mathbf{x}(s) = \underbrace{[\mathbf{I} - \mathbf{G}_\mathrm{V}(s) \cdot \mathbf{V}(s)]^{-1} \cdot \mathbf{G}_\mathrm{V}(s)}_{\mathbf{G}_\mathrm{P}(s)} \cdot \mathbf{y}(s)$$

Daraus ist die Matrix der MIMO-Strecke in P-kanonischer Form ersichtlich:

$$\mathbf{x}(s) = \mathbf{G}_\mathrm{P}(s) \cdot \mathbf{y}(s) \tag{8.14}$$

Die letzte Gleichung entspricht einer Umwandlung der V-kanonischen Form mit Matrizen $\mathbf{G}_\mathrm{V}(s)$ und $\mathbf{V}(s)$ in eine P-kanonische Form mit der Übertragungsmatrix $\mathbf{G}_\mathrm{P}(s)$:

$$\mathbf{G}_\mathrm{P}(s) = [\mathbf{I} - \mathbf{G}_\mathrm{V}(s) \cdot \mathbf{V}(s)]^{-1} \cdot \mathbf{G}_\mathrm{V}(s) \tag{8.15}$$

Somit wird die Gl. 8.13 (V-Form) in die Gl. 8.14 (P-Form) überführt, bzw. das Gleichungssystem der V-Form (Gl. 8.11) wird durch die P-Form (Gl. 8.7) ersetzt und zwecks experimenteller Identifikation einer MIMO-Strecke in V-kanonischer Form implementiert:

$$\begin{aligned} x_1(s) &= G_{\mathrm{P}11}(s) y_1(s) + G_{\mathrm{P}12}(s) y_2(s) \\ x_2(s) &= G_{\mathrm{P}21}(s) y_1(s) + G_{\mathrm{P}22}(s) y_2(s) \end{aligned} \tag{8.16}$$

bzw. in Matrixform:

$$\mathbf{G}_\mathrm{P}(\mathrm{s}) = \begin{pmatrix} G_{\mathrm{P}11}(s) & G_{\mathrm{P}12}(s) \\ G_{\mathrm{P}21}(s) & G_{\mathrm{P}22}(s) \end{pmatrix} \tag{8.17}$$

Die Übertragungsfunktionen von Teilstrecken $G_{\mathrm{P}11}(s)$, $G_{\mathrm{P}12}(s)$, $G_{\mathrm{P}21}(s)$, $G_{\mathrm{P}22}(s)$ bzw. die Komponente der Übertragungsmatrix $\mathbf{G}_\mathrm{P}(s)$ für $n=2$ sind ohne Herleitung wie folgt gegeben und in Abb. 8.6 dargestellt:

$$G_{\mathrm{P}11}(s) = \frac{G_{11}(s)}{1 - G_{\mathrm{P}0}(s)}$$

$$G_{\mathrm{P}22}(s) = \frac{G_{22}(s)}{1 - G_{\mathrm{P}0}(s)}$$

$$G_{\mathrm{P}12}(s) = \frac{G_{11}(s) V_{12}(s) G_{22}(s)}{1 - G_{\mathrm{P}0}(s)}$$

$$G_{\mathrm{P}21}(s) = \frac{G_{11}(s) V_{21}(s) G_{22}(s)}{1 - G_{\mathrm{P}0}(s)}$$

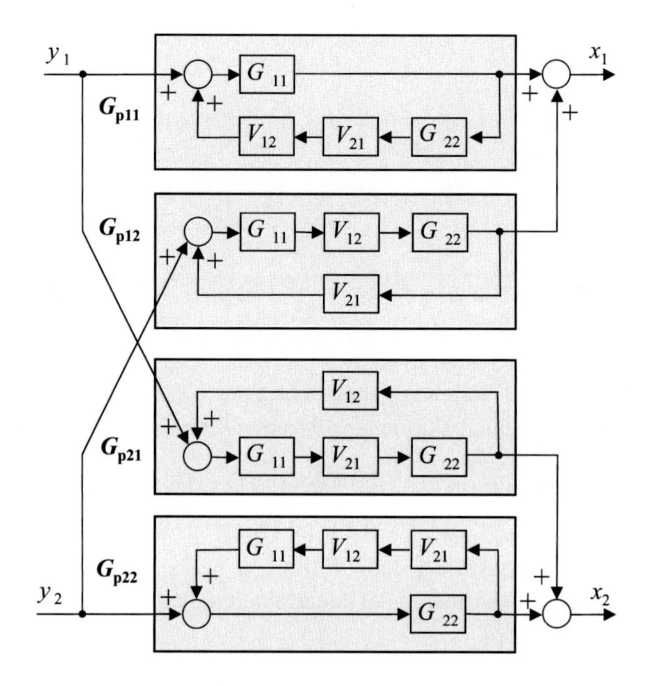

Abb. 8.6 Virtuelle P-kanonische Form, umgewandelt von realer V-kanonischer Form (Quelle: [2], Seite 25)

Mit $G_{P0}(s)$ ist die Übertragungsfunktion des gesamten geschlossenen Kreises, bestehend aus allen Teilstrecken $G_{11}(s)$, $V_{12}(s)$, $V_{21}(s)$, $G_{22}(s)$ der V-kanonischen Form, der Abb. 8.4 bezeichnet:

$$G_{P0}(s) = G_{11}(s)V_{12}(s)G_{22}(s)V_{21}(s)$$

Im Allgemeinen gelten folgende Formeln für die Umwandlung einer V-kanonischen Form in die P-kanonische Form:

$$G_{Pkk}(s) = \frac{G_{kk}(s)}{1 - G_{P0}(s)}$$

$$G_{Pjk}(s) = \frac{G_{11}(s)V_{jk}G_{22}(s)}{1 - G_{P0}(s)}$$

Damit kann man eine V-kanonische Form wie eine virtuelle P-kanonische Form behandeln, z. B. zwecks experimenteller Identifikation einer MIMO-Strecke. Jedoch muss nach der Identifikation von Teilstrecken $G_{P11}(s)$, $G_{P12}(s)$, $G_{P21}(s)$, $G_{P22}(s)$ die virtuelle P-kanonische Form zurück in die V-kanonische Form transformiert werden, da die reale MIMO-Strecke in V-kanonischer Form vorliegt.

8.1.4 Umrechnung der virtuellen P-kanonischen Form in die V-kanonische Form

Es wird angenommen, dass die Übertragungsfunktionen von Teilstrecken $G_{\mathrm{P}11}(s)$, $G_{\mathrm{P}12}(s)$, $G_{\mathrm{P}21}(s)$, $G_{\mathrm{P}22}(s)$ der identifizierten P-kanonischen Form bekannt sind (siehe Gl. 8.16). Nun soll die virtuelle P-kanonische Form zurück in die reale V-kanonische Form, wie die Gl. 8.11, umgerechnet werden:

$$\begin{aligned} x_1(s) &= G_{\mathrm{v}11}(s)y_1(s) + G_{\mathrm{v}11}(s)V_{\mathrm{v}12}(s) \\ x_2(s)x_2(s) &= G_{\mathrm{v}22}(s)y_2(s) + G_{\mathrm{v}22}(s)V_{\mathrm{v}21}(s)x_1(s) \end{aligned} \tag{8.18}$$

bzw. in Matrixform:

$$\mathbf{G}_{\mathrm{v}}(\mathrm{s}) = \begin{pmatrix} G_{\mathrm{v}11}(s) & G_{\mathrm{v}12}(s) \\ G_{\mathrm{v}21}(s) & G_{\mathrm{v}22}(s) \end{pmatrix}$$

Es werden folgende Bezeichnungen für die Determinante *det* und deren Diagonale *diag* eingeführt:

$$\det\, \mathbf{G}_{\mathrm{P}}(s) = \det \begin{pmatrix} G_{\mathrm{P}11}(s) & G_{\mathrm{P}12}(s) \\ G_{\mathrm{P}21}(s) & G_{\mathrm{P}22}(s) \end{pmatrix} = G_{\mathrm{P}11}(s)G_{\mathrm{P}22}(s) - G_{\mathrm{P}12}(s)G_{\mathrm{P}21}(s)$$

$$diag\, \mathbf{G}_{\mathrm{P}}(s) = G_{\mathrm{P}12}(s)G_{\mathrm{P}21}(s)$$

Ohne Herleitung sind die Übertragungsfunktionen von Teilstrecken $G_{\mathrm{v}11}(s)$, $V_{\mathrm{v}12}(s)$, $V_{\mathrm{v}21}(s)$, $G_{\mathrm{v}22}(s)$ wie folgt gegeben und in Abb. 8.7 gezeigt:

$$G_{\mathrm{v}11}(s) = G_{\mathrm{P}11}(s) - \frac{diag\mathbf{G}_{\mathrm{P}}(s)}{G_{\mathrm{P}22}(s)} \tag{8.19}$$

$$G_{\mathrm{v}22}(s) = G_{\mathrm{P}22}(s) - \frac{diag\mathbf{G}_{\mathrm{P}}(s)}{G_{\mathrm{P}11}(s)} \tag{8.20}$$

$$V_{\mathrm{v}12}(s) = \frac{G_{\mathrm{P}12}(s)}{\det \mathbf{G}_{\mathrm{P}}(s)} \tag{8.21}$$

$$V_{\mathrm{v}21}(s) = \frac{G_{\mathrm{P}21}(s)}{\det \mathbf{G}_{\mathrm{P}}(s)} \tag{8.22}$$

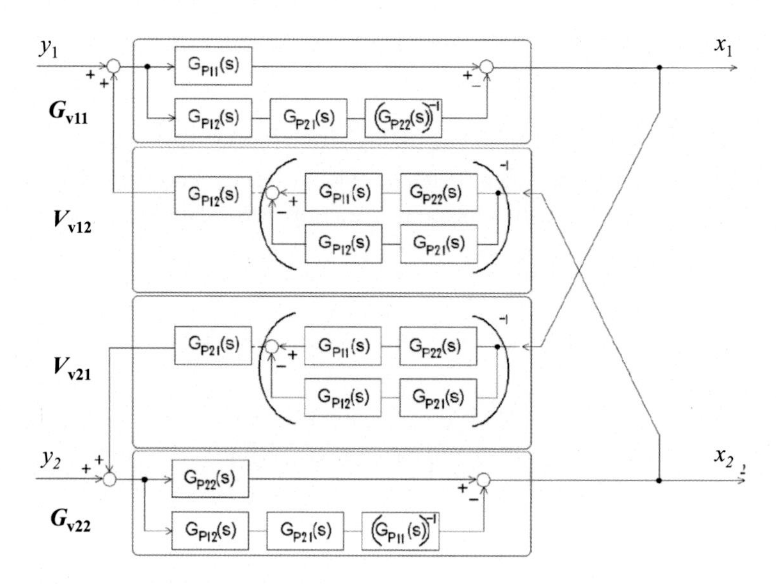

Abb. 8.7 Reale V-kanonische Form (Quelle: [5], Seite 46), zurück umgewandelt aus der virtuellen P-kanonischen Form der Abb. 8.6

8.2 Entkoppelte Regelung von MIMO-Strecken

8.2.1 Entkopplung

Separate Regelung

Man kann die Verkopplung in der MIMO-Strecke ignorieren und die Regelgrößen x_1, x_2 mit zwei voneinander unabhängigen Reglern $G_{R1}(s)$ und $G_{R2}(s)$ regeln. Es entstehen zwei Regelkreise, wie in Abb. 8.8a an einem Beispiel der P-kanonischen Form nach [7] gezeigt ist.

Die Übertragungsmatrix der Strecke entspricht der Gl. 8.10. Auch die Übertragungsfunktionen der Regler $G_{R1}(s)$ und $G_{R2}(s)$ bilden eine Übertragungsmatrix $\mathbf{G}_R(s)$:

$$\mathbf{G}_R(s) = \begin{pmatrix} G_{R1}(s) & 0 \\ 0 & G_{R2}(s) \end{pmatrix} \tag{8.23}$$

Die Signale über Verkopplungsstrecken $G_{12}(s)$ und $G_{21}(s)$, die im Wirkungsplan der Abb. 8.8 ignoriert wurden, wirken in Wirklichkeit als Störungen jeweils auf den benachbarten Regelkreis, wie in Abb. 8.8b zu sehen ist.

Ein Datenflussplan der separaten Regelung mit zwei Bussen ist in Abb. 8.9a nach [2] gegeben. In Abb. 8.9b sind die Sprungantworten jedes separaten Regelkreises mit zwei PI-Hauptreglern simuliert.

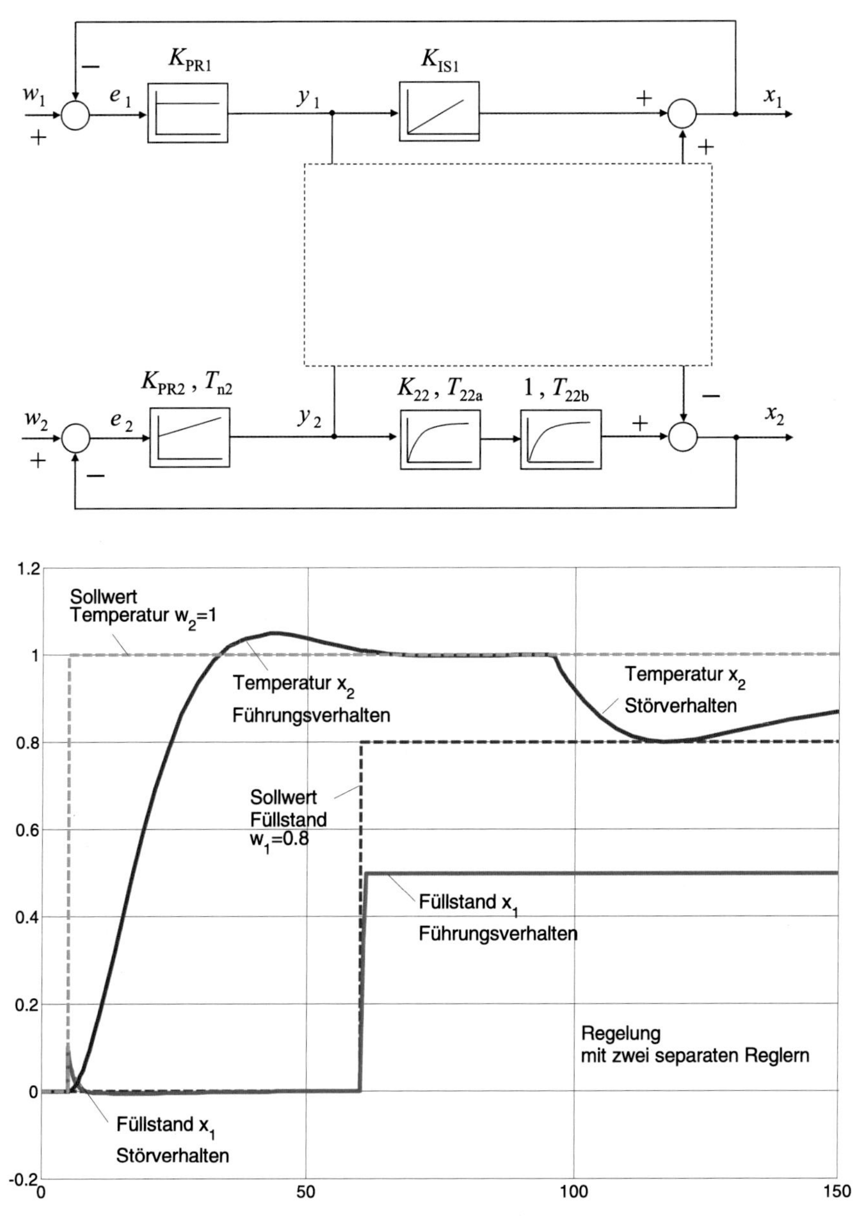

Abb. 8.8 **a** Wirkungsplan einer separaten Regelung mit zwei Hauptreglern, einem P-Regler mit K_{PR1} und einem PI-Regler mit K_{PR2} und T_{n2}. **b** Sprungantworten (Quelle: [6], Seite 57, 58)

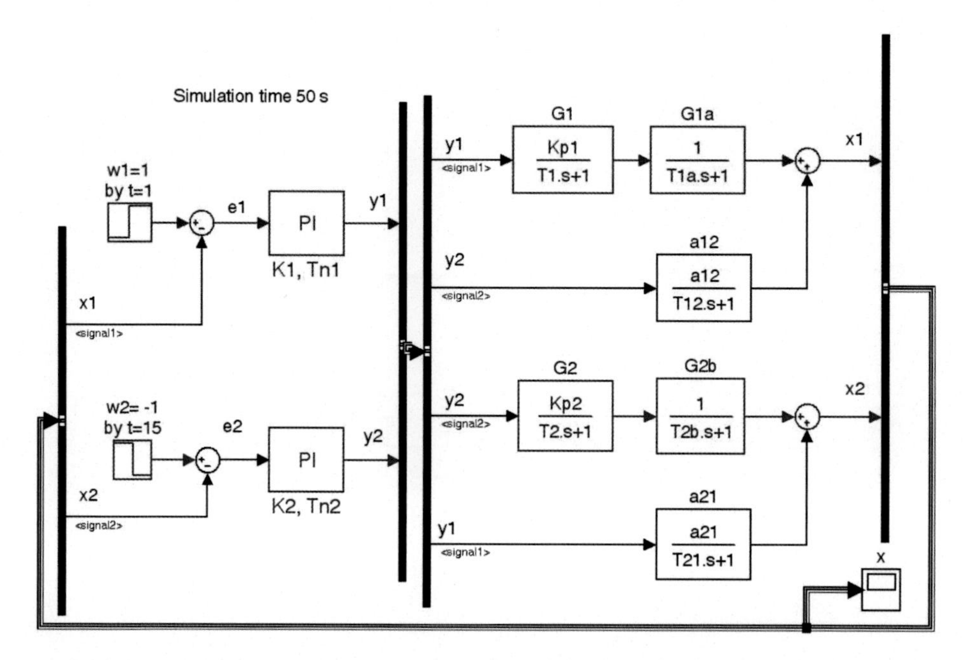

Abb. 8.9 **a** Datenflussplan einer separaten Regelung mit zwei PI-Hauptreglern mit K_{PR1}, T_{n1} sowie mit K_{PR2}, T_{n2}. **b** Sprungantworten (Quelle: [2], Seite 73, 76)

Die Übertragungsmatrix $\mathbf{G}_R(s)$ des gesamten Regelkreises ist in Gl. 8.23 gezeigt. Die Übertragungsmatrix der Strecke ist wie folgt definiert:

$$\mathbf{G}_S(s) = \begin{pmatrix} G_{11}(s) & a_{12}(s) \\ a_{21}(s) & G_{22}(s) \end{pmatrix} \tag{8.24}$$

Da es zwischen beiden Regelkreisen eine Verkopplung über Koppelstrecken $a_{12}(s)$ und $a_{21}(s)$ gibt, werden die simulierten Sprungantworten dadurch gestört. Mathematisch gibt es dafür folgende Erklärung: Die Hauptregler $G_{R1}(s)$ und $G_{R2}(s)$ als Komponenten der Diagonalmatrix Gl. 8.23 regeln nur die entsprechenden Komponenten der Übertragungsmatrix $\mathbf{G}_S(s)$ der MIMO-Strecke (Gl. 8.24), also nur die Hauptstrecken $G_{11}(s)$ und $G_{22}(s)$. Die Koppelstrecken $a_{12}(s)$ und $a_{21}(s)$ in der Matrix der Gl. 8.24 bleiben unkontrolliert und wirken negativ auf den benachbarten Regelkreis. Um diese Wirkung zu vermeiden, muss die entsprechende Diagonale der Übertragungsmatrix des Reglers mit passenden Komponenten $G_{R12}(s)$ und $G_{R21}(s)$ ergänzt werden:

$$\mathbf{G}_R(\mathrm{s}) = \begin{pmatrix} G_{R1}(s) & G_{R12}(s) \\ G_{R21}(s) & G_{R2}(s) \end{pmatrix} \tag{8.25}$$

Regelung mit Entkopplungsreglern

„Die Idee der Entkopplungsregelung besteht darin, dass zuerst die separaten Regelkreise ohne Beachtung der Verkopplungsglieder $G_{12}(s)$ und $G_{21}(s)$ optimal eingestellt werden. Danach werden die Entkopplungsregler $G_{R12}(s)$ und $G_{R21}(s)$ so gewählt, dass die gegenseitige Wirkung der Verkopplungsglieder vollständig kompensiert wird.“ (Zitat: Quelle [6], Seite 65).

Nach diesem Konzept soll der Entkopplungsregler der Gl. 8.25 auch in P- oder V-kanonischer Form gebildet werden. In [1] wurden beide Optionen des Entkopplungsreglers untersucht. Es wurde festgestellt, dass die optimale Struktur des Reglers davon abhängig ist, ob die MIMO-Strecke in P- oder V-kanonischer Form vorliegt, nämlich:

Eine MIMO-Strecke in P-kanonischer Form wird optimal mit dem MIMO-Regler in V-kanonischer Form geregelt.
Für eine MIMO-Strecke in V-kanonischer Form ist es besser, den MIMO-Regler in V-kanonischer Form zu bilden.

Die Mechanismen der Entkopplung sind sehr einfach und in der Literatur ziemlich häufig beschrieben (siehe z. B. [1–4] und [6–8]), sodass nachfolgend nur kurz die Ergebnisse erläutert werden. Zuerst werden bekannte Lösungen anhand von Wirkungsplänen erklärt, dann werden sie mit Datenflussplänen implementiert. Abschließend wird gezeigt, wie einfach die Datenflusspläne für MIMO-Strecken größerer Dimensionen n angewendet werden.

8.2.2 MIMO-Strecke in P-Form, Regler in V-Form

Wirkungsplan

In Abb. 8.10 ist ein Regelkreis gezeigt, der aus einer MIMO-Strecke in P-Form und einem MIMO-Regler in V-Form gebildet ist. Zuerst sollen beide Hauptregler $G_{R1}(s)$ und $G_{R2}(s)$ für die jeweilige Regelgröße x_1 und x_2 als separate Regler eingestellt werden, d. h., die Koppelstrecken werden dabei einfach ignoriert. Auf diese Weise werden die Übertragungsfunktionen von offenen Kreisen wie folgt bestimmt:

$$G_{01}(s) = G_{R1}(s)G_{11}(s) \tag{8.26}$$

$$G_{02}(s) = G_{R2}(s)G_{22}(s) \tag{8.27}$$

Nachdem die Übertragungsfunktionen $G_{01}(s)$ und $G_{02}(s)$ bestimmt werden, kann die Reglereinstellung nach den in Kap. 3 beschriebenen Regeln bzw. mit dem DSM Tuner erfolgen. Somit sind die Übertragungsfunktionen beider Hauptregler $G_{R1}(s)$ und $G_{R2}(s)$ bekannt.

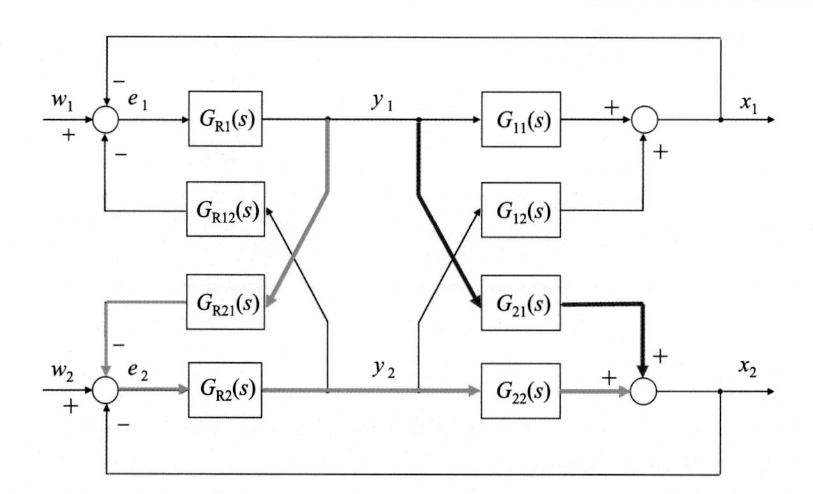

Abb. 8.10 Wirkungsplan einer MIMO-Strecke in P-Form, geregelt vom MIMO-Regler in V-Form (Quelle: [6], Seite 65)

Als Nächstes werden die Koppelstrecken $G_{12}(s)$ und $G_{21}(s)$ betrachtet. Aus Abb. 8.10 ist ersichtlich, dass folgendes Signal als Störung (rot hervorgehoben) vom oberen Kreis mit der Regelgröße x_1 zum unteren Kreis mit der Regelgröße x_2 übertragen wird:

$$G_{21}(s)y_1(s)$$

Diese Störung soll durch den in Abb. 8.10 grün dargestellten Signalweg kompensiert werden, um den unteren Regelkreis von dem oberen abzukoppeln:

$$G_{R21}(s)G_{R2}(s)G_{22}(s)y_1(s) = G_{21}(s)y_1(s) \tag{8.28}$$

Aus der Gl. 8.28 wird die Übertragungsfunktion $G_{R21}(s)$ des Entkopplungsgliedes bestimmt:

$$G_{R21}(s) = \frac{G_{21}(s)}{G_{R2}(s)G_{22}(s)} \tag{8.29}$$

Ähnlich erfolgt die Kompensation des Signals vom unteren Kreis nach den oberen:

$$G_{R12}(s) = \frac{G_{12}(s)}{G_{R1}(s)G_{11}(s)} \tag{8.30}$$

In Abb. 8.11 ist der Wirkungsplan des nach Gl. 8.29 und 8.30 entkoppelten MIMO-Regelkreises simuliert. Die MIMO-Strecke wurde bereits in Abb. 8.8 gezeigt. Auch die Hauptregler sind in Abb. 8.11 genauso eingestellt wie in Abb. 8.8. Jedoch ist die Wirkung von Koppelstrecken auf Sprungantworten des entkoppelten MIMO-Regelkreises der Abb. 8.11 vollständig kompensiert.

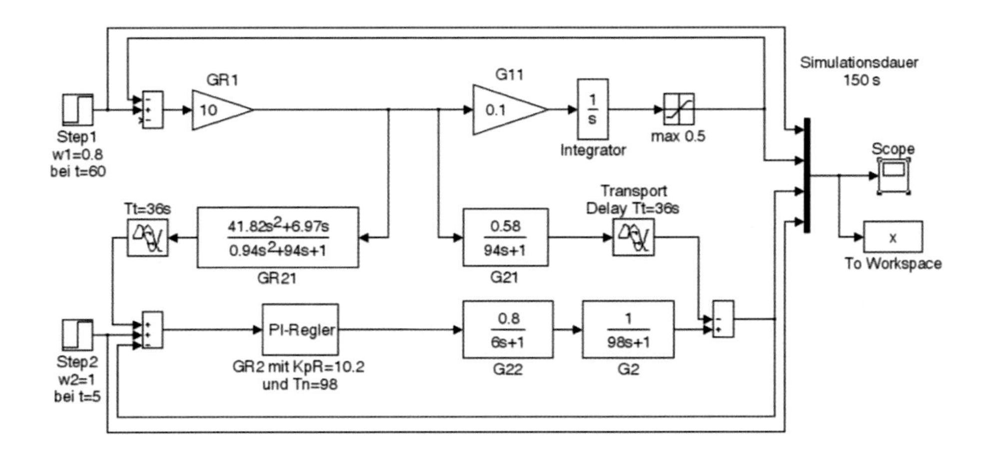

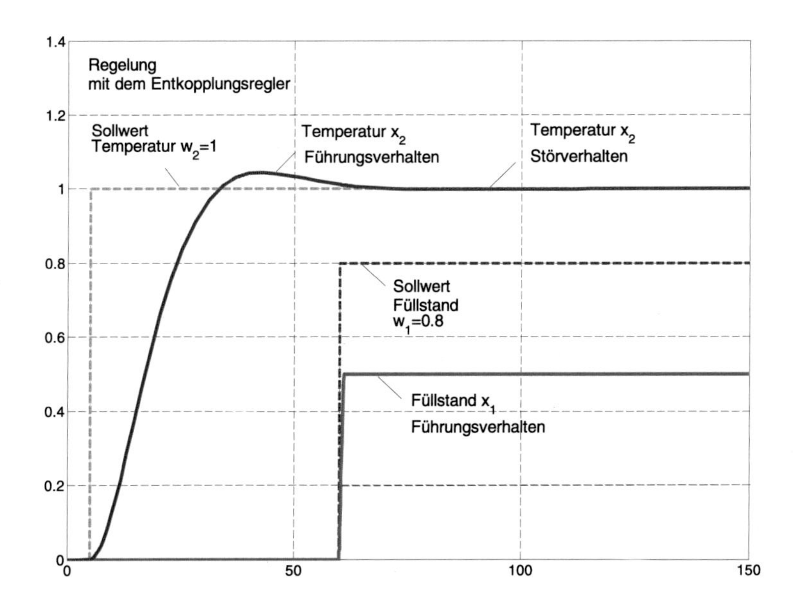

Abb. 8.11 Wirkungsplan und Sprungantwort des entkoppelten MIMO-Regelkreises mit der in Abb. 8.8 gezeigten MIMO-Strecke (Quelle: [6], Seite 66)

Datenflussplan

Der Datenflussplan der MIMO-Strecke in P-Form mit dem entkoppelten MIMO-Regler in V-Form ist in Abb. 8.12 gezeigt. Dort sind auch die Sprungantworten ohne Entkopplung (Abb. 8.12a) und mit Entkopplung (Abb. 8.12b) zu sehen.

Die Bausteine des Regelkreises der Abb. 8.12 sind als Matrizen (Gl. 8.24 und 8.25) wie folgt aufgelistet:

$$\mathbf{G}_{\mathrm{R}}(\mathrm{s}) = \begin{pmatrix} G_{\mathrm{R1}}(s) & G_{\mathrm{R12}}(s) \\ G_{\mathrm{R21}}(s) & G_{\mathrm{R2}}(s) \end{pmatrix} = \begin{pmatrix} \frac{0{,}083}{s} & 1{,}25\frac{s+0{,}5}{s+0{,}25} \\ 0{,}15\frac{s+0{,}33}{s+0{,}2} & \frac{0{,}0425}{s} \end{pmatrix}$$

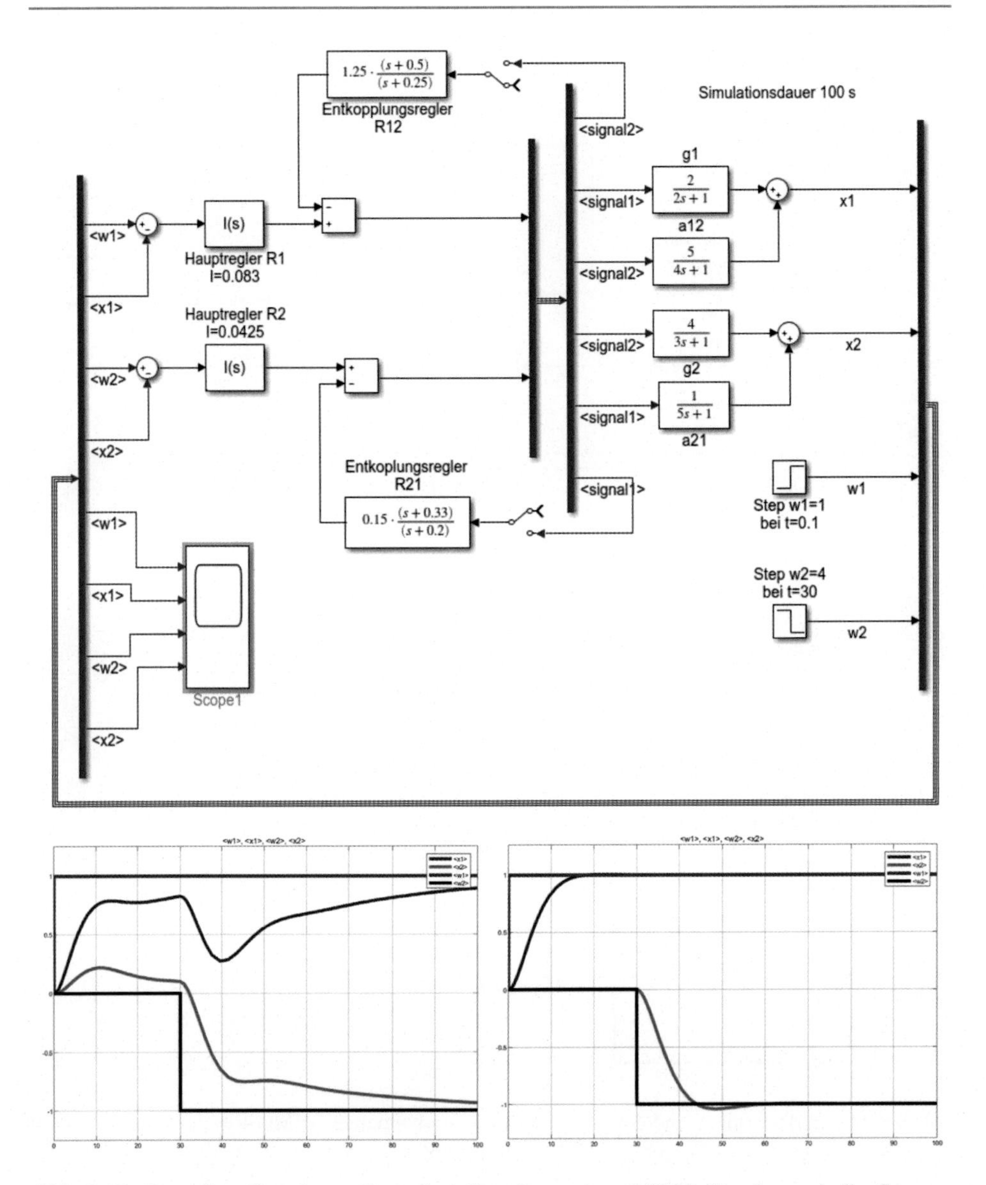

Abb. 8.12 Datenflussplan der entkoppelten Regelung einer MIMO-Strecke und die Sprungantworten (**a** ohne Entkopplung, **b** mit Entkopplung)

$$\mathbf{G}_\mathrm{S}(\mathrm{s}) = \begin{pmatrix} G_{11}(s) & G_{12}(s) \\ G_{21}(s) & G_{22}(s) \end{pmatrix} = \begin{pmatrix} \frac{2}{1+2s} & \frac{5}{1+4s} \\ \frac{1}{1+5s} & \frac{4}{1+3s} \end{pmatrix}$$

Die ausführlichen Hinweise zum Aufbau und zur Konfiguration des Bus-Creator und Bus-Selector sind zu finden in Kap. 3.

8.2.3 Strecke in V-Form, Regler in V-Form

Wirkungsplan

Ein Beispiel nach [1] ist in Abb. 8.13 gegeben. Die Entkopplung besteht in der Kompensation des Signalweges $G_{21}(s)x_1(s)$ von oberem zu unterem Regelkreis (ist in Abb. 8.13 rot hervorgehoben) durch das Entkopplungsglied $G_{R21}(s)$ bzw. durch den mit grüner Farbe herausgehobenen Signalweg $G_{R21}(s)x_1(s)$.

Setzt man beide Signalwege gleich, so ergibt sich die gewünschte Übertragungsfunktion des Entkopplungsgliedes $G_{R21}(s)$:

$$G_{R21}(s)x_1(s) = V_{21}(s)x_1(s)$$

$$G_{R21}(s) = V_{21}(s)$$

Dasselbe gilt für die Signalwege von unterem zu oberem Regelkreis, woraus die Übertragungsfunktion des Entkopplungsgliedes $G_{R12}(s)$ folgt:

$$G_{R12}(s)x_2(s) = V_{12}(s)x_2(s)$$

$$G_{R12}(s) = V_{12}(s)$$

Datenflussplan

Der Datenflussplan einer MIMO-Strecke mit vier Regelgrößen ($n=4$) in V-Form, geregelt mit dem entkoppelten MIMO-Regler in V-Form, ist in Abb. 8.14 gezeigt. Die Inhalte von komprimierten Bausteinen sind in Abb. 8.15 am Beispiel der Regelgröße x_1 zu

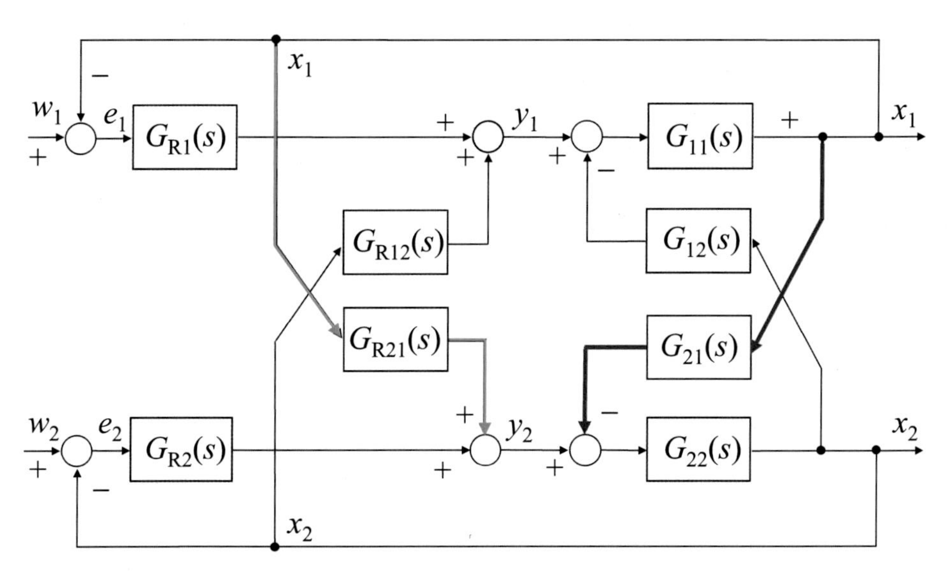

Abb. 8.13 Wirkungsplan des MIMO-Regelkreises mit MIMO-Strecke in V-Form und Regler in P-Form

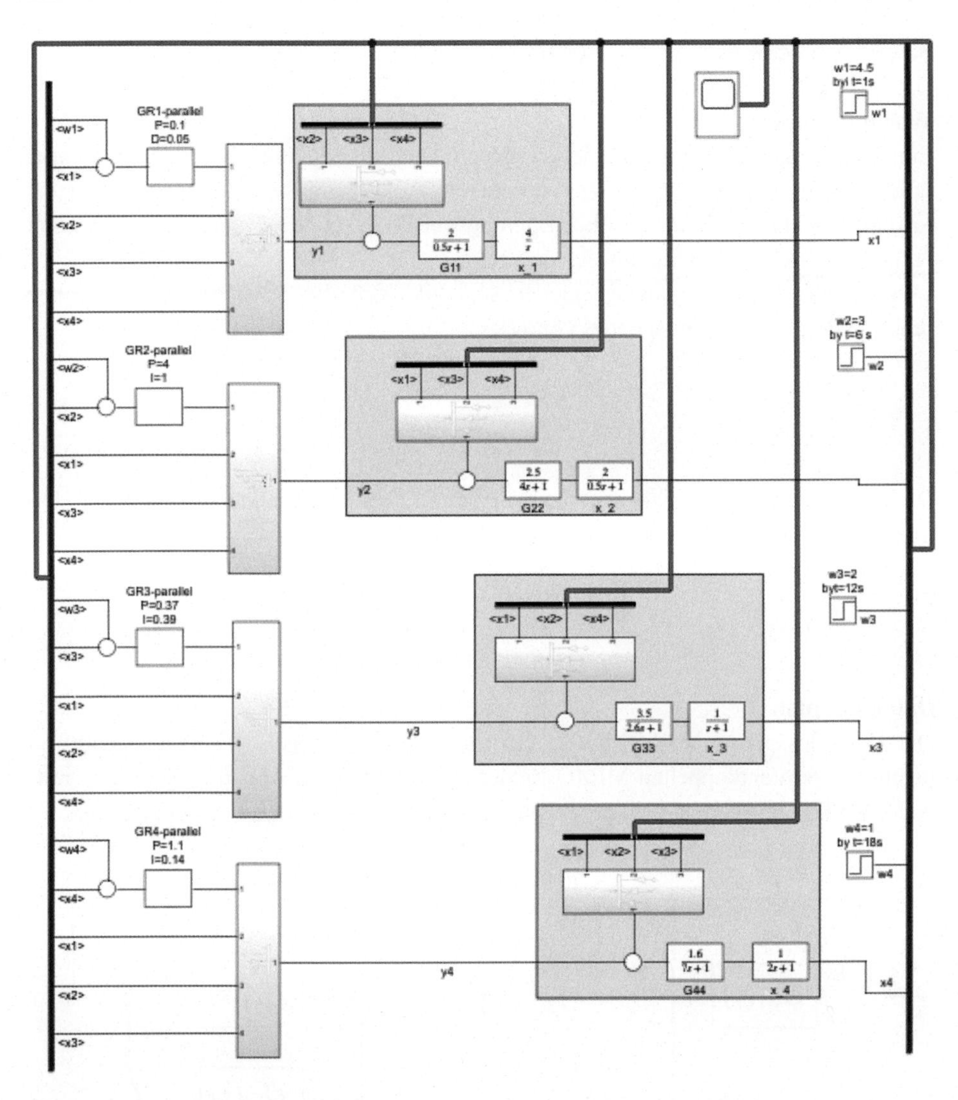

Abb. 8.14 Datenflussplan des MIMO-Regelkreises 4. Ordnung mit MIMO-Strecke in V-Form und Regler in P-Form

sehen. Der Baustein Abb. 8.15b besteht aus Koppelstrecken V_{12}, V_{13} und V_{14}; der Baustein Abb. 8.15a beinhaltet die Entkopplungsglieder G_{R12}, G_{R13} und G_{R14}.

Die Bausteine des Regelkreises der Abb. 8.15 sind im Folgenden als Matrizen (Gl. 8.24 und 8.25) aufgelistet:

$$\mathbf{G}_{\mathrm{R}}(\mathrm{s}) = \begin{pmatrix} G_{\mathrm{R1}}(s) & G_{\mathrm{R12}}(s) \\ G_{\mathrm{R21}}(s) & G_{\mathrm{R2}}(s) \end{pmatrix} = \begin{pmatrix} \frac{0{,}083}{s} & 1{,}25\frac{s+0{,}5}{s+0{,}25} \\ 0{,}15\frac{s+0{,}33}{s+0{,}2} & \frac{0{,}0425}{s} \end{pmatrix}$$

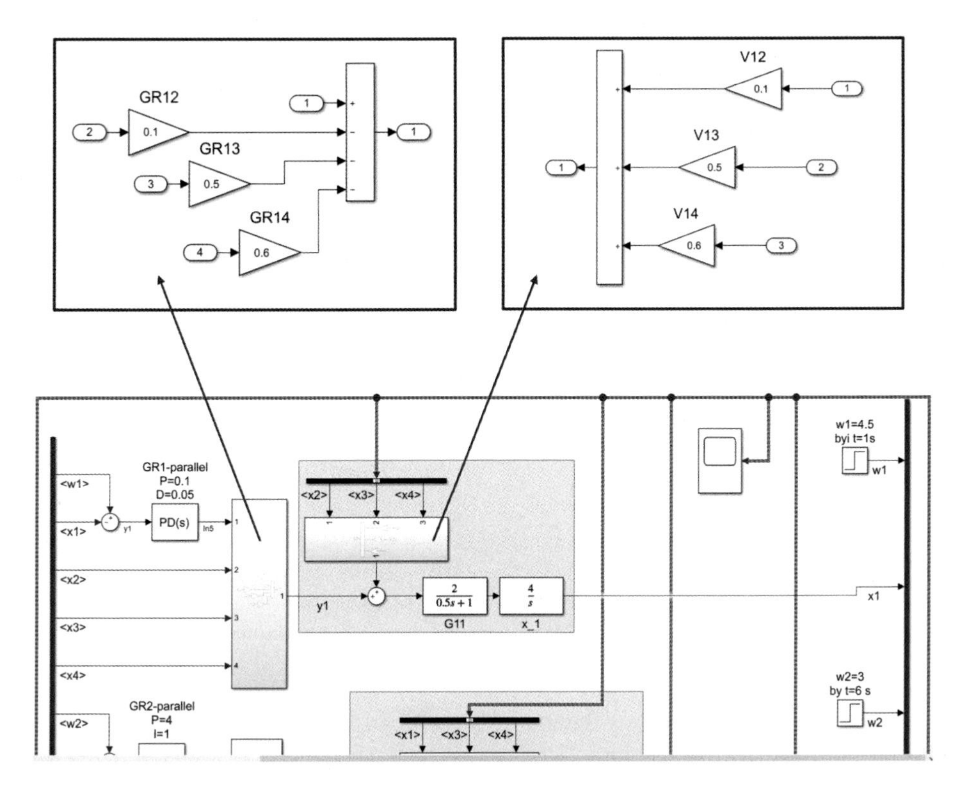

Abb. 8.15 Inhalte von komprimierten Bausteinen des MIMO-Regelkreises der Abb. 8.14 am Beispiel der Regelgröße x_1 (**a** Entkopplungsglieder, **b** Koppelstrecken)

$$\mathbf{G}_S(s) = \begin{pmatrix} G_{11}(s) & G_{12}(s) \\ G_{21}(s) & G_{22}(s) \end{pmatrix} = \begin{pmatrix} \frac{2}{1+2s} & \frac{5}{1+4s} \\ \frac{1}{1+5s} & \frac{4}{1+3s} \end{pmatrix}$$

Die Sprungantworten des Regelkreises der Abb. 8.14 mit Entkopplung sind in Abb. 8.16 zu sehen. Ohne Entkopplung ist der Regelkreis instabil, bzw. die MIMO-Strecke kann nicht geregelt werden.

8.3 DSM Router

Der MIMO-Router ist kein Kompensator der Signalwege von einem Hauptregelkreis zum anderen, sondern ein Verteiler von zwei Eingangssignalen:

- der Rückkopplung x
- vom Ausgang seines eigenen Hauptreglers.

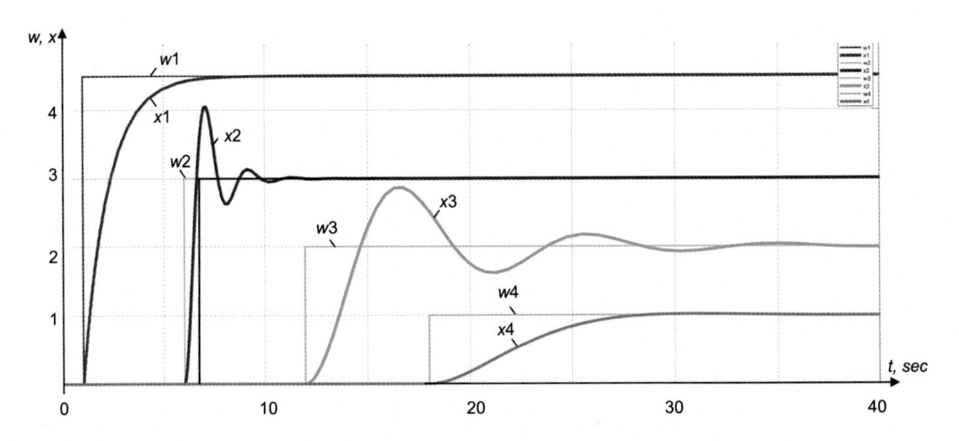

Abb. 8.16 Sprungantworten des Regelkreises der Abb. 8.14 mit Entkopplung

> Der Einsatz des MIMO-Routers vereinfacht das Regelsystem und reduziert die Anzahl der Reglerblöcke. Der Router, der einmal für eine Hauptanlage des MIMO-Systems niedriger Ordnung eingestellt wurde, behält seine Einstellung für identische Anlagen des MIMO-Systems höherer Ordnung bei. Der MIMO-Router verspricht, die traditionellen Entwicklungen der MIMO-Steuerung in Frage zu stellen." (Zitat, Quelle: [2], Seite 152)

Aus den vorausgegangenen Abschnitten ist ersichtlich, dass man für die entkoppelte Regelung einer MIMO-Strecke mit n Regelgrößen auch n Hauptregler G_{R1}, G_{R2}, … G_{Rn} und dazu noch jeweils (n–1) Entkopplungsregler für jede Regelgröße x_1, x_2, … x_n benötigt:

- G_{R12}, G_{R13}, …, G_{R1n} für die Regelgröße x_1,
- G_{R21}, G_{R23}, …, G_{R2n} für die Regelgröße x_2,
- …
- G_{Rn1}, G_{Rn2}, …, $G_{Rn,n-1}$ für die Regelgröße x_n.

Insgesamt werden

$$N = n + n \cdot (n - 1) = n^2$$

Regler für n Regelgrößen benötigt. Beispielsweise sollte die MIMO-Regelung der im Kap. 9 behandelten Anlage mit $n=7$ mit $N=49$ Reglerbausteinen entkoppelt werden.

Dagegen werden im Kap. 9 nur $N=2n=14$ Reglerbausteine für die Entkopplungsregelung benutzt: Das sind $n=7$ Hauptregler und $n=7$ DSM Router!

8.3.1 Konzept

Die klassische Entkopplung eines MIMO-Regelkreises wird durch die Kompensation von Signalwegen zwischen benachbarten Hauptregelkreisen erreicht. Die Entkopplung mit dem DSM Router basiert auf einem anderen, in [2] eingeführten und in [9] mathematisch beschriebenen Konzept. Es werden damit keine Signalwege eines Hauptregelkreises zu benachbarten Hauptregelkreisen kompensiert, sondern lediglich die Signalwege jedes Hauptregelkreises selbst in Betracht genommen. Die Wirkung von benachbarten Hauptregelkreisen wird erkannt und beseitigt.

Das neue Konzept wird nachfolgend auf zweierlei Arten erklärt, nach mathematischen Grundlagen und nach der Analyse von Signalwegen.

Mathematische Hintergründe

Die Herleitung des Algorithmus von Data Stream Manager „Router" nach dem mathematisch präzisen Antisystem-Approach findet man in [2, 9]. Es wird ein System betrachtet, das einen Eingangsvektor $\mathbf{X}_{i} - {}_{1}$ mit einem Operator $\mathbf{A}_{i}$ in die Ausgangsvektoren $\mathbf{X}_{i}$ überführt.

> „Als Antisystem ist ein System mit Vektoren $\mathbf{W}_{i}$ definiert, die wie die Vektoren des Systems $\mathbf{X}_{i}$ mit gleichen Operatoren $\mathbf{A}_{i}$ verarbeitet werden, jedoch in Gegenrichtung […]
>
> $$\mathbf{X}_{\mathrm{i}} = \mathbf{A}_{\mathrm{i}} \cdot \mathbf{X}_{\mathrm{i}-1}$$
> $$\mathbf{W}_{\mathrm{i}-1} = \mathbf{A}_{\mathrm{i}} \cdot \mathbf{W}_{\mathrm{i}}$$
>
> Die Vektoren des Antisystems $\mathbf{W}_{i}$ sind gegenüber den Vektoren $\mathbf{X}_{i}$ transponiert und bilden eine Bilanz
>
> $$e_{\mathrm{i}} = e_{\mathrm{i}-1}$$
>
> in Form von Skalarprodukten:
>
> $$e_{\mathrm{i}-1} = (\mathbf{W}_{\mathrm{i}-1} \cdot \mathbf{X}_{\mathrm{i}-1})$$
> $$e_{\mathrm{i}} = (\mathbf{W}_{\mathrm{i}} \cdot \mathbf{X}_{\mathrm{i}})$$
>
> Damit lassen sich die Zustandsvektoren $\mathbf{X}_{i}$ zu Skalaren e_{i} komprimieren." (Zitat, Quelle [9], Seite 179)

Ein System A mit einem Eingang x_1 und einem Ausgang x_2 sowie das entsprechende Antisystem A mit auch jeweils einem Ein-/Ausgang W_2 und W_1 sind in Abb. 8.17 dargestellt. Dort sind auch die Produkte

$$e_1 = W_1 x_1 \text{ und } e_2 = W_2 x_2 \tag{8.31}$$

schematisch gezeigt. Für alle möglichen Werte von $W_2 \neq 0$ gilt die Bilanz:

$$e_1 = e_2 \tag{8.32}$$

bzw

$$W_1 x_1 = W_2 x_2$$

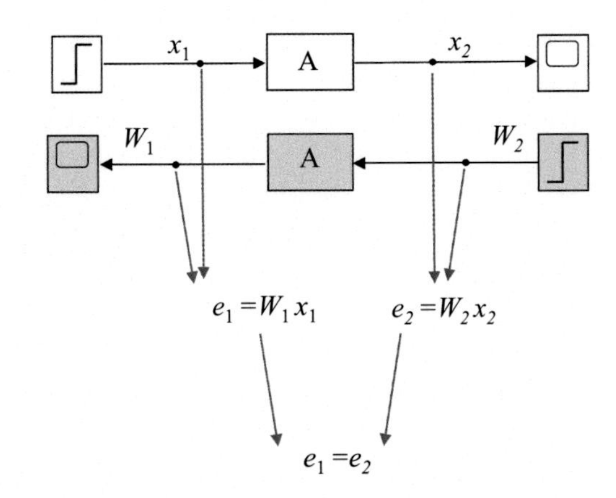

Abb. 8.17 Ein System mit Antisystem und die Bilanz von Ein-/Ausgängen

Die Gl. 8.31 und 8.32 werden nun in Abb. 8.18 für jeweils $n=2$ Variablen, und zwar anders als in Abb. 8.17, wiedergegeben. Statt Systemeingang x_1 der Abb. 8.17 wirken in Abb. 8.18 die Eingänge $y_1(s)$ und $y_2(s)$. Die Operatoren des Systems und des Antisystems sind nicht A, sondern $G_{11}(s)$, $G_{12}(s)$. Somit werden die Bilanzgleichungen Gl. 8.31 und 8.32 umgeschrieben:

$$e_1(s) = W_1(s)y_1(s) + W_2(s)y_2(s) \tag{8.33}$$

$$e_2(s) = W_{11}(s)x_{11}(s) + W_{12}(s)x_{12}(s) \tag{8.34}$$

Es gilt wieder die Bilanz der Gl. 8.32:

$$e_1(s) = e_2(s) \tag{8.35}$$

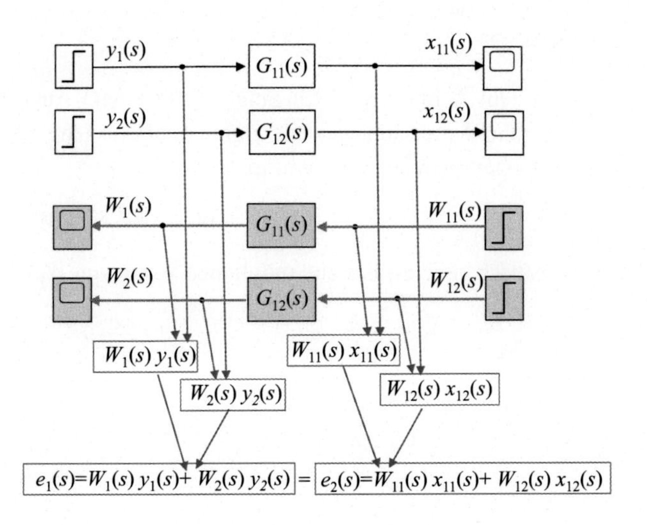

Abb. 8.18 Ein System mit Antisystem, angepasst an MIMO-Strecke in P-kanonischer Form

Da die Bilanz der Gl. 8.35 für beliebige Werte der Eingänge $W_{11}(s)$ und $W_{12}(s)$ gilt, wählen wir folgende Werte aus:

$$W_{11}(s) = 1$$

$$W_{12}(s) = 1$$

Dann werden die Gl. 8.33 und 8.34 umgeschrieben:

$$e_1(s) = G_{11}(s)y_1(s) + G_{12}(s)y_2(s) \tag{8.36}$$

$$e_2(s) = x_{11}(s) + x_{12}(s) \tag{8.37}$$

Unter Beachtung der Gl. 8.5 und 8.7 stellen wir fest, dass die Gl. 8.36 und 8.37 die Regelgröße $x_1(s)$ einer MIMO-Strecke in P-kanonischer Form mit $n = 2$ beschreiben. Die Bilanzvariable $e_2(s)$ in Gl. 8.37 ist also die Summe von zwei Signalen (siehe Abb. 8.1a), nämlich:

- $x_{11}(s)$ – die erste Hauptregelgröße als Ausgang der ersten Hauptstrecke $G_{11}(s)$,
- $x_{12}(s)$ – die unerwünschte Wirkung der zweiten Hauptregelgröße $x_2(s)$ über die Koppelstrecke $G_{12}(s)$ auf die erste Hauptregelgröße.

In anderen Worten: $x_{12}(s)$ ist die Störung, die beseitigt werden sollte.

Nach dem klassischen Entkopplungskonzept wird diese Störung $x_{12}(s)$ mittels eines Entkopplungsreglers $G_{R12}(s)$ kompensiert (siehe Abb. 8.10). Für eine solche Entkopplungsregelung einer MIMO-Strecke mit n Regelgrößen sind $n(n-1)$ Entkopplungsregler nötig, wie oben gezeigt wurde.

Nach dem Antisystem-Approach wird laut Gl. 8.37 die erste Hauptregelgröße $x_{11}(s)$ aus der Summe $e_2(s)$ extrahiert, wie an Abb. 8.19 erläutert ist:

$$x_{11} = e_2 - G_{12}y_{12} \tag{8.38}$$

Unter Beachtung von

$$x_{11} = G_{11}y_1$$

ergibt sich aus Gl. 8.38 die Stellgröße des ersten Hauptreglers $G_{R11}(s)$:

$$y_1 = \frac{1}{G_{11}}(e_2 - G_{12}y_{12}) \tag{8.39}$$

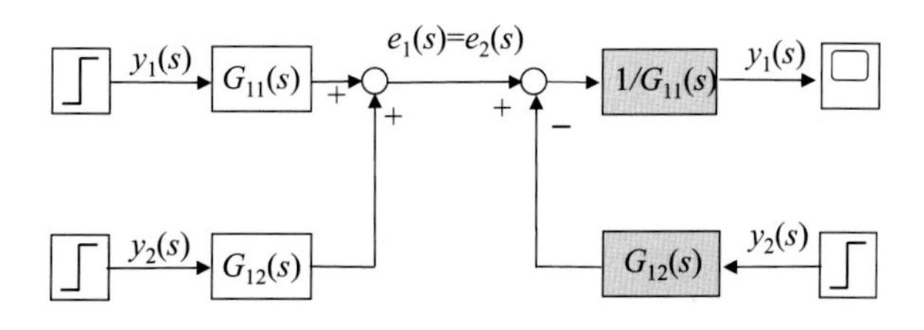

Abb. 8.19 Extrahieren der Stellgröße y_1 aus der Summe e_2

Somit wird die Stellgröße $y_1(s)$ des ersten Hauptreglers $G_{R11}(s)$ von der Störung $x_{12}(s)$ bereinigt, und eine störungsfreie Hauptregelgröße $x_{11}(s)$ wird erstellt. Die in Abb. 8.19 gegebene Schaltung wird in [2] und [9] als *Router* bezeichnet.

Für eine MIMO-Strecke mit n Regelgrößen sind nach dem Antisystem-Approach keine Entkopplungsregler mehr nötig. Man braucht zu jeder Regelgröße neben jedem Hauptregler jeweils nur einen Router einzusetzen, d. h., insgesamt sind nur n Router nötig.

In Abb. 8.20 ist ein Router in einem Ausschnitt aus dem Wirkungsplan von Abb. 8.1 einer MIMO-Strecke in P-kanonischer Form mit $n=2$ zu sehen. Es sind nur der Signalweg der Regelgröße x_1 durch die Hauptstrecke $G_{R1}(s)$ und die Wirkung der Stellgröße y_2 über die Koppelstrecke $G_{12}(s)$ gezeigt.

Signalwege

Das Router-Konzept kann auch ohne mathematischen Hintergrund nach der Abb. 8.20 mittels Signalwegen erklärt werden. Stellen wir uns zunächst vor, dass sich die Stellgröße y_2 nicht ändert, d. h., der untere Regelkreis ist geregelt und befindet sich im Beharrungszustand. Dann liefert der obere Hauptregler eine konstante Stellgröße y_1. Die Regelgröße x_1 befindet sich auch im ausgeregelten Beharrungszustand.

Nun stellen wir uns weiter vor, dass sich die Stellgröße y_2 ändert. Die Regelgröße x_1 wird dadurch auch geändert und erhält den Wert $(x_1 + \Delta x)$. Der Hauptregler soll darauf reagieren und eine neue Stellgröße $(y_1 + \Delta y)$ liefern. Aus Abb. 8.20 ist ersichtlich, wie der Wert Δy erkannt und von der „gestörten" Stellgröße $(y_1 + \Delta y)$ abgezogen wird. Der Hauptregler $G_{R1}(s)$ wird wieder dieselbe Stellgröße y_1 liefern, sodass die Regelgröße x_1 ungestört bleibt.

8.3.2 Implementierung

Der Einsatz von drei Routern bei der Regelung einer MIMO-Strecke in P-kanonischer Form mit $n=3$ Regelgrößen ist in Abb. 8.21 dargestellt.

Die Parameter der Hauptregler und der MIMO-Regelstrecke sind unten als Matrizen aufgelistet:

$$\mathbf{G}_\mathrm{R}(\mathrm{s}) = \begin{pmatrix} G_{\mathrm{R}1}(s) & 0 & 0 \\ 0 & G_{\mathrm{R}2}(s) & 0 \\ 0 & 0 & G_{\mathrm{R}3}(s) \end{pmatrix} = \begin{pmatrix} \frac{0{,}083}{s} & 0 & 0 \\ 0 & \frac{0{,}0425}{s} & 0 \\ 0 & 0 & \frac{0{,}5}{s} \end{pmatrix}$$

$$\mathbf{G}_\mathrm{S}(\mathrm{s}) = \begin{pmatrix} G_{11}(s) & G_{12}(s) & G_{13}(s) \\ G_{21}(s) & G_{22}(s) & G_{23}(s) \\ G_{31}(s) & G_{32}(s) & G_{33}(s) \end{pmatrix} = \begin{pmatrix} \frac{2}{1+2s} & \frac{1{,}5}{1+4s} & \frac{1{,}6}{1+6s} \\ \frac{0{,}4}{1+5s} & \frac{4}{1+3s} & \frac{0{,}8}{1+4s} \\ \frac{0{,}3}{1+2s} & \frac{0{,}3}{1+3s} & \frac{1{,}5}{1+s} \end{pmatrix}$$

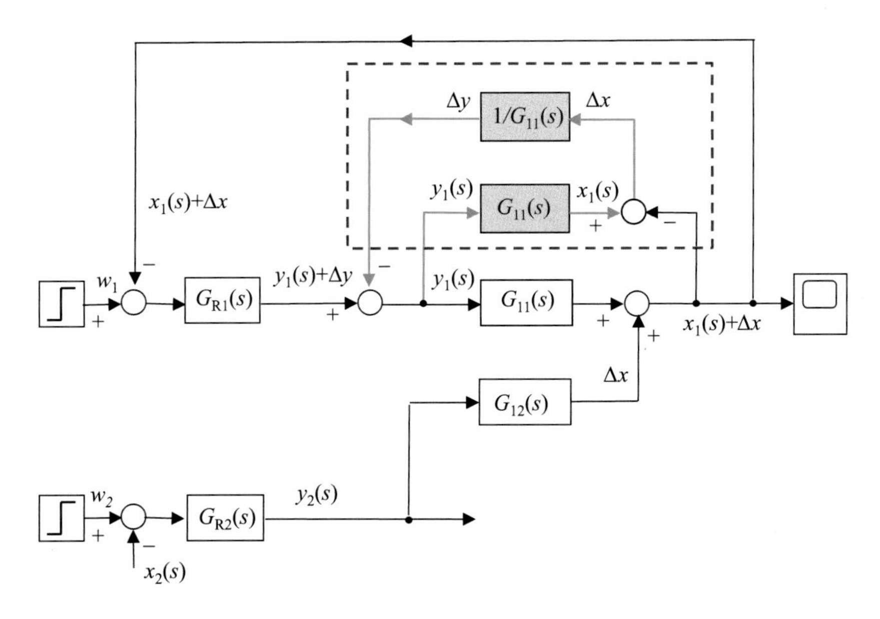

Abb. 8.20 Zum Konzept des Routers

Die vollständig entkoppelten Sprungantworten des Regelkreises sind in Abb. 8.21 zu sehen. Die Inhalte von maskierten Subsystemen sind in Abb. 8.22 an Beispielen „Router 1" und „x_1" gezeigt.

In Kap. 9 findet man die Anwendung von sieben Routern in einem MIMO-Regelkreis mit $n = 7$ Regelgrößen.

8.4 Übungsaufgaben mit Lösungen

8.4.1 Übungsaufgaben

Aufgabe 8.1

Gegeben ist eine MIMO-Strecke in P-kanonischer Form, die mit I-Hauptreglern $G_{\mathrm{R1}}(s)$ und $G_{\mathrm{R2}}(s)$ geregelt werden soll:

$$\mathbf{G}_{\mathrm{S}}(\mathrm{s}) = \begin{pmatrix} G_{11}(s) & G_{12}(s) \\ G_{21}(s) & G_{22}(s) \end{pmatrix} = \begin{pmatrix} \frac{3}{1+3s} & \frac{2,5}{1+s} \\ \frac{1,2}{1+4s} & \frac{1,5}{1+2s} \end{pmatrix}$$

Erstellen Sie dafür ein MATLAB®-Skript und bestimmen Sie damit:

- die Parameter K_{iR1} und K_{iR2} der I-Hauptregler $G_{\mathrm{R1}}(s)$ und $G_{\mathrm{R2}}(s)$,
- die klassischen Entkopplungsregler $G_{\mathrm{R12}}(s)$ und $G_{\mathrm{R21}}(s)$,
- die DSM Router anstelle der Entkopplungsregler.

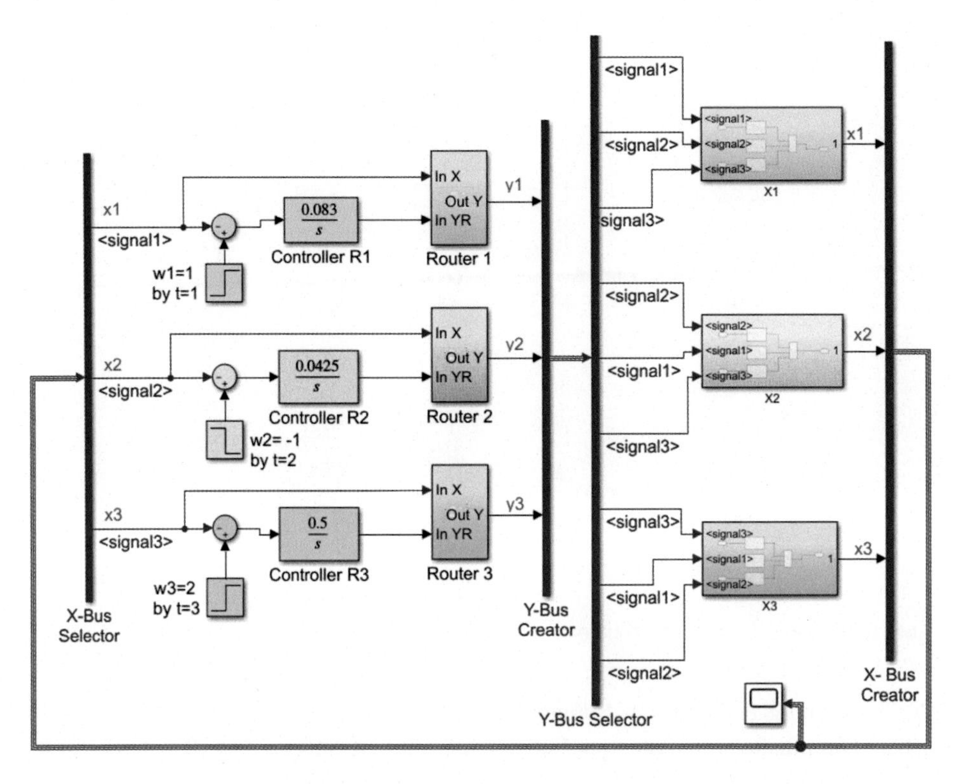

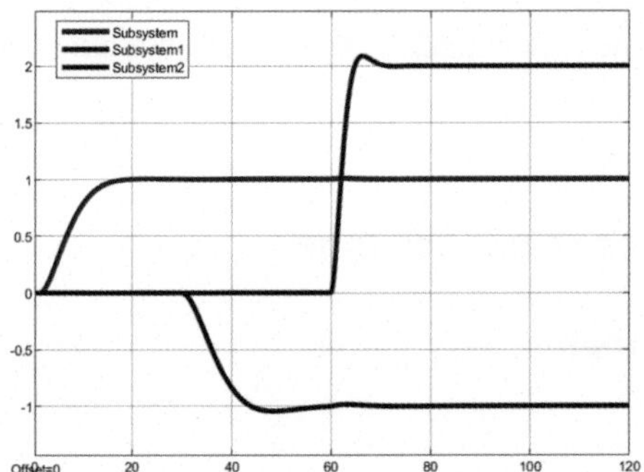

Abb. 8.21 MIMO-Regelkreis mit n = 3 Regelgrößen und drei Routern (MIMO-Strecke in P-Form)

Simulieren Sie die Sprungantworten nach Eingangssprüngen von Führungsgrößen

- $w_1 = 4$ bei $t = 1$ s,
- $w_2 = 3$ bei $t = 50$ s,

für folgende Fälle:

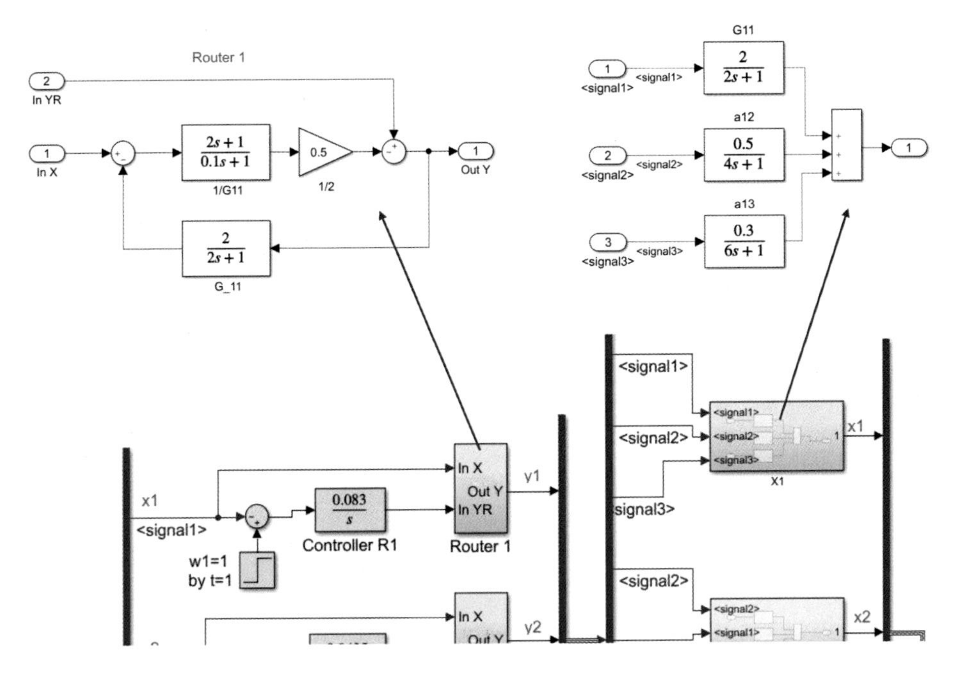

Abb. 8.22 Interne Struktur des Subsystems „Router 1" und des Subsystems „x_1" von Abb. 8.21

- ohne Entkopplung,
- mit klassischer Entkopplung mittels Entkopplungsregler $G_{R12}(s)$ und $G_{R21}(s)$,
- mit Entkopplung mittels DSM Router.

Aufgabe 8.2

Gegeben ist eine MIMO-Strecke in P-kanonischer Form, die mit I-Hauptreglern $G_{R1}(s)$, $G_{R2}(s)$ und $G_{R3}(s)$ geregelt werden soll:

$$\mathbf{G}_{\mathrm{R}}(\mathrm{s}) = \begin{pmatrix} G_{R1}(s) & 0 & 0 \\ 0 & G_{R2}(s) & 0 \\ 0 & 0 & G_{R3}(s) \end{pmatrix} = \begin{pmatrix} \frac{0{,}055}{s} & 0 & 0 \\ 0 & \frac{0{,}08}{s} & 0 \\ 0 & 0 & \frac{0{,}05}{s} \end{pmatrix}$$

$$\mathbf{G}_{\mathrm{S}}(\mathrm{s}) = \begin{pmatrix} G_{11}(s) & G_{12}(s) & G_{13}(s) \\ G_{21}(s) & G_{22}(s) & G_{23}(s) \\ G_{31}(s) & G_{32}(s) & G_{33}(s) \end{pmatrix} = \begin{pmatrix} \frac{2}{1+2s} & \frac{1{,}5}{1+4s} & \frac{1{,}6}{1+6s} \\ \frac{0{,}4}{1+5s} & \frac{4}{1+3s} & \frac{0{,}8}{1+4s} \\ \frac{0{,}3}{1+2s} & \frac{0{,}3}{1+3s} & \frac{1{,}5}{1+s} \end{pmatrix}$$

Erstellen Sie dafür ein MATLAB®-Skript und bestimmen Sie damit die DSM Router. Simulieren Sie die Sprungantworten nach Eingangssprüngen von Führungsgrößen

- $w_1 = 4$ bei $t = 1$ s,
- $w_2 = 3$ bei $t = 100$ s,
- $w_3 = 2$ bei $t = 150$ s

für folgende Fälle:

- ohne Entkopplung,
- mit Entkopplung mittels DSM Router..

8.4.2 Lösungen

Lösung zu Aufgabe 8.1
Das MATLAB®-Skript ist wie folgt gegeben. Die Sprungantworten sind in Abb. 8.23 gezeigt.

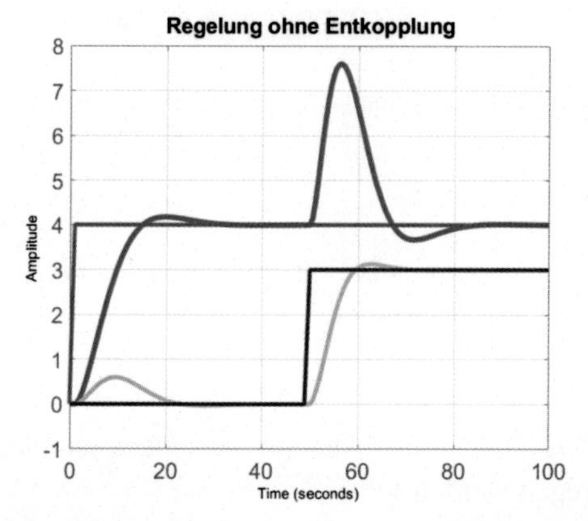

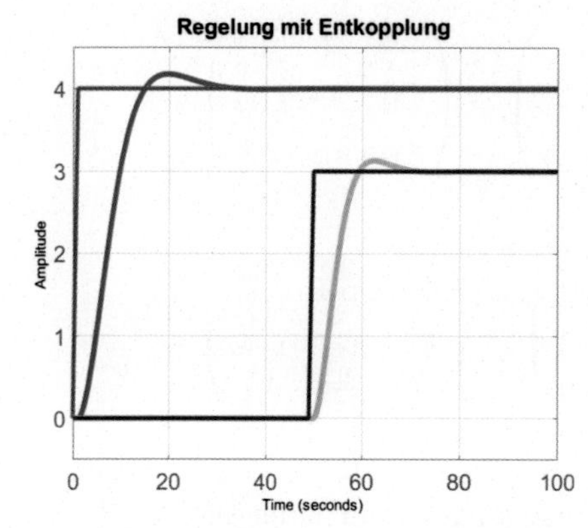

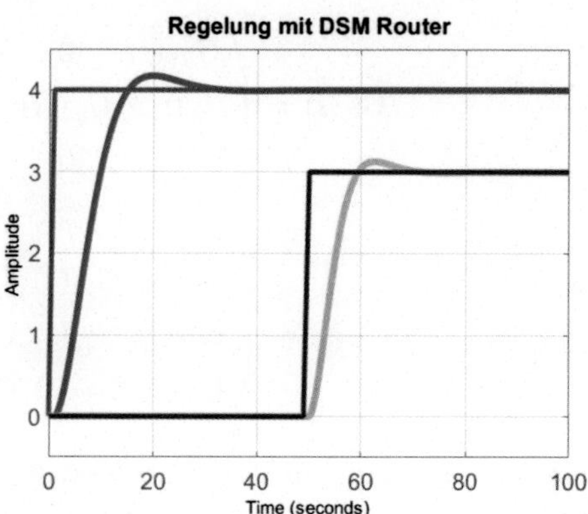

Abb. 8.23 Sprungantworten zur Aufgabe 8.1

```
%% 1. Strecken und Hauptregler
clear all
s=tf('s');
G11=3/(1+3*s); G12=2.5/(1+s);
G21=1.2/(1+4*s); G22=1.5/(1+2*s);
KpR1=1/(2*3*3); KpR2=1/(2*1.5*2);
GR1=KpR1/s; GR2=KpR2/s;
%% 2. Inputs (zuerst RUN Sektion 1)
w1=4*s*exp(-s)/s; % Sprunghöhe w1=4 bei 1 s
w2=3*s*exp(-s*50)/s; % Sprunghöhe w2=3 bei 50 s
%% 3. verkoppelte Regelung ohne Entkopplung (zuerst RUN Sektionen
1,2).
G01=GR1*G11; G02=GR2*G22;
y1=w1*GR1/(1+G01); y2=w2*GR2/(1+G02);
Gv1=w1*GR1*G11+y2*G12;
Gv2=w2*GR2*G22+y1*G21;
Gw1=Gv1/(1+G01); Gw2=Gv2/(1+G02);
step(Gw1,w1,100);
hold on;
step(Gw2,w2,100);
title('Regelung ohne Entkopplung');
grid.
%% 4. Entkopplung, klassische (zuerst RUN Sektionen 1,2,3)
hold off.
y1=w1*GR1/(1+G01); y2=w2*GR2/(1+G02);
GRz12=G12/G11; GRz21=G21/G22;
Gv1=w1*GR1*G11+y2*G12-y2*GRz12*G11;
Gv2=w2*GR2*G22+y1*G21-y1*GRz21*G22;
G01=GR1*G11; G02=GR2*G22;
Gw1=Gv1/(1+G01); Gw2=Gv2/(1+G02);
step(Gw1,w1,100);
hold on;
step(Gw2,w2,100);
title('Regelung mit Entkopplung');
grid
%% 5. Entkopplung mit Router (zuerst RUN Sektionen 1,2,3).
hold off.
G01=GR1*G11; G02=GR2*G22;
y1=w1*GR1/(1+G01); y2=w2*GR2/(1+G02);
router1=Gv1-w1*GR1*G11; %Es ergibt sich -y2*G12
router2=Gv2-w2*GR2*G22; %Es ergibt sich -y1*G21
Gv1=w1*GR1*G11-router1+y2*G12;
Gv2=w2*GR2*G22-router2+y1*G21;
Gw1=Gv1/(1+G01);
Gw2=Gv2/(1+G02);
```

```
step(Gw1,w1,100);
hold on;
step(Gw2,w2,100);
title('Regelung mit DSM Router');
grid.
```

Lösung zu Aufgabe 8.2

Das MATLAB®-Skript ist wie folgt gegeben. Die Sprungantworten sind in Abb. 8.24 gezeigt.

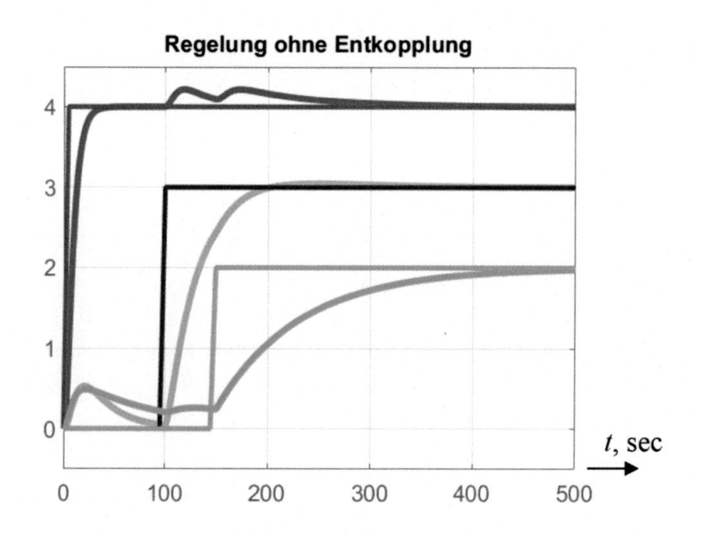

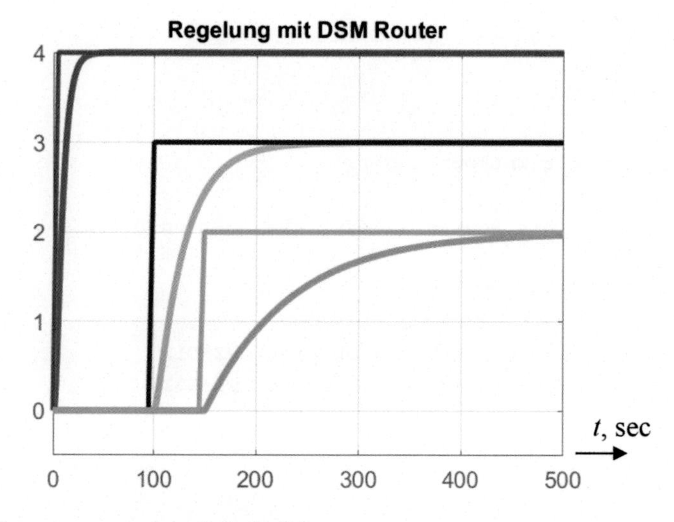

Abb. 8.24 Sprungantworten zur Aufgabe 8.2

```
%% Strecken und Hauptregler.
clear all;
s=tf('s');
G11=2/(1+2*s); G12=1.5/(1+4*s); G13=1.6/(1+6*s);
G21=0.4/(1+5*s); G22=4/(1+3*s); G23=0.8/(1+4*s);
G31=0.3/(1+2*s); G32=0.3/(1+3*s); G33=1.5/(1+1*s);
KpR1=0.055; KpR2=0.008; KpR3=0.05;
GR1=KpR1/s; GR2=KpR2/s; GR3=KpR2/s;
%% Inputs
w1=4*s*exp(-s)/s; % w1=4, Zeitverzögerung 1 s
w2=3*s*exp(-s*100)/s; % w2=3, Zeitverzögerung 100 s
w3=2*s*exp(-s*150)/s; % w3=2, Zeitverzögerung 150 s
%% verkoppelte Regelung
G01=GR1*G11; G02=GR2*G22; G03=GR3*G33;
y1=w1*GR1/(1+G01); y2=w2*GR2/(1+G02); y3=w3*GR3/(1+G03);
Gv1=w1*GR1*G11+y2*G12+y3*G13;
Gv2=w2*GR2*G22+y1*G21+y3*G31;
Gv3=w3*GR3*G33+y1*G31+y2*G32;
Gw1=Gv1/(1+G01); Gw2=Gv2/(1+G02); Gw3=Gv3/(1+G03);
step(Gw1,w1,500);
hold on;
step(Gw2,w2,500);
step(Gw3,w3,500);
title('Regelung ohne Entkopplung');grid.
%% Regelung mit DSM ROUTER
G01=GR1*G11; G02=GR2*G22; G03=GR3*G33;
y1=w1*GR1/(1+G01); y2=w2*GR2/(1+G02); y3=w3*GR3/(1+G03);
R1=Gv1-w1*GR1*G11;
R2=Gv2-w2*GR2*G22;
R3=Gv3-w3*GR3*G33;
Gv1=w1*GR1*G11-R1+y2*G12+y3*G13;
Gv2=w2*GR2*G22-R2+y1*G21+y3*G31;
Gv3=w3*GR3*G33-R3+y1*G31+y2*G32;
Gw1=Gv1/(1+G01);
Gw2=Gv2/(1+G02);
Gw3=Gv3/(1+G03);
step(Gw1,w1,500);
hold on;
step(Gw2,w2,500);
step(Gw3,w3,500);
title('Regelung mit DSM Router');
grid
```

Literatur

1. Zacher, S., & Reuter, M. (2022). *Regelungstechnik für Ingenieure* (16. Aufl.). Springer Vieweg.
2. Zacher, S. (2014). *Bus-approach for feedback MIMO-control* (2. Aufl.). Zacher: Verlag Dr.
3. Zacher, S. (2011). *Identifikation von Regelstrecken.* Automation-Letter Nr. 03. Verlag Dr. Zacher. https://www.zacher-international.com/Automation_Letters/03_Hinweise_Identifikation.pdf. Zugegriffen: 16. Okt. 2020.
4. Zacher, S. (2018). *Zeit-Prozentkennwert-Verfahren.* Automation-Letter Nr. 24. Verlag Dr. Zacher. https://www.zacher-international.com/Automation_Letters/24_Zeit_Prozentkennwert.pdf. Zugegriffen: 16. Okt. 2020.
5. Hansmann, M. (2013). *Entwicklung einer Mehrgrößenregelung in V-kanonischer Form für eine Aufgabeapparatur in der chemischen Industrie, mit dem Schwerpunkt der Druckregelung.* Diplomarbeit, Hochschule RheinMain, FB Ingenieurwissenschaften, Studienbereich Informationstechnologie und Elektrotechnik, Rüsselsheim.
6. Zacher, S. (2022). *Übungsbuch Regelungstechnik* (7. Aufl.). Springer.
7. Zacher, S. (2003). *Duale Regelungstechnik.* VDE.
8. Zacher, S. (2016). *Regelungstechnik Aufgaben* (4. Aufl.). Dr. Zacher.
9. Zacher, S. (2023). *Drei Bode Plots Verfahren für Regelungstechnik* (2. Aufl.). Springer Vieweg.

DSM-Anwendungsbeispiele 9

„Alles Praktische muss auf Theorie oder Glaube begründet sein.“
(Zitat: Friedrich Max Müller (1823–1900), Quelle:
https://www.aphorismen.de/, *zugegriffen 30.09.2020).*

Zusammenfassung

Die Anwendung des Data Stream Managements wird anhand von zwei realen Beispielen veranschaulicht. Das erste Beispiel ist eine regionale Abwasserpumpanlage, die aus sieben Pumpwerken besteht. Das Data Stream Management wurde für das Führungsverhalten entworfen und umfasst die DSM-Module *Ident* (Identifizierung), *Tuner* (Reglereinstellung) und *Router* (Entkopplung) und *Koordinator* des gesamten Datenflusses. Das Ergebnis ist eine perfekt entkoppelte optimale Mehrgrößenregelung. Das zweite Beispiel ist die Versuchsanlage einer Temperaturregelstrecke, die mit dem SIEMENS-Regler geregelt wird. Das Data Stream Management wurde für das Störverhalten entworfen und mit dem DSM-Modul Terminator realisiert. Das Ergebnis ist die perfekte Beseitigung mehrerer Störungen.

9.1 Abwasserpumpanlage

9.1.1 Vorlage

Dieses Kapitel entstand aus der Projektarbeit [1], in der eine regionale Abwasserpumpanlage, bestehend aus sieben Pumpwerken, im Hinblick auf die Automatisierung betrachtet wurde. Dafür wurden in [1] zwei Pumpwerke nach Zeit-Prozentkennwert-Verfahren (siehe das Kap. 4 des vorliegenden Buches) identifiziert.

S. Zacher und F. Stöckl, *Regelungstechnik mit Data Stream Management*,
https://doi.org/10.1007/978-3-662-70019-8_9

Die Pumpwerke sind durch eine Kombination aus Freispiegel- und Druckrohrleitungen miteinander verbunden. Zur Überwachung und Regelung der Pumpen sind in jedem Pumpwerk die entsprechenden Sensoren und Aktoren installiert.

Die Regelung ist jedoch durch den großen Höhenunterschied und die kilometerlangen Entfernungen zwischen den Pumpwerken erschwert, so dass die Daten in einem zentralen Prozessleitsystem der Anlage gesammelt werden.

Allein die Datenübertragung zwischen den weit voneinander entfernten Pumpwerken stellt ein Problem dar. Nachfolgend wird jedoch ein weiteres Problem betrachtet, nämlich die Verkopplung von Pumpwerken. Mit anderen Worten: Zwischen den Pumpwerken treten ständig Störungen auf. Die Druckregelung in einer Station führt zu einem Druckanstieg im gesamten System, so dass das System schwingen oder instabil werden kann . Einige Pumpwerke können sogar ausfallen, da sie aufgrund des Trockenlaufschutzes bei einem plötzlichen Druckanstieg automatisch abgeschaltet werden. Es handelt sich um eine Mehrgrößenregelung, die entkoppelt und optimal eingestellt werden muss .

9.1.2 Daten

Die detaillierte Beschreibung der Abwasserpumpanlage und die wirtschaftliche Bedeutung der Automatisierung sind in [1] dargelegt, diese werden nachfolgend nicht wiedergegeben. Auch die Versuchsergebnisse und die identifizierten Übertragungsfunktionen werden in diesem Kapitel aus Datenschutzgründen nicht erläutert. Die gesamte Abwasserpumpanlage einschließlich der Stationen wird anonymisiert und istnur als ein Mehrgrößensystem der Dimension $n = 7$ dargestellt .

Die nachfolgend dargestellte Aufgabenstellung und die Lösung hat praktische Bedeutung nicht nur für die besagte Abwasserpumpanlage, sondern allgemein für MIMO-Systeme *(Multi Input Multi Output)* unterschiedlicher Art

9.1.3 Aufgabenstellung

Das Ziel des Projektes ist der Entwurf einer entkoppelten Mehrgrößenregelung einer Abwasserpumpanlage, die aus sieben Pumpwerken besteht und im Folgenden als „reale Welt“ bezeichnet wird (Abb. 9.1). Die Abwasserpumpanlage wird von einer Zentralwarte überwacht. Je nach Betriebssituation werden einige Pumpwerke von der Zentralwarte abgeschaltet, so dass nicht immer alle $n = 7$ Pumpwerke geregelt werden, sondern nur $n = 2$ oder $n = 3$.

Arbeitsschritte

Die Entwicklung des Projektes erfolgt in mehreren, aufeinander aufbauenden Arbeitsschritten. Zunächst wird ein Datenflussplan als MIMO-Regelstrecke für drei Fälle, $n = 2$, $n = 3$ und $n = 7$, gebildet.

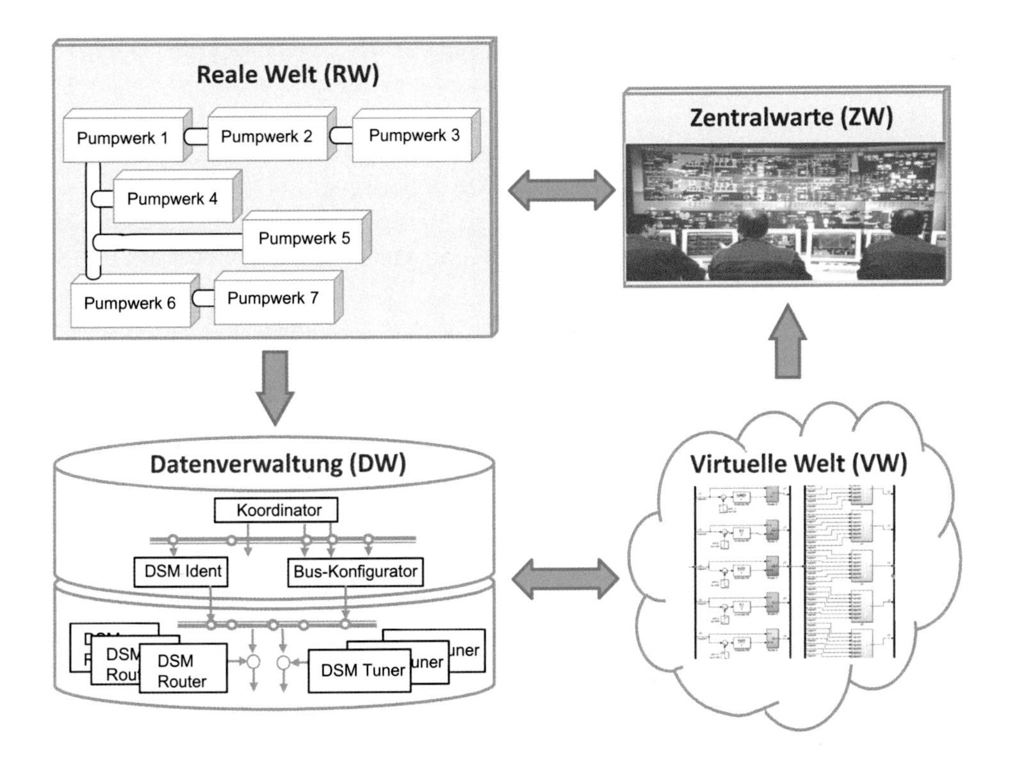

Abb. 9.1 Struktur des Regelsystems der Abwasserpumpanlage

Danach soll der Datenflussplan um das *Data Stream Management* ergänzt werden; zu dessen Aufgabe gehören:

- Identifikation der Pumpwerke als Regelstrecken,
- Entwurf von Reglern für jedes separate Pumpwerk,
- Entkopplung der Mehrgrößenregelung für das gesamte System.

Data Stream Management
Zur Lösung dieser Aufgaben werden die folgenden Module des Data Stream Managements herangezogen:

- DSM Ident für Identifikation,
- DSM Tuner für Einstellung der separaten Hauptregler,
- DSM Router für Entkopplung.

Für die Koordination und Kommunikation zwischen den DSM sind noch zwei weitere Module erforderlich:

- Koordinator für Kommunikation zwischen Pumpwerken, Zentralwarte und DSM,
- Bus-Konfigurator zum Konfigurieren des Bussystems für $n=2$, $n=3$ und $n=7$.

Struktur des Regelsystems
Der gesamte Aufbau des Regelsystems ist in Abb. 9.1 erläutert.

Das Modul „Koordinator“ des Data Stream Managements erhält einerseits von der Zentralwarte die Information über die Anzahl n der Pumpwerke sowie über den Typ des Standardreglers des jeweiligen Pumpwerkes. Des Weiteren werden dem Modul „Koordinator“ die Übertragungsfunktionen der Pumpwerke übermittelt, welche zuvor durch den DSM Ident bestimmt werden.

Die virtuelle Welt wird anhand der vorliegenden Information gebildet, wobei der Fokus auf dem Datenflussplan des Mehrgrößenregelsystems mit drei Optionen (n = 2, n = 3 und n = 7) liegt. Diese werden von einem Bus-Konfigurator eingesetzt. Weiterhin werden die üblichen Entwurfsaufgaben, die Reglereinstellung und die Entkopplung behandelt, die durch den DSM Tuner und den DSM Router realisiert werden.

In der abschließenden Phase werden die ermittelten Kennwerte von den Reglern an die Zentralwarte übermittelt, alternativ kann auch eine direkte Übertragung an die Pumpwerke erfolgen.

9.1.4 DSM „ident-3-points“

Die Identifikation der Pumpwerke erfolgte in [1] mit dem DSM „ident-3-points“ nach dem Zeit-Prozentkennwert-Verfahren (siehe auch Kap. 5):

$$T_1 = \frac{1}{3}\left(\frac{t_{10}}{\tau_{10}} + \frac{t_{50}}{\tau_{50}} + \frac{t_{90}}{\tau_{90}}\right) \tag{9.1}$$

Die Zeit-Prozentkennwerte wurden aus der Tab. 9.1 nach *Schwarze* (siehe [2]) nach dem Verhältnis μ ermittelt:

$$\mu = \frac{t_{10}}{t_{90}} \tag{9.2}$$

Tab. 9.1 Kennzahlen zum Zeit-Prozentkennwert-Verfahren nach [2]

Kennzahl μ	Ordnung des P-T1-Gliedes	τ_{10}	τ_{50}	τ_{90}
0,045757	1	0,105361	0,693147	2,302585
0,136722	2	0,531812	1,678347	3,889720
0,207065	3	1,102065	2,674060	5,322320
0,261162	4	1,744770	3,672061	6,680783
0,304318	5	2,432591	4,670909	7,993590
0,339839	6	3,151898	5,670171	9,274674

9.1.5 Übertragungsfunktionen der Pumpwerke

Als Beispiel sind die Übertragungsfunktionen der ersten zwei Pumpwerke gegeben, die nach Gl. 9.1 identifiziert wurden. Die Hauptstrecken des jeweiligen Pumpwerkes sind mit g_{11} und g_{22} bezeichnet. Die Koppelstrecken zwischen den Pumpwerken sind a_{12}, a_{13}, a_{14}, a_{15}, a_{16}, a_{17} und a_{21}, a_{23}, a_{24}, a_{25}, a_{26}, a_{27}.

Pumpwerk 1
Hauptstrecke:

$$g_{11} = G_{11}(s) = \frac{2{,}6}{(2{,}9s + 1)(3{,}8s + 1)} \tag{9.3}$$

Koppelstrecken:

$$a_{12} = G_{12}(s) = -1{,}32 \cdot \frac{1}{2{,}9s + 1} \cdot \frac{1}{3{,}8s + 1} \cdot \frac{12{,}5s + 1}{8{,}3s + 1} \cdot \frac{2{,}68s + 1}{2{,}7s + 1} \tag{9.4}$$

$$a_{13} = -\frac{K_{13}}{sT_{13} + 1} \quad a_{14} = -\frac{K_{14}}{sT_{14} + 1} \quad a_{15} = -\frac{K_{15}}{sT_{15} + 1}$$

$$a_{16} = -\frac{K_{16}}{sT_{16} + 1} \quad a_{17} = -\frac{K_{17}}{sT_{17} + 1}$$

Pumpwerk 2
Hauptstrecke:

$$g_{22} = G_{22}(s) = \frac{2465}{(4{,}9s + 1)(1{,}5s + 1)} \tag{9.5}$$

Koppelstrecken:

$$a_{21} = G_{21}(s) = -0{,}215 \cdot \frac{1}{4{,}9s + 1} \cdot \frac{1}{1{,}5s + 1} \cdot \frac{443{,}1s + 1}{33{,}4s + 1} \cdot \frac{10{,}2s + 1}{12s + 1} \tag{9.6}$$

$$a_{23} = -\frac{K_{23}}{sT_{23} + 1} \quad a_{24} = -\frac{K_{24}}{sT_{24} + 1} \quad a_{25} = -\frac{K_{25}}{sT_{25} + 1}$$

$$a_{26} = -\frac{K_{26}}{sT_{26} + 1} \quad a_{27} = -\frac{K_{27}}{sT_{27} + 1}$$

9.1.6 Vergleich der Sprungantworten

Die realen Pumpwerke gehören zur realen Welt, während die identifizierten Übertragungsfunktionen von Pumpwerken die virtuelle Welt repräsentieren (siehe Kap. 4 und 5). In

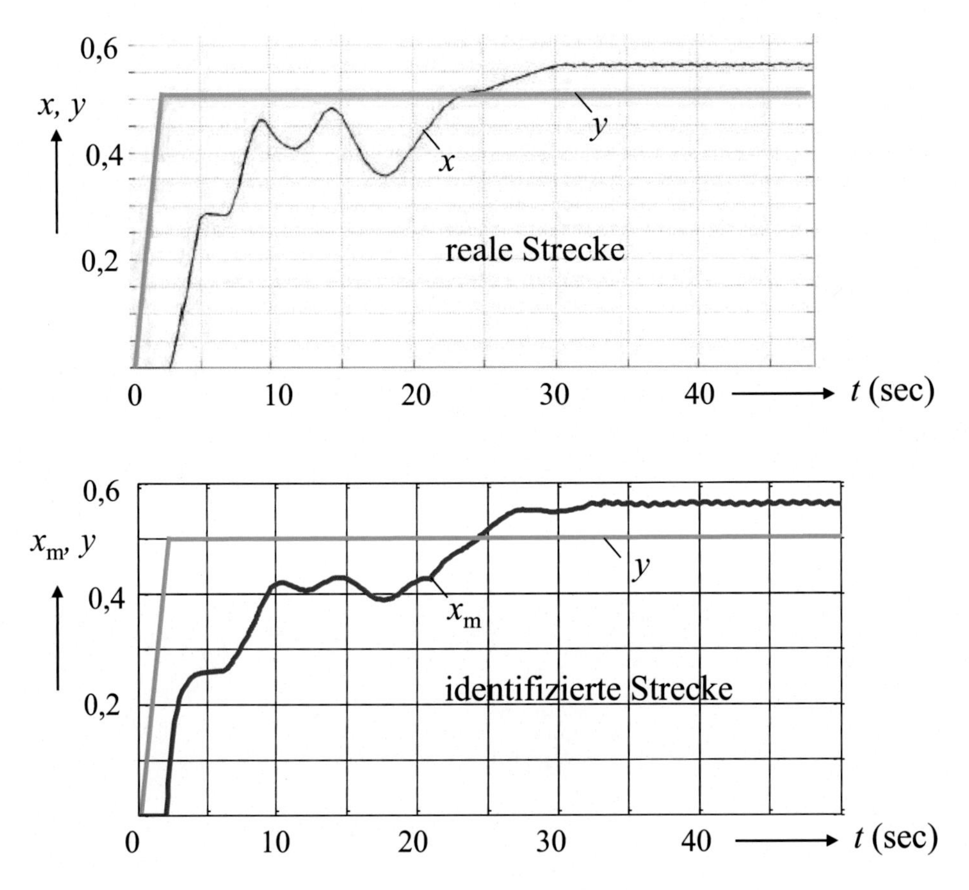

Abb. 9.2 Sprungantworten eines realen (a) und eines simulierten Pumpwerks (b)

Abb. 9.2 sind die Sprungantworten von Regelgrößen eines realen $x(t)$ (a) und eines simulierten $x_m(t)$ Pumpwerks (b) nach gleicher Änderung der Stellgröße $y(t)$ gegenübergestellt, um einen Vergleich der beiden Welten zu ermöglichen. Die Genauigkeit der Identifizierung liegt innerhalb des zugelassenen Bereichs.

9.1.7 Datenflussplan

Die Erstellung der Datenflusspläne erfolgte nach dem in den Kap. 2 und 3 beschriebenen Bus-Approach. In Abhängigkeit von den Angaben der Zentralwarte erfolgt die Konfiguration der Busse für die angegebene Anzahl n der Pumpwerke. In den nachfolgenden Abbildungen sind zwei Beispiele für $n = 3$ und $n = 7$ dargestellt.

Im ersten Schritt wird die Abwasserpumpanlage mit sieben Pumpwerken simuliert, wobei lediglich die separaten Regler im jeweiligen Pumpwerk zum Einsatz kommen. Die entsprechenden simulierten Sprungantworten sind in Abb. 9.3 dargestellt. Obwohl das

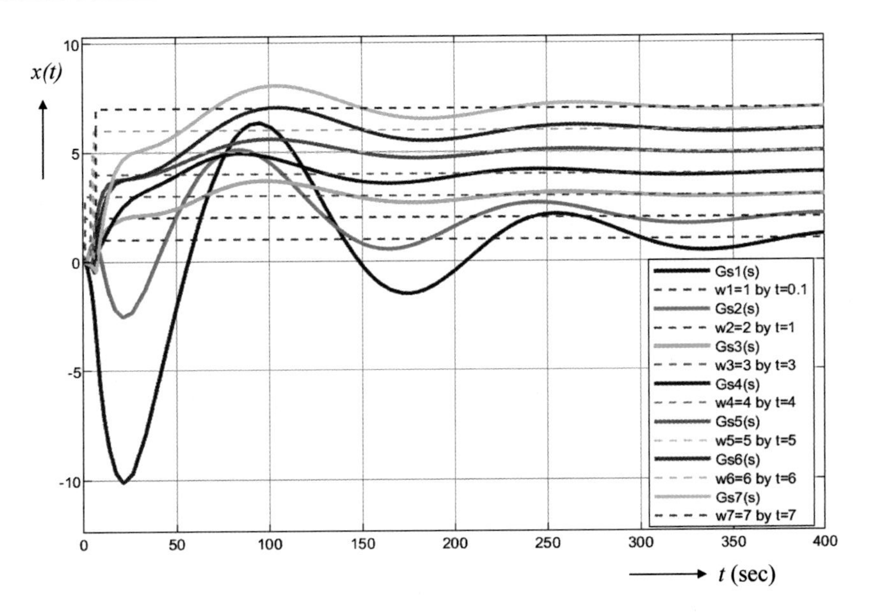

Abb. 9.3 Sprungantworten des MIMO-Kreises mit $n=7$ Pumpwerken ohne Entkopplung

System stabil ist, kommt es durch die gegenseitige Beeinflussung der einzelnen Regelkreise zu Schwingungen, die ein Abschalten einzelner Pumpwerke unter Schutzmaßnahmen erforderlich ist.

Der in Abb. 9.4 dargestellte Datenflussplan des MIMO-Kreises für n = 3 Pumpwerke zeigt die Realisierung der Entkopplung mittels DSM Router. Wie bereits in Kap. 8 erläutert, wird die gegenseitige Beeinflussung der einzelnen Regelkreise vollständig eliminiert bzw. es wird eine vollständige Entkopplung erreicht.

Die entsprechenden Sprungantworten sind in Abb. 9.5 simuliert. Wie erwartet, sind die einzelnen Pumpwerke vollständig voneinander entkoppelt , die Regelung in jedem Pumpwerk verläuft optimal.

9.1.8 Data Stream Management

In diesem Abschnitt werden einzelne Module des Daten Stream Managements der untersuchten Abwasserpumpanlage betrachtet:

- DSM Tuner,
- DSM Router,
- DSM Koordinator,
- DSM Bus-Konfigurator.

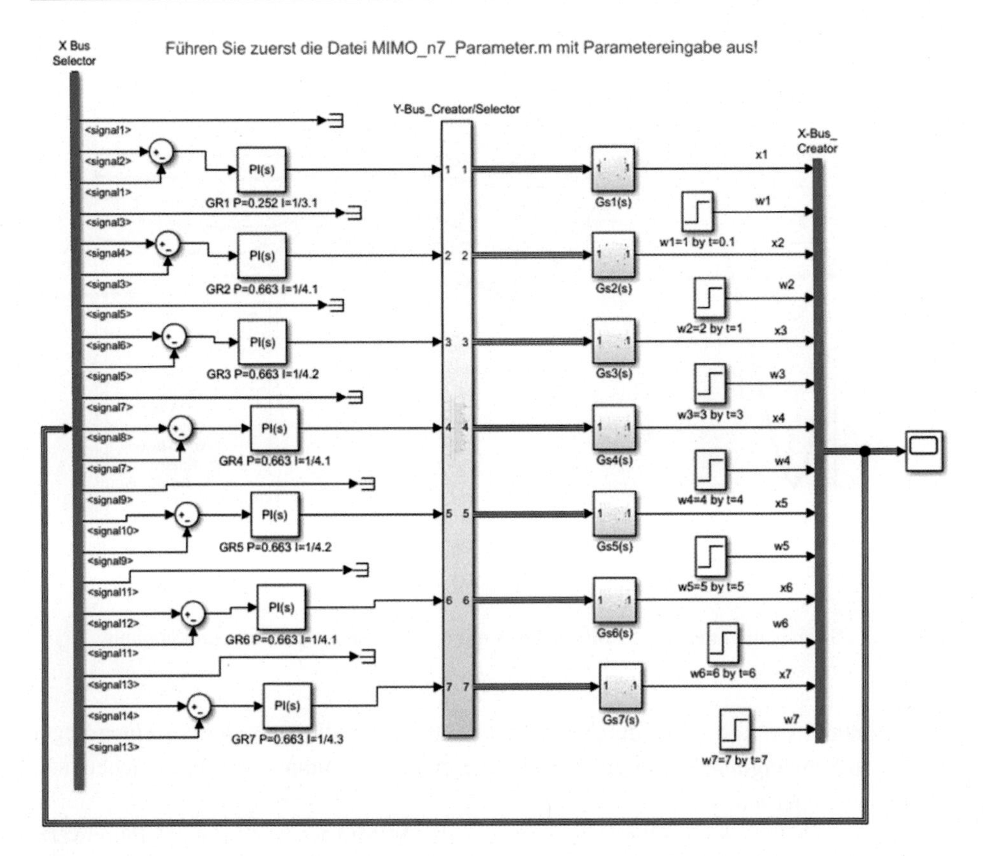

Abb. 9.4 Datenflussplan des MIMO-Kreises für $n=3$ entkoppelte Pumpwerke

DSM „Tuner"

Der DSM „Tuner" wurde in Kap. 6 beschrieben. Im betrachteten Fall der Abwasserpumpanlage wird angenommen, dass die Hauptstrecken aus P-T1-, P-T2- und I-Grundgliedern bestehen und dass alle Koppelstrecken nur P-T1-Glieder sind.

Der DSM „Tuner" erhält in seinem Input-Modul die Ordnung der Strecke n, den Typ und die Parameter der Hauptstrecke K_{11}, K_{12}, ... T_{11}, T_{12} ... sowie den Typ des Hauptreglers.

DSM „Router"

Die Rolle des DSM „Router" bei der Entkopplung von MIMO-Reglerkreisen wurde in Kap. 8 bereits besprochen. Nachfolgend wird zunächst der Datenflussplan des MIMO-Kreises mit zwei Pumpwerken ($n=2$) ohne DSM Router gezeigt(Abb. 9.6). Die Entkopplung erfolgt mit konventionellen Entkopplungsreglern $G_{R12}(s)$ und $G_{R21}(s)$.

Die Sprungantworten der einzelnen Pumpwerke werden bei korrekter Einstellung von $G_{R12}(s)$ und $G_{R21}(s)$ vollständig voneinander entkoppelt. Ein solcher Datenflussplan wird

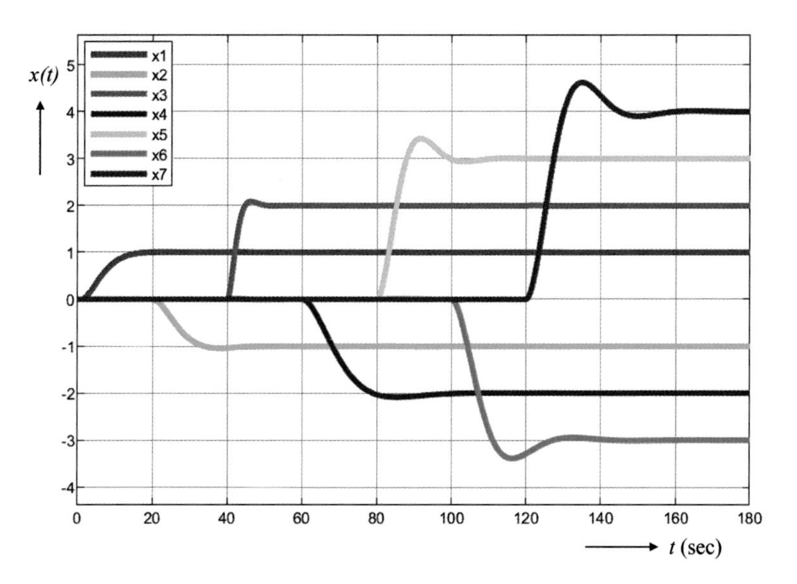

Abb. 9.5 Sprungantworten der simulierten Abwasserpumpanlage mit $n = 7$ Pumpwerken nach Entkopplung mit DSM Router

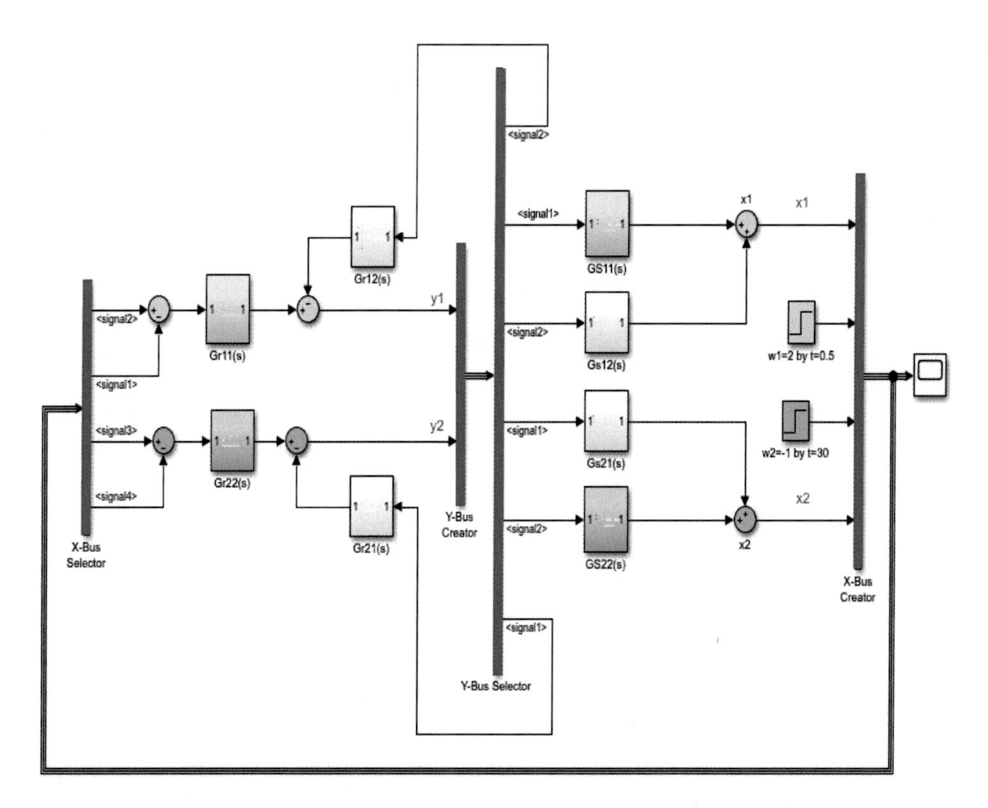

Abb. 9.6 System aus zwei Pumpwerken mit Entkopplungsreglern (ohne DSM Router)

jedoch bei größeren Ordnungen der MIMO-Strecke bzw. bei größerer Anzahl n der Pumpstationen überlastet. Beispielsweise sind für $n=7$ Pumpwerke $7 \times 6 = 42$ Entkopplungsregler erforderlich.

Die Sprungantworten des obigen Skriptes sind in Abb. 9.5 gezeigt.

DSM „Koordinator“

Der DSM „Koordinator“, wie auch sein Name besagt, ist ein Datenverteiler in einem System aus drei Teilnehmern (Abb. 9.1):

- reale Welt (RW),
- Zentralwarte (ZW),
- virtuelle Welt (VW).

Der DSM „Koordinator“ dient als Kommunikationsmodul für den DSM Ident, um die Parameter s der Hauptstrecke von der „realen Welt“ zu übermitteln, oder als HMI *(Human-Machine Interface)* für die Bediener in der Zentralwarte, um die aktuellen Werte n, r einzugeben.

9.2 Temperaturregelstrecke mit dem SIEMENS-Regler [3]

Zur Verifikation der Funktionsweise des Data Stream Managers „Terminator“ [4] wird das Verhalten einer Versuchsanlage mit einer Temperaturregelung als digitaler Zwilling mithilfe von Simulink nachgebildet. Durch den Einbau mehrerer Störquellen in das Modell soll anschließend das Störverhalten der Regelung mit und ohne DSM Terminator verglichen werden.

9.2.1 Aufbau und Funktionsweise der Versuchsanlage

Bei dieser Versuchsanordnung wird die Temperatur in einer Box durch die Abwärme einer Glühlampe und die Ansteuerung eines Lüfters geregelt. Die Komponenten und ihre Aufgaben werden im Folgenden beschrieben.

Lampe

Die Glühlampe eines Autoscheinwerfers dient als Wärmequelle. Diese kann in zwei Leistungsstufen betrieben werden, mit 55 W (Abblendlicht) und 115 W (Abblendlicht und Fernlicht). Das Umschalten zwischen den beiden Leistungsstufen sowie das Ausschalten der Glühlampe erfolgen über einen Drei-Stufen-Schalter an der Vorderseite des Versuchsaufbaus.

Lüfter

Die Ansteuerung des Lüfters erfolgt über ein PWM-Signal, wodurch die Drehzahl des Lüfters stufenlos verändert werden kann. Zudem wird die Lüfterdrehzahl als Stellgröße verwendet, um die Temperatur im Gehäuse zu regeln.

Temperatursensor

Der Temperatursensor misst die Temperatur im Gehäuse. Diese wird vom Arduino ausgelesen, verarbeitet und anschließend an den SIPART-Regler gesendet.

Arduino

Der Arduino-Controller übermittelt die gemessene Temperatur an einen SIPART-Regler. Mit dem Rückgabewert des Reglers wird die Lüfterdrehzahl entsprechend angepasst.

SIPART DR Regler

Als Regler wird in der Versuchsanlage ein SIPART DR20 eingesetzt. Hierbei handelt es sich um einen Prozessregler der Firma Siemens. In dessen Programmspeicher stehen eine Vielzahl vorbereiteter Funktionen zur Regelung verfahrenstechnischer Prozesse zur Verfügung. Im Versuchsaufbau wird der Regler als Festwertregler ohne Störgrößenaufschaltung betrieben und regelt lediglich auf einen Sollwert

Der Aufbau der Versuchsanlage ist schematisch in Abb. 9.7 dargestellt.

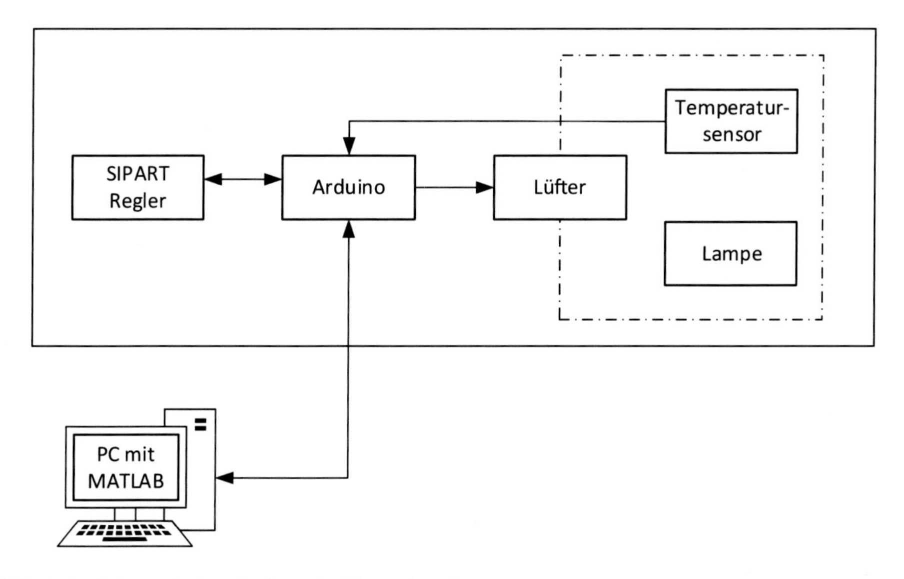

Abb. 9.7 Schematischer Aufbau der Versuchsanlage

9.2.2 Anwendung des Zeit-Prozentkennwert-Verfahrens

Zur Bestimmung der Übertragungsfunktion werden drei Messungen mit unterschiedlichen Parametern durchgeführt. Daraus resultiert folgende Übertragungsfunktion für die Regelstrecke:

$$G_s(s) = \frac{-0{,}549}{(1 + 40s)}$$

Entwurf eines PI-Reglers
Zur Bestimmung der Reglerparameter nach dem Betragsoptimum wird die Übertragungsfunktion des offenen Regelkreises wie folgt gebildet:

$$G_0(s) = G_R(s) \cdot G_s(s) = \frac{K_{PR} \cdot (1 + sT_N) \cdot -0{,}549}{sT_N \cdot (1 + 40s)}$$

Die Streckenzeitkonstante wird mit $T_N = 40$ s kompensiert. Dadurch ergibt sich:

$$G_0(s) = \frac{K_{PR} \cdot -0{,}549}{40s}$$

Es handelt sich hierbei nicht um einen Grundtyp. In diesem Fall muss die Übertragungsfunktion des geschlossenen Regelkreises bestimmt werden, wie von Zacher in [2] beschrieben:

$$G_w(s) = \frac{K_{PR}K_{PS}}{K_{PR}K_{PS} + sT_N} = \frac{K_{PR}K_{PS}}{K_{PR}K_{PS} \cdot \left(1 + s\frac{T_N}{K_{PR}K_{PS}}\right)} = \frac{K_w}{1 + sT_w}$$

$$mit\ K_{Pw} = 1\ und\ T_w = \frac{T_N}{K_{PR}K_{PS}}$$

Mit dem PI-Regler soll eine Ausregelzeit $T_{aus} = 50$ s erreicht werden. Dazu gilt für das PT_1-Verhalten $T_{aus} = 3{,}912 \cdot T_w$. Daraus ergibt sich der folgende Wert für K_{PR}:

$$K_{\mathrm{PR}} = \frac{3{,}912 \cdot T_N}{K_{\mathrm{PS}} T_{\mathrm{aus}}} = \frac{3{,}912 \cdot 40}{-0{,}549 \cdot 50} = -5{,}7$$

Die Werte werden in die Übertragungsfunktion des PI-Reglers eingesetzt:

$$G_R(s) = \frac{-5{,}7 \cdot (1 + 40s)}{40s}$$

Das Simulink-Modell zur Simulation der Versuchsanlage in Kombination mit dem PI-Regler ist in der Abb. 9.8 dargestellt.

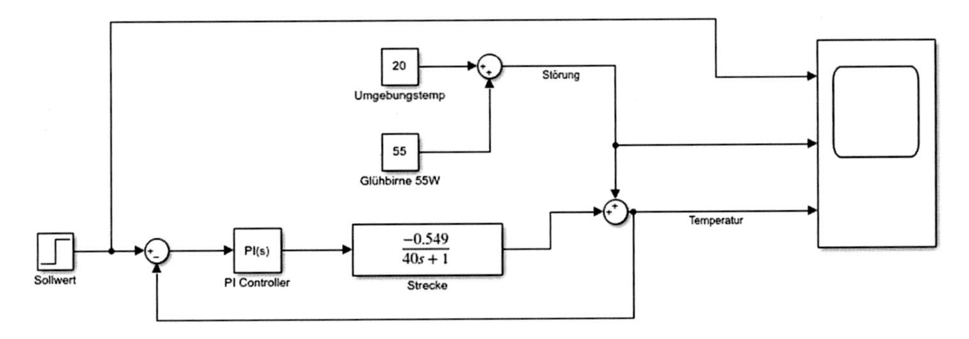

Abb. 9.8 Modell der Versuchsanlage

Implementierung nach dem DSM-Konzept

Im folgenden wird das Simulationsmodell mit dem DSM Terminator und zwei Störquellen erweitert. Anschließend wird das Verhalten bei Auftreten einer Störung verglichen, um die Wirksamkeit des DSM-Konzepts zu prüfen.

Erstellung eines DSM Terminators

Das zuvor erstellte Modell wird mit den entwickelten Störquellen und dem DSM Terminator erweitert. Abb. 9.9 zeigt den DSM Terminator als Subsystem.

Wie in Abschn. 6.3.2 dieses Buches beschrieben, besteht der Terminator aus einer Schattenstrecke und einer inversen Strecke. Bei der Schattenstrecke handelt es sich um eine Software-Kopie der Strecke der Versuchsanlage, die jedoch durch die Störungen nicht beeinflusst wird. Durch die Verwendung der inversen Übertragungsfunktion der Strecke kann der Zuwachs der Regelgröße in den Zuwachs der Stellgröße umgerechnet werden. Durch diesen Aufbau wird die ungestörte Stellgröße vom Terminator erkannt und viel schneller zur Strecke gesendet, als der Regler die Regeldifferenz erhalten kann. Das Ergebnis ist die vollständige Beseitigung der Störungsauswirkungen.

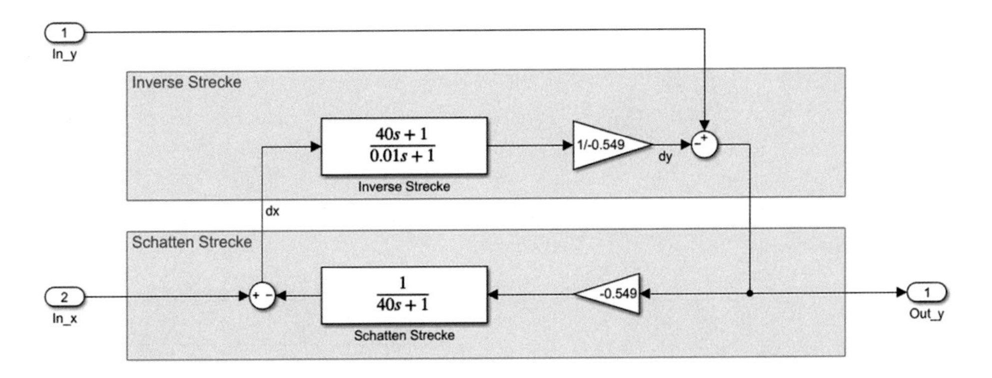

Abb. 9.9 DSM Terminator Subsystem in Simulink

Übertragungsfunktionen wie die ideale inverse Strecke Gs_inv (1/Gss) sind jedoch nicht realisierbar, da die Ordnung des Zählerpolynoms größer als die Ordnung des Nennerpolynoms ist [5]. Aus diesem Grund wird der Terminator für diese Simulation mit einer realen inversen Strecke realisiert.

Wie Zacher in [4] erwähnt, ist es wichtig zu beachten, dass der interne Kreis des DSM Terminators eine Mitkopplung zwischen der inversen Strecke und der Schattenstrecke aufweist. Dies führt zu ungedämpften Schwingungen der Stellgröße. Die Amplitude dieser Schwingungen ist klein, sodass die Stabilität des Regelkreises nicht gefährdet ist. Für praktische Anwendungen empfiehlt sich die Verwendung eines Tiefpassfilters nach dem DSM Terminator.

Einbau der Störungen

In Abb. 9.10a ist die erste Störquelle dargestellt. Sie multipliziert die vom Regler erhaltene Stellgröße nach 200 s mit dem Wert 2. Zusätzlich wird nach dem Sollwertsprung ein Tiefpassfilter eingebaut. Die Simulation des Tiefpassfilters in Simulink erfolgt mit einem Verzögerungsglied erster Ordnung. Die Einstellmöglichkeiten des Filters sind die Zeitkonstante (hier 0,1) und die Verstärkung (Zähler, hier 1).

Die mögliche Störung der Temperaturmessung ist in Abb. 9.10b dargestellt. Hier wird nach 300 s der Wert 3 zur gemessenen Temperatur addiert. Das Subsystem enthält darüber hinaus weitere Bausteine, um das System zu initialisieren und realitätsnah zu gestalten. Zunächst initialisiert ein Baustein die Anfangstemperatur innerhalb des Systems auf 20 °C. Des Weiteren simuliert eine Rampe die Erwärmung des realen Modells durch die Lampe. Dazu wird die Temperatur innerhalb von 55 s linear erhöht, bis ein Grenzwert von maximal 55 °C erreicht ist. Zusammen mit der Umgebungstemperatur wird nach 55 s eine Temperatur von 75 °C gemessen. Die Anfangstemperatur von 20 °C muss am Eingang des Terminators wieder subtrahiert werden, da dieser sonst die Temperatur zu Beginn der Simulation auf 0 °C absenken würde.

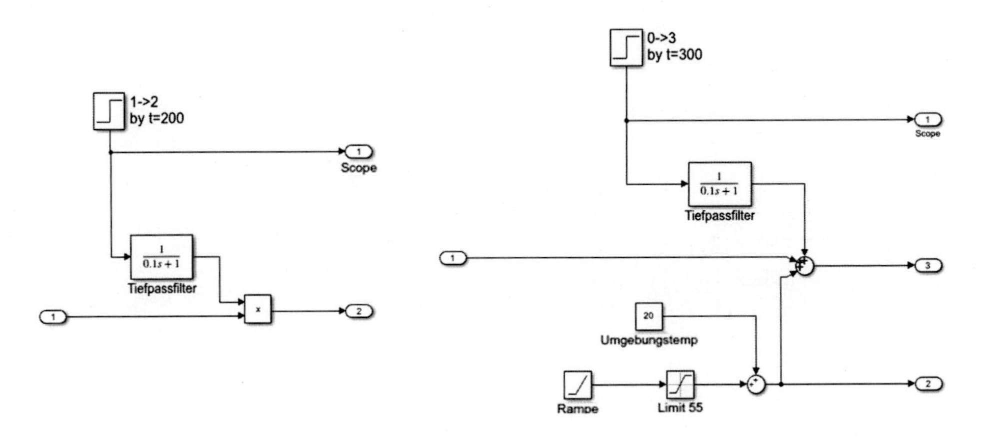

Abb. 9.10 Subsysteme der Störung 1 (a) und 2 (b)

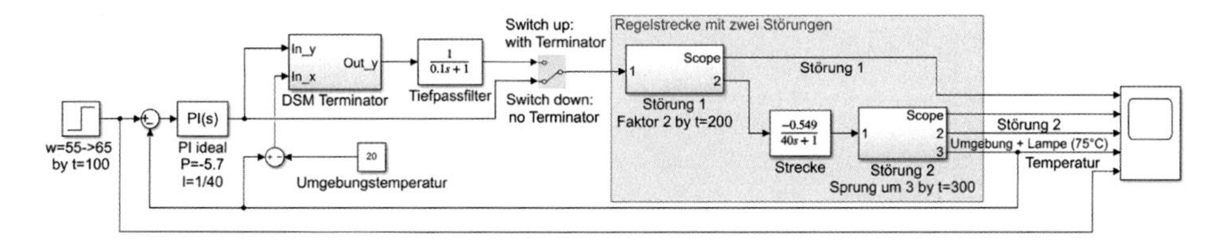

Abb. 9.11 Simulation der Versuchsanlage mit DSM Terminator

Das Simulink-Modell des Regelkreises der Versuchsanlage mit den zuvor entwickelten Subsystemen ist in Abb. 9.11 dargestellt. Das Modell ist mit einem Schalter ausgestattet, um das Verhalten mit aktiviertem und deaktiviertem DSM Terminator vergleichen zu können.

9.2.3 Vergleich zwischen DSM Terminator und PI-Regler

Das Ergebnis der Simulation des Einflusses der Störquellen auf die Regelung ohne Terminator ist in Abb. 9.12 dargestellt. Hier ist ein deutliches Überschwingen der Regelung bei linearem Temperaturanstieg zu erkennen. Das Einschalten der Störquellen nach 200 s und 300 s beeinflusst die Regelung ebenfalls deutlich.

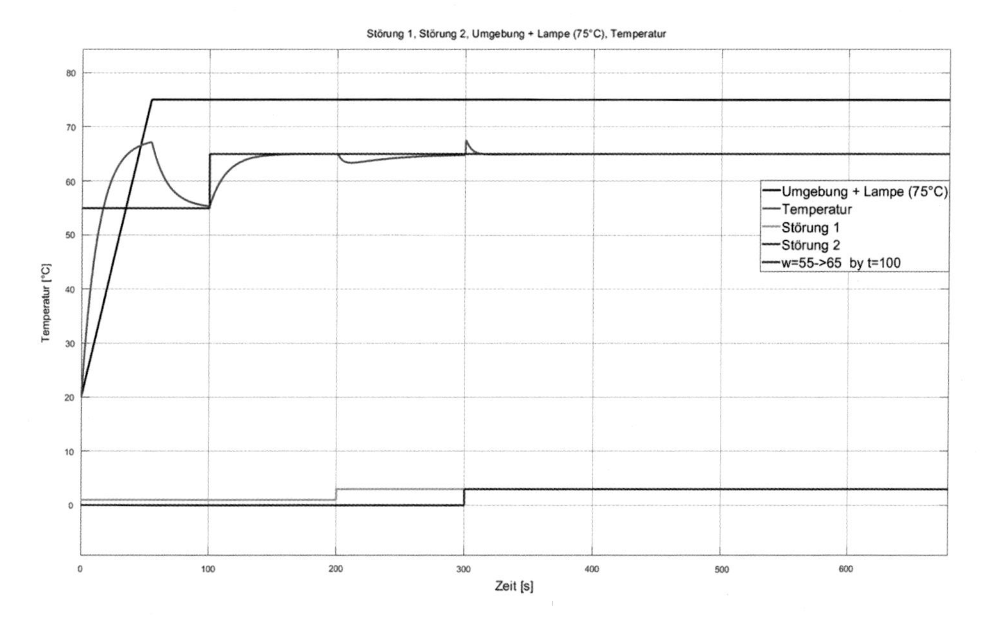

Abb. 9.12 Sprungantwort des Regelkreises ohne DSM Terminator

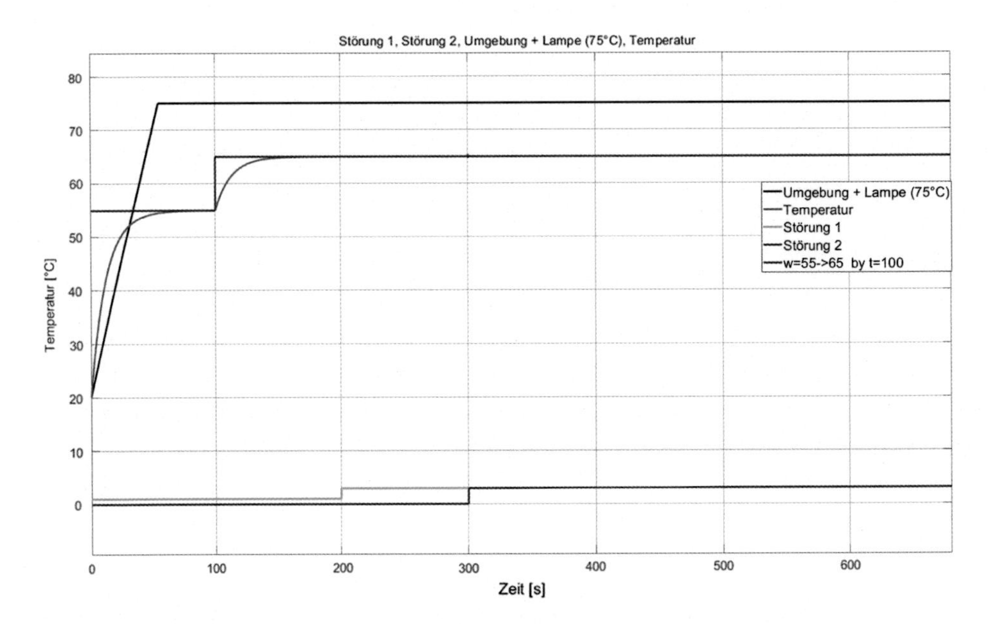

Abb. 9.13 Sprungantwort des Regelkreises mit DSM Terminator

In Abb. 9.13 ist erkennbar, dass die Einwirkung der beiden Störungen nach dem Einsatz des DSM Terminators nicht mehr vorhanden ist. Auch das Überschwingen der Regelung bei linearem Temperaturanstieg ist vollständig eliminiert.

Vergleich DSM Terminator und PI-Regler bei einer variablen Störung

Da der PI-Regler die zuvor entwickelten Störquellen nach einer Einschwingzeit ausregeln konnte, wird zusätzlich eine dynamische Modifikation der zuvor eingebauten Störung 1 entwickelt. Rauschen ist in der Elektrotechnik insbesondere dann zu beobachten, wenn elektrische Signale unerwünschte Einflüsse auf ein Signal ausüben. Die Auswirkungen auf das Signal sind undefiniert und zeitlich veränderlich. Um dies auch im Modell zu simulieren, wird die zuvor entwickelte statische Addition von 3 °C zum Signal des Temperaturfühlers angepasst. Im Falle einer Störung wird ein zeitlich veränderlicher Wert zum Temperaturwert addiert.

Abb. 9.14 zeigt das Ergebnis der Modifikation. Nach 200 s wird ein Sollwertsprung von 0 °C auf 3 °C erzeugt und mit einer zufällig generierten Zahl multipliziert. Mit dem Zufallszahlengenerator ist es möglich, in Simulink eine wiederholbare Folge von normalverteilten Zufallszahlen zu erzeugen. Dies ermöglicht einen reproduzierbaren Vergleich von PI-Regler und DSM Terminator in der Simulation.

Für diese Simulation werden die folgenden Parameter im Simulink-Block „Random Number“ eingestellt:

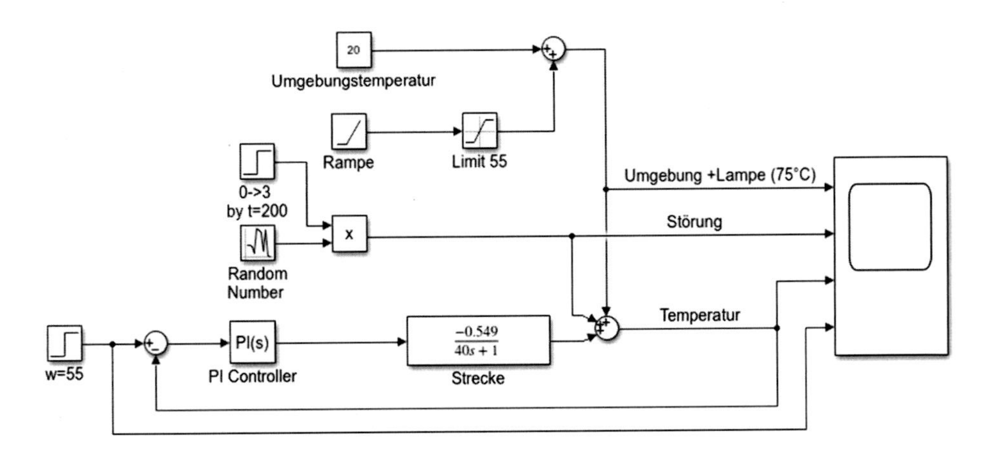

Abb. 9.14 Modifizierung der Störung 1

- Mean (Mittelwert): 1,
- Variance (Varianz): 0.01,
- Seed (Startwert): 0.5,
- Sample time (Zeitintervall zwischen Wertänderungen): 1.

Das Ergebnis der Simulation mit der dynamischen Störung nach 300 s und dem PI-Regler ist in Abb. 9.15 dargestellt. Hier ist eine deutliche Schwingung der Temperatur (blau) zu erkennen. Eine Kompensation des Rauschens ist allein mit dem PI-Regler nicht möglich.

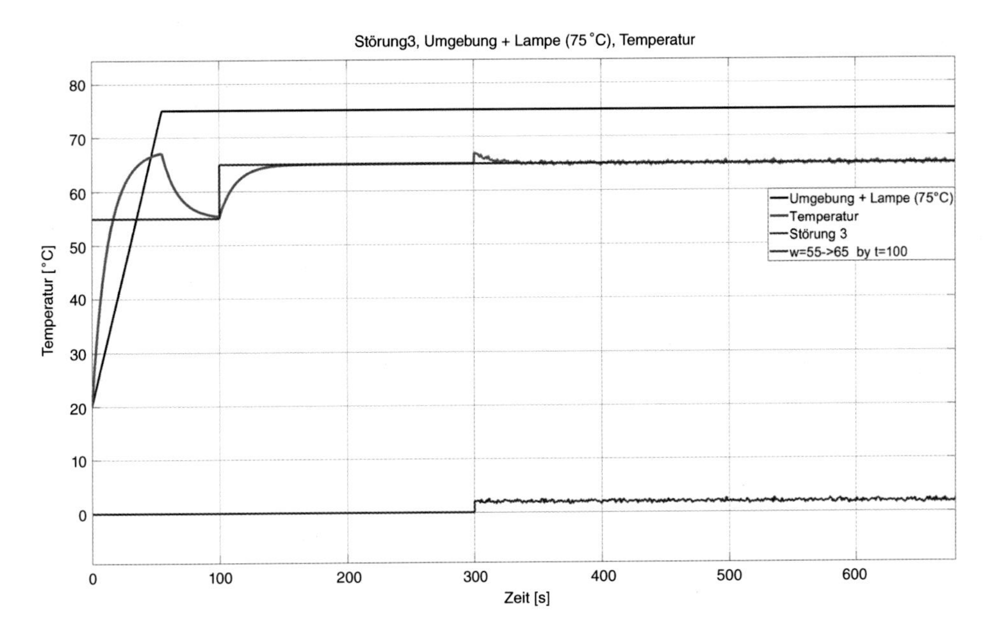

Abb. 9.15 Ergebnis der Simulation der dynamischen Störung

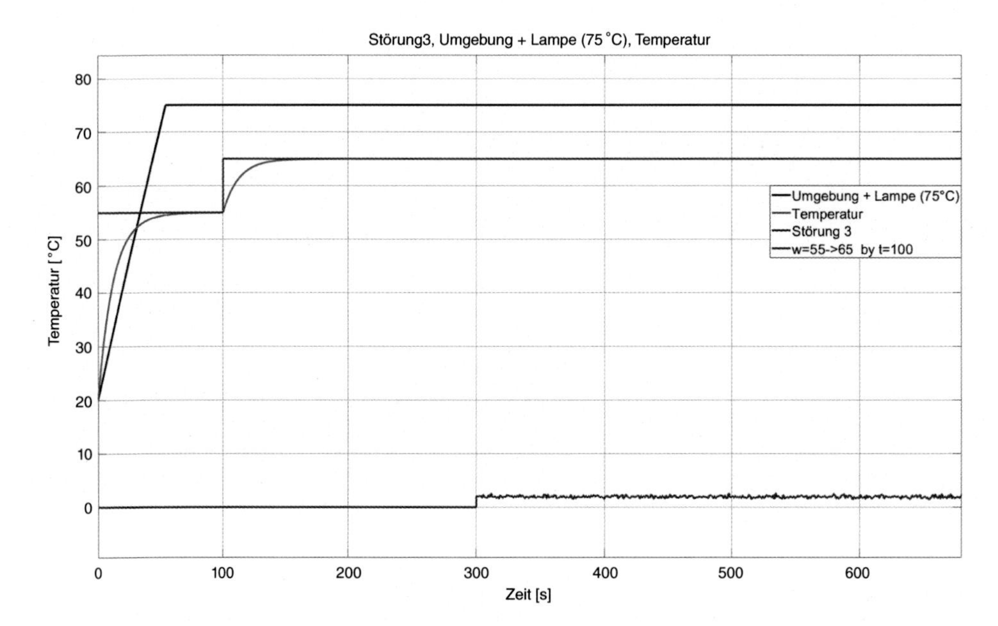

Abb. 9.16 DSM Terminator mit dynamischer Störung

Aufgrund der Wiederholbarkeit des Simulink-Blocks „Random Number" wird exakt die gleiche Störung mit dem DSM Terminator erneut simuliert. Das Ergebnis ist in Abb. 9.16 dargestellt. Es ist keine Änderung der Temperatur zu erkennen, auch nicht nach dem Auftreten der Störung nach 300 s. Mit dem DSM Terminator ist es möglich, auch diese dynamische Störung vollständig zu unterdrücken.

9.2.4 Entwicklung einer Funktion für den DSM Terminator in MATLAB

Im Folgenden wird beschrieben, wie der in Simulink entwickelte DSM Terminator in MATLAB implementiert werden kann.

Der zuvor in Abb. 9.9 erstellte Terminator muss für die Verwendung in der MATLAB-Funktion durch Gleichungen beschrieben werden. Für die Implementierung sind folgende Definitionen erforderlich:

(1)
$$Out\_y = In\_y - dy$$

(2)
$$dy = \frac{1}{G_{IS}} \cdot dx$$

(3)
$$dx = In\_x - x$$

(4) $$x = G_{SS} \cdot Out\_y$$

Daraus ergibt sich durch Einsetzen der Gleichung (1) in (2):

$$Out\_y = In\_y - \left(\frac{1}{G_{IS}} \cdot dx\right)$$

Anschließend wird Gleichung (3) verwendet:

$$Out\_y = In\_y - \left(\frac{1}{G_{IS}} \cdot (In\_x - x)\right)$$

Wird x durch Gleichung (4) ersetzt, ergibt sich schließlich:

$$Out\_y = In\_y - \left(\frac{1}{G_{IS}} \cdot (In\_x - (G_{SS} \cdot Out\_y))\right)$$

Die Auflösung der Klammern ergibt:

$$Out\_y = In\_y - \frac{In\_x}{G_{IS}} + \frac{G_{SS} \cdot Out\_y}{G_{IS}}$$

Mit der Umformung nach Out_y ergibt sich folgende Gleichung für den Rückgabewert:

$$Out\_y = \frac{In\_y \cdot G_{IS} - In\_x}{G_{IS} - G_{SS}}$$

In Abb. 9.17 ist die Umsetzung dieser Gleichung in der Funktion „terminator.m“ dargestellt. Die hier entwickelte Funktion hat als Eingangsgrößen das Stellsignal des Reglers und die gemessene Temperatur in der Anlage. Der Rückgabewert ist die Stellgröße y nach dem Terminator. Zeile 5 enthält die in Abschn. 9.2.2 gegebenen Streckenparameter. Damit werden die Schattenstrecke (Zeile 6) und die inverse Strecke (ideale in-

```
1   function [Out_y] = terminator(In_y,In_x)
2
3    global time_1
4
5    Kps=0.549; T1=40;                                 %Streckenparameter
6    Gss=Kps/(1+T1*time_1);                            %Schattenstrecke
7    %Gs_inv=1/ Gss;                                    %Ideale inverse Strecke
8    Gs_inv=(T1*time_1+1)/(Kps*(0.01*time_1+1)); %reale inverse Strecke
9
10   temp1=(In_y*Gs_inv-In_x)/(Gs_inv-Gss);        %Gleichung Terminator
11   Out_y=temp1;
12
13  end
```

Abb. 9.17 Funktion „terminator.m“

verse Strecke, Zeile 7, und reale inverse Strecke, Zeile 8) gebildet. Die globale Variable „time_1" ersetzt hier den Parameter s aus der Übertragungsfunktion. Zeile 10 zeigt die zuvor entwickelte Gleichung für den Terminator.

Literatur

1. Treffert, A.-P. (2011). *Identifizierung der Regelstrecken einer Abwasserpumpanlage und Simulation mit MATLAB*. Projektarbeit der Hochschule RheinMain, FB-Ingenieurwissenschaften, Studienbereich Informationstechnologie und Elektrotechnik.
2. Zacher, S. (2018). *Zeit-Prozentkennwert-Verfahren*. Automation Letter Nr. 24. https://www.szacher.de/Automation-Letters.
3. Stöckl, F (2024) *Implementierung und Verifikation eines Data Stream Management Terminators am realen Modell und in der Simulation*. Masterarbeit, Hochschule Darmstadt, FB EIT
4. Zacher, S. (2021). *Terminator im Regelkreis*. Automation Letter Nr. 43. https://www.szacher.de/Automation-Letters.
5. Zacher S. (2021). *Surf-feedback-control*. Automation Letter Nr. 42. https://www.szacher.de/Automation-Letters.